Otto / Nolting /Bässler
Evolutionsmanagement

Klaus-Stephan Otto
Uwe Nolting
Christel Bässler

Evolutions-
management

Von der Natur lernen:
Unternehmen entwickeln
und langfristig steuern

HANSER

Bibliografische Information Der Deutschen Bibliothek:
Die Deutsche Bibliothek verzeichnet diese Publikation in der Deutschen National-
bibliografie; detaillierte bibliografische Daten sind im Internet über <http://dnb.ddb.de>
abrufbar.

ISBN-10: 3-446-40437-6
ISBN-13: 978-3-446-40437-3

© 2007 Carl Hanser Verlag München Wien
www.hanser.de
Gesamtlektorat: Lisa Hoffmann-Bäuml
Herstellung: Oswald Immel
Satz: Manuela Treindl, Laaber
Grafiken: Ralf Böbbis, Hansen Kommunikation, Köln
Umschlaggestaltung: büro plan.it, München,
unter Verwendung einer Illustration von Irene Drexl
Druck und Bindung: Kösel, Krugzell
Printed in Germany

Vorwort

Die Frage, wie sich ökologisch-nachhaltiges Wirtschaften und wirtschaftlicher Erfolg miteinander verbinden lassen, beschäftigt unser Familienunternehmen schon lange. Häufig wird eine kurzfristige Gewinnerwartungen über die langfristige Planung gestellt. HiPP hat schon früh bewiesen, dass Öko auch wirtschaftlich erfolgreich sein kann. Um diese Herausforderung geht es auch in diesem Buch, die Beschäftigung damit ist gerade in einer globalisierten Welt wichtig für unsere Gesellschaft.

Wie aktuell diese Fragestellung ist, zeigt sich an der Gentechnik-Debatte. Gentechnisch veränderte Pflanzen sind im biologischen Landbau verboten, weil die Folgen noch nicht abzusehen sind. Die versprochenen größeren Mengen brauchen wir in Deutschland nicht, da ohnehin zu viel produziert wird. Auch die weniger entwickelten Länder haben bei der Einführung gentechnisch veränderten Saatguts große Nachteile. Da die Bauern das Saatgut nicht mehr selber vermehren können, sondern jedes Jahr neu kaufen müssen, geraten sie in Abhängigkeit. Seit 150 Jahren hat der Mensch dramatische Veränderungen im Boden verursacht, die den Pflanzen Probleme bereiten. Doch anstatt den Boden in den natürlichen Zustand zurückzuversetzen, werden nun die Pflanzen verändert, damit sie mit den Veränderungen im Boden zurechtkommen. Uns ist es wichtig weiterhin gentechnikfreie Lebensmittel zu produzieren.

Mit unserer Ablehnung der grünen Gentechnik geht aber keine Technikfeindlichkeit einher. Im Gegenteil: Wir verbinden Altbewährtes mit neuesten Innovationen. Unkraut wird von Hand gerupft und Kälber dürfen bei Ihren Müttern saugen. Gleichzeitig werden wild wachsende Bananen durch Satelliten überwacht und Dank präziser Analysemethoden besteht die Chance so saubere Lebensmittel wie noch nie herzustellen.

Seit mehr als 50 Jahren beschäftigen wir uns mit biologischen Anbau aus Überzeugung. Die Firma HiPP fing mit dem biologischen Landbau zu einer Zeit an, als noch viel mehr Chemie benutzt wurde und Risiken durch Schadstoffbelastung der Nahrung in der gesellschaftlichen Diskussion kaum einen Stellenwert hatte. Die Umstellung zum biologischen Anbau kam aus der inneren Überzeugung heraus, auf diesem Wege möglichst unbelastete Lebensmittel für Kinder zu erzeugen. Mehr als 3.000 Bio-Bauern arbeiten heute für unsere Produktion und bewirtschaften 15.000 Hektar.

Im vorliegenden Buch wird ausführlich die evolutionäre Entwicklungslinie von Unternehmen behandelt. Es mag etwas altmodisch klingen, aber nur wenn ein Unternehmen weiß wo es herkommt, schlägt es auch den richtigen Weg für die Zukunft ein. Jedes Unternehmen, das überleben will, muss wissen, wo die eigenen Stärken liegen. Langfristig überleben kann es jedoch nur, wenn der Kunde diese Stärken auch so wahrnimmt. Zum Erfolg sind vor allem Kompetenz und Vertrauen wichtig. Kompetenz bedeutet, ich kann etwas gut, Vertrauen heißt, ich werde es auch gut machen.

Evolutionsmanagement wie es im Buch verstanden wird, hat ebenso eine ethische Dimension. Auf Dauer hat nur der Anständige Erfolg. Ehrbarkeit setzt sich auch in der Wirtschaft durch. Kein Verbraucher lässt sich zweimal beschwindeln. Vor allem Markenherstellern droht die Gefahr alles zu verlieren.

Dies bedeutet auch, dass kurzfristiger Erfolg die Langzeitperspektive nicht ersetzen kann. Dieses Langzeitdenken, dass unter Umständen auch mal den Verzicht auf höhere Erträge mit sich bringen kann, um eine langfristige Strategie zu verfolgen, ist in inhabergeführten Unternehmen leichter umzusetzen als in einem Unternehmen, in dem die Kapitalgeber nur auf eine kurzfristige gute Verzinsung achten.

Die Natur mit ihrem Reichtum an faszinierenden Lebewesen und ausgeklügelten Naturphänomenen lebt uns das Erfolgskonzept tagtäglich vor: Wir dürfen die Früchte ernten, aber nicht den Baum abholzen, der uns die Früchte liefert.

Dass Dr. Klaus-Stephan Otto und sein Team diese Thematiken mit dem Evolutionsmanagement aufnehmen finde ich sehr hilfreich. Dieses Buch belegt, dass moderne Managementpraxis und Wirtschaften im Einklang mit der Natur nicht ausgeschlossen sind. Mit wissenschaftlichen Fakten und vielen Beispielen wird die praktische Verbindung zum Managementalltag hergestellt. Die langjährige Erfahrung aus der Beratungsarbeit macht den Text praxisnah.

Meiner Meinung nach würde es vielen Managern gut tun, sich stärker mit den Prinzipien der Natur zu beschäftigen. Da kann man vieles lernen, gerade was langfristigen Erfolg angeht. Wir haben eine Verantwortung für die Zukunft unserer Welt und unserer Kinder. So hoffe ich, dass dieses Buch einen Beitrag dazu leisten kann, diese Verantwortung stärker wahrzunehmen.

Prof. Dr. Claus Hipp

Inhaltsverzeichnis

1 Was ist Evolutionsmanagement? Eine Einführung

Im Staate Sung glaubte ein Bauer, dass die Reissetzlinge auf seinen Feldern nicht schnell genug wüchsen. Deshalb zog er sie alle ein Stückchen in die Höhe und kam ziemlich erschöpft nach Hause. „Heute bin ich rechtschaffen müde", erklärte er seiner Familie, „habe ich doch den ganzen Tag lang den Setzlingen beim Wachsen geholfen." Da lief sein Sohn zum Felde hin und fand sie alle verwelkt.

Meng Dsi

1.1 Was hat die Evolution mit dem Managen von Unternehmen zu tun?

Als ein Meteoriteneinschlag vor Millionen Jahren die großen und mächtigen Dinosaurier vernichtete, da waren es kleine, unscheinbare Säugetiere, die in ihren Erdhöhlen überlebten. Aus ihnen hat sich später der Mensch entwickelt und damit all die kulturelle und wirtschaftliche Vielfalt heutiger Zeit. Diese und andere Entwicklungen des Lebens auf unserem Planeten beschreibt die Evolutionstheorie. Was hat dies mit dem Management von Unternehmen zu tun?

Traditionell stammen betriebswirtschaftliche Erklärungsmuster eher aus dem Bereich der Physik und der Technik als aus der Biologie. Technisch-mechanische Modelle zerlegen komplexe Zusammenhänge in überschaubare Teilmengen, um in einem vermeintlich abgeschlossenen Raum eindeutige Kausalitäten zu erläutern. Jeder kennt das Bild von den Stellschrauben, deren korrekte Handhabung Veränderungen im Unternehmen ermöglichen soll. In diesem Buch wollen wir zeigen, dass man durch die Vorgänge in der Natur viel mehr für das Managen von Unternehmen lernen und erfahren kann, als das mit technischen Bildern möglich ist.

Auch die Natur wirtschaftet. Seit sehr langer Zeit entwickelt sie hochintelligente „Modelle" des Lebens, einen unglaublichen Formenreichtum und vielfältige Lösungen von „technischen" Problemen. Das Zusammenspiel der Organismen bietet komplexe Regelwerke, von denen wir viel lernen können. Und es wird wieder Zeit, zu erkennen, dass auch wir mit unseren wirtschaftlichen Aktivitäten Teil der natürlichen Abläufe auf diesem Planeten sind; auch wenn viel von dem, was wir heute in der Wirtschaft tun, oftmals den gegenteiligen Eindruck erweckt. Für einen imaginären Forscher von einem anderen Planeten, der vom Mond aus die Erde beobachtet, wären die vielfältigen Bewegungen auf den Ameisenstraßen grundsätzlich nichts anderes als die Bewegungen der Autos und Lastwagen auf den Autobahnen. Wir Menschen glauben, etwas ganz anderes zu sein als die Natur, aber von einer höheren Warte aus betrachtet, sind auch wir ein Teil der Natur und es wird Zeit, dass wir uns der daraus resultierenden Verantwortung, aber auch der Möglichkeiten wieder stärker bewusst werden, gerade auch im Wirtschaftsleben.

Im Laufe des Buches werden wir zeigen, wie sehr die Sichtweise des Evolutionsmanagements eine Bereicherung für die Arbeit im Management von Unternehmen darstellt, wie viele wichtige konkrete Hinweise und Hilfestellungen für die praktische Arbeit sich daraus ergeben.

Wie hat sich die Evolution der Erde entwickelt? Alles begann zunächst auf physikalischer Ebene. Der Urknalltheorie zufolge entstanden im frühen Universum Elementarteilchen, aus denen sich im Laufe der Zeit Atome der verschiedenen chemischen Elemente bildeten. Im Zuge der darauf folgenden chemischen Evolution entstanden aus den Elementen u. a. auch organische Moleküle, die zur Bildung der ersten Lebewesen notwendig waren. Mit der Entstehung des ersten Einzellers aus organischer und anorganischer Materie startete die biologische Evolution. Später schlossen sich einzelne Zellen zusammen und bildeten mehrzellige Organismen. Mit zunehmender Komplexität der Organismen entwickelten sich schließlich vor allem beim Menschen das Bewusstsein und die Fähigkeit zur kulturellen Evolution. Jegliche Form der zivilisatorischen Entwicklung, ob unter wirtschaftlichen, sozialen oder künstlerischen Gesichtspunkten, zählt damit zur kulturellen Evolution. Demnach sind auch Organisationen und Unternehmen ein Ergebnis der kulturellen Evolution.

Ein Unternehmen setzt sich aus einer Gruppe von Menschen zusammen, die miteinander arbeiten, um ein bestimmtes Ziel zu erreichen. Beobachten Sie das Verhalten von Menschen in Ihrem Arbeitsumfeld, im Zug oder auf einem Konzert: Organismen agieren und entstehen anders als Maschinen, nicht durch Pläne und Maßnahmen von außen, sondern durch und aus sich selbst heraus. Anders als Maschinen, deren Bedienungslogik immer gleich bleibt, kann eine Vorgehensweise, die einmal sehr erfolgreich war, beim nächsten Mal fehlschlagen. Wird eine am Hang liegende Kugel angestoßen, so rollt sie hinunter. Wird eine Maus angestoßen, weiß man vorher nicht, in welche Richtung sich dieser Organismus bewegen wird. Während die Vorgänge in der Physik zum größten Teil durch mathematische Gesetzmäßigkeiten abgebildet werden können, ist dies in der Biologie kaum möglich. Hier ähnelt die Ausgangssituation – komplexe Zusammenhänge und eine große Rolle des Zufalls – dem, was wir aus Unternehmen und Organisationen kennen. Dennoch lassen sich aus der Biologie und hier vor allem aus der Evolution viele Regeln, Hinweise und Anregungen ableiten. Wir laden Sie ein, aus dieser veränderten Blickrichtung Antworten für Ihre Fragen zur evolutionären Entwicklung Ihres Unternehmens oder für die Weiterentwicklung Ihres Führungsverhaltens zu finden.

1.2 Grundlegendes zum Evolutionsmanagement

Am 27. Dezember 1831 startete Charles Darwin in England seine fünfjährige Reise auf dem Forschungsschiff „Beagle" (Spürhund). Nach mehreren Aufenthalten in Südamerika erreichte Darwin im September 1835 schließlich die Galapagos-Inseln. Beeindruckt von der Vielfalt der hier lebenden Finken machte er sich Gedanken zu der Entstehung der Arten. Aus diesen Beobachtungen entwickelte er seine berühmte Abstammungslehre, die Evolutionstheorie. Darwin stellte fest, dass die auf den Inseln lebenden Arten zwar jeweils eng verwandt waren, sich aber im Körperbau und der jeweils bevorzugten Nahrung unterschieden. So kam er auf die Idee, dass die Finken alle von einem gemeinsamen Vorfahren abstammen könnten. Diese vom südamerikanischen Festland abstammenden Vorfahren hatten sich im Laufe der Zeit optimal an die gegebenen Umweltbedingungen und Nahrungsangebote angepasst. Insgesamt entstanden hier 14 verschiedene Finkenarten, die alle von der „Urart" Geospiza abstammen und zudem nur dort und nirgendwo anders auf der Welt vorkamen. Dies war ein Hinweis dafür, dass diese Finken vor langer Zeit auf die Inseln gekommen sind und sich durch Anpassung auf den Inseln zu einzigartigen neuen Arten weiterentwickelt haben.

Ganz allgemein bezeichnet der Begriff Evolution eine kontinuierlich fortschreitende Entwicklung. Der Begriff kommt aus dem Lateinischen evolvere: hervor- oder hinauswälzen, -winden, -wickeln, -rollen, und beschreibt, dass sich etwas entfaltet. Etwas spezifischer ist die Evolution, das fortlaufende Entstehen neuer und das Wachstum bereits entstandener Muster in Richtung aufsteigender Komplexität und gegenseitiger Vernetzung. Die vor allem von Charles Darwin Mitte des vorletzten Jahrhunderts entwickelte Evolutionstheorie begründete ein neues Paradigma. Der große Biologe Ernst Mayr hat sie das tiefgreifendste und machtvollste Gedankengebäude genannt, das in den letzten 200 Jahren erdacht wurde. Diese Erkenntnisse haben eine grundlegend neue Denkweise nach sich gezogen, die auch auf das wirtschaftliche Agieren von Menschen übertragen werden können. Was waren das für neue Erkenntnisse?

- Arten sind in der Natur nicht unveränderlich, sie entstehen, entwickeln sich und gehen wieder unter. Durch diese Erkenntnis wird die Entstehung der Arten prozesshaft erklärt. Sie verdrängte ein statisches Denken, das von ewig bestehenden Arten ausging. Diese rationale Erklärung der Entstehung der Arten erhöhte in der Praxis die Möglichkeit des Menschen, Natur zu gestalten.

- Die Entwicklung erfolgt vom Einfachen zum Komplexeren, von der unbelebten Erde über die Einzeller zu Pflanzen und Tieren bis zum Menschen. Durch eine stetige Differenzierung entsteht eine immense Vielfalt. Die Beschreibung vom Einfachen zum Komplexeren impliziert noch keine Wertung: Weder das eine noch das andere ist besser.

- Zu den Grundprinzipien der Evolution gehört für Darwin der „struggle for life", für uns frei übersetzt „der Wille zum Leben", als der grundlegende Antrieb, der Leben voranbringt.

- Die Annahme vom „survival of the fittest" wird häufig fälschlich interpretiert als das „Überleben des Stärkeren". Hier geht es aber um das Überleben der am besten Angepassten und auch durchaus kleine und unscheinbare Lebewesen können gut angepasst sein.

- Ein weiteres Prinzip ist die „natural selection". Damit ist gemeint, dass durch Konkurrenzverhältnisse ausgewählt wird, wer sich weiterentwickelt oder untergeht.

Dieses Denken in Prozessen und Entwicklungen war eine Revolution und viele Menschen haben sich damit schwer getan. Als der Biologe Thomas Huxley Mitte des 19. Jahrhunderts von einem anglikanischen Bischoff gefragt wurde, ob er denn der Meinung sei, über seine Großeltern vom Affen abzustammen, antwortete dieser: „Ich habe lieber einen Affen zum Vorfahren als einen Bischof, der nicht willens ist, der Wahrheit ins Gesicht zu sehen." Noch heute ist, getragen von christlichen Fundamentalisten in einigen amerikanischen Bundesstaaten, die Verbreitung der Evolutionslehre in manchen Schulen verboten. Und auch bei uns sehnen sich viele Menschen nach Stabilität und Beständigkeit und es fällt ihnen schwer, den ständigen Wandel zu denken und auszuhalten.

Aber gerade unsere Zeiten des immer schnelleren Wandels zeigen, wie richtig diese Denkweise ist, auch für die Entwicklung von Unternehmen und Organisationen. Uns geht es beim Evolutionsmanagement in diesem Buch darum, diese Prinzipien auf Prozesse in Organisationen zu übertragen.

Unter Evolutionsmanagement verstehen wir eine Herangehensweise an das Management von Organisationen, bei der die Vorgänge in und zwischen Organisationen als Lebensprozesse betrachtet werden, die nach den gleichen oder ähnlichen Prinzipien und Gesetzmäßigkeiten wie andere Prozesse in der Natur ablaufen. Aus diesen vergleichbaren Naturprozessen kann man für die individuelle Handlungsebene des Managers und die Ebene der Organisationsprozesse lernen.

Bei diesem Übertragungsprozess lassen wir uns von fünf grundlegenden Denkweisen leiten, die das ganze Buch durchziehen:

- Entwicklungen in und zwischen Organisationen laufen vergleichbar und nach ähnlichen Mustern wie Evolutionsprozesse in der Natur ab.

- Wir lernen aus spezifischen Vorgängen in der Natur für Organisationsprozesse so, wie die Bionik aus intelligenten Lösungen der Natur für neue technische Lösungen lernt.

- Dem Menschen passiert die Evolution. Gleichzeitig hat er durch seine Bewusstseinsentwicklung die Möglichkeit, Evolutionsprozesse zu begleiten, sie dabei zu gestalten und weiterzuentwickeln.

- Der Evolutionsmanager überträgt Kenntnisse aus der Biologie auch auf die individuelle Ebene in Organisationen und kann daraus auch für sein eigenes Führungsverhalten lernen.

- Evolutionsmanagement ist bestrebt, die gestaltenden Entwicklungen im Wirtschaftsleben in das biologische Geschehen der Evolution zu integrieren, z. B. mit dem Prinzip der Nachhaltigkeit.

Es gibt verschiedene Möglichkeiten, um aus Evolutionsprozessen in der Natur für das Management zu lernen. Wir können von der Natur ausgehen und die gefundenen Erkenntnisse auf Organisationsprozesse übertragen, oder wir betrachten Fragestellungen in Organisationen, überprüfen, welche Lösungen die Natur in vergleichbaren Situationen gewählt hat, und lassen uns davon für die Organisationsarbeit inspirieren. Im Bild 1.1 sind die grundlegenden Vorgehensweisen dargestellt.

Wir wollen dies an einem praktischen Beispiel erläutern: Bei einem Möbelhersteller begleiteten wir die Einführung von Teamstrukturen zur Optimierung des Projektmanagements in der Entwicklung. Das Management schaffte die bisherige Linienstruktur ab und wollte ausschließlich mit der neuen Projektstruktur arbeiten. Ohne bestimmte Teile der alten Linienstruktur funktionierte es allerdings nicht mehr. Diese Teile der Linienstruktur wurden wieder eingeführt und laufen nun parallel zur Projektstruktur. Auf der Metaebene lässt sich diese Situation dahingehend interpretieren, dass eine für das Unternehmen grundlegende Struktur abgeschafft wurde, die für das Funktionieren der Prozesse aber dringend notwendig war. Da dies nicht beachtet wurde, scheiterte das Projekt im ersten Anlauf (Bild 1.2).

Die Frage, wie viel in einem Projekt verändert werden darf bzw. verändert werden muss, ist immer wieder spannend. Um einen Lösungsweg zu finden, analysieren wir, wie die Natur mit vergleichbaren Phänomenen umgeht. Auch hier gibt es oft hohe Mutationsraten. Biologisch bedeutet Mutation eine Veränderung der Information, die in den Erbanlagen (DNA) verschlüsselt ist. In der Natur zeigt sich, dass die Mutationsrate, also die Häufigkeit der auftretenden Mutationen, je nach Art und Umfeld unterschiedlich hoch ist. Je höher die Mutationsrate, desto höher ist zwar das Veränderungspotenzial der Art, desto höher ist aber

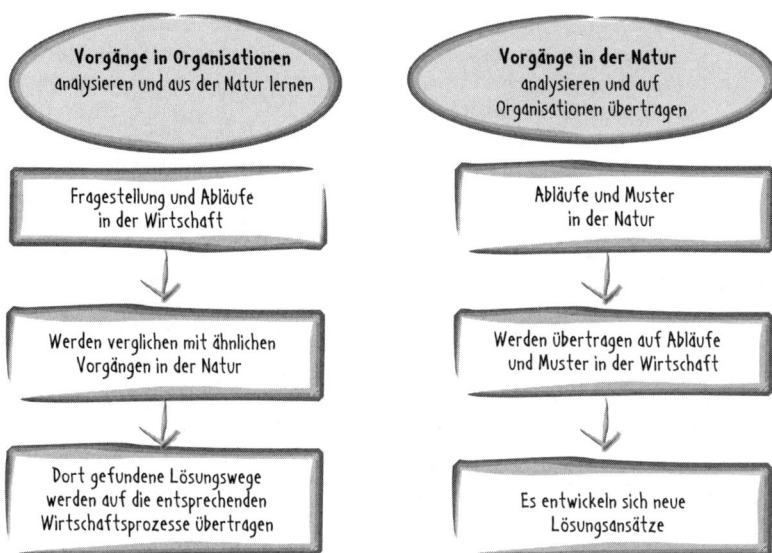

Bild 1.1: Vorgehensweisen im Evolutionsmanagement

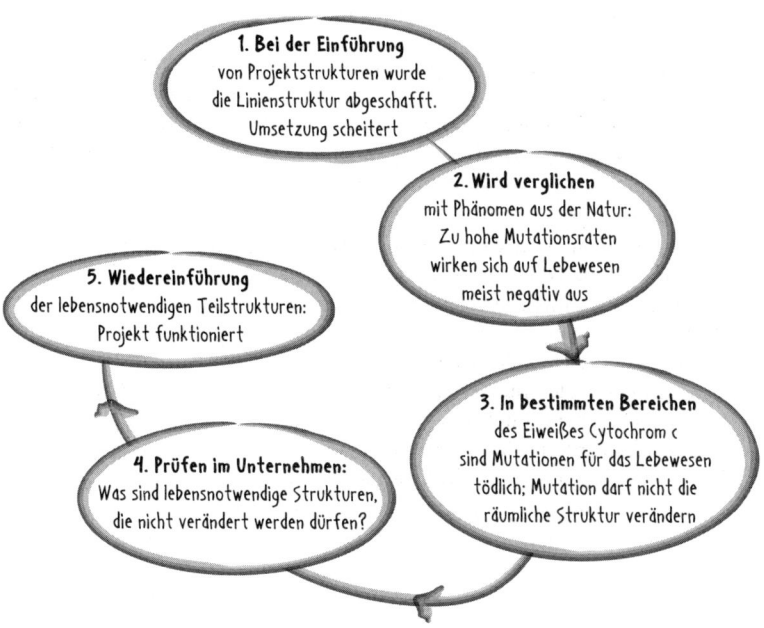

Bild 1.2: Phänomene in Organisationen analysieren und aus der Natur lernen.
Beispiel: Zu viel Veränderung lässt Projekte scheitern

auch die Gefahr, dass diese Veränderungen sich negativ auswirken und gegebenenfalls zum Tod führen, also keine langfristig positive Artveränderung erreicht wird. Ein Beispiel soll dies verdeutlichen. Das Eiweiß Cytochrom c spielt eine wichtige Rolle in der Atmungskette der Lebewesen und muss in diesem Zusammenhang mit anderen Eiweißen in einer festgelegten Weise zusammenarbeiten. Dieses Molekül scheint schon vor mehr als einer Milliarde Jahre eine Funktionsstruktur erreicht zu haben, die kaum noch Veränderungen toleriert. Die Organismen zeigen zwar Unterschiede in der Abfolge ihrer Cytochrom-c-Bausteine, die räumliche Gesamtstruktur dieses Moleküls ist aber bei allen Lebewesen nahezu identisch. Wird nun durch eine zufällige Mutation das Cytochrom c doch verändert, so stirbt der Organismus.

Ausgehend von den biologischen Prinzipien kann die ursprüngliche Fragestellung in dem Unternehmen aus einem anderen Blickwinkel betrachtet werden. Ist die zu verändernde Struktur in dieser Form lebensnotwendig für die Organisation oder nicht? Mit welchen anderen grundlegenden Prozessen steht die zu verändernde Struktur in Wechselbeziehung? Für das Funktionieren notwendige Prozessketten und Strukturelemente müssen also bei Organisationsveränderungen erhalten bleiben, um einen Erfolg zu gewährleisten.

1.3   Auseinandersetzung mit Sozialdarwinismus

Kritische Köpfe verweisen bei dem Vorhaben, evolutionstheoretische Denkansätze auf das menschliche Zusammenleben zu übertragen, zu Recht auf Gefahren hin. Die Errungenschaft des Menschen liege ja gerade darin, sich von der Tierwelt abgenabelt zu haben und die Schwächsten der Gesellschaft zu schützen. Zu häufig wurde in der Geschichte die Idee des „survival of the fittest" mit dem „Überleben des Stärksten" gleichgesetzt und führte im Zuge der Umsetzung sozialdarwinistischer Ideologien im Nationalsozialismus zu Gräueltaten. Wir wollen uns hiervon deutlich abgrenzen. Um dem entgegenzutreten, werden wir darlegen, dass moderne verhaltensbiologische Untersuchungen die große Bedeutung eines positiven Sozialverhaltens in der Tierwelt dargestellt haben. Während frühere biologische Forschungen verstärkt auf die Konkurrenz zwischen den Lebewesen achteten und „das Fressen und Gefressenwerden" maßgeblich unser Bild von der Natur prägte, erkennen neuere Forschungen immer mehr, wie wichtig das symbiotische Zusammenspiel von Lebewesen in der Evolution ist. Ein bekanntes Beispiel dafür sind Insekten, die Pflanzen befruchten und dabei ihre Nahrung finden. Es gibt in der Natur auch viele Beispiele von altruistischem Verhalten, bei denen sich Tiere für ihre Gruppe einsetzen und in manchen Fällen sogar bereit sind, mit ihrem Leben dafür zu bezahlen.

In Symbiose lebende Organismen nehmen den größten Anteil an der gesamten Biomasse der Erde ein und haben ein breites Spektrum an (Wechsel-)Beziehungen. Die erfolgreiche Existenz vieler Arten wird erst durch Kooperation ermöglicht. In einem koevolutionären kooperativen Prozess entwickeln sich die Arten in gegenseitiger Abhängigkeit und profitieren voneinander. Auch in der Wirtschaft findet der Gedanke immer mehr Anhänger, dass gemeinsames Wirtschaften erfolgreicher ist, als zu versuchen, sich gegenseitig zu vernichten. Ein gutes Beispiel für funktionierende Symbiose ist das Netzwerk der Star Alliance. Die Lufthansa war Anfang der 90er Jahre in einer tiefen Krise. Statt zu schrumpfen, baute sie ein Netzwerk mit anderen Luftfahrtunternehmen auf – die Star Alliance ist heute die erfolgreichste Luftfahrtallianz der Welt. Die Mitglieder profitieren gegenseitig von diesem Zusammenschluss, der aber auch ihre organisatorische Unabhängigkeit gewährleistet. Wie gut das Netzwerk entwickelt ist, in dem heute ein Unternehmen eingebunden ist, entscheidet immer mehr über Erfolg und Misserfolg am Markt.

Darwins Gedanken waren stark von den geistigen Auseinandersetzungen im 19. Jahrhundert geprägt, gerade auch infolge der Französischen Revolution, in denen kämpferische Auseinandersetzungen eine große Rolle spielten. Zur gleichen Zeit sind ja auch die Theorien von Marx über den Klassenkampf entstanden. Bei aller Genialität der Darwin'schen Theorie werden bestimmte Elemente heute anders gesehen. Entgegen dem Darwin'schen Postulat, nur die am besten Angepassten könnten überleben, verändert Mayr die Blickrichtung auf die Lebenspyramide (Bild 1.3). In der Natur sei es eher so, dass die am wenigsten Angepassten nicht überleben, d. h., eine Art muss es gerade mal so schaffen, nicht auszusterben. Kein Lebewesen ist optimal angepasst. Sie haben bestimmte Eigenschaften ausgebildet, die es ihnen erlauben, in ihrer Nische zurechtzukommen. Also nicht die „am besten Angepassten überleben", sondern die „hinreichend Angepassten überleben". Dies ist natürlich auch für das wirtschaftliche Handeln eine durchaus beruhigende Erkenntnis: Ich muss nicht der Beste sein, um zu überleben, sondern ich muss darauf achten, nicht zu den Schlechtesten zu gehören und damit vom Markt zu verschwinden. Unstreitig ist natürlich, dass es langfristig beruhigender ist, wenn man weiß, dass man zu den Besten in seinem Bereich gehört.

Ebenso werden die Vorgänge um den Selektionsprozess heute mit anderen Nuancen dargestellt als zu Darwins Zeiten. Während Darwin noch davon ausging, dass die Natur immer mehr Lebewesen produziert als überleben können, und deswegen der Auswahlprozess so wichtig ist, zeigt die Entwicklung der Primaten einschließlich des Menschen, dass die Natur hier nicht sehr viele Individuen produziert, damit ein Teil überlebt, sondern dass hier eher wenig Nachkommen zur Welt gebracht werden, auf deren Aufwachsen sich die Eltern konzentrieren. Sie setzt also nicht auf Quantität, sondern auf Qualität.

Trotzdem ist das Fressen und Gefressenwerden in der Natur ein wichtiges Thema. 99 % aller Arten, die jemals auf der Erde lebten, sind ausgestorben. Viele davon konnten sich nicht an veränderte Umweltbedingungen anpassen. Dies bedeutet aber nicht, dass von diesen Arten

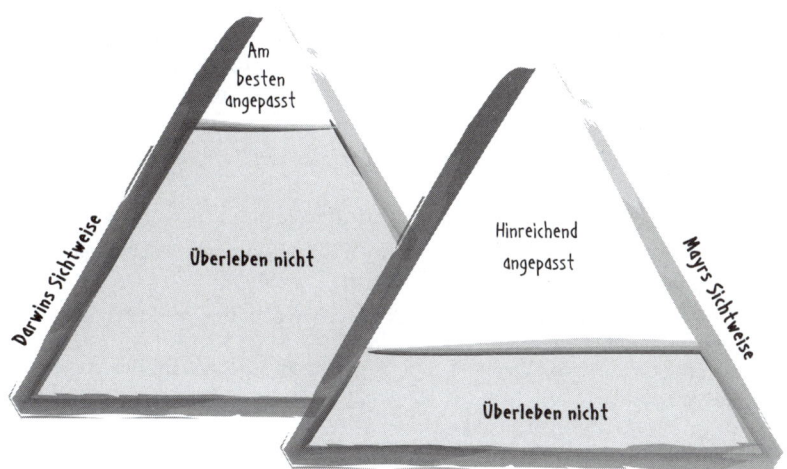

Bild 1.3: Überleben von Arten in der Evolution

nichts mehr übrig geblieben ist, viele von ihnen sind in komplexer entwickelten Arten aufgegangen. Die Evolution lehrt uns aber auch, dass nicht nur komplexe Arten überleben. Es sind oft ganz einfache Organismen, die über Millionen von Jahren existieren, nicht weil sie groß und stark sind, sondern weil sie besonders gut angepasst sind.

Folglich kann es nicht darum gehen, die Kooperationsformen gegenüber dem Konkurrenzprinzip überzubewerten. Beide Prinzipien, Konkurrenz auf der einen und Kooperation auf der anderen Seite, sind Bestandteile evolutionärer Vorgänge in der Natur sowie innerhalb und außerhalb von Organisationen. Es geht nicht so sehr darum, Konkurrenz zu verhindern, sondern die Formen der Auseinandersetzung und Lösungen im Umgang mit Konkurrenz weiterzuentwickeln.

1.4   Organisationen sind lebende Organismen

Viele der Funktionen, die in Unternehmen ausgeübt werden, können mit Funktionsweisen von Organismen verglichen werden: Der interne Materialtransport im Unternehmen entspricht beispielsweise im Säugetier dem Herz-Kreislauf-System, die Informationsverarbeitung dem Nervensystem, die Lagerung von Material und Geld kann den Funktionen von Fett- und Speichergewebe, die zentrale Steuerung dem Gehirn zugeordnet werden. Auf diese Parallelen werden wir später inhaltlich näher eingehen.

Lebende Materie unterscheidet sich von toter Materie durch die Kombination folgender Eigenschaften und Prozesse:

- *Ordnung:* Alle folgenden Eigenschaften des Lebens ergeben sich aus einer hochgradig geordneten Organisation.
- *Wachstum und Entwicklung:* Erbliche Programme in Form von DNA dirigieren die Wachstums- und Entwicklungsmuster und erzeugen so einen Organismus.
- *Energienutzung:* Organismen nehmen Energie auf und wandeln sie in andere Energieformen um.
- *Aufrechterhaltung eines Fließgleichgewichts (Homöostase):* Regulationsmechanismen halten das innere Milieu eines Organismus innerhalb bestimmter Grenzen konstant, trotz Schwankungen in der Umwelt.
- *Reaktionen auf die Umwelt:* Organismen sind in der Lage, selbständig auf ihre Umwelt zu reagieren.
- *Evolutionäre Anpassung:* Das Leben entwickelt sich durch die Wechselbeziehungen zwischen Organismen und ihrer Umwelt fort. Eine Konsequenz der Evolution ist die Anpassung von Organismen an ihre Umwelt.
- *Fortpflanzung:* Organismen pflanzen sich fort. Leben geht nur aus Leben hervor.

Was spricht dafür, Organisationen als lebende Organismen aufzufassen? Beiden gemein sind folgende Eigenschaften:

- Beide erhalten innerhalb ihrer Grenzen einen höheren Organisationsgrad aufrecht als außerhalb. Auch Organisationen tendieren zu Unordnung. Die Aufrechterhaltung des Lebendigen pendelt zwischen Ordnung und Chaos.

- Beide wachsen, entwickeln und verändern sich über die Zeit. Deshalb liegt der Fokus auch bei Organisationen auf ihren Entwicklungsprozessen. Um die zukünftige Entwicklung einer Organisation zu kennen, muss man die vergangene Entwicklungslinie kennen.

- Beide nehmen Stoffe aus ihrer Umwelt auf, verarbeiten sie und geben sie wieder ab. Neben den Stoffwechselprozessen sind der Formwechsel und Informationswechsel wichtige Eigenschaften des Lebendigen.

- Beide haben einen hohen Grad automatisierter und selbstorganisierter Prozesse. Organismen bzw. Organisationen agieren und entstehen anders als Maschinen, nämlich nicht durch Pläne und Maßnahmen von außen, sondern durch und aus sich selbst heraus. Dabei laufen Vorgänge ab, bei denen Plan und Ausführung zusammengehören und gerade nicht so getrennt werden, wie dies in einer Fabrik und bei mechanischen Herstellungen oder in Computern der Fall ist.

- Beide müssen auf Veränderungen aus sich selbst heraus reagieren können und sich an veränderte Umfeldbedingungen anpassen. Zu diesem Zweck entwickeln Organisationen im Laufe ihrer Entwicklung bestimmte interne Regeln in Form von Funktionsweisen und Strukturen. Da die Existenz der Organisation von ihrer Bewährung im Umfeld abhängt, sind die internen Regeln stark von den Anforderungen bestimmt, die von außen an die Organisation gestellt werden. Bewährung im Umfeld meint, wie die Organisation sich zukünftig in ihrem Umfeld entwickeln und bestehen wird. Für die potenzielle Entwicklung spielen die Veränderungsmöglichkeiten der bestehenden Strukturen und die Anforderungen des Umfeldes eine große Rolle.

- Beide haben einen Komplexitätsgrad, der eindeutige Kausalitätszusammenhänge nur teilweise zulässt.

- Beide haben einen hohen Grad interner Vernetzung mit einer großen Zahl parallel laufender Prozesse, die eine vollständig zentrale Steuerung nicht erlaubt.

- Beide sind für sich genommen einzigartig. Da die bestehenden Strukturen, also ein jeder Organismus und auch jede Organisation einzigartig sind, funktioniert die Eins-zu-eins-Übertragung von Konzepten einer Organisation auf eine andere nicht. Unternehmenskonzepte müssen, gerade weil sie lebenden Organismen so sehr ähneln, immer aus der Organisation heraus entwickelt werden und den spezifischen Bedingungen der Organisation Rechnung tragen.

- Beide haben das Ziel, (über)leben zu wollen. Wie alle Organismen existiert auch das lebendige Unternehmen zuerst für sein eigenes Überleben und seinen eigenen Fortschritt. Es will seine Potenziale realisieren und so groß werden, wie es ihm möglich ist. Es existiert nicht einzig deswegen, um Kunden mit Leistungen zu versorgen oder für den Return on Investment für die Shareholder.

Organismische Ansätze legen den Grundstein für die moderne Organisationstheorie und leisten einen großen Beitrag zur praktischen Organisationsentwicklung. Sie beziehen das Umfeld in die Betrachtung mit ein und betonen das Überleben als Schlüsselziel jeder Organisation. Damit widersprechen sie der klassischen Konzentration auf rein operationale Ziele, ermöglichen größere Flexibilität und verhindern, dass nur finanzielle Zielvorstellungen zum Selbstzweck werden. Interagierende Prozesse, die sowohl intern als auch in ihrer Beziehung zur Umwelt ausgewogen sein müssen, rücken in den Fokus. Diese Ansätze ermutigen zu Flexibilität und heben Vorteile organismischer Strukturen bei Innovation und in einer wissensintensiven Gesellschaft besonders hervor.

Tabelle 1.1: Organismus oder Maschine – unterschiedliche Betrachtungsweisen

Merkmal	Kernsätze Organismusmetapher	Kernsätze Maschinenmetapher
In der Organismusmetapher werden Organisationen mit lebenden Organismen, in der Maschinenmetapher mit Maschinen verglichen.	Unternehmen sind vergleichbar mit lebenden Organismen.	Unternehmen sind vergleichbar mit hochkomplexen Maschinen.
Während Maschinen bestehen, um einen bestimmten Zweck zu erfüllen, haben Organismen in erster Linie das Ziel, zu leben.	Die wichtigste Aufgabe eines Unternehmens ist es, im Wettbewerb zu überleben.	Die Steigerung des Shareholder-Value ist die zentrale Aufgabe von Unternehmen.
Während bei Maschinen alle Macht in der Hand des Steuernden liegt, kann die Entwicklung eines Organismus nicht völlig vorherbestimmt werden.	Der Entwicklungsprozess eines Unternehmens kann nur begrenzt mitgestaltet werden.	Eine willensstarke und kompetente Führungskraft kann ein Unternehmen dorthin bringen, wo sie will.
Im Gegensatz zu Organismen wird bei Maschinen eher von klaren Kausalitäten ausgegangen.	Prozesse im Unternehmen sind mit durch den Zufall beeinflusst.	Den Prozessen im Unternehmen liegen eindeutige Ursache-Wirkungs-Zusammenhänge zugrunde.
Während für Organismen die erfolgreiche Interaktion mit der Umwelt zentral ist, müssen Maschinen vor allem intern optimal gesteuert werden.	Der Einfluss der Umwelt auf den Erfolg von Unternehmen ist beachtlich.	Der Erfolg von Unternehmen ist vor allem von der Güte der Steuerung abhängig.
Für Maschinen gibt es optimale effiziente Funktionsweisen, die sich für Maschinen der gleichen Funktion nicht stark unterscheiden, während bei Organismen nicht von einem „one best way" ausgegangen werden kann.	Vorgehensweisen, die bei einem Unternehmen sehr erfolgreich sind, können bei einem anderen Unternehmen fehlschlagen.	Es gibt allgemein erfolgreiche Organisationskonzepte, die sich eins zu eins von einem Unternehmen auf das andere übertragen lassen.
Maschinen sind planbar und steuerbar, Organismen hingegen nicht.	Unternehmen sind nur in Grenzen steuerbar.	Durch professionelle Planung und die Sammlung vieler Daten kann die Entwicklung des Unternehmens genau vorherbestimmt werden.

Wir alle haben bestimmte Bilder im Kopf, mit denen wir unsere Umwelt beschreiben und zu verstehen versuchen. Diese Bilder beeinflussen unser Denken und Verhalten und spiegeln sich auch in den Führungsansichten und dem Führungsverhalten wider. In einer von uns und der Humboldt-Universität zu Berlin betreuten Diplomarbeit wurden 55 Unternehmen befragt. Es zeigte sich, dass organismische Metaphern und mechanistische Metaphern beide als sinnvolle Erklärungsmuster für das praktische Management angesehen werden. Je nach Situation greifen Führungskräfte auf unterschiedliche Metaphern zurück, um die Komplexität der Umwelt zu reduzieren. Die Maschinenmetapher betont die Wichtigkeit von Planung und Steuerung sowie die Optimierung der internen Prozessabläufe und ist hilfreich bei der Standardisierung von Prozessen. Die Organismusmetapher rückt eher die Bewährung des Unternehmens in seinem Umfeld, begrenzte Steuerbarkeit von Unternehmen und die Notwendigkeit einer nachhaltigen Entwicklung in den Fokus.

In Tabelle 1.1 sind die Unterschiede zwischen den Sichtweisen auf Unternehmen als Organismen und als Maschinen zusammengefasst.

Bei der Übertragung von biologischen Prinzipien auf wirtschaftliche Zusammenhänge legen wir den Schwerpunkt des Vergleiches auf folgende Ebenen:

- *Zelle = Mitarbeiter*
- *Organ = Funktionseinheit im Unternehmen*
- *Organismus = Unternehmen*
- *Art = Branche*

Mit dieser Einteilung kann die Entwicklung einer Branche, die Entwicklung eines Unternehmens in seinem Umfeld, die interne Entwicklung eines Unternehmens sowie das individuelle Mitarbeiter- und Führungsverhalten analysiert werden.

Hin und wieder werden wir dieses Schema erweitern und auch andere Ebenen miteinander vergleichen. Zum einen ist aus der Chaosphysik bekannt, dass Muster und Prinzipien auf verschiedenen Ebenen wieder auftreten. Wenn also evolutionäre Strategien für Produkte und Unternehmen gleichermaßen zählen, können sie auf beide Ebenen übertragen werden. Zum anderen ist unser Ansatz, philosophisch gesehen, der Heuristik verschrieben. Sicherlich kann man auf Ebene der Neurobiologie oder der Bionik von allgemein gültigen Gesetzmäßigkeiten sprechen. Beim Management ist es mit allgemein gültigen Gesetzmäßigkeiten schon schwieriger, nicht umsonst wird hier eher von der „Kunst des Managements" als von der „Wissenschaft des Managements" gesprochen. Um neue Erkenntnisse zu entdecken, bedienen wir uns daher der Ars inveniendi, lateinisch für die Kunst des Findens. Mit Metaphern werden vergleichbare Problemstellungen in der Natur oder umgekehrt in Organisationen gesucht, um dann Rückschlüsse auf den jeweils anderen Bereich zu ziehen. Im Rahmen des Evolutionsmanagements bieten wir dadurch plausible Vergleiche und logisch stringente Schlussfolgerungen an.

1.5   Wenn Sie schon einmal mit anderen Ansätzen zur Entwicklung von Organisationen zu tun hatten ...

Mit der Analyse der Funktionsweisen von Systemen liefert der systemische Ansatz einen bedeutenden Beitrag zur Organisationsentwicklung. Lebende Systeme legen die Regeln, nach denen sie funktionieren, aus sich selbst heraus fest. Ein System entscheidet selbst, welche Elemente aus der Umwelt aufgenommen werden. Folglich können Entwicklungskonzepte nicht von außen „übergestülpt" werden. Veränderungsprozesse müssen sich aus der Organisation heraus entwickeln. Systemische Ansätze haben sehr stark das System als solches und seine inneren Mechanismen im Fokus – besonders wenn sie sich aus einem technisch orientierten Systemgedanken ableiten. Natürlich denkt auch die evolutionsorientierte Betrachtungsweise in Systemen. Hier geht es aber neben der Momentaufnahme des Funktionierens des Systems vor allem um die langfristige Entwicklung der Organisation in ihrem Umfeld und den Sinn, den das System im evolutionären Prozess hat. Das Evolutionsmanagement unterstützt die Organisation, ihren Sinn zu finden, sich zu entfalten und zu entwickeln. Der Genetiker und Evolutionsforscher Theodosius Dobzhansky hat einmal gesagt: „Nichts macht einen Sinn, außer man betrachtet es im Lichte der Evolution." Dieser Gedanke macht deutlich, wie wichtig es ist, nicht allein zu schauen, wie etwas ist, sondern es in seinem Entwicklungsprozess zu betrachten und dabei seine Identität zu entdecken.

Eine andere wichtige Denkrichtung für die Fähigkeit, Veränderungen in Organisationen bewusst zu gestalten, hat sich mit dem Begriff „Change Management" entwickelt. Wir wollen diesen Denkansatz bewusst mit der Sichtweise „Evolutionsmanagement" weiterentwickeln. Wo liegt der Unterschied? Change Management hat im Mittelpunkt die Veränderung. Aus unserer Sicht kann es aber nicht um die Veränderung an sich gehen. Auch wenn Menschen in Organisationen heute die Gestaltung immer schnellerer Veränderungen lernen müssen, sollten sie nicht auf Veränderung um jeden Preis gepolt werden. Es ist wichtig, den Evolutionsprozess zu untersuchen, zu überlegen, wo die Organisation gerade steht und dann zu entscheiden, in welche Richtung die Entwicklung gehen soll. Angestrebte Veränderungen sollten sich diesem Prozess unterordnen und in den normalen evolutionären Entwicklungsfluss der Organisation einbetten. Dann kann es sein, dass schnelle, langsame oder in bestimmten Zeiten gar keine Veränderungen notwendig sind. Wenn es in der Wüste nicht regnet, passiert bei vielen Pflanzen fast gar nichts und sobald der Regen kommt, gibt es unglaublich schnelle Entwicklungen. Es gibt auch in der Natur eine Reihe von Beispielen, wo Organismen ohne große Veränderungen ihrer Art über Millionen von Jahren existierten. Die Blätter des Ginkgo-Baums sehen heute noch genauso aus wie in den Versteinerungen – den Ginkgo gibt es schon seit über 150 Millionen Jahren. Dieses „lebende Fossil" trotzte Bakterien- und Pilzbefall und überdauerte die radioaktive Strahlung von Hiroshima sowie den Smog der Innenstädte. Die Küchenschabe hat sich über viele Millionen Jahre nicht verändert, und wer versucht hat, sie zu bekämpfen, weiß, wie erfolgreich sie in ihrer Existenz ist. In der Wirtschaft sind der gute alte Leibniz-Keks und der Uhu-Klebstoff deutliche Beispiele für Erfolg ohne allzu viel „Change".

Es geht also darum, den evolutionären Entwicklungsprozess, in dem sich eine Organisation befindet, zu entdecken und diesen Prozess zu unterstützen, anstatt gegen ihn zu arbeiten; sich zu überlegen, welche Schritte für die Organisation zu einem bestimmten Zeitpunkt in einem bestimmten Umfeld anstehen. Das kann mal mehr, mal weniger Veränderung bedeuten. Der Veränderungsblickwinkel ist bei unseren sich rasant entwickelnden Märkten eminent wichtig, es sollte aber nicht die grundlegende Blickrichtung sein.

Wir sind ein Teil des Evolutionsprozesses der Natur, also gehorchen auch wir den Gesetzen der Natur. Wir haben die Möglichkeit, diesen Evolutionsprozess weiterzuentwickeln, indem wir in den Prozess der Evolution eingreifen. Dies geschieht nicht erst seit der Entwicklung der Gentechnik, sondern schon durch die Züchtung von Haustieren oder die Entwicklung von Saatgut vor Tausenden von Jahren. Durch den Prozess der kulturellen Evolution kann der Mensch auch das Zusammenleben gestalten und weiterentwickeln. Aber auch die kulturelle Evolution ist in die Gesetzmäßigkeiten des gesamten Evolutionsprozesses eingeordnet.

1.6 Kurzüberblick über das Buch

Im Folgenden werden wir einen kurzen Überblick über die Kapitel des Buches geben. Nach einer Einleitung zum Evolutionsmanagement im ersten Kapitel kommen wir im zweiten Kapitel auf das Thema Konkurrenz und Kooperation zu sprechen. Beide Formen sind gleichermaßen wichtige Interaktionsformen in der evolutionären Entwicklung. Wenn man sich die Natur anschaut, zeigt sich, dass es ganz unterschiedliche Zwischenformen von Wechselbeziehungen zwischen Arten gibt: In symbiotischen Beziehungen profitieren alle Beteiligten davon, im Räuber-Beute-Verhältnis gewinnt einer und der andere verliert. Es gibt aber noch mehr Interaktionsformen, die sich im schnellen Wechsel befinden können. Diese Variation der Interaktionsformen gilt auch für Beziehungen zwischen Unternehmen. Im zweiten Teil des Kapitels werden Konkurrenz und Kooperation innerhalb des Unternehmens näher betrachtet. Die spannende These dabei wird sein, dass Konkurrenzkompetenz die Voraussetzung für hohe Kooperationskompetenz ist.

Im dritten Kapitel betrachten wir ein Kernstück des Evolutionsmanagements: die Entwicklung von Organisationen. Zu den grundlegenden Entwicklungskriterien gehören Wachstums- und Schrumpfungsprozesse, Geschwindigkeit und Rhythmus von Prozessen, die Richtung von Entwicklungen, der Trend zur Komplexitätsentwicklung, die Anpassung ans Umfeld sowie die Frage der graduellen oder sprunghaften Veränderungen. Hierbei soll vor allem vermittelt werden, dass bei der Führung und Analyse von Unternehmen die Kenntnis der eigenen evolutionären Entwicklungslinie wichtig ist für die Entscheidungsprozesse bei aktuellen und zukünftigen Herausforderungen. Da die Evolution bereits eine lange Entwicklungszeit hinter sich hat, bietet das Evolutionsmanagement hier hilfreiche Analyse-Tools. Es werden die Entwicklungslinien von fünf Organisationen mit all ihren Unterschieden dargestellt, so beispielsweise vom Finanzriesen Allianz, der SAP AG und der katholischen Kirche.

Im vierten Kapitel schauen wir uns an, was den Organismus zusammenhält und leiten daraus Konsequenzen für das Innenleben von Organisationen ab. Zu den grundlegenden Bedingungen, die Leben ermöglichen, gehören der Stoffwechsel, Formwechsel und Informationswechsel. Diese prozesshafte Darstellung von Organismen und Organisationen macht Sinn, da sie sich in ständiger Veränderung befinden. Bevor dann Gemeinsamkeiten von Zelle und Organisation dargestellt werden, wird das Unternehmen mit seinen Funktionseinheiten als lebender Organismus beschrieben.

Im fünften Kapitel lernen wir aus der Natur für die Innovationsentwicklung von Unternehmen. In der Evolution resultieren Veränderungen aus der Herstellung von Vielfalt über Mutationen, der Auswahl der erfolgversprechendsten Neuerungen und schließlich der Bewahrung von Bewährtem. Dieses Innovationsprinzip, das in der Natur eine schier unendliche Farben- und Formenvielfalt hervorgebracht hat, wird mit dem VAB-Modell (Vielfalt,

Auswahl, Bewahren) auf Innovationsprozesse in Unternehmen übertragen. Im Anschluss werden weitere Innovationswege der Natur beschrieben, so die vielfältigen Formen, an denen Innovationen in Unternehmen ansetzen können, das Prinzip der Präadaption, mit dem aus nicht erkannten Potenzialen geschöpft werden kann, und die Notwendigkeit einer offenen Fehlerkultur.

Im sechsten Kapitel gehen wir stärker auf Veränderungsprozesse in Unternehmen aus Sicht des Evolutionsmanagements ein. Wir befassen uns mit Ängsten in Veränderungsprozessen, der Rolle von Führungskräften als Treiber des Wandels, den Vorteilen von Beteiligungsorientierung und der Frage, wie Mitarbeiter für Veränderungsprozesse begeistert werden können. Danach folgen Kernelemente der praktischen Organisationsveränderung aus Sicht des Evolutionsmanagements sowie Gestaltungsmöglichkeiten im Rahmen der biologischen und kulturellen Evolution. Schließlich werden noch einige Tools zur evolutionären Gestaltung von Organisation und eine Checkliste für evolutionäre Veränderungsprozesse vorgestellt.

Im siebenten Kapitel geht es um das Prinzip der Schwarmintelligenz. Schwarmverhalten ist eine sehr alte Form der Selbstorganisation, wie sie beispielsweise bei Fischschwärmen vorkommt. Bei Schwärmen ist die Intelligenz im Gesamtsystem integriert und geht über die Fähigkeiten eines jeden Einzelnen hinaus. Dies führt zur Verbesserung der Umfeldwahrnehmung, einer hohen Flexibilität und Robustheit sowie einem hohen Grad an Selbstorganisation. Daraus lassen sich interessante Anregungen für die Unternehmensorganisation ableiten. So bietet die Schwarmorganisation ein alternatives Modell zur klassischen zentralen oder dezentralen Organisation von Unternehmen. Auch die Innovationsentwicklung kann durch die Kompetenz von Vielen verbessert werden.

Im achten Kapitel werden Erkenntnisse aus der Neurobiologie für das Evolutionsmanagement genutzt. Das VER-Modell (**V**eränderung wahrnehmen, **E**inschätzung dieser Veränderung, **R**eaktion auf diese Veränderung) bietet eine schematische Abfolge zur Wahrnehmung von Chancen und Risiken als Reaktion auf ein sich ständig weiterentwickelndes Umfeld. Ebenso zeigt die Neurobiologie, dass viele Lebensprozesse in der Natur automatisiert ablaufen, und auch unser Körper „denkt" schneller als der Geist. Grundlage dieser schnellen Reaktionsfähigkeit sind Emotionen. Im Wirtschaftsleben gelten sie gegenüber dem rationalen Denken als nachteilig. Man soll Entscheidungen mit „kühlem" Kopf treffen. Dabei fließen Emotionen ohnehin in fast jeden Entscheidungsprozess mit ein und bieten beispielsweise über die Intuition ein wichtiges Instrument für erfolgreiches Managementhandeln. Es werden mehrere Aspekte benannt, wie Sie Erkenntnisse aus der Neurobiologie für Ihr Managementverhalten und Ihre Unternehmensprozesse nutzen können.

Im neunten Kapitel wird der Umgang mit zunehmender Komplexität im Wirtschaftsleben behandelt. Ausgangspunkt der Überlegungen ist die ebenso in der Evolution beobachtbare Zunahme an Komplexität. Jedes höhere Lebewesen für sich genommen ist so komplex, dass Computer deren Verhalten noch nicht kopieren können. Was sind also die Kernpunkte, die zur Komplexitätsentwicklung in der Natur führen? Nach Beantwortung dieser Frage geht es darum, wie beim Managen von Komplexität von der Natur gelernt werden kann. Dabei können wir wieder konkrete Anregungen für die Managementpraxis sowie die Organisation von Unternehmen geben.

Im zehnten Kapitel geht es um Führung. Es zeigt sich, dass es in der Natur vielfältige Organisationsformen gibt. Erst durch hierarchische Verbände ist Führungsverhalten im eigentlichen Sinne entstanden. Anschließend werden verschiedene Facetten der evolutionären Führungspraxis beschrieben. Dabei wird deutlich, dass führen immer auch geführt zu werden bedeutet.

Wir beschreiben den Gestaltungsrahmen und die Strategiearbeit im Evolutionsmanagement, diskutieren verschiedene Führungsstile und das Führen mit Zielvereinbarungen sowie Ansätze zur Mitarbeitermotivation.

Im Ausblick geht es um die zukünftige praktische Weiterentwicklung des Evolutionsmanagements. Wir erkennen die Entstehung eines „neuen" Denkens, das in Richtung des Evolutionsmanagements geht, und skizzieren die ethische Dimension des Evolutionsmanagements. Dabei spielt das Thema der Nachhaltigkeit eine große Rolle.

Am Ende der meisten Unterkapitel finden Sie kurze, grau unterlegte Passagen. Diese haben einen zusammenfassenden Charakter und sollen Anregungen für den Transfer in Ihre Unternehmenssituation geben. Überall im Buch verteilt finden Sie Wirtschaftsbeispiele, Checklisten, Instrumente und praxisnahe Erfahrungsberichte aus eigenen Beratungsprojekten.

2 Kampf oder gemeinsame Weiterentwicklung?

In der Natur ist alles mit allem verbunden, alles durchkreuzt sich, alles wechselt mit allem, alles verändert sich eines in das andere.

Gotthold Ephraim Lessing

Der Begriff der Evolution ist historisch sehr stark mit dem „Überleben des Stärkeren" verbunden. Wir selbst und manche anderen kritischen Stimmen, die uns in der Entwicklung des Evolutionsmanagements begleitet haben, haben dies infrage gestellt. In unserer vertieften Beschäftigung mit diesem Thema stießen wir auf ganz andere – nur weniger bekannte – wissenschaftliche Ansätze in der Evolutionsbiologie, die die Symbiose und Koevolution als Basis von Entwicklung betonen. In der Auseinandersetzung mit den beiden Strebungen Kampf und Wettbewerb auf der einen Seite und die gemeinsame Weiterentwicklung auf der anderen Seite sind wir der Überzeugung, dass es sich in beiden Fällen um elementare Triebkräfte evolutionärer Entwicklung handelt. Diese Triebkräfte oder Strebungen gestalten Beziehungen zwischen Arten, aber auch zwischen Individuen. Dabei ist nichts langfristig festgelegt: Wo heute Wettbewerb und Kampf dominieren, kann langfristig Kooperation entstehen und umgekehrt. „Alles wechselt mit allem" ...

In diesem Sinne haben wir das vorliegende Kapitel aufgebaut:

- Im ersten Teil vertiefen wir die Notwendigkeit von Konkurrenz und Kooperation als zwei wesentliche Triebkräfte in der Evolution.
- Der zweite Teil zeigt die vielfältigen Wechselbeziehungen, die in der Natur zwischen Arten bestehen, und gibt Hinweise für die Übertragung auf Unternehmen und Organisationen.
- Der dritte Teil wird den Fokus stärker auf Fragestellungen legen, die Individuen innerhalb einer Organisation betreffen.
- Im letzten Teil schließt sich der Kreis mit der Frage, warum eine hohe Konkurrenzkompetenz Voraussetzung für eine erfolgreiche Kooperationskompetenz ist.

2.1 Konkurrenz und Kooperation als Triebkräfte evolutionärer Entwicklung

„Was wir ‚Kampf' oder ‚Konkurrenz' nennen, ist kein Gegensatz zu dem, was wir als ‚Harmonie' oder ‚Kooperation' bezeichnen. Phänomene, die mit Hilfe solcher falschen Gegensätze beschrieben werden, sind in Wirklichkeit in einen einzigen, fließenden Lebensprozess eingebunden ...", so Lynn Margulis, eine Evolutionsbiologin, die das Leben als einen großen Stoffwechselprozess begreift. In ihrer Forschungstätigkeit stieß sie auf vielfältige Evolutionsprozesse von Arten, die Symbiosen ermöglichten. Sie konnte herleiten, dass die Mitochondrien, die Teile der Zelle sind, aber gleichzeitig eigene Gene enthalten, sich aus sauerstoffverbrauchenden Bakterien in mehreren symbiotischen Schritten mit der Urzelle so verbanden, dass die Entwicklung von Mehrzellern – und letztlich auch des Menschen ermöglicht wurde. Seitdem das Blickfeld auf die Entwicklung von Symbiosen erweitert wurde, gibt es eine Vielzahl von Schilderungen auch komplexer symbiotischer Zusammenhänge.

Ein gutes Beispiel für die entstandene Komplexität symbiotischer Beziehungen in der Natur bieten die tropischen Blattschneideameisen. Sie kultivieren in ihrem Bau Pilzgärten auf den von ihnen herangeschafften und zerkleinerten Blättern. Vorteil für den Pilz ist dabei die Lieferung eines „kultivierten" Lebensraumes, der mit dem Kot der Ameisen gedüngt wird und Enzyme enthält, die dem Pilz bei der (Protein-)Verdauung helfen. Die Ameise hingegen kann die besondere Stoffwechselfähigkeit des Pilzes nutzen, um Cellulose zu zersetzen. Der Pilz wird von den Ameisen gefressen, jedoch lassen sie immer genügend übrig, so dass der Pilz weiterlebt. Manche Ameisenarten halten sich zusätzlich auch noch spezielle Antibiotika-Bakterien, die sich im Kampf mit dem Pilz befinden. Pilz und Bakterien halten sich stets im Gleichgewicht, entwickeln sich aber ständig weiter, weil sie auf genetische Veränderungen des jeweils anderen sofort reagieren müssen. Auf diese Art und Weise haben die Ameisen ein gutes Immunsystem in ihren Lebensraum integriert, der sie vor Krankheitserregern von außen schützt, und gleichzeitig für regelmäßige Nahrung gesorgt.

Aber auch wenn man den Fokus auf die Konkurrenz legt, unterscheidet sich die heutige Sichtweise doch von der Darwins: Im Einleitungskapitel haben wir den Ansatz von Mayr dargestellt, dem wichtigsten Evolutionsbiologen des 20. Jahrhunderts. Nicht die „Fittesten" überleben, sondern diejenigen überleben nicht, die am wenigsten „fit" sind. Betrachten wir die uns umgebende Tier- und Pflanzenwelt, so erscheinen uns die Organismen perfekt an ihre Umwelt angepasst. Das täuscht jedoch! Das Erscheinungsbild der Organismen ist immer die Folge von Kompromissen in ihrer Entwicklung, bei denen sie sich auf der Basis ihrer evolutiven Vergangenheit an die Notwendigkeiten ihres jetzigen Lebensraumes angepasst haben. Diese Anpassung ist meist sehr gut, aber nie perfekt.

Vergleicht man beispielsweise das menschliche Auge als komplexes und leistungsfähiges Organ mit den visuellen Fähigkeiten einiger Tiere, so zeigen sich einige Schwächen. Eine Fliege kann mit ihren Komplexaugen Bewegungen sehr gut wahrnehmen, ihr zeitliches Auflösungsvermögen beträgt ein Mehrfaches von unserem. So kann sie sehr schnell auf die Bedrohung durch Räuber in ihrer Nähe reagieren, ihr Bild jedoch bleibt unscharf. Der Mensch hingegen hat die Möglichkeit, enorm viele Farben zu unterscheiden und Objekte in großen Entfernungen zu erkennen. Fliegen lokalisieren ihre Nahrung mit chemischen Sinnesorganen und werden durch entfernte Räuber nicht bedroht – sie benötigen diese Fähigkeiten nicht.

Für das Sehvermögen des Menschen ist Perfektion also ein relativer Begriff, weshalb wir Brillen, Teleskope und Mikroskope entwickeln mussten. Perfektion gilt in der Natur immer nur im Zusammenhang mit den Bedürfnissen eines Organismus und den Umweltbedingungen, in denen er sich aufhält.

Das gleiche Prinzip gilt auch für die Wirtschaft. Es gibt kein perfektes Unternehmen, auch hier werden Ressourcen verschwendet, Projekte ineffektiv bearbeitet oder fehlerhafte Produkte hergestellt. Es ist dann nicht existenziell bedrohend, wenn die Konkurrenten noch schlechter sind. Für ein erfolgreiches Unternehmen ist es also nicht notwendig, zu den Besten zu gehören, perfekte Betriebsabläufe zu haben und die weltweite Marktführung anzustreben. Es muss „nur" genügend an seine Umwelt angepasst sein und im Wettbewerb besser sein als (einige) andere. Unbestritten ist, dass sich mehr Handlungsspielräume eröffnen, wenn man zu den Besten gehört, aber ein Platz im Mittelfeld kann ein ernsthaftes Ziel und nachhaltigen Erfolg bedeuten.

Auch wenn wir die Rolle der Konkurrenz differenziert sehen: Sie spielt in der Entwicklung der Evolution eine große Rolle. Im gegenseitigen Wettbewerb versucht der Jäger „besser" zu sein als seine Beute und umgekehrt. Dies führt zu sehr vielfältigen und kreativen Formen. Obwohl also kooperative Formen in der Natur überwiegen, resultiert die *Dynamik* innerhalb der Gemeinschaft von Organismen eher aus Konkurrenz: im Räuber-Beute-Verhältnis oder auch im Jäger-Jäger-Verhältnis. Ihr Nachteil besteht darin, dass sie im Vergleich zur Kooperation viel mehr Ressourcen verbraucht. Darüber hinaus nutzt es dem Räuber nichts, wenn er so erfolgreich ist, dass er seine gesamte Beute vernichtet hat, weil er sich damit seine eigene Existenzgrundlage entzieht.

Über einen längeren Zeitraum betrachtet wirken sich Konkurrenz und Kooperation wie folgt aus: Im Gegensatz zur Kooperation, bei der bestehende Eigenschaften und Fähigkeiten miteinander kombiniert werden, bedeutet Konkurrenz die Herstellung von Variation und dann Auswahl von (eventuell auch ungeeigneten) Alternativen. In diesem Sinne ist Kooperation zwar ressourcenschonend, kann aber zu Starrheiten führen und die Innovationsrate minimieren. Konkurrenz hingegen hält flexibel, kann viele Innovationen hervorbringen, birgt aber auch die Gefahr der Vernichtung in sich. Damit ist Konkurrenz eine der wesentlichen Faktoren für die Weiterentwicklung der Arten. *In der Natur sind also Konkurrenz und Kooperation gleichermaßen wichtige Interaktionsformen in der evolutionären Entwicklung* (Bild 2.1).

Auch wenn der Wirtschaft allgemein ein starkes Konkurrenzdenken zugesprochen wird, werden kooperative Formen immer wichtiger. Ob Teamfähigkeit in Unternehmen, Zusammenarbeit zwischen Bereichen oder die Netzwerkbildung zwischen Unternehmen: Kooperationsverhalten breitet sich immer mehr aus und wird zum wichtigen Wettbewerbsvorteil, aber einseitig wird es, wenn nur noch diese Form gesehen wird und damit die Menschen nicht ausreichend auf Konkurrenzsituationen vorbereitet sind.

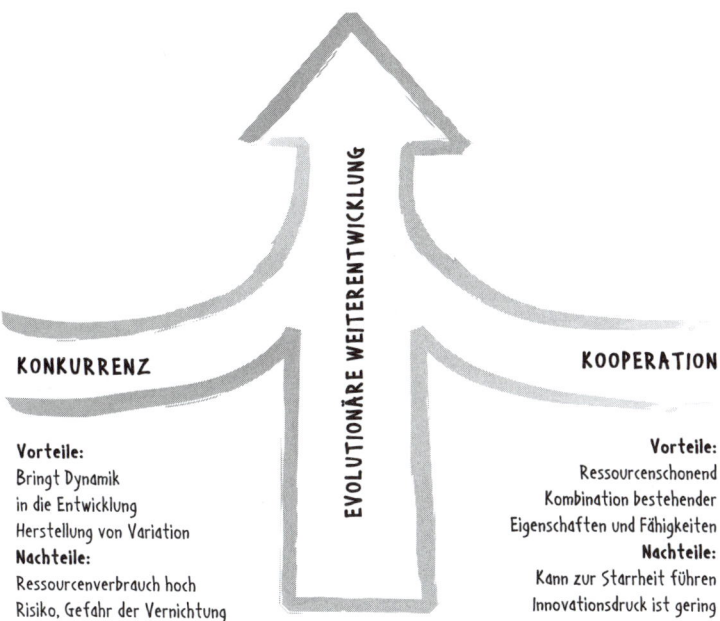

Bild 2.1: Wichtige Einflussgrößen: Konkurrenz und Kooperation

Auch in den Ethikdebatten und Wertediskussionen in den Unternehmen gibt es heute oft die Setzung von Konkurrenz und Kooperation als ein Gegensatzpaar, bei dem Ersteres negativ und Letzteres positiv bewertet wird. Die negativ konnotierte Konkurrenz wird dann tabuisiert und aus der offiziellen Unternehmenspolitik verdrängt, ohne dass die Konkurrenz im Unternehmensalltag abnehmen würde. Wenn Konkurrenz allgegenwärtig ist, aber oft tabuisiert wird, kann sich eine konstruktive Kompetenz im Umgang mit Konkurrenz nicht genügend weiterentwickeln. Die Tabuisierung von Konkurrenz behindert damit die Konfliktfähigkeit.

Bei der Teamarbeit geht es beispielsweise um die kooperative Zusammenarbeit zur Erreichung eines gemeinsamen Ziels. Aber wer könnte leugnen, dass auch im Team häufig Konkurrenzsituationen auftreten, bei denen einer versucht, seine Interessen gegen andere durchzusetzen, und dieser Wettbewerb durchaus förderlich für die Sache sein kann? Wir sollten realisieren, dass wir alle uns alltäglich sowohl in Kooperations- als auch in Konkurrenzsituationen befinden.

Konkurrenz ist kein vorübergehendes Verhalten, das durch moralische Höherentwicklung überwunden werden könnte und sollte. Wie das Konkurrieren abläuft, kann verändert und weiterentwickelt werden. Es ist aber nicht sinnvoll und auch nicht möglich, das Konkurrieren an sich abzuschaffen. Wie also umgehen mit Konkurrenz?

Ein Denkfehler tritt dort auf, wo die Konkurrenz als Ausgangssituation und die Kooperation als eine Lösungsstrategie aus dieser Konkurrenzsituation gesehen wird. Konkurrenz ist aber nicht a priori gegeben. Voraussetzung für Konkurrenz und Kooperation ist zunächst einmal ein Überschneiden von Interessen, diese können gegensätzlicher oder ähnlicher Art sein. *Konkurrenz und Kooperation sind dann Strategien zur Umsetzung dieser Interessen.* Dabei können beide Lösungsstrategien jeweils positive und negative Folgen haben und auch die langfristige Entwicklung nach einer momentanen Niederlage oder einem kurzfristigen Sieg muss beachtet werden. Nach diesen eher allgemeinen Überlegungen wollen wir im Folgenden analysieren, welche Interaktionsformen konkret in der Natur existieren und was das auf Organisationen übertragen bedeutet.

2.2   Unterschiedliche Interaktionsformen in der Natur: Was heißt das für Organisationen?

Die Natur ist ein guter Lehrmeister, wenn es um die Vielfalt ganz unterschiedlicher Interaktionsformen geht. Wenn in der Natur Lebewesen einer Art die gleiche „ökologische Nische" besetzen, dann benötigen sie dieselben Ressourcen. Damit ist ein erhebliches Konfliktpotenzial gegeben, da einzelne Lebewesen versuchen, ihren jeweiligen Nutzen zu maximieren. Es gibt verschiedene Strategien, wie Lebewesen dabei in Wechselwirkung miteinander treten. Sie können aufeinander einen fördernden (+), einen hemmenden (−) oder einen neutralen Effekt (0) haben (Tabelle 2.1).

Je nachdem, ob Arten bzw. Organisationen sich um dieselbe Ressource streiten oder ihre Existenz sichern, ohne mit dem anderen direkt in einem Wettbewerb zu stehen, kann es auch zu konkurrenz- oder kooperationsähnlichen Wechselbeziehungen kommen. Wir wollen Ihnen die Wechselbeziehungen aufzeigen und Sie anregen, die Interaktionen Ihrer Organisation oder Ihres Bereichs mit anderen Organisationen diesbezüglich zu überdenken. Aber Achtung: Beziehungen können sich schnell ändern und umschlagen. Mit einer langfristigen Perspektive runden wir daher diesen Teil ab.

Tabelle 2.1: Formen von Wechselbeziehungen

	Zwischen Arten	Zwischen Unternehmen
Gewinner/Verlierer (+/−) Prädation, Parasitismus	Die Wechselwirkung ist vorteilhaft für die eine Art und schädigt die andere. *Beispiele: Jäger – Beute:* Gepard jagt Antilope Parasitismus: Bandwurm im Darm	Die Wechselwirkung ist vorteilhaft für das eine Unternehmen und schädigt das andere. *Beispiel:* Markenplagiate von Trendware
Gewinner/Gewinner Symbiose (+/+)	Beide Arten profitieren von der Wechselwirkung. *Beispiel:* Vogel säubert Krokodil Zähne	Beide Unternehmen profitieren von der Wechselwirkung. Gute Kunden-/Lieferanten-Beziehung. *Beispiel:* Star Alliance
Verlierer/Verlierer (−/−)	Die Wechselwirkung ist für beide Arten von Nachteil. *Beispiel Konkurrenz um Ressourcen:* Fuchs und Wolf fressen Hasen	Die Wechselwirkung ist für beide Unternehmen von Nachteil. *Beispiel:* Zwei Unternehmen sind im gleichen Marktsegment tätig und bekämpfen sich.
Gewinner/Neutral (+/0) Karpose, Kommensalismus	Eine Art profitiert von der Wechselwirkung, die andere wird nicht beeinflusst. *Beispiel:* Milbe lässt sich von Insekt transportieren	Ein Unternehmen profitiert von der Wechselwirkung, das andere wird nicht beeinflusst. *Beispiel:* Großkonzern baut neue Straße zu einer Fabrik, die von anderen auch genutzt wird.
Verlierer/Neutral (−/0) Amensalismus	Eine Art wird geschädigt durch die Wechselwirkung, die andere wird nicht beeinflusst. *Beispiel:* Rasen unter einem Baum	Ein Unternehmen wird geschädigt durch die Wechselwirkung, das andere wird nicht beeinflusst. *Beispiel:* Lärmbelästigung einer Firma

2.2.1 Einer gewinnt – einer verliert

Bei einer Wechselwirkung der Qualität Gewinner/Verlierer hat ein Interaktionspartner Vorteile, der andere hingegen Nachteile durch die Beziehung. Dies ist in der Natur beim Räuber-Beute-Verhältnis und beim Parasitismus gegeben. Der Unterlegene leidet Schaden oder stirbt, damit der Räuber sich von ihm ernähren kann. Dies gilt für die Antilope, die vom Gepard getötet wird, oder für den Wirt, der vom Bandwurm geschwächt wird. Die organismische Evolution zeigt im Räuber-Beute-Verhältnis die dynamische Entwicklung einer außerordentlichen Vielfalt an Strukturen und Strategien: Als Folge der gegenseitigen evolutionären

Anpassung kommt es zu einem Wettrüsten zwischen Räuber und Beute, um zu fressen, aber nicht gefressen zu werden. Räuber verfügen oft über scharfe Sinne (Adlerauge), Raubkatzen haben effektive Tötungsorgane wie spitze Eckzähne oder Krallen, Schlangen und Spinnen benutzen Gifte, um ihre Beute zu überwältigen. Potenzielle Beutetiere wie Pflanzenfresser der Steppe versuchen durch Flucht ihr Leben zu retten, astförmige Stabheuschrecken versuchen es mit Tarnung, Frösche mit Unappetitlichkeit durch Giftdrüsen in ihrer Haut.

In der Wirtschaft finden wir ein ähnliches Muster (einer gewinnt – einer verliert) beim Verdrängungswettbewerb: Ein großes Unternehmen bietet seine Produkte so lange zu niedrigen „Kampfpreisen" an, bis kleinere Unternehmen aufgeben müssen. Auch die feindliche Übernahme eines Unternehmens durch ein anderes gehört in diese Kategorie. Ein Beispiel für parasitäres Verhalten in der Wirtschaft ist das Kopieren von Markenprodukten. Die Nachahmer profitieren von den von anderen getätigten Investitionen in das Markenprodukt und brauchen die Entwicklungskosten und die hohen Marketingkosten zum Aufbau der Marke nicht zu bezahlen, so dass sie die Produkte zu einem günstigeren Preis verkaufen können.

Gewinner-Verlierer-Beziehungen sind auf jeden Fall anstrengend und kosten viel Energie. Außerdem weiß der Gewinner nicht, wie der Verlierer nach der Niederlage reagieren wird oder wie andere, die die „Vernichtung" beobachtet haben, reagieren. Auch wenn es sinnvoll ist, in Konkurrenzsituationen eine Win-Win-Lösung anzustreben: Es ist nicht immer möglich. Oft gibt es einen, der sich durchsetzt, und einen, der unterliegt. Dies sollte dann nicht verschleiert oder schöngeredet werden. Niederlagen erleiden und besiegt werden – auch das gehört zum Leben dazu.

> Nehmen Sie Konkurrenzsituationen als herausfordernden Wettbewerb wahr und überlegen Sie, wo Ihr Unternehmen deswegen Entwicklung braucht. Nutzen Sie Ihre Konkurrenten als Sparringspartner. Machen Sie sie nicht kaputt.
>
> Überprüfen Sie, welche Konkurrenzsituationen zu viele Ressourcen beanspruchen, meiden Sie diese Auseinandersetzungen.
>
> Analysieren Sie Ihre Geschäftsbeziehungen auf die Gefahr von etwaigen parasitären Beziehungen, ändern Sie sie oder trennen Sie sich von solchen Geschäftspartnern.

2.2.2 Beide gewinnen

In der Natur gibt es eine Vielzahl von Beziehungen, aus denen beide Beteiligte einen Gewinn ziehen. Die Biologen sprechen hier von Symbiosen. Es handelt sich um ein gegenseitiges Nutznießertum. So fressen Ameisen nahrhafte Samenanhängsel, wodurch die Samenpflanze verbreitet wird. Auch bei den Symbiosen kam es im Laufe eines langen Koevolutionsprozesses zu ausgeklügelten Anpassungen zwischen den Partnern. So hilft ein kleiner Fisch dem Krokodil, die sehr wichtige Mundhygiene durchzuführen. Wie ein lebendiger Zahnstocher schwimmt der Zahnkärpfling dem Tier durch den Rachen und säubert ihm jeden Millimeter der Zähne und Zahnzwischenräume. Das Krokodil frisst den Fisch nicht und der Fisch wird dabei satt.

Bei den Eusymbiosen – die Biologen definieren dies als ein „echtes Zusammenleben" – hat sich die kooperative Form des Zusammenlebens zu einer existenziellen Abhängigkeit entwickelt: Stirbt der eine Symbiont, kann auch der andere nicht weiterleben. Bestimmte einzellige Organismen im Darm von Termiten sind auf diesen Lebensraum angewiesen, während Termiten ohne diese „Untermieter" kein Holz verdauen können.

In der Natur wird Leben hauptsächlich durch Symbiosen gewährleistet. Dies ist auch für Unternehmen wichtig: sich vernetzen, zusammenarbeiten, kooperieren. Es spart Ressourcen und erhöht Synergieeffekte. Dies wird auch deutlich in der immer stärker werdenden regionalen Cluster-Bildung von in der Regel kleinen und mittleren Unternehmen der gleichen Branche oder mit gemeinsamen Kunden. Vor allem in Zukunftsbranchen locken bereits etablierte Unternehmen andere zur Ansiedlung an, die sich gegenseitig vernetzen, befruchten und wiederum weitere anziehen. Obwohl sie eigentlich Konkurrenten sind, arbeiten sie zusammen und können dadurch bessere Leistungen anbieten als ein einzelnes Unternehmen alleine. Dies funktioniert umso besser, je mehr es gelingt, gegenseitiges Misstrauen abzubauen.

Auch im Marketingbereich entstehen immer neue Formen der Zusammenarbeit, die es so früher noch nicht gab. Beispielsweise werden unterschiedliche Vertriebswege zum Nutzen beider Partner miteinander verbunden: So hat eine große Autowerkstattkette den Ölwechsel zusammen mit einem Billigflugticket nach New York verkauft und dadurch erhebliche Aufmerksamkeit für sein an sich unspektakuläres Produkt erreicht und die Fluglinie hat sich einen neuen Vertriebskanal eröffnet.

Bei Kooperationen ist es wichtig, seine eigenen Stärken gut zu kennen, bevor man in die Kooperationsverhandlungen eintritt. Auch wenn man am Anfang mehr investieren wird, langfristig muss der gegenseitige Nutzen der Kooperationspartner ausgewogen sein. Andernfalls kann es sein, dass eine Kooperationsbeziehung in eine parasitäre Beziehung umschlägt.

Zu den Eusymbiosen, also in starker Abhängigkeit lebenden Kooperationsformen, zählen Kunden-Lieferanten-Beziehungen, wenn das vom Lieferanten angebotene Gut extremer Knappheit unterliegt oder der Lieferant nur einen Kunden hat. Man kann dies beobachten, wenn ein großes Unternehmen in die Insolvenz geht und dann gleichzeitig einige seiner Zulieferer auch schließen müssen. Auch in der Automobilindustrie sind solche eusymbiotischen Beziehungen häufig zu beobachten. Als der damalige VW-Einkaufschef Lopez den Wettbewerb zwischen den Zulieferern verschärfte und das Sourcing internationalisierte, konnten einige Zulieferer nicht mehr mithalten. Es entstehen zwar immer noch rund um die großen Automobilwerke Zuliefererbetriebe. Sie lassen sich ihre Produktion inzwischen über langfristige Lieferverträge absichern, um die eigene Investition nicht zu gefährden.

Aus der intensiven Zusammenarbeit mit anderen wird sich nicht unbedingt automatisch eine Win-Win-Situation ergeben. Nutzen Sie folgende Hinweise.

Achten Sie bei symbiotischen Beziehungen auf den Grad der Abhängigkeit. Sie sollten jederzeit in der Lage sein, eine bestehende Kooperation zu beenden.

Wenn es Ihnen gelingt, in Ihrem Geschäftsfeld der Erste mit neuen Kooperationsformen zu sein, werden Sie erhebliche Wettbewerbsvorteile gewinnen.

Kooperieren Sie mit Geschäftspartnern, mit denen in Ihrer Branche normalerweise nicht kooperiert wird.

Entwickeln Sie neue Produkte und Geschäftsprozesse, indem Sie Disziplinen zusammenbringen, die bisher in diesem Feld noch nicht zusammengearbeitet haben.

2.2.3 Jeder verliert

Eine Konkurrenzsituation bedeutet zunächst einmal einen erhöhten Ressourcenverbrauch für die Beteiligten. Unabhängig von der möglichen Auflösung der Situation ist sie zunächst also negativ. Wenn sich ein Tier alleine in seiner Nische befindet, lebt es sich leichter, als wenn auch andere in der Nische ihre Nahrung suchen. Benötigen beide dieselbe Nahrung, verknappen sich die Ressourcen schneller und es kommt zu Konkurrenzverhältnissen. Wenn nun in einem Jagdrevier Wölfe und Füchse um Beutetiere wie Hasen konkurrieren und dies so intensiv tun, dass die Hasen ausgerottet werden, so gilt für sie das Verlierer-Verlierer-Schema. Je höher die Ressourcenknappheit, desto mehr Konkurrenz entsteht.

Diese Zusammenhänge in der Natur werden durch die folgende biologische Formel abgebildet:

Konkurrenzaktivität = (Nutzen der Ressource × Gewinnwahrscheinlichkeit) > Kosten.

Der Nutzen, den eine umstrittene Ressource bringt, gewichtet mit der Wahrscheinlichkeit, die Auseinandersetzung zu gewinnen, muss größer sein als die Kosten, die der Streit verursacht, wenn sich ein Kampf lohnen soll. Diese Formel lässt sich auch auf Unternehmen übertragen. Ausgangslage sind zwei Konkurrenten, die im gleichen Marktsegment tätig sind. Bei einem gesättigten Markt versucht nun das eine Unternehmen verstärkt dem Konkurrenten Kunden abzujagen und möchte wissen, ob dieser Ressourceneinsatz lohnend ist. Dies kann es nach der obigen Formel berechnen. Die Kosten der Investition in den Konkurrenzkampf müssen kleiner sein als der daraus resultierende finanzielle Gewinn multipliziert mit der Wahrscheinlichkeit, den Konkurrenzkampf zu gewinnen. Die Werbekampagne von EnBW zum Aufbau des Yellow-Strom-Verkaufs ist ein Beispiel für einen Misserfolg. Mit viel Geld wurde versucht, anderen Energieversorgern Kunden abzujagen. Die Kampagne war allerdings nicht erfolgreich, die investierten Kosten standen in keinem Verhältnis zum erzielten Ergebnis.

Prüfen Sie beim Konkurrieren Ihren Ressourceneinsatz. Vermeiden Sie Konkurrenzsituationen, in denen der wahrscheinlich eintretende Gewinn geringer ist als der Ressourceneinsatz.

Vermeiden Sie ressourcenverschwendende Auseinandersetzungen, die Ihre Existenz gefährden können. Steigen Sie rechtzeitig aus solchen Konkurrenzsituationen aus.

2.2.4 Einseitige Auswirkungen: Kommensalismus und Amensalismus

Es gibt auch einseitige Wechselwirkungen, bei denen sich die Situation für die eine Art neutral gestaltet, für die andere Art aber positiv oder negativ ist.

Beim *Kommensalismus („Mitessertum")* (0/+) profitiert z. B. eine Art von der Nahrung der anderen, ohne ihr dabei zu schaden oder zu nützen: Der Geier, der von den Überresten einer Löwenmahlzeit lebt, beeinträchtigt den satten Löwen in keiner Weise.

Nach der klassischen Win-Win-Situation ist dies vom Ressourcenverbrauch her gesehen die zweitbeste Interaktionsform. In einer stark vernetzten Welt mit oft unbeabsichtigten Nebenwirkungen kommen solche kommensalen Interaktionsformen häufig vor. Wenn ein Großkonzern eine neue Straße zu einer Fabrik baut, die von anderen auch genutzt wird, dann profitieren diese Mitnutzer von der Straße, während das Unternehmen davon nicht negativ beeinflusst wird.

Es gibt aber auch die Situation, dass einer Schaden nimmt, während der andere in der Wechselbeziehung weder negativ noch positiv beeinflusst wird. Eine solche Situation wird *Amensalismus* (0/–) genannt. Sie ist gegeben, wenn Wiesengräser im Schatten eines großen Baumes wachsen: Die Gräser schaden dem Baum nicht, noch nützen sie ihm, wohl aber schadet der Baum durch seinen Schatten den Gräsern.

Ein Wirtschaftsbeispiel, bei dem die einen durch die Wechselwirkung geschädigt und die anderen nicht beeinflusst werden, ist die Lärmbelästigung der Anwohner durch ein Unternehmen. Oft merken Unternehmen gar nicht, welche negativen Auswirkungen ihre Aktivitäten auf andere haben. Sie sind unsensibel dafür. Dies kann aber langfristig zu erheblichem Schaden führen, wenn die Geschädigten nicht mehr bereit sind, dies hinzunehmen. Shell bekam dies zu spüren, als die alte Bohrplattform Brent Spa mit allen ihren umweltschädlichen Chemikalien im Meer verkippt werden sollte. Die Unternehmensleitung hatte nicht mit so viel Sensibilität der Verbraucher bei der Verschmutzung der Meere gerechnet und musste nach der Kampagne von Greenpeace für eine andere Entsorgung der Ölplattform sorgen. Dieses Beispiel zeigt, dass eine Beziehung 0/– schnell in eine andere Form umschlagen kann.

> Suchen Sie Interaktionsformen, bei denen Ihr Unternehmen profitiert, aber andere nicht negativ beeinflusst werden.
>
> Überprüfen Sie Ihre Unternehmensaktivitäten auf etwaige negative Auswirkungen auf andere. Dies kann sich langfristig für Ihr Unternehmen schädlich auswirken.

2.2.5 Längerfristige Wechselwirkungen im Zusammenspiel von Konkurrenz und Kooperation

Die in den letzten Abschnitten aufgeführte Einteilung stellt Momentaufnahmen im Spannungsfeld zwischen Konkurrenz und Kooperation dar und dient einer ersten Analyse. Wichtig ist es aber auch zu beobachten, wie sich diese Interaktionen langfristig weiterentwickeln.

Wenn ein Parasit seinen Wirt zerstört, so vernichtet er seine eigene Ressourcenquelle und aus der Beziehung +/– wird eine Beziehung –/–. Das Gleiche gilt für Jäger-Beute-Beziehungen. Wenn zu viele Tiere einer Art gejagt werden, so kann diese Art aussterben, dadurch wird aber auch die Fortpflanzung der Jäger gefährdet. In der Realität geht es weniger darum, dass die einen oder die anderen untergehen, vielmehr beeinflussen sich die Populationsgrößen gegenseitig. Sind genug Hasen da, so wächst die Fuchspopulation, dadurch werden mehr Hasen erjagt, die Hasenpopulation geht zurück und in der Folge reduziert sich auch die Fuchspopulation. Es ist auch möglich, dass sich aus einer Konkurrenzsituation heraus Arten gegenseitig weiterentwickeln und dies sich positiv auf die Umfeldbewährung auswirkt. In der langfristigen Entwicklung kann sich also der Effekt, der aus einer Interaktion resultiert, in das Gegenteil umschlagen.

Dies gilt auch für die Interaktion von Unternehmen. So wurden Unternehmen von Umweltverbänden lange Zeit bekämpft, heute gibt es viele wertvolle Kooperationen zwischen Umweltverbänden und Unternehmen. Eine Reihe von Unternehmen unterstützen Umweltinitiativen finanziell und nutzen dieses Sponsoring für die eigenen Marketinginteressen. Auf

Tabelle 2.2: Bewusst abwägen: Konkurrenz und Kooperation

Analysieren Sie die Wechselbeziehungen zu Ihnen wichtigen Organisationen und Unternehmen:

Wie bewerten Sie die derzeitige Beziehung, wie sieht diese aus Sicht der anderen Organisation(en) aus?

Welche Chancen und Risiken sehen Sie langfristig?

Organisa-tion:	Investierte Ressourcen/ Input:	Bisherige Erfolge/ Output:	Einschätzung als:		Zukünftige Risiken:	Zukünftige Chancen:	Langfristige Weiterent-wicklungs-möglich-keiten:
			… von Ihrer Seite	… durch die an-dere Org.			

die Verhinderung langfristig negativer Folgen aus einseitig endenden Konkurrenzprozessen zielt auch die Einrichtung des Kartellamtes. Als gesamtgesellschaftliche Institution soll sie verhindern, dass durch die Monopolisierung in bestimmten Wirtschaftszweigen die Vielfalt und die Preisauseinandersetzung zum Nachteil der Verbraucher abgeschafft werden.

Konkurrenz und Kooperation sind wichtige und produktive Lebensprinzipien, deren Einsatz Sie bewusst abwägen sollten: In welchen Wechselbeziehungen steht Ihr Unternehmen oder Ihr Bereich zu anderen Organisationen? Ist mehr Dynamik in der Entwicklung angesagt? Lohnt sich der Einsatz von Ressourcen? Wie stark sind die Gefahren im Wettbewerb? Ist Ihr Unternehmen existenziell bedroht? Nehmen Sie sich die Zeit und reflektieren Sie die bisherigen Geschäftsverbindungen mit Hilfe der Tabelle 2.2. Dabei empfehlen wir, die Unternehmen aufzulisten, die Ihnen wichtig sind. Es kann sein, dass Sie derzeit in einer Kooperationsbeziehung stehen, in Konkurrenz oder Sie sich nur beobachten und noch keine Wechselbeziehung aufgebaut haben. Wichtig ist, dass Sie die momentane Verbindung aus beiden Perspektiven einschätzen, aber auch die langfristigen Gefahren und Chancen mit bedenken.

Wichtig ist vor allem, die ständige Wechselbeziehung zwischen Konkurrenz und Kooperation zu berücksichtigen. Dies sind nicht unbedingt zwei Gegensätze, die sich ausschließen, sondern häufig auch parallel vorkommende oder sich abwechselnde Interaktionsformen. In der Wirtschaft können wir das in der Beziehung der beiden großen Softwarefirmen Microsoft und SAP beobachten. Sie arbeiten bei der Softwareerstellung zusammen, konkurrieren aber um gemeinsame Kunden. Und bei der Entwicklung des Hybridmotors arbeiten Daimler-Chrysler, General Motors und BMW zusammen, um den Marktführer Toyota einzuholen. Aber sie sind weiterhin Konkurrenten beim Fahrzeugverkauf. In einer Kooperation ist der Kooperationsgewinn der Anreiz, zu kooperieren, während die Aufteilung des Gewinns wieder zu einer Konkurrenzbeziehung zwischen den Partnern führen kann. Häufig entstehen Kooperationen auch erst als Folge von Konkurrenzverhältnissen. Wenn die Manager das Konkurrieren bewusster leben, haben sie die Chance, es spielerischer zu gestalten und es mit mehr Lebensfreude zu verbinden.

Seien Sie darauf vorbereitet, dass sich Beziehungen zu anderen Unternehmen und Organisationen schnell ändern können.

Bedenken Sie den Handlungsspielraum in der Gestaltung von Wechselbeziehungen zwischen Organisationen – und nutzen Sie ihn!

Wahren Sie in der Gestaltung der Beziehung zu anderen Organisationen und Unternehmen die langfristige Perspektive.

Achten Sie auf die langfristigen Folgen Ihrer Interaktionen und eventuell entstehende Umkehrungen der Interaktionsformen als Risiko oder Chance.

2.2.6 Nischenwechsel aufgrund von Ressourcenmangel

Eine andere langfristige Entwicklung als Folge von Interaktionen liegt im Vorgang des Nischenwechsels in der Natur, der uns wichtige Hinweise für die Übertragung auf Unternehmensprozesse liefert. Wenn sich in einer Nische, die eine Art besetzt, die Ressourcen verknappen, so verschärfen sich die Auswahlkriterien durch den erhöhten Konkurrenzdruck innerhalb der eigenen Art und ein prozentual größerer Anteil an nicht hinreichend angepassten Lebewesen stirbt. Dadurch erhöht sich aber die Fitness der gesamten Art, denn alle Anpassungen, die zu einer verbesserten Ausnutzung der Ressourcen führen, erhöhen die Konkurrenzkraft. Insgesamt können dann auch minimale Fitness-Vorteile der einen Art über kurz oder lang zum lokalen Absterben einer anderen Art führen. Denn zwei Arten, die exakt die gleichen Ressourcen nutzen, können in der Natur auf Dauer nicht koexistieren.

In der Wirtschaft wirkt dieses sogenannte Konkurrenzausschluss-Prinzip vergleichbar. Denn genau genommen versucht jedes Unternehmen ein Produkt anzubieten, das sich in irgendeiner Hinsicht von Konkurrenzprodukten unterscheidet oder eine etwas andere Zielgruppe anspricht. Dies entspricht der Produktdifferenzierung beispielsweise in Design, Funktion, Zielgruppe oder Preis: Dem guten alten Heftpflaster werden bunter Bilder aufgedruckt und es gilt nun als Kinderpflaster. Und vom ersten massenproduzierten Ford T als Einheitsmodell oder dem VW-Käfer hat es sich in der Autobranche zu jeweils 50 bis 60 unterschiedlichen Modellen der großen Konzerne ausdifferenziert. Ab einem sehr hohen Ressourcenverbrauch aufgrund der starken Konkurrenz ist also zu überlegen, ob man nicht in eine andere Nische wechseln sollte, die noch nicht so hart umkämpft ist.

Genau diese Strategie des Nischenwechsels folgt im Laufe der Evolution aus dem Konkurrenzausschluss-Prinzip: Eine Art verändert sich derart, so dass sich das Ressourcenspektrum nicht mehr vollständig überlappt. Sie kann vom Boden in die Bäume des gleichen Gebietes übersiedeln, zu einer anderen Tageszeit aktiv sein oder sich von etwas anderen Beutetieren ernähren. Man nennt diesen Vorgang der Nischendifferenzierung „Ressourcenaufteilung" und er wurde beispielsweise bei verschiedenen Arten von Leguanen der Gattung Anoli beobachtet, die auf La Palma in der Dominikanischen Republik beheimatet sind. Dort leben sieben Anoli-Arten relativ eng zusammen und ernähren sich von denselben Insekten. Jede Art ist aber auf verschiedenen Höhen der Bäume anzutreffen und manche bevorzugen eher Schatten, andere die Sonne. Somit stehen sie nicht in permanentem Interessenkonflikt miteinander.

Wenn es in Ihrer Nische zu eng wird, schauen Sie sich nach neuen Nischen um. Verändern Sie Ihre Produkte, so dass Sie sich von Wettbewerbern unterscheiden.

2.2.7 Die Rolle von Täuschung und Tarnung

In der Natur sind Täuschung und Tarnung an der Tagesordnung. Sie sind das Ergebnis einer erfolgreichen Adaption einer Spezies an ihre natürliche Umwelt. Beutetiere versuchen sich dadurch vor Räubern zu schützen und umgekehrt versuchen Räuber wiederum den Erfolg der Tricks ihrer Beute zu mindern. In der Tierwelt würden viele den Angriff ihrer Verfolger ohne Täuschung nicht überleben und die Verfolger wären nicht in der Lage, ihre Beute zu erreichen. So ähneln die Flügel eines Schmetterlings den Augen einer Eule und dienen zur Abschreckung. Der Gecko passt seine Farbmuster perfekt einem Baumstamm an. Täuschung ist Schutzschild und Waffe gleichermaßen. Dies hat im Laufe der Evolution zu immer ausgeklügelteren Täuschungsstrategien auf beiden Seiten des Räuber-Beute-Verhältnisses geführt.

Täuschung ist jedoch nicht nur ein Merkmal von Beziehungen zwischen dem Angreifer und seiner Beute. Sie ist auch in Sozialverbänden üblich. Pavian- und Schimpansenweibchen haben ausgeklügelte Täuschungsstrategien entwickelt, um auch mit anderen Männchen als dem dominanten Alphatier kopulieren zu können – und werden dabei tatkräftig von anderen Männchen der Gruppe unterstützt.

Eine bekannte Täuschungsstrategie verfolgen Brutschmarotzer wie der Kuckuck, die ihre Eier in fremde Nester legen. Die Färbung des Eis wird dabei der jeweiligen Vogelart angepasst. Sie ersparen sich dadurch den Aufwand der Futtersuche für ihren Nachwuchs, was ihnen ermöglicht, mehr Nahrung für sich selbst zu finden und dadurch mehr Eier zu legen. Meistens wird nur ein Ei pro Nest abgelegt. Wenn die Nachkommen in artfremden Nestern aufwachsen, sind sie in der Regel größer als die Jungen der Wirtseltern. Durch diesen Größenvorteil erhalten sie mehr Futter als die Nachkommen der Wirtseltern und sind oft schon kurz nach dem Schlüpfen in der Lage, die anderen Jungvögel und weitere Eier aus dem Nest zu werfen, so dass sie mehr Nahrung für sich haben. Bei einer anderen Täuschungsstrategie versucht der Kuckuck, die Pflegeeltern durch schnelle Rufe zu Höchstleistungen beim Nahrungssammeln anzutreiben. Der südostasiatische Fluchtkuckuck hingegen präsentiert seine Flügelunterseiten mit gelbgefärbten Flecken auf der Haut, womit er dem Wirt weitere zu fütternde Schnäbel vortäuscht.

Auch in der Wirtschaft ist Täuschung üblich – denken Sie nur an die Werbung, die Sie in der letzten Zeit im Kino oder im Fernsehen gesehen haben. Was davon hat Sie angesprochen? Wie hat die Werbung auf Sie gewirkt? Kein Mensch glaubt wirklich, dass ein bestimmtes Auto seinen Käufer reich, schön und erfolgreich werden lässt, aber uns wird so ein bestimmtes Lebensgefühl vorgetäuscht, damit wir zugreifen. Auch eine attraktive Hostess auf einem Kongress, die Produkte zur Zahnprophylaxe anbietet, lässt das Interesse an diesem doch eher langweiligen Produkt auf angenehme Art und Weise wachsen. Eine Mogelpackung hingegen, die mehr verspricht, als der Inhalt hergibt, verärgert den Konsumenten eher.

Die Wirtschaftswissenschaftlerin Caroline Gerschlager von der Universität Wien zeigt in ihren Untersuchungen, dass List, Schwindel, Betrug, Verführung, Überredung, Übervorteilung und Verrat eine wesentliche Rolle für das Funktionieren von Unternehmen spielen. Ein beliebtes Mittel, das nicht sofort auffällt, ist die Bilanzfälschung, beispielsweise bei Enron. Worldcom, Parmalat oder Libro sind weitere Beispiele für Lügner und Betrüger in der Wirtschaft. Bilanzen werden gefälscht und dadurch Aktionären Erfolge vorgetäuscht, die es nicht gibt. Auch für die internationalen Märkte, den Tauschhandel und den Warenverkehr hat Täuschung eine große Bedeutung. Dadurch werden grundlegende Annahmen der Marktwirtschaft, wie die der freien Konkurrenz, untergraben. Denn nicht jeder Marktteilnehmer hat alle nötigen Informationen zur Verfügung, um entscheiden zu können, welches Produkt für ihn das beste Preis-Leistungs-

Verhältnis hat. Die häufig vorkommende Täuschung impliziert nämlich, dass bestimmtes Wissen zurückgehalten wird und nur wenigen zur Verfügung steht. Ebenso wird deutlich, wie wenig die Mechanismen des Marktes gegen Täuschung und Betrug ausrichten können. Denn zur Täuschung gehört auch Selbsttäuschung. Wir alle lassen uns allzu bereitwillig belügen. Wir gehen davon aus, Betrüger leicht zu erkennen, aber die Ergebnisse von Gerschlager zeigen, dass Täuschung allgegenwärtiger und erfolgreicher ist als bisher angenommen.

Täuschung ist also ein vielfach eingesetztes Mittel bei Mensch und Tier und ein Beleg für die große Ähnlichkeit von dem, was in der Natur passiert und in der Wirtschaft. Die Ergebnisse von Tarnung und Täuschung hängen davon ab, wie der andere sie empfindet. Wenn einem ein nicht der Wahrheit entsprechender Eindruck hinterlassen wird oder Informationen vorenthalten werden, dann kann dies als Arglist oder Betrug wahrgenommen werden. Je nach Situation kann Bluffen oder Überlisten aber auch für soziale Intelligenz stehen. Menschen täuschen in sozialer Interaktion Interessen, Einstellungen und Emotionen vor. Was wäre, wenn Sie ständig aussprechen würden, was Sie tatsächlich denken? Die meisten Menschen würden Sie als unhöflich empfinden. Täuschung überdeckt Differenzen, stellt vermeintliche Gemeinsamkeiten her und kann dem Anderen schmeicheln. Ohne Täuschung wäre die Komplexität sozialer Interaktion nicht möglich.

Die Grenzen von notwendiger Informationsübergabe und Täuschung sind fließend. In Unternehmen sind das strategische Zurückhalten von Informationen und die übertrieben positive Darstellung des Unternehmens vor den Aktionären ganz normal. Dabei hängt es stark von der subjektiven Einschätzung ab, ob man sich gut genug informiert oder getäuscht fühlt.

Täuschung gehört also zum täglichen Leben dazu und es macht wenig Sinn, sie aus unserem Leben verbannen zu wollen. Trotzdem können aus Täuschung positive und negative Ergebnisse resultieren. Wann Täuschung sinnvoll sein kann, hängt also stark davon ab, wie der Getäuschte darauf reagiert, ob er bereit ist, die Absicht des Täuschenden zu billigen.

> Sorgen Sie dafür, dass auch der Getäuschte einen Profit erkennt. Unter dem Gesichtspunkt der Nachhaltigkeit muss das Ergebnis stimmen und darf langfristig nicht negativ zurückwirken.
>
> Aus einer schwachen Position heraus, beispielsweise bei Abwehr der Übernahme eines kleinen Unternehmens durch ein großes, kann Täuschung überlebensnotwendig sein.
>
> Sie können sich mit Täuschung durch die Zurückhaltung von Informationen oder Ideen schützen, wenn eine Innovation noch nicht produktreif ist.
>
> Sie können ohne Nachteile mit Täuschung arbeiten, wenn damit gemeinsam geltende Spielregeln eingehalten werden.

2.3 Das Netzwerk als Organisationsmuster des Lebens

Das Netz ist eine grundlegende Strukturform der Natur. Es beschreibt Verbindungen und ist eine wichtige Struktur für Kooperation und Konkurrenz. Wir wollen im Folgenden untersuchen, welche Netze es gibt, wie sie funktionieren, und werden Netze in der Natur mit Netzen in der Wirtschaft vergleichen. Der größte und schwerste lebende Organismus der Welt ist kein

Wal oder Elefant, sondern ein Pilz in Form eines Riesennetzes. Amerikanische Forscher haben 1992 einen gigantischen Hallimasch entdeckt, dessen 100 Tonnen schweres Wurzelnetzwerk sich über 130.000 Quadratmeter Waldboden im US-Staat Michigan erstreckt. Wo immer wir leben, wohin wir gehen, sind wir von Netzwerken umgeben: Verkehrsnetze, Telekommunikationsnetze oder Stromnetze. Angesichts weltweit operierender Netzwerke des Wissens im Internet und der Geldströme spricht man zu Recht von einer „Netzwerkgesellschaft", oder, wie der Soziologe Robert Putnam es ausdrückt, vom „network capitalism".

Von technischen Netzwerken wie der Vernetzung von Computern sind lebendige Netzwerke zu unterscheiden. Lebendige Netzwerke lassen sich ihrerseits einteilen in Netzwerke innerhalb und zwischen natürlichen Organismen auf der einen Seite und menschlich-sozialen Netzwerken auf der anderen Seite. Menschlich-soziale Netzwerke bestehen aus Akteuren und deren Beziehungen untereinander. Beim Menschen geht es in den jeweiligen Beziehungen um Informationen, Güter und Dienstleistungen, Einfluss und Macht sowie Freundschaft. Spezielle Formen sozialer Netzwerke des Menschen sind Netzwerke in und zwischen Organisationen sowie individuelle Netzwerke im Berufsfeld. Außerdem können Netzwerke eher formell oder informell funktionieren. Ein formelles Netzwerk wie beispielsweise der Verband der Druckindustrie hat eine allgemeine Zielsetzung und wird bewusst gesteuert und mittels festgelegter Regeln und Satzungen gestaltet, die etwa Ein- und Austritte, Verfahrensabläufe, Jahresbeiträge usw. festlegen. Demgegenüber haben informelle Netzwerke wie Freundschaftskreise durch lockere Bindungen eine viel größere Eigendynamik in der Entwicklung.

Grundsätzlich besteht ein Netzwerk also aus mehr als zwei Akteuren oder Objekten und den Verbindungen zwischen diesen. Zentrale Eigenschaft eines Netzwerkes ist Nichtlinearität. Während eine Linie nur in eine Richtung geht, enthält ein Netzwerk etliche Bewegungs- und Wirkungsrichtungen. Die Vernetzung bietet Rückkopplungsmöglichkeiten. Damit ist das Netzwerk befähigt zu Selbstregulierung und Selbstorganisation. Ein Netzwerk braucht keine zentrale Führung, von der die Beteiligten Anweisungen bekommen; die Beteiligten organisieren sich im Rahmen der Netzwerkregeln selbst.

Diese Bestimmung des Netzwerkbegriffs sagt aber noch nichts über den Nutzen aus, den ein Netzwerk hat. Schließlich sind auch die Nahrungsketten in der Natur netzartig und stellen Verbindungen zwischen beispielsweise Räuber und Beute her, ohne dass dieses Netzwerk der Beute irgendetwas nutzen würde. Wir wollen uns im Folgenden auf Netzwerke als eine Form von Kooperation konzentrieren und die Frage beantworten, was man von der Funktionsweise von Netzwerken der Natur für menschliche soziale Netzwerke lernen kann.

2.3.1 Netzwerke in der Natur

Die Natur organisiert alles Leben in Netzwerken. Die meisten natürlichen Netze sind so konstruiert, dass Energie und Materie hindurchfließen können, obwohl sie ihre Form stabil erhalten. Sie funktionieren oft nach einfachen Regeln und bringen dennoch höchste Komplexität hervor. Dadurch ermöglichen Netze ein dynamisches Reagieren auf Umfeldveränderungen. Netze bilden sich in diesem Sinne immer dann, wenn komplexe Aufgabenstellungen zu bewältigen sind. Diese Vernetzung kann in der Natur auch bei Bakterienkolonien beobachtet werden. Die Kolonien breiten sich bei guten Nährbedingungen rasch aus. Falls Sie dabei auf schlechte Bedingungen stoßen, werden chemische Signalstoffe ausgeschüttet, die andere Zellen dazu anhalten, mobilere Zellen zu produzieren. Diese Zellen können sich durch ihren erhöhten Bewegungsradius flexibler und schneller wechselnden Umweltbedingungen anpassen. Erst durch die Vernetzung zwischen den Zellen überleben sie Situationen, die im Alleingang nicht bewältigt werden könnten.

In der Natur lassen sich Netzwerke auf folgenden Ebenen finden:

- Molekulare Netzwerke innerhalb der Zelle zur Regulation der Stoffwechselvorgänge.
- Vernetzung von Zellen/Gewebe/Organen eines Organismus über Informationssysteme: einmal neuronal über Nervenzellen und zweitens hormonell über Botenstoffe.
- Netze aus organischer Materie wie Spinnennetze.
- Soziale Netzwerke innerhalb von Populationen einer Art.
- Vernetzung aller beteiligten Lebewesen eines Ökosystem.

All diesen Netzen in der Natur ist gemeinsam, dass sie sich im Laufe der Zeit aus Wechselbeziehungen entwickelt haben und selbständig gewachsen sind. Auch die von uns Menschen gemachten Netze wie Schienen-, Straßen- und Telefonnetze entstanden nicht auf der Basis eines ausformulierten Gesamtplanes, sondern sind Folge aufeinanderfolgender und an die jeweiligen Bedingungen angepasster Entwicklungsstufen.

> Versuchen Sie nicht, Netze vollständig zu planen und umzusetzen, gewährleisten Sie stattdessen das Selbstwachsen von Netzen. Lassen Sie Netze sich entwickeln.

2.3.2 Netzwerke in Organisationen

Der Zukunftsforscher John Naisbitt bestimmte 1982 als Megatrend der Zukunft eine Entwicklung der traditionellen, internen Unternehmensstruktur von der Hierarchie zum Netzwerk. Netzwerke in Organisationen stellen anders als Netzwerke zwischen Organisationen sehr dichte Verbindungen zwischen Personen her. Damit kommen Psychologie, Beziehungsmanagement und Kommunikation ins Spiel. Für Naisbitt hatte sich das alte Pyramidenmodell von Unternehmensstrukturen damit erledigt. Im Evolutionsmanagement gehen wir dagegen davon aus, dass es sinnvoll ist, verschiedene Formen der Entwicklung parallel weiterexistieren zu lassen, dass also sowohl hierarchische als auch netzwerkartige Strukturen im Unternehmen wirken sollten.

Die entscheidenden Parameter eines Netzwerkes sind:

- Größe: Anzahl der Knoten des Netzwerks.
- Dichte: Anzahl der internen Verbindungen zwischen den Knoten im Vergleich zur Anzahl möglicher Verbindungen und Länge der Verbindungen.
- Offenheit: Anzahl der externen Verbindungen im Vergleich zur möglichen Anzahl.
- Stabilität: Grad der Veränderung des Netzwerkes über die Zeit.
- Zentralität: Grad der Vernetzung aufgrund der formalen Hierarchie. Zentrale Knoten haben überdurchschnittlich viele Verbindungen. Zentrale Verbindungen werden überdurchschnittlich oft genutzt.
- Geschwindigkeit: die Zeit, in der etwa Informationen über Verbindungen von einem Knoten zum anderen gelangen.

Ein hoher Grad an Zentralität bedeutet, dass viele Verbindungen über wenige Personen laufen. Damit werden zwar einerseits Wirtschaftlichkeit und Effizienz erzielt. Der Nutzen eines solchen Netzwerkes kann jedoch umschlagen. Schließlich entsteht eine gewisse Verwundbarkeit, die Gefahr eines großen Schadens, sobald auch nur eine solcher zentralen Personen ausfällt. Einen derartigen Umschlag des Nutzens erleben wir bei zentralistisch ausgerichteten technischen Netzwerken immer wieder, etwa bei Stromausfällen. Eine zentrale Stellung im Netzwerk mag für die betroffene Person selbst zwar immer von Vorteil sein; für das Gesamtunternehmen birgt sie aber Risiken.

Wie geht die Natur mit dieser Problematik um? Die Evolution natürlicher Netzwerke hat auf die Ausbildung zentraler, besonders dicht vernetzter Knoten verzichtet und Netze hervorgebracht, die eine homogenere Verteilung der Knotengrößen (Zentralität) aufweisen. Als Preis für diese erhöhte Betriebssicherheit muss die Zahl der Verbindungen erhöht werden, um bei gegebener Knotenanzahl eine vergleichbare Komplexität der Interaktionsmöglichkeiten herzustellen. Berechnungen haben ergeben, dass etwa die Verschaltung der Nervenzellen in der Großhirnrinde einen optimalen Kompromiss darstellt zwischen den Anforderungen, eine bestimmte Knotengröße nicht zu überschreiten und bei gegebener Zahl von Knoten mit einer minimalen Zahl von Verbindungen und minimalen Übertragungsdistanzen maximale Interaktionsmöglichkeiten zu erschließen. Da Netzwerke vom Austausch von Informationen leben, ist eine Offenheit des Netzwerkes in einer Organisation nach außen von Vorteil, weil so schließlich viele neue Informationen aufgenommen werden können. Es ist allerdings wichtig, über ein Auswahlsystem von Informationen zu verfügen, um einerseits die Qualität der Informationen im Netzwerk nicht zu reduzieren und andererseits dafür zu sorgen, dass unwichtige Informationen den Datenfluss wichtiger Informationen nicht verzögern. Netzwerke von geringer Stabilität, also hoher Flexibilität, haben dabei den Vorteil, dass immer wieder neue Menschen und ihr Wissen zusammenkommen. Das Wissen kann allerdings auch sehr flüchtig werden, wenn wichtige Netzwerkmitglieder aufgrund der lockeren Bindungen das Netzwerk verlassen. Auf der anderen Seite ist ein Netzwerk mit hohem Stabilitätsgrad, wie es früher üblich war, zwar etwas träger, hat aber den Vorteil von Kontinuität und Zuverlässigkeit.

Zusätzlich zu den genannten Parametern muss zwischen formellen und informellen Netzwerken unterschieden werden. Formelle Netzwerke innerhalb von Organisationen werden in Organigrammen, Arbeitsabläufen und Verfahrensanweisungen niedergeschrieben. Informelle Netzwerke in Organisationen sind persönliche Beziehungsnetzwerke, die eine Person im Unternehmen aufbaut. Je dichter diese Beziehungen sind, desto erfolgreicher ist die Person im Unternehmen, da sich viele Probleme und Schwierigkeiten über den informellen Weg schneller als über den Dienstweg lösen lassen. Solche informellen Netzwerke lassen sich über die Häufigkeit von Kommunikationskontakten darstellen; ein wichtiges Instrument, um bei einer Teamentwicklung die informellen Strukturen des Teams abzubilden und damit bewusst zu machen, als Voraussetzung für die Optimierung. In einer optimalen Situation laufen über Führungskräfte mehr Informationen als über einfache Mitarbeiter, d. h. formelle und informelle Netzwerke stimmen weitgehend überein.

Lassen Sie nicht zu viele Verbindungen über einen Knoten (eine Person) laufen.

Delegieren Sie Aufgaben und Kommunikationsanforderung auf mehrere Schultern, um dadurch die Abhängigkeit von Einzelnen zu reduzieren und damit die Gefahr der Verwundbarkeit bei Ausfällen Einzelner abzuwenden.

Sorgen Sie dafür, dass formelle und informelle Netzwerke annähernd deckungsgleich sind.

2.3.3 Netzwerke zwischen Organisationen

Eine Umfrage von IBM Business Consulting unter 750 Top-Führungskräften ergab, dass nur noch 14 % der Ansicht sind, dass interne Forschung und Entwicklung allein die Quelle von Innovation seien. Stattdessen setzte die Mehrheit der Manager zur Erlangung neuer Ideen auf Kooperationen und Unternehmensnetzwerke. Ein Unternehmensnetzwerk besteht aus wirtschaftlich selbständigen Einheiten, die versuchen, in einem Spannungsfeld von Autonomie und Interdependenz, Kooperation und Wettbewerb, Stabilität und Dynamik und schließlich von wechselseitigem und einseitigem Machtvorteil Kooperationsgewinne zu erwirtschaften. Es sind verschiedene Formen von Netzwerken zwischen Organisationen zu unterscheiden. Zum einen Branchennetzwerke, dazu gehören regionale Cluster mit dem Ziel, die Unternehmen einer Branche in wirtschaftlich schwachen Regionen zu stärken, nationale Netzwerke wie den Industrieverband des Maschinenbaus und internationale Zusammenschlüsse wie beispielsweise die Star Alliance. Zum anderen branchenübergreifende Netzwerke, z. B. Allianzen für den Markt, etwa um Produkte gemeinsam zu verkaufen. Branchenübergreifende Netzwerke dienen aber nicht immer ausschließlich unmittelbar ökonomischen Zwecken. So bilden McKinsey, die Zeitschrift „stern" und die Sparkassen ein Netzwerk, um mittels eines Gründerwettbewerbs besonders innovative Firmengründungen zu ehren und zu fördern.

Die Vorteile von Netzwerken sind:

- **Kompetenzvorteile:** Gebündelte Ressourcen und Fähigkeiten sind Bestandteile des strategischen Erfolgspotenzials und somit Quelle für Wettbewerbsvorteile.
- **Informationsvorteile:** Unternehmen haben die Möglichkeit, gemeinsames Wissen zu nutzen. Beispielsweise zu Technologien, Produkten, Vertriebs- und Fertigungsprozessen oder Marktinformationen.
- **Ressourcenvorteile:** Unternehmen haben die Möglichkeit, durch Zugriff auf unternehmensfremde Ressourcen im Rahmen einer Kooperation ihren Aktionsraum zu erweitern. Daraus können auch Marktzugangsvorteile resultieren.
- **Ökonomische Vorteile:** Reduktion von Kosten, Reduktion von Risiken, Reduktion von Zeit, Schaffung gemeinsamer Normen und Standards, Referenz- und Vermittlungsfunktion von Kooperationsbeziehungen.
- **Soziale Vorteile:** Aufbau persönlicher Kontakte.

Doch neben den Vorteilen können auch einige Kooperationsrisiken entstehen. Zu den wichtigsten gehören:

- Fehlende „Schnitt-" oder „Nahtstellen" zwischen den Kooperationspartnern.
- Erhöhte Transaktionskosten.
- Geheimhaltungsprobleme bzw. Know-how-Verlust.
- Kontrollverluste und Einfluss durch Dritte.
- Doppel- und Mehrfacharbeit.
- Interaktionsprobleme zwischen den beteiligten Personen.
- Mangelnde Kooperations- und Informationsbereitschaft der beteiligten Personen.
- Mangelndes Vertrauen.

Netzwerke können also Vor- und Nachteile haben. Je nachdem, welche überwiegen, haben Netzwerkbeziehungen das Potenzial, vier Ausprägungen zu entwickeln:

- **Symbiotisch:** Alle Netzwerkpartner profitieren voneinander.
- **Eusymbiotisch:** Die Netzwerkpartner werden essentiell voneinander abhängig.
- **Kommensalistisch:** Nur wenige Netzwerkpartner gewinnen ohne negative Auswirkungen auf andere.
- **Parasitär:** Nur wenige Netzwerkpartner gewinnen, während die anderen Schaden nehmen.

Die beste Lösung ist eine symbiotische Netzwerkbeziehung. In der Regel handelt es sich bei einer Netzwerkbeziehung um einen Mix der ersten drei Formen, die sich in zeitlichen Phasen abwechseln. Je nachdem kann die eine oder andere Form vorherrschen. Auch wenn man am Anfang mehr investieren wird, langfristig muss der gegenseitige Nutzen der Kooperationspartner ausgewogen sein. Parasitäre Beziehungen sollten schnell beendet werden.

Analysieren Sie Ihre Kooperationsformen der letzten Jahre hinsichtlich des durchgeführten Inputs und erreichten Outputs. Welche der vier Formen überwiegt?

Achten Sie bei symbiotischen Beziehungen auf den Grad der Abhängigkeit.
Sie sollten jederzeit in der Lage sein, eine bestehende Kooperation zu beenden.

Gehen Sie bei Ihren Interaktionen davon aus, dass es einen ständigen – auch sehr schnellen – Wechsel zwischen den Kooperationsformen gibt.

2.3.4 Individuelle Netzwerke

Die bekannteste Form sozialer Netzwerke sind Netzwerke von Individuen im Berufsfeld. Das gängige Verständnis solcher Netzwerke ist ein lose organisiertes, zwangloses System von sozialen Kontakten zur Erlangung persönlicher Vorteile. Das Netzwerk zeichnet sich dadurch aus, dass die Teilnehmer einen Moment der Absichtslosigkeit behalten und flexibel in sie hinein-, aber auch schnell wieder herausgehen können. Die Bildung und Auflösung dieser Netzwerke ist quantitativ höher, wird dadurch schnelllebiger, instabiler und die Teilnahme ist zeitlich begrenzt. Insgesamt ist das Engagement und damit auch die Intensität des Austausches niedriger.

Früher ist man zusammen etwas trinken gegangen, hat sich gegenseitig auf die Schulter geklopft und viel gelacht. Man war zwar in weniger Netzwerken integriert, vielleicht einem Sportverein und einem Gesangsclub, dafür aber sehr intensiv und über einen langen Zeitraum hinweg. Diese alten Formen des Netzwerkens gehen langsam zurück und die flexiblen, zeitlich begrenzten nehmen zu. Oftmals ersetzen moderne Netzwerke traditionelle Bindungsformen. Dies hat viele Vorteile beispielsweise an individueller Freiheit und Spontaneität, dadurch geht aber auch etwas verloren: Sich richtig gut kennen, mögen und vertrauen ist in den meisten modernen Netzwerken nicht mehr so intensiv vorhanden.

Gute Netzwerker sind einerseits Jäger oder Sammler, andererseits aber auch Landwirte: Man sollte auch dann Kooperationspartner finden und die Beziehungen pflegen, wenn man sie unmittelbar gerade nicht braucht, damit man sie hat, wenn man sie braucht.

Die wichtigsten Leistungen in individuellen Netzwerken sind Informationen und die Herstellung von Verbindungen. Der Netzwerkpartner empfängt damit Vorteile gegenüber Konkurrenten. Je vielversprechender die Informationen sind, die ein Netzwerkpartner liefern kann, desto bedeutsamer wird er für das Netzwerk.

Hier einige Tipps für erfolgreiches Netzwerken:

- Definieren Sie Ihre Ziele eindeutig. Wozu brauchen Sie die Kontakte oder Informationen?
- Recherchieren Sie entsprechend der Zielsetzung sorgfältig nach Personen oder Netzwerken, die diesem Ziel nutzen.
- Bereiten Sie sich gut auf Netzwerktreffen vor und kennen Sie Ihre Stärken.
- Heben Sie bei der ersten Kontaktaufnahme die Gemeinsamkeiten hervor. Bauen Sie Verbindungen nach Interesse auf.
- Vertiefen Sie die Kontakte in persönlichen Treffen und bieten Sie nützliche Informationen an. Netzwerken ist ein sich gegenseitig Befruchten.
- Treffen Sie sich regelmäßig, ohne gleich Gegenleistungen zu erwarten.
- Reden Sie nicht nur über das Business, sondern auch über Hobbys u. Ä. Und erzählen Sie nicht nur von und über sich selber. Seien Sie neugierig auf den Anderen und stellen Sie Fragen.
- Erwarten Sie nicht von jedem Netzwerk gleich einen Nutzen. Gehen Sie spielerisch damit um und lassen Sie Raum für Zufälle.
- Ein Netzwerk braucht Emotionalität: Lernen Sie sich kennen. Starten sie gemeinsame Aktionen wie Sportveranstaltungen.
- Ein Netzwerk muss gepflegt werden! Es braucht jemanden, der sich verantwortlich dafür fühlt.

Es gibt jedoch auch einige Dinge, die Sie nicht machen sollten:

- Halten Sie sich nicht für die wichtigste Person in einem Netzwerk.
- Breiten Sie nicht direkt Ihre gesamte Leistungspalette, Ihre Erfolge (mein Auto, mein Boot, meine Geliebte) vor Ihren Gesprächspartnern aus.
- Tratschen Sie nicht über andere Kontakte (wer weiß, in welchem Verhältnis Ihr Gesprächspartner zu diesem Kontakt steht) und plaudern Sie keine Informationen aus.
- Halten Sie Versprechen ein.
- Drängen Sie sich niemandem auf.

> Entdecken Sie die Potenziale persönlicher Netzwerke.
>
> Seien Sie bereit, zu investieren.
>
> Lernen Sie, mit vielen Verbindungen gleichzeitig umzugehen.
>
> Lernen Sie, sich schnell zu binden und wieder zu lösen.

2.4   Konkurrenz und Kooperation innerhalb des Unternehmens

Während für viele Manager die Konkurrenz zwischen den Unternehmen völlig in Ordnung, ja lebensnotwendig ist, sieht es bei der Konkurrenz innerhalb des Unternehmens ganz anders aus. Loyalität, „an einem Strang ziehen", „wir sind ein Team" sind hier die Begriffe und Leitsätze. Aber auch in der Organisation gibt es heftige Konkurrenzen. Das wird sicher keiner leugnen. Dennoch wird darüber sehr viel weniger gesprochen. Wir haben die Auseinandersetzungsformen zwischen den Arten in der Natur oben dargestellt und die Ergebnisse auf die Interaktion zwischen Organisationen übertragen.

Sie können uns auch bei der Analyse der Interaktionsformen innerhalb von Organisationen nützen: Eine gute Zusammenarbeit (Gewinner-Gewinner-Interaktion) gehört genauso zum Unternehmensalltag wie Auswahlprozesse bei Personaleinstellungen (Gewinner-Verlierer-Interaktion) oder auch der Kampf um Ressourcen, die nicht freigegeben werden (Verlierer-Verlierer-Interaktion). All diese Interaktionen müssen in einer Unternehmenskultur bedacht werden.

Biologen haben die folgenden Ursachen für Konkurrenzverhalten innerhalb einer Art herausgefunden, die dann bei den Tieren auch zu aggressivem Verhalten führen können:

- Kampf um die Rangfolge,
- Kampf um Ressourcen,
- Kampf um Territorien,
- Geschlechterkonkurrenz,
- Abwehr eines inneren Feindes,
- Verteidigung gegen Gruppenaußenseiter.

All diese Gründe sind auch im Konkurrenzverhalten in Unternehmen und Organisationen beobachtbar. Gelernt haben wir dieses Verhalten schon sehr früh an einem anderen Ort, nämlich in der Familie. Familie ist nicht der Ort, wo nur friedlich miteinander kooperiert wird und man sich gegenseitig liebt. Familie ist der Ort heftigster Konkurrenz, wo wir seit frühester Kindheit Konkurrenz erleben und erlernen. Die meisten Eltern erziehen ihre Kinder in Konkurrenz. Sie sollen sich gut entwickeln, dazu werden immer Vergleiche zu anderen Kindern gezogen. Es gibt Konkurrenz zwischen den Eltern um die Liebe der Kinder, es gibt Konkurrenz zwischen den Kindern um die Liebe der Eltern. Der Mann konkurriert mit dem Sohn um die Zuneigung der Mutter, die Frau konkurriert mit der Tochter um die Zuneigung des Vaters. Noch komplizierter wird es, wenn wir die anderen Generationen mit einbeziehen. Aufgrund eines weit verbreiteten Harmonieanspruchs wird die Konkurrenz schon in der Familie eher tabuisiert.

Konkurrenz wird in der Familie mit großer Intensität ausgetragen, sie erzeugt großen Druck und was wir in diesem Feld lernen, übertragen wir auch auf unser späteres Verhalten in der Arbeit. Dies gilt nicht nur für Menschen, die wir wegen ihres aggressiven Verhaltens ablehnen. Wir alle spielen mit in diesem Konkurrenzspiel.

Wie sehr die von den Biologen bei Tieren beobachteten Verhaltensweisen auch in den Unternehmen zu finden sind, soll an einigen Beispielen entlang der oben genannten Aufzählung gezeigt werden:

● Kämpfe um die Rangfolge finden in jeder größeren Organisation statt. Es gibt in der Regel den Vorstand, Führungskräfte und Mitarbeiter und es wird heftig um den Platz in dieser Hierarchie gerungen. Man hat nachgewiesen, dass auch in Organisationen ohne formelle Hierarchie eine klare, wenn auch inoffizielle Rangordnung besteht (informelle Hierarchie). Die Art, Konkurrenzverhältnisse auszutragen, kann sich unterscheiden, aber es wird immer konkurriert. Deutlich wird dies beim Wechsel, vor allem beim Generationswechsel. Konkurrenz hat durchaus positive Folgen, denn durch den Wettbewerb sollen die besten Köpfe an die Spitze der Organisation kommen, und das ist für ihre Existenz wichtig. Ob aus einer Konkurrenzsituation allerdings die Besten auch als Gewinner hervorgehen, ergibt sich nicht automatisch, sondern ist eine Frage der Steuerung in der Organisation.

● Einen Kampf um Ressourcen gibt es auch innerhalb des Unternehmens. Bei knappen Etats geht es um die Höhe von Budgets, Projektgelder, höhere Löhne oder das beste Arbeitsmaterial.

● Der Kampf um Territorien findet in vielen Organisationen statt: Wer hat das größte Büro? Auf welcher Etage ist das Büro? Wer hat einen festen Parkplatz zur Verfügung? Wie groß sind die Schreibtische im Vergleich? Wir könnten die Liste noch weiterführen. Aber es geht in der Organisation auch um Territorien im übertragenen Sinne. Wie weit geht mein Einflussbereich, welche Rechte und Kompetenzen habe ich als Manager, wie viele Mitarbeiter sind mir unterstellt? Auch wer welche neuen Arbeitsfelder besetzen darf, ist oft umkämpft.

● Geschlechterkonkurrenz findet im doppelten Sinne statt: das Konkurrieren um den für mich besten Geschlechtspartner gegenüber anderen Vertretern meines Geschlechts, aber auch die Konkurrenz zwischen den Geschlechtern. Dies bestimmt unser Verhalten nicht nur gegenüber einem Beziehungspartner, sondern wird auch auf andere Beziehungen eben auch im Arbeitsalltag übertragen und in Organisationen gelebt.

● Die „Abwehr innerer Feinde" oder auch von denen, die dafür gehalten werden und oftmals als Sündenböcke für Misserfolge der Organisation herhalten müssen, findet in vielen Organisationen statt, häufig mit hohem Energieeinsatz. Solche inneren Feindbilder können auch dazu dienen, von eigenen Fehlern der Führung abzulenken und Konkurrenzmechanismen zu verschleiern.

● Die „Verteidigung gegen Gruppenaußenseiter" ist eines der Phänomene, die dann zum Mobbing Einzelner führen können. Sie dient oft dazu, den restlichen Teil der Gruppe zusammenzuschweißen und gibt den „Nichtaußenseitern" ein trügerisches Gefühl von Geborgenheit.

Auch wenn nicht so viel darüber geredet wird, es findet heutzutage viel Konkurrenz innerhalb der Unternehmen statt – so viel, dass darunter die Produktivität leiden kann. Nicht selten sind Unternehmen daran kaputtgegangen, dass die Konkurrenz in der Führungsspitze eskalierte. Deswegen ist es so wichtig, die Kooperation in den Unternehmen zu stärken.

Aber Kooperationskompetenz braucht es auch aus anderen Ursachen heraus: Unsere Unternehmen werden immer komplexer, so dass das Zusammenspiel von immer mehr Menschen für die Entstehung eines neuen Produktes oder einer innovativen Dienstleistung notwendig ist. Nach der „Theorie der langen Wellen" von Nikolai Kondratieff gibt es alle 40 bis 60 Jahre grundlegende Basisinnovationen wie das Auto oder den Computer, die einen fundamentalen wirtschaftlichen Strukturwandel und Reorganisationsprozess der Gesellschaft bewirken. Nefiodow sieht den nächsten bedeutenden Innovationsschub des nun sechsten Kondratieff-

Zyklus darin, dass es gelingt, unsere Kompetenzen im Umgang mit Menschen, die Entwicklung von Kreativität, Motivation und Verantwortungsgefühl, also die Zusammenarbeit der Menschen zu gestalten. Dies wird am Beispiel der Teamarbeit und der Zusammenarbeit der verschiedenen Bereiche im Unternehmen deutlich.

2.4.1 Zusammenarbeit verschiedener Bereiche im Unternehmen gewährleisten

Die Leistungen, die ein Unternehmen heute erbringt, werden immer komplexer. Während früher die Weiterentwicklung des Unternehmens über eine immer stärkere innere Arbeitsteilung geschah und sich die internen Funktionen im Unternehmen diversifiziert haben, sind heute neue und intensivere Formen der internen Zusammenarbeit zwischen den Bereichen angesagt. Wir können dabei aus den Ergebnissen der Hirnforschung lernen. Während die Hirnforscher früher annahmen, dass bestimmte Zentren im Gehirn für bestimmte komplexe Leistungen verantwortlich sind, z. B. das Sprachzentrum für Sprache oder das Sehzentrum für das Sehen, weiß man heute, dass bei komplexen Hirnleistungen das gesamte Gehirn einbezogen ist, auch wenn ein Teil besonders aktiv ist.

Übertragen auf Unternehmen bedeutet dies, dass es nicht mehr ausreicht, dass das Controlling die Controllingarbeit übernimmt oder das Marketing die Marketingarbeit. Vielmehr koordinieren diese Bereiche die Tätigkeit im Unternehmen, aber alle Bereiche sind in die Arbeit einbezogen und aktiviert. Je besser es in einer komplexeren Wirtschaftswelt den Unternehmen gelingt, diese internen Kooperationsformen zu entwickeln, umso mehr Wettbewerbsvorteile haben sie. Dies erfordert neue bereichsübergreifende Arbeitsformen, die Ausweitung von Projektarbeit und neue interne Informations- und Kommunikationsformen. Die Mitarbeiter brauchen Informationen über die insgesamt ablaufenden Unternehmensprozesse, um in ihrem Bereich die Arbeit gut durchführen zu können.

> Nehmen Sie sich Zeit für bereichsübergreifende Kommunikationsprozesse als wichtiges Instrument zur Produktivitätssteigerung.
>
> Sorgen Sie dafür, dass die Mitarbeiter über den eigenen Tellerrand schauen.
>
> Realisieren Sie die Wertschöpfung, die aus der Steigerung der Zusammenarbeit zwischen den Bereichen resultiert.

2.4.2 Unterschiedlichkeit im Team befruchtet

Beim Thema Zusammenarbeit in Teams ist ein grundlegender Gedanke aus Darwins Evolutionstheorie wichtig: Kein Lebewesen auf der Erde ist identisch, jedes Individuum ist einzigartig. Diese Unterschiede werden bei der Fortpflanzung intensiv genutzt und führen zu neuen individuellen Eigenschaften. Denn neben der Mutation, also der zufälligen Neuentwicklung, ist die Rekombination, die Verbindung von Bestehendem in einer anderen Zusammensetzung, eine der Triebfedern für die Weiterentwicklung der Arten. Dabei gilt: Je unterschiedlicher zwei Individuen einer Art sind, desto mehr Veränderungen können durch die Rekombination der jeweiligen Gene entstehen.

Dieses Prinzip gilt auch für die Zusammensetzung von Teams. Häufig versucht man, Teams oder Projekte möglichst mit gleichen Mitarbeitern zu besetzen. Man erhofft sich davon weniger Konflikte im Projekt und eine gute Zusammenarbeit. Die Gefahren: Es werden oberflächliche und wenig innovative Projektergebnisse erarbeitet, weil alle eine ähnliche Meinung vertreten. Richtig gute Ergebnisse kommen dann zustande, wenn sehr unterschiedliche Charaktere aus möglichst unterschiedlichen Disziplinen ihr individuelles Wissen in das Projekt einbringen können. Außerdem kann das Projekt in der Umsetzung scheitern, da bestehende Konflikte im Unternehmen nicht ins Projekt integriert wurden. Dadurch können die Konflikte nicht im Projekt gelöst oder zumindest abgeschwächt werden und treten erst beim Projekt-Roll-out zu Tage. Die unterschiedlich zusammengesetzten Teams können lernen, zu kooperieren, aber auch Konflikte konstruktiv auszutragen. Dazu gehört die Fähigkeit, Konflikte nicht unter den Tisch zu kehren, aber auch dafür zu sorgen, dass ihre Austragung nicht ausufert und dadurch das Team gesprengt werden kann.

> Achten Sie auf Vielfalt und gegenseitige Ergänzungen bei der Teamzusammensetzung. Dadurch integrieren Sie unterschiedliches Wissen, Fähigkeiten und Erfahrungen. Ein Unternehmen, das diese Vielfältigkeit pflegt, hat bessere Chancen als ein Unternehmen, in dem alle gleich sind.
>
> Lassen Sie sich auf die Herausforderung ein, „unbequeme" Mitarbeiter in Ihrem Team zu haben. Sie werden Sie und Ihr Team voranbringen.
>
> Integrieren Sie bei Projekten Vertreter aller wichtigen Strömungen im Unternehmen, auch und gerade potenzielle Konflikttreiber. Es ist einfacher, im Projekt mit diesen Konflikten umzugehen, als konfliktfrei Ergebnisse zu erarbeiten, die dann in der Umsetzung scheitern.
>
> Fördern Sie einen sportlichen Wettbewerb in Ihrem Team, aber achten Sie darauf, dass das Konkurrenzverhalten steuerbar bleibt und nicht ausufert.

2.4.3 Mit Sicherheit und Unsicherheit umgehen

Wenn Sie eine nachhaltige Entwicklung im Unternehmen erreichen möchten, ist ein gewisser Grad an Sicherheit notwendig, da ein vorwiegend angstgetriebenes Arbeitsklima kaum gute Ergebnisse bringen kann. Auf der anderen Seite ist aber auch ein gewisser Grad an Unsicherheit notwendig, um die Dynamik der Entwicklung zu erhalten. Kreativität entwickelt sich in stressfreier Umgebung, in einer Atmosphäre der Entspannung und des Wohlbefindens, Kreativität entwickelt sich aber auch unter Stress, in einer Situation von Trauer und Schmerz. Stressuntersuchungen haben gezeigt, dass der Mensch leistungsfähig ist, wenn er in einer gewissen Anspannung ist. Zu viel Stress mindert die Leistungsfähigkeit und kann zu Lähmung führen. Zu wenig Stress führt zu Bequemlichkeit und lässt die Spannung absinken, die für Leistungsfähigkeit notwendig ist.

In der Natur gibt es alltäglich Auswahlprozesse zwischen den Arten, in den Sozialverbänden der Tiere wird die eigene Gruppe aber geschützt. Dieses Prinzip sollte auch in Unternehmen gelten: Die Organisation hat eine Fürsorgepflicht für den einzelnen Mitarbeiter. Unter Schutz ist zunächst eine gewisse soziale Sicherung gemeint. Gleichzeitig muss das Unternehmen aber die Mitarbeiter dabei unterstützen, konkurrenzfähig zu sein: im Interesse des Unternehmens, aber auch der Mitarbeiter. In Zeiten der sich schnell verändernden Märkte sind die Möglichkeiten der Führungskräfte, den Mitarbeitern Sicherheit zu geben, begrenzt. Ihre Aufgabe ist es aber, die Mitarbeiter zu unterstützen, mit Unsicherheit umzugehen. Die Grenze der Sicherheit ist da erreicht, wo die Gewährleistung von Sicherheit für das Individuum die Gesamtexistenz des Unternehmens gefährdet.

Auch in der langfristigen Perspektive der strategischen Ausrichtung einer Organisation können Konkurrenz und Kooperation ein wichtiges Thema sein. Wenn die Entwicklungsrichtung eindeutig feststeht, ist es sinnvoll, eher eine Kooperationskultur in der Organisation zu fördern. Hier spielt die gute Zusammenarbeit und Optimierung standardisierter Prozesse eine größere Rolle. Ist allerdings die Richtung unklar, sollte eher eine Konkurrenzkultur gefördert werden, damit sich die erfolgversprechendste Richtung durchsetzen kann.

> Halten Sie Balance zwischen Herausforderung und Nichtüberforderung.
>
> Auswahlprozesse gehören zum Unternehmensalltag. Machen Sie sie transparent und geben Sie den Betreffenden faire Chancen.

2.4.4   Offen mit Kooperation und Konkurrenz umgehen

Viele Unternehmen versuchen, den internen Zusammenhalt und die Kooperation zu fördern, indem sie die Konkurrenz nach außen besonders hochspielen. Bei den Mitarbeitern entsteht ein Gefühl des „Wir" gegen die „Anderen". Dies funktioniert dann am besten, wenn ein als „Feind" ausgemachter konkreter Konkurrent schlagartig zu einer Bedrohung wird. Interne Auseinandersetzungen werden dann zurückgestellt und alle Kräfte vereinigen sich gegen den äußeren Feind.

In der heutigen Zeit funktioniert das allerdings immer seltener. Denn der „Feind" ist selten ein konkretes Unternehmen, es sind vielmehr viele Konkurrenten, die auf der ganzen Welt verteilt sind. Und diese Bedrohungen kommen auch nicht mehr schlagartig, sondern es sind eher schleichende Entwicklungen aufgrund harter Bedingungen auf globalisierten Märkten. Die Folge: Man gewöhnt sich an die Anforderungen und verpasst den Zeitpunkt der gezielten und kraftvollen Reaktion.

Wenn es keine anderen identitätsstiftenden Inhalte gibt, wird sich der interne Zusammenhalt ohne sichtbaren Feind auflösen und der bisher nach außen getragene Konkurrenzkampf kann sich nach innen verlagern.

> Gehen Sie ehrlich mit dem Thema Konkurrenz und Kooperation um. Etablieren Sie beides in einem gesunden Verhältnis, ohne dass eines der beiden unterdrückt wird oder unkontrolliert wütet.

2.5 Konkurrenzkompetenz ist Voraussetzung für hohe Kooperationskompetenz

2.5.1 Was ist Konkurrenzkompetenz?

Im wirtschaftlichen Geschehen sollte die Entwicklung der Kooperationsfähigkeit zur Gewährleistung des wirtschaftlichen Erfolges im Mittelpunkt stehen. Wenn in der Autofabrik am Ende des Bandes der Arbeiter den Schlüssel herumdreht, der Motor anspringt und ein Auto herausfährt, dann deswegen, weil viele Tausende Menschen in einem komplexen Zusammenspiel Tausende von Einzelteilen zusammengefügt haben, die vorher viele Tausende andere produziert und noch vorher konstruiert haben. Sie haben dies mit Maschinen gemacht, die wieder andere gebaut haben, und mit Rohstoffen, die an anderen Stellen der Welt von wieder anderen Menschen gewonnen wurden. Wirtschaftlicher Erfolg beruht also auf einer hohen Kooperationsfähigkeit. Wie wir eingangs erläutert haben, gehört die Konkurrenz aber genauso notwendig zur evolutionären Entwicklung. Deswegen ist es ebenso wichtig, gut konkurrieren zu können. *Eine hohe Konkurrenzkompetenz ist die Voraussetzung für eine hohe Kooperationskompetenz.* Die evolutionäre Weiterentwicklung erfolgt nicht über die Verschleierung oder Reduzierung von Konkurrenz, sondern indem die Formen der Konkurrenz weiterentwickelt werden.

Was ist Konkurrenzkompetenz? Es ist nicht die Fähigkeit, besonders gut „zuzubeißen", den Gegner besonders gut zu vernichten. Vielmehr ist es die Fähigkeit, so zu konkurrieren, dass ein nachhaltiger Erfolg gewährleistet ist. Wenn ein Unternehmen alle seine Konkurrenten vernichtet und alleine den Markt beherrscht, so wird dadurch Vielfalt im Angebot reduziert. Dies führt zu Unzufriedenheit bei den Kunden. Im Bereich der Softwareentwicklung hat Microsoft genau dies erlebt und die UNIX-Bewegung zieht daraus ihre Stärke.

Warum aber ist eine hohe Konkurrenzkompetenz die Voraussetzung für eine hohe Kooperationskompetenz? Kooperationen geht man mit attraktiven Partnern ein, die etwas zu bieten haben. Wenn wir nicht davon ausgingen, dass der Vorteil, den wir aus der Kooperation erhalten, größer ist, als wenn wir alleine unsere Interessen verfolgen, würden wir darauf verzichten. Attraktive Partner zeichnen sich nun dadurch aus, dass sie eine eigene souveräne Stärke haben, aus der heraus sie in die Kooperation eingetreten sind. Sie sind nicht unbedingt auf die Kooperation angewiesen, weil sie auch gut konkurrieren können. Wer Angst vor der Konkurrenz hat und deswegen in die Kooperation geht, schwächt seine Position und strahlt diese Haltung auch aus. Für uns selbst funktioniert die Kooperation am besten, wenn wir einen geringen Abhängigkeitsgrad vom Kooperationspartner haben und nicht auf seine Kooperation angewiesen sind. Wir werden diese innere Unabhängigkeit in der Kooperation aber nur haben, wenn wir davon überzeugt sind, auch in der Konkurrenzsituation gut zurechtzukommen. Außerdem beinhaltet eine gute Kooperation auch fortwährend innere Konkurrenzmomente, die – konstruktiv durchgeführt – zur Stärkung der Kooperation führen. Es finden ja fortwährend Entscheidungsprozesse statt, in denen die Idee des einen oder des anderen umgesetzt wird. Wenn dieses Wechselspiel gut funktioniert, passieren interessante Entwicklungen in der Kooperation. Damit dieses Wechselspiel gut funktioniert, braucht es eine hohe Konkurrenzkompetenz der Beteiligten.

Was bedeutet die Konkurrenzkompetenz für den Evolutionsmanager? Er sollte in Konkurrenzsituationen die folgenden Verhaltensweisen einüben und gut beherrschen:

- Präzise Wahrnehmung der verschiedenen Interaktionsformen und der wesentlichen Einflussgrößen: Nehmen Sie Ihr eigenes Konkurrenzverhalten und auch dessen Vielfältigkeit bzw. Häufigkeit genau wahr. Dies führt zu einem bewussteren Umgang mit Konkurrenzsituationen. Dazu gehört die Fähigkeit, in der Situation die verschiedenen Einflussfaktoren genau zu beobachten und die eigene Einschätzungsfähigkeit zu schärfen. Gefahren dürfen nicht unterschätzt, aber auch nicht überschätzt werden.

- Eine realistische Einschätzung der eigenen Stärken und Schwächen: Ob es sinnvoll ist, in einer bestimmten Situation zu konkurrieren oder zu kooperieren, hängt von den im Moment vorhandenen eigenen Stärken und Schwächen ab, aber auch davon, wie sie sich zukünftig wahrscheinlich entwickeln werden. Ein klares Bewusstsein der eigenen Stärken und Fähigkeiten ist die Voraussetzung, um sich in Konkurrenzsituationen gut behaupten zu können.

- Situationsangemessene Steuerung der verschiedenen Interaktionsformen: Lernen Sie, zu steuern, welche Interaktionsform Sie in welcher Situation wählen, auch wenn nicht immer die Entscheidungsfreiheit dazu vorhanden ist. Wann ist Kooperation angesagt, wann Auseinandersetzung? Wir sollten lernen, die jeweilige Ausrichtung nicht zu überziehen: nicht zu viel Kooperation, wenn es angesagt ist, Grenzen zu setzen, und nicht zu viel Konkurrenz, wenn inzwischen Raum für Gemeinsamkeit entstanden ist.

- Schnelles und bewusstes Reagieren: Wenn jemand mit Ihnen konkurriert, entscheiden Sie bewusst über Ihr Handeln. Es kann sinnvoll sein, sich auf den Wettbewerb einzulassen und bewusst mitzukonkurrieren, oder aus dem Konkurrenzverhalten auszusteigen.

- Konkurrenz als sportlichen Wettbewerb gestalten: Wenn Sie sich entscheiden, einen Konflikt durch Konkurrenz zu lösen, tun Sie das voller Energie und als bewusste Entscheidung. Viele Auseinandersetzungen können auch mit Freude geschehen, als ein gemeinsames Spiel ähnlich einem sportlichen Wettbewerb.

- Aber auch Fairplay einhalten: Durch das bewusste Verhalten haben wir Menschen die Chance, im Zuge des menschlichen Evolutionsprozesses Auseinandersetzungen, Konkurrieren und Auswahlprozesse gerade auch im wirtschaftlichen Bereich in einer würdigen Form zu gestalten und uns nicht gegenseitig zu zerstören. So ablaufende Kämpfe können dazu führen, dass sich gegenseitiger Respekt entwickelt, der dann die Grundlage für zukünftige Kooperationen sein kann.

2.5.2 Zum konstruktiven Umgang mit Konkurrenz: Wie sollten Konkurrenzsituationen ablaufen?

Die Weiterentwicklung der Evolution bedeutet auch, dass sich Kooperationsformen weiterentwickelt haben. Das ist gut beim Sozialverhalten der Säugetiere und besonders der Primaten zu beobachten. Robert Miller führte ein Experiment mit Affen durch. Dabei verzichteten die Affen darauf, an einer Kette zu ziehen, die ihnen Nahrung verschaffte, wenn dadurch gleichzeitig ein anderer Affe einen elektrischen Schlag erhielt. Einige Affen waren bereit, dafür stunden-, ja sogar tagelang zu fasten. Diese Bereitschaft war besonders groß, wenn die Tiere das potenzielle Opfer kannten. Tiere, die vorher selbst einen elektrischen Schlag erhalten hatten, waren stärker bereit, Rücksicht zu nehmen. Dies bedeutet, dass schon die Tiere sich für unterschiedliche Verhaltensweisen in Konkurrenzsituationen entscheiden können, dass auch bei ihnen Verhaltensweisen zu finden sind, die unserem moralischen Verhalten vergleichbar sind. Wie viel mehr Möglichkeiten hat dann der Mensch? Ist nicht dies gerade die Herausforderung in der Weiterentwicklung der Evolution, die wir durch unser eigenes Verhalten mitgestalten können? Und es ist gerade der Wirtschaftsraum, in dem es besonders notwendig ist, diese Entwicklung voranzubringen. Denn von den in diesem Bereich getroffenen Entscheidungen hängen viele Familien mit ihrer Existenz ab. In der Sozialisation, in Kindergarten, Schule und Universität sollte ein solcher Umgang vorbereitet werden, aber ein wichtiger Bereich, wo es gelebt wird, ist die Wirtschaft im Kontext unserer Arbeit. An der Entwicklung von tragfähigen Konzepten wird noch viel zu erarbeiten sein. Die Wirtschaftsethik beschäftigt sich mit diesen Fragen. Wir wollen einige Prinzipien festhalten, die hier eine Rolle spielen sollten:

- Konkurrenz sollte die Zerstörung des Gegenübers weder beabsichtigen noch vollziehen.
- Konkurrenz sollte nicht gewaltsam erfolgen, sondern gewaltfrei.
- Konkurrenz sollte nicht aggressiv, sondern – wenn möglich – mit innerer Ruhe durchgeführt werden.
- Konkurrenz sollte nicht entwürdigend geschehen. Auch wenn ich mit jemandem konkurriere, kann ich die andere Person als mein Gegenüber in der Auseinandersetzung würdigen.
- Konkurrenz sollte nicht verdeckt, sondern transparent ablaufen.

Generell sollte sich auch das Handeln in Konkurrenzsituationen am kategorischen Imperativ von Kant orientieren: „Handle nur nach derjenigen Maxime, durch die du zugleich wollen kannst, dass sie ein allgemeines Gesetz werde."

Man sollte sich aber davor hüten, vorschnell Wertungen zur Rangfolge der oben benannten Konkurrenzregeln abzugeben. Man kann beispielsweise gewaltfrei und äußerlich nicht aggressiv einen anderen Menschen intensiv entwürdigen und dadurch Gewalt und Aggressionen hervorrufen.

Diese Prinzipien sind sicher nicht immer einzuhalten, vor allem in lebensbedrohlichen Situationen. Sie dienen als Ideal, quasi als Handlungsimperative, die angestrebt werden sollten. Auch wenn der Konkurrent ein anderes Werteschema bevorzugt und die eben beschriebenen Regeln nicht akzeptiert, ist es schwer, sich trotzdem daran zu halten. Aber nur so kann ein anderer Umgang mit Konkurrenz entwickelt werden: durch gemeinsame Absprachen. Versuchen Sie, mit Ihrem Konkurrenten einen klaren Rahmen abzustecken, der bestimmte Handlungen reglementiert, in dem dann konkurriert werden kann.

Ein Teil der Regeln, die in der Wirtschaft das Konkurrieren eingrenzen, ist in Gesetzen niedergelegt, aber auch in Regularien, die sich Wirtschaftsverbände auferlegen. Tarifverträge regeln den Ausgleich der unterschiedlichen Interessen von Arbeitgebern und Arbeitnehmern. Volkswirtschaften, die gut funktionierende Regularien haben, entwickeln sich besser als solche, in denen anarchische Strukturen herrschen, die dem Schutz der Partner im wirtschaftlichen Raum keinen Platz geben. Es ist eines der Probleme der Globalisierung, dass wir international zu wenig solcher Regeln haben, die die Folgen der Wirtschaftskonkurrenz begrenzen.

Im Rahmen der Globalisierung wird die Konkurrenz zunehmen. Es kommen immer mehr Mitspieler in den globalen Wettbewerb, die zu viel geringeren Konditionen bereit sind, bestimmte Leistungen zu erstellen, und die gleichzeitig die Qualität ihrer Leistungen mit einer enormen Geschwindigkeit steigern. Umso wichtiger ist es, auf die Formen der Konkurrenz Einfluss zu nehmen. Es gibt keine Interaktionen zwischen Menschen, in denen es nicht Auseinandersetzungen oder Konflikte gibt. Leben bejahen heißt, zu bejahen, dass es Kooperation und Unterstützung gibt, aber auch Konkurrenz und Konflikt, dass es Wachstum gibt, aber auch Schrumpfung und Absterben, und dass diese Prozesse oft sehr schmerzhaft sein können. Je mehr es gelingt, uns in ihnen bewusst zu verhalten und sie bewusst zu gestalten, umso weniger sind wir Opfer der verschiedenartigen Formen der Interaktion in der Wirtschaft.

3 Entwicklung von Organisationen

Wir müssen die Zukunft entwickeln, sonst bekommen wir eine, die wir nicht wollen.

Joseph Beuys

3.1 Evolutionslandschaften

Jede Organisation hat ihre eigene Geschichte mit spezifischen Eigenschaften, Traditionen und Mythen. Was sie heute ist, ist durch ihre Vergangenheit mit bestimmt. Durch die Analyse der vergangenen evolutionären Entwicklung werden Stärken und Schwächen sowie immer wiederkehrende Verhaltensmuster der Organisation festgestellt. Dieses Wissen bietet eine Entscheidungsgrundlage für die zukünftige Strategieplanung.

Die Dynamiken der Entwicklung von Organisationen beschreiben wir in Evolutionslandschaften. Unter Evolutionslandschaft verstehen wir die vergangene Entwicklung einer Organisation, eingebettet in ihrem Umfeld. Anhand der Analyse dieser Landschaft können dann zukünftige Entwicklungen antizipiert werden. Einige exemplarische Entwicklungslinien von bekannten Organisationen sind in diesem Kapitel verteilt und mit einem Balken links gekennzeichnet. Zu den wichtigsten Dynamiken der evolutionären Entwicklung zählen Wachstums-, Schrumpfungs- und Absterbeprozesse, Geschwindigkeit und Rhythmus sowie die Richtung von Entwicklungen.

3.1.1 Wachstums- und Schrumpfungsprozesse – Absterben kann den Boden für Neues bereiten

Die erste Dimension der Evolutionslandschaft betrifft die Frage des Wachstums: Konjunkturzyklen sind ein häufig benutztes Instrument zur Abbildung volkswirtschaftlicher Wachstums- und Schrumpfungsprozesse. Ebenso sind Produktlebenszyklen bekannt, die die Lebensphase eines Produktes mit Wachstums- und Schrumpfungsphasen beschreiben. Auf der Ebene der einzelnen Organisation hingegen wird diese Denkweise eingeschränkt. Unter Management wird in der Regel das Managen von Wachstum verstanden, ohne die Schrumpfungsprozesse zu betrachten.

In der Natur ist Wachstum kein Wert an sich, sondern ein Teil eines Gesamtprozesses. Während im Frühling und Sommer die Blüten und Früchte wachsen, wird im Herbst und Winter die Stoffwechselaktivität stark reduziert. Diese Schrumpfungsphase ist oft notwendig für ein neues Wachstum im Frühling. Ein drastisches Beispiel aus der Natur veranschaulicht, inwiefern ein sonst zerstörerischer Prozess lebensspendend sein kann: Für bestimmte Pflanzenarten ist Feuer eine Bedingung der Regeneration. Bei vielen Eukalyptusarten öffnen sich die Früchte erst nach der Feuereinwirkung eines Waldbrandes, denn dann sind die Chancen für die jungen Pflanzen günstiger. Sie haben weniger Konkurrenz um Licht und Wurzelraum und höhere Mineralienverfügbarkeit durch die entstandene Asche.

Auch bei der Entwicklung von Organisationen geht es phasenweise darum, Schrumpfungsprozesse zu managen oder Organisationen bzw. Teilbereiche von Organisationen absterben und dann etwas Neues entstehen zu lassen. Häufig stecken Manager viel Energie in den Versuch, ein auslaufendes Produkt noch zu retten. Dabei wäre es viel sinnvoller, diese Ressourcen in ein neues Produkt zu investieren. Die Vorfahren des Maulwurfs hatten eine normal ausgeprägte Sehfähigkeit, aber unter der Erde wird diese nicht gebraucht, sie verschwendet nur Ressourcen. Im Prozess der Anpassung an seine Nische hat der Maulwurf seine Sehfähigkeit stark reduziert, dafür haben sich aber sein Gehör-, Geruchs- und der Tastsinn hoch entwickelt.

Wenn Sie einen Schrumpfungsprozess bewusst steuern, dann handeln Sie ganz anders, als wenn Sie dagegen vehement kämpfen. Dies zeigt die Entwicklung der Schreibmaschinen-industrie. Durch das Aufkommen des Computers und die Entwicklung von Druckern am Arbeitsplatz ist die Schreibmaschine immer mehr zurückgedrängt worden und hat heute nur noch eine geringe Nischenfunktion. Ein Manager hätte noch so gut arbeiten können, es wäre ihm nicht gelungen, die sinkende Absatzkurve wieder umzudrehen. Produkte sterben ab und werden durch neue ersetzt. Aufgabe des Managers ist es in diesem Fall, den Absterbeprozess zu managen und dafür zu sorgen, dass ein neues Produktportfolio entwickelt wird. So, wie in der Natur Arten ausgestorben sind, sich stattdessen aber neue Arten entwickelt haben, die ihre Fähigkeiten oft weiterentwickeln, so sterben auch in der Wirtschaft Unternehmen und Produkte. Aus ihnen entwickeln sich dann oft neue Chancen.

Sehen Sie sich nicht nur als Manager von Wachstum, sondern als einen Manager, der das Überleben der Organisation gewährleistet.

Die Entwicklung von Organisationen kann auch Schrumpfungsprozesse erfordern.

Antizipieren Sie auf der Grundlage einer regelmäßigen, umfassenden Umfeldanalyse, ob eine Wachstumsphase oder eine Schrumpfungsphase ansteht, und lassen Sie Ihre Kräfte in die jeweilige Richtung fließen.

Wenn es aus einer Schrumpfungsphase keinen Ausweg gibt, leiten Sie einen ressourcenschonenden Absterbeprozess ein und konzentrieren Sie Ihre Kräfte stattdessen in andere zukunftsträchtige Wachstumsbereiche.

Allianz (der Finanzriese)

Die „Allianz Versicherungs-AG" wird 1890 durch maßgebliche Finanzierung der Dresdner Bank in Berlin gegründet. Die Produktpalette beschränkt sich zunächst auf Unfall-, Transport- und Rückversicherung. Zwischen 1897 und 1929 kommt es zu rund 50 Übernahmen, Fusionen und Beteiligungen sowie Neugründungen unter Beteiligung der Allianz (u. a. 1922 zur Gründung des Allianz-Konzerns mit der Allianz Lebensversicherungs-AG). Mit dem Wachsen des Konzerns geht eine Erweiterung des Angebots einher: Versicherungen für Fahrrad, Einbruch, Maschinen, Feuer, Maschinen-Betriebsunterbrechung, Fliegerschäden, Aufruhrschäden, Regen, Sturmscha-den, Bauwesen. 1926 wird das Lochkartenverfahren für die Beitragsabrechnung eingeführt. Eine Materialprüfstelle für Schadenforschung (später Allianz Zentrum für Technik) entsteht 1932. Zum 50-jährigen Jubiläum des Konzerns 1940 wird der Firmenname in „Allianz Versi-cherungs-AG" bzw. „Allianz Lebensversicherungs-AG" geändert; eine Änderung, die bis heute Bestand hat. Während Nationalsozialismus und Zweiter Weltkrieg zu Beginn einen profitablen Rahmen bilden (1939 etwa werden in den von Deutschland annektierten Gebieten Osteuropas die Versicherungspolicen zur treuhänderischen Verwaltung u. a. auf die Allianz übertragen, die Ertragslage der Allianz bleibt bis 1943 stabil), steht der Konzern bei Kriegsende (1945) aufgrund von u. a. Kriegsschäden und wertlosen Staatsanleihen vor dem Ruin. Mit der Erteilung der Betriebsgenehmigung durch den Magistrat von Berlin wird 1945 ein Neubeginn möglich. Bereits zehn Jahre später geht der Konzern an die Börse. Kurz zuvor kam es zur ersten maschinellen Ausfertigung von Policen. Der noch heute bekannte Werbeslogan „... hoffentlich Allianz versichert" wird 1958 (zunächst als Streichholzschachtelwerbung) eingeführt. 1961 werden erstmalig Magnetdatenbänder als Datenträger eingesetzt. Die Endsechziger und 70er Jahre sind durch Angebotserweiterung (dynamische Versicherungen; neu: Autoschutzbrief), verstärkte Internationalisierung und schließlich den Aufstieg der Allianz zum Weltkonzern gekennzeichnet. Sie stellt den größten Versicherer für Sach- und Lebensversicherungen in Europa dar. Mit Gründung der Allianz AG als Holding-Gesellschaft wird 1985 die Organisationsstruktur des Unternehmens erneuert. Die sogenannte Wende führt 1990 zur Übernahme der staatlichen Versicherung der DDR (51 %) und zum Engagement der Allianz in Osteuropa. 2001 übernimmt das Unternehmen die Dresdner Bank mit dem Vorhaben, Versicherungs- und Bankengeschäft zu vereinigen. Dabei erhofft man sich Synergieeffekte (z. B. bei der Fondsverwaltung) und neue Vertriebswege (z. B. Versicherungsverkauf in der Bank). Aufgrund u. a. des „Jahrhunderthochwassers" schreibt der Konzern im Jahr 2002 1,2 Milliarden Euro Verlust, das Eigenkapital sinkt um 10 Milliarden Euro von 31,7 auf 21,8 Milliarden Euro, der Wertverlust der Allianz-Aktien beträgt 66 % (von 64 auf 22 Milliarden Euro). Zwei Jahre später schreibt die Allianz jedoch wieder schwarze Zahlen im Versicherungs- wie Bankengeschäft. Der Gesamtumsatz beläuft sich auf 96,9 Milliarden Euro, der Gewinn beträgt 2,2 Milliarden Euro. Der Konzern beschäftigt 162.000 Mitarbeiter und hat 60 Millionen Kunden weltweit. Er ist die Nummer eins bei Schadens- und Unfall- sowie Lebens- und Krankenversicherungen in Deutschland.

Die Allianz steht für eine solide Wachstumsstrategie: die Entwicklung einer breiten Produktpalette (Kfz-Versicherungen, Personenversicherungen, Hausversicherungen, Freizeitversicherungen, Reiseversicherungen, Finanzdienstleistungen), ein starker Expansionsdrang mit vielen Übernahmen und Beteiligungen, eine Erweiterung der Kundenklientel (vom Einzelkunden zum Industrieversicherer) und eine Offenheit für technische Neuerungen.

Trotzdem gab es auch bei der Allianz drei große Wachstumseinbrüche: direkt nach dem Zweiten Weltkrieg, durch das Hochwasser im Jahr 2002 und nach der Übernahme der Dresdner Bank. Doch konnte sich das Unternehmen stets erholen und nach der Schrumpfungsphase neues Wachstum erreichen.

Die ideale Größe von Unternehmen

In der klassischen Ökonomie wird die optimale Größe einer Organisation durch die verursachten Kosten bestimmt (Ronald Coase, „The nature of the firm", 1937). Die optimale Größe der Mitarbeiteranzahl ist also dann erreicht, wenn die zur Koordination der Leistungserstellung nötigen Kosten geringer sind als die Kosten, die auftreten, wenn die Teilnehmer ihre Ressourcen oder Kompetenzen erweitern würden.

So ähnlich sieht es in der Natur auch aus: Größe ist kein Wert an sich und vor jedem Wachstum wird überprüft, ob die eingesetzten Energiekosten mit den erhaltenen Nutzen im Verhältnis liegen. Coase' Definition begrenzt die optimale Größe jedoch nur in Bezug auf Wachstum, nicht hinsichtlich einer Minimalgröße. Verschiedene Untersuchungen haben gezeigt, dass bei kleineren Unternehmen die Überlebenswahrscheinlichkeit geringer ist. Es braucht also eine gewisse Größe, um sich am Markt behaupten zu können.

Mit Größe ist jedoch nicht die Mitarbeiterzahl in absoluten Zahlen gemeint, sondern eher in Relation zu beispielsweise den Funktionen. In der Natur beinhaltet die optimale Größe eines

Organismus Redundanzen, also Zellen, die als Puffer vorhanden sind, um notfalls andere zu ersetzen. Ebenso gibt es Zellen, die in sehr kurzer Zeit produziert werden können und (fast) jede Funktion im Organismus übernehmen können. Dies bietet dem Organismus Flexibilität und Robustheit, Eigenschaften, die eine übertrieben „schlanke" Organisation nicht kennt.

Wie kann die „ideale" Größe von Organismen/Organisationen bestimmt werden?

- Größe ist strukturabhängig: Die Schildkröte kann eine bestimmte Größe nicht überschreiten, weil sie ab einem bestimmten Gewicht des Rückenpanzers zu schwerfällig wird. Um weiter wachsen zu können, wurde eine Integration der stabilisierenden Struktur ins Innere des Körpers notwendig, beispielsweise durch den Aufbau von Knochen bei bestimmten Arten. Dies gilt auch bei Organisationen: Kleine Unternehmen, die statt hierarchischer Strukturen eher einen familiären Zusammenhalt haben, brauchen ab einer Größe von ca. 20 Mitarbeitern eine klare interne Struktur, sonst lässt sich das Unternehmen nicht mehr effektiv steuern. Ein Baum kann über eine bestimmte Größe nicht hinauswachsen, weil die Schwerkraft ab einer bestimmten Höhe den Wassertransport in den Kapillaren bis in die Spitzen verhindert.
- Größe ist funktionsabhängig: Welches Produkt wird hergestellt?
- Größe ist umfeldabhängig (Näheres dazu bei den r- und K-Strategien im Kapitel 5).
- Größe ist ressourcenabhängig: Auf einer entlegenen Insel bei Indonesien hat man Knochenfunde von frühen Menschen und Elefanten gefunden, die kleiner waren als in anderen Gegenden aus dieser Zeit. Man führt diesen Schrumpfungsprozess auf eine Mangelernährung in der damaligen Zeit zurück.

3.1.2 Geschwindigkeit und Rhythmus von Prozessen

Bei der zweiten Dimension einer Evolutionslandschaft geht es um die Frage der Geschwindigkeiten von Entwicklungsprozessen. Pflanzen haben ein ausgeklügeltes Wahrnehmungssystem entwickelt, um herauszufinden, wann die Winterruhe beendet werden kann und die Knospen aufbrechen. Die Jahreszyklen der Pflanzen werden nicht nur durch äußere Faktoren wie Temperatur und Niederschlag beeinflusst. Da diese zum Teil starken, kurzfristigen Schwankungen unterworfen sind, sind sie nicht zur zuverlässigen Ermittlung der Jahreszeiten geeignet. Sprießen sie zu früh und es kommt erneut Frost, kann die Pflanze sich nicht fortpflanzen. Ein zuverlässiges Maß dagegen ist die Tageslänge, die die Pflanze mit Hilfe einer „inneren Uhr" messen kann. Zusätzlich muss die Pflanze zwischen zu- und abnehmender Tageslänge unterscheiden können. Im Frühling erkennt die Pflanze also, dass die Tage länger werden. Dann entscheiden zusätzliche Faktoren wie Lufttemperatur und Niederschlagsmenge über den Zeitpunkt der Blüte oder Blattentfaltung.

Auch eine Organisation muss sich stets an Veränderungen ihres Umfeldes anpassen (neue Gesetze, Technologien, gesellschaftliche Trends), und es kann riskant sein, sich nicht oder nur langsam zu verändern. Im heutigen Management gilt der Leitsatz: „Die Schnellen werden die Langsamen besiegen." Geschwindigkeit wird so als absoluter Wert gesetzt. Aber die Schnelligkeit von Veränderungsprozessen ist kein Wert an sich. Wie die Entwicklung des Apple-Computers „Newton" zeigt, können Veränderungen auch zu früh entstehen. Der Newton war ein Personal Digital Assistant (PDA), ein kleiner tragbarer Computer, der hauptsächlich für die persönliche Kalender-, Adress- und Aufgabenverwaltung benutzt wurde. Er zeichnete sich insbesondere durch eine lernfähige Handschrifterkennung aus. Durch einen berührungsempfindlichen Bildschirm (Touchscreen) konnten direkt auf den Bildschirm geschriebene Zeichen und Worte erkannt werden. Die Prozessorleistung war allerdings noch nicht ausreichend ausgereift, so dass die ersten Modelle nur eingeschränkt funktionierten. Trotz erheblicher Verbesserung bei späteren Versionen blieb dem Newton das Image der mangelhaften Handschrifterkennung anhaften und er wurde 1998 vom Markt genommen. Die Firma Palm hat später mit dem gleichen Konzept Riesenerfolge gehabt.

Im Evolutionsmanagement kommt es also darauf an, die richtige Geschwindigkeit zu finden. Das kann bedeuten, dass man die Geschwindigkeit erhöhen muss, es kann aber auch bedeuten, dass man sie verlangsamen muss. Viele Unternehmen leben ein derart hektisches Arbeitstempo, dass die Prozesse unterm Strich gesehen sehr langsam ablaufen. Es gilt, die angemessene und jeweils spezifische Geschwindigkeit für die Organisation zu einem bestimmten Zeitpunkt zu finden. Dabei muss die Organisation immer den Anforderungen von außen und den Möglichkeiten der Organisation von innen gerecht werden.

Bestimmen Sie die Geschwindigkeit Ihrer Organisation im Vergleich zur Konkurrenz.

- Welche Geschwindigkeit hat das Umfeld?
- Wie viele Ressourcen habe ich, um welche Geschwindigkeit einzuhalten?
- Zu welcher Geschwindigkeit sind die Mitarbeiter in der Organisation in der Lage?

Tragen Sie die Geschwindigkeit Ihrer eigenen Organisation auf einer Zeitachse ein. Achten Sie darauf, Ihr Unternehmen nicht ständig auf Höchstgeschwindigkeit zu fahren, sonst kann das Tempo nicht erhöht werden, wenn es nötig wird.

> Treiben Sie entsprechend der benötigten Geschwindigkeit Veränderungsprozesse in Ihrer Organisation voran oder treten Sie auf die Bremse und entschleunigen Sie.
>
> Achten Sie auf den Rhythmus Ihrer Organisation, das Tempo sollte sich über die Zeit ändern und den jeweiligen Umfeldbedingungen anpassen.

3.1.3 Richtung von Entwicklungen

Die dritte Dimension der Evolutionslandschaft beschäftigt sich mit der Richtung von Entwicklungsprozessen. In vielen Köpfen herrscht noch eine lineare Denkweise vor: Wenn Sie vor dem Mount Everest stehen, würden Sie da am liebsten geradewegs hochrennen? Das geht nicht, Sie müssen schon den Serpentinen folgen und manchmal sogar wieder bergab laufen, um das Ziel zu erreichen. Lange Wege gehen nun mal häufig über Umwege.

Am Anfang der Entstehungsgeschichte der Erde gab es keinen Sauerstoff auf unserem Planeten. Sauerstoff war für die ersten Bakterien sogar toxisch, sie stießen ihn nur in kleinen Mengen quasi als Abfall aus, so wie wir Menschen CO_2. Erst mit der Photosynthese wurde Sauerstoff in größeren Mengen hergestellt. Als erster Produzent von Sauerstoff gilt die Blaualge (Cyanophyceae, Cyanobacteria). Sie nutzte Wasser als Protonen- und Elektronenspender und setzte dadurch Sauerstoff in die Atmosphäre frei. In der Folge stieg dessen Konzentration von ursprünglich nahe null auf den heutigen Wert von ca. 20 %. Damit änderten sich die Selektionsbedingungen der Organismen grundlegend. Zuerst gewannen diejenigen die Überhand, die sich vor dem Sauerstoff schützen, ihn aber noch nicht nutzen konnten. Mit der Zeit bildeten sich Organismen heraus, die in der Lage waren, Sauerstoff in ihren Kreislauf einzubauen. Das Ergebnis war die Atmungskette und damit konnten wesentlich mehr Energieäquivalente hergestellt werden, als Bakterien bisher erreichten, beispielsweise durch Gärung (ATP 32 zu 6). Heute benötigen alle Tiere Sauerstoff, nur fakultative anaerobe Lebewesen können ohne Sauerstoff auskommen. Die Zunahme der Sauerstoffmenge führte wiederum zur Ausbildung einer Ozonschicht in der Stratosphäre, und damit zur Verschiebung der spektralen Zusammensetzung des Lichts, das auf die Erdoberfläche traf. Kurzwelliges Licht (UV) wurde nun weitgehend weggefiltert. Für Organismen ergab sich damit in steigendem Maße die Möglichkeit, Licht des sichtbaren Bereichs zu nutzen. In Folge änderte sich die Pigmentzusammensetzung der Photosysteme und es entwickelten sich beispielsweise so komplexe Gebilde wie das Auge.

Was heißt das auf Organisationen übertragen? Zunächst einmal ist festzuhalten, dass die Weiterentwicklung zu einer höheren Evolutionsstufe aus einem unwichtigen Nebenprodukt entstanden ist, in diesem Fall Sauerstoff. Heutiges Leben wäre ohne die Photosynthese gar nicht denkbar. Dies kann auch bei Unternehmen der Fall sein: Die SMS (Short Message Service) wurde ursprünglich als reines Nebenprodukt kostenlos angeboten, entwickelte sich aber zum Ertragsbringer Nummer eins der Netzbetreiber. Im Jahr 2004 haben die Handybenutzer in Deutschland über 23 Milliarden SMS verschickt.

Viel wichtiger ist jedoch die Erkenntnis, dass evolutionäre Entwicklungen nicht linear oder zielgerichtet ablaufen. Ein ehemals schädlicher Einflussfaktor (toxischer Sauerstoff) wird von den Organismen neutralisiert und sogar genutzt (Atmung). Die ursprüngliche Verkettung wird also umgedreht. Dies macht auch ein anderes Beispiel deutlich: Die Vorfahren des Wals waren Landtiere, die sich vor ca. 50 Millionen Jahren aus Verwandten der Huftiere entwickelten. Auf den gesamten Evolutionsprozess bezogen, bedeutet das: Aus Fischen entwickelten sich Tiere, die das Land eroberten, von denen einige ihren Lebensraum wieder zurück ins Wasser verlegten. Aber die Entwicklung von Wassertieren zu Landtieren war nicht zielgerichtet, der Zufall spielte hier eine große Rolle. So gab es eine Fischart, die sich kurzfristig an Land aufhielt, wodurch sich das Blut durch die direkte Sonneneinstrahlung erwärmte. Als sie wieder ins Wasser glitten, konnten sie mit dem aufgewärmten Körper schneller jagen und waren erfolgreicher. Die Bewegung aufs Land war also nicht zielgerichtet in Richtung der Erschließung eines neuen Elementes, sondern der Landgang erhöhte die Jagdfähigkeit und brachte dadurch diesen Fischen einen Vorteil im Wasser, ihrem alten Element. Später erst haben sich daraus Arten entwickelt, die dann vollständig auf dem Land lebten.

Auch in der Wirtschaft läuft die Entwicklung nicht immer gradlinig in Richtung höherer Komplexität. So können uralte Technologien als Teiltechnologien weiterleben oder in neuer Form wieder eingeführt werden. Zum Beispiel wird das riesige Abschlussteil des Druckbehälters für den Passagierraum des neuen Großraumflugzeuges Airbus A380 zuerst aus textilen Kunststoffbahnen genäht, die dann miteinander verschweißt werden, weil dadurch Gewicht eingespart werden kann. Hier gewinnt das jahrtausendealte Handwerk des Nähens in Kombination mit modernster Technik neue Bedeutung.

Auch Entwicklungsprozesse von Organisationen verlaufen nicht in einseitigen Aufwärtsentwicklungen, sondern häufig über Umwege. In der Regel muss man Niederungen herabsteigen, um den nächsten Aufstieg zu beginnen. Das Waschmittel eines Unternehmens führte in den 80er Jahren zu einem großen Umweltskandal. In der Konsequenz orientierte sich das Unternehmen um und produzierte mit großem Erfolg ausschließlich umweltfreundliche Produkte.

Beschränken Sie sich nicht auf die Annahme linearer Entwicklungen Ihres Unternehmens. Seien Sie auf Zufälle vorbereitet und denken Sie in Paradoxien.

Überlegen Sie sich, welche gegen Sie arbeitenden Kräfte umgepolt und genutzt werden können.

Preussag AG/TUI AG (der Feldwechsel)

1923 wird die „Preußische Bergwerks- und Hütten-Aktiengesellschaft" (hervorgegangen aus dem preußischen Bergbau- und Hüttenwesen, der Kohle- und Erzförderung) – kurz „Preussag" – mit Sitz in Berlin gegründet. Die Produkte des Unternehmens sind Grundstoffe wie Eisen, Blei, Kupfer sowie bereits verarbeitete Metallverbindungen. Ende der 20er Jahre findet der Einstieg in die Erdölförderung statt. 1933 wird die Preussag in die nationalsozialistische Wirtschaftsplanung einbezogen. Mehr als die Hälfte ihrer Besitztümer geht bis 1945 verloren, die Beschäftigungszahl beläuft sich Ende des Krieges auf 14.000. Als erstes deutsches Staatsunternehmen wird der Konzern 1959 durch Ausgabe von Volksaktien teilprivatisiert. Zwei Jahre später steigt die Preussag in das Logistikgeschäft ein und Ende der 60er in die Konsumgüterbranche und Meerestechnik. 1970 ist die Preussag dann vollständig privatisiert bei einer Mitarbeiterzahl von 20.600. 1989 kommt es zur Übernahme der Salzgitter-Gruppe (Mischkonzern, bestehend u. a. aus den Salzgitter Stahlwerken, Waggonbau, Fertigbetonbau und Schiffsbau). Mit einem Wachstum um 75 % wird die Preussag AG zu einem der bedeutendsten deutschen Industriekonzerne mit 70.000 Mitarbeitern. Es zeichnet sich aber ab, dass die vorhandenen Industriebereiche nicht mehr zu den starken Wachstumsbereichen gehören. Deshalb beschließt das Management unter Michael Frenzel Mitte der 90er, in den Wachstumsmarkt Dienstleistung mit dem Kerngeschäft Touristik einzusteigen. Allerdings werden 1997 noch 93 % des Umsatzes im industriellen Sektor erwirtschaftet. Ende der 1990er verkauft die Preussag AG den Stahlkonzern Salzgitter AG, die Preussag Anthrazit AG, die Howaldtswerke-Deutsche Werft AG, die Anlagenbauer und Werften um die Preussag Noell GmbH und Teile des Energiegeschäfts. 1998 werden die Hapag-Lloyd AG und die Mehrheit an TUI Deutschland erworben. Es folgen die Gründung der TUI-Group GmbH (größter Touristikanbieter Europas) und die Übernahme der FIRST-Gruppe, dann 2000 der Erwerb der britischen Thomson Travel Group und der schrittweise Einstieg beim französischen Reiseriesen Nouvelles Frontières. 2001 wird die europaweite Dachmarke „World of TUI" eingeführt. 2002 erfolgt die Umbenennung der Preussag AG in „TUI AG". TUI verfügt jetzt über eine Flotte von 60 Flugzeugen, 3.300 Reiseagenturen, 190 Hotels und 40 Reiseunternehmen. 2003 verkauft TUI seine Deutschland-Aktivitäten der Preussag Energie GmbH. Nun werden 65 % des Umsatzes in der Sparte Touristik erwirtschaftet. 2005 sollen es 85 % des Umsatzes sein. Die TUI AG macht 19 Milliarden Euro Umsatz mit rund 20 Millionen Kunden und 64.000 Mitarbeitern in über 50 Ländern weltweit. Inzwischen wird das Unternehmen wieder stärker diversifiziert durch den Ausbau der Containerseetransporte.

Die Preussag steht für die Entwicklung von einem Staatsunternehmen zu einem grundstofforientierten Industrieunternehmen und dann zum führenden und weltweit agierenden Touristik- und Dienstleistungskonzern. Während der Wandel vom Staatsunternehmen zu einem Industrieunternehmen noch starke kulturelle Veränderungen der Mitarbeiter erforderte, betraf der zweite Wandel zum Touristik- und Dienstleistungskonzern nur noch die Unternehmensspitze: Im Grunde hat die Preussag/TUI ganze Unternehmen als eigenständige Einheiten verkauft und neue Unternehmen hinzugekauft.

3.1.4 Entwicklung verschiedener Arten

Von Fortschritt oder Höherentwicklung kann bei Lebewesen nur in dem Sinne die Rede sein, dass man bei den vielen Organismengruppen eine zunehmende Komplexität beobachten kann. Gleichzeitig gibt es aber auch weiterhin Lebewesen, die sich seit Jahrmillionen so gut wie gar nicht verändert haben und mit relativ einfachen Strukturen erfolgreich überleben (siehe Kapitel 9).

Bei der Komplexitätsentwicklung unterscheiden Biologen die Anagenese im Sinne der Anhäufung erblicher Veränderungen in einer Population, wodurch diese in eine andere Art verwandelt wird, von der Kladogenese, die eine Serie von Artaufspaltungen ist, bei denen jeweils eine neue Art von einer Stammart abzweigt. Nur bei der Kladogenese erhöht sich die Artenzahl und damit die biologische Vielfalt, da hier eine Art auch auf ihrem Entwicklungsniveau stehen bleiben kann.

Übertragen auf wirtschaftliche Zusammenhänge entspricht die Anagenese der Entwicklung von der Schreibmaschinenindustrie hin zur Herstellung von Druckern, das eigentliche Produkt hat sich nur gewandelt. Wenn man sich hingegen den Handel anschaut, dann hat sich heute eine viel größere Vielfalt von unterschiedlichen Geschäften entwickelt. Zwar haben sich die immer weniger werdenden Ketten weiterentwickelt. Ebenso haben sich aber neue Spezialgeschäfte gebildet, wie die unterschiedlichen Läden in der wachsenden Elektronikbranche von Computershops über den HI-FI-Ausstatter bis zum Handy-Shop. Dies ist eine Abspaltung im Sinne der Kladogenese. Daraus lässt sich eine allgemeine Tendenz ableiten: Wenn man sich in einer anagenetischen Branche befindet, kommt es sehr stark auf die Produktweiterentwicklung an, wodurch ältere Produkte abgelöst werden können. In einer kladogenetischen Branche hingegen befindet man sich in einer neuen Nische und sollte eine Vielfalt von Produkten auf den Markt bringen, die sich verstärkt ausbreiten können.

3.1.5 Graduelle Veränderungen oder Sprünge?

In der Auseinandersetzung um die Evolutionstheorie hat es heftige Diskussionen gegeben, ob die Evolution allmählich oder in Sprüngen abläuft. Darwin vertrat die These von graduellen Veränderungen, wonach Veränderungen nur schrittweise auftreten und die bestehende Struktur optimieren und festigen, aber nicht grundsätzlich ändern (Gradualismus). Diese These hat sich heutzutage in der Biologie durchgesetzt. Wenn wir aber auf die Evolution als Ganzes schauen, so scheint es auch sprunghafte Entwicklungen gegeben zu haben. Dies ist wie folgt zu erklären: Über lange Zeiträume hinweg befinden sich Arten in einem relativ stabilen Zustand. Hin und wieder kumulieren viele kleine Veränderungen innerhalb kürzester Zeit, die sich dann sehr schnell durchsetzen. Aus einer Langzeitperspektive erscheinen diese kurzfristigen Phasen wie eine sprunghafte Entwicklung, auch wenn sie schrittweise aufeinander aufbauen. Diese Phasen sind meist Reaktionen auf starke Veränderungen der Umweltbedingungen oder entstandene Inkonsistenzen in den Strukturen von Organismen. Beispielsweise das Aussterben der Dinosaurier und das sprunghafte Anwachsen der Säugetiere in der Zeit danach. Oftmals haben diese Entwicklungen mit Katastrophen zu tun, wie z. B. der Einschlag eines Meteors im Zusammenhang mit dem Untergang der Dinosaurier. Wenn man sich die Entwicklung komplexer Strukturen im Detail ansieht, so entstanden sie aus kleinen Änderungen, die fließend ineinander übergingen. Die Flugfähigkeit der Vögel entstand nicht plötzlich, sie entwickelte sich wahrscheinlich aus schnell laufenden Raubsauriern. Die

Federn entstanden dabei aus modifizierten Reptilienschuppen mit feinen Verzweigungen. Sie dienten zunächst der Isolation. Später verhalfen Federn an den Vorderbeinen zu einer besseren Manövrierfähigkeit. Die jagenden Echsen konnten bei der Verfolgung ihrer Beute schnelle Richtungswechsel und weite Sprünge durchführen. Im Anschluss verlängerten sich die Gleitphasen. Mit zunehmender Perfektion des Zusammenspiels aus befederten Flügeln, leichtgewichtigen Hohlknochen und großer Muskelansatzstelle am Brustbein entstand schließlich der leistungsfähige Flugapparat der Vögel.

Auch in der Wirtschaft verlaufen Entwicklungen in der Regel graduell. In der Fotobranche war der Wechsel von Fotos mit Filmen hin zum Siegeszug der Digitalfotografie ein allmählicher. Am Anfang war nicht klar, ob es der Digitalfotografie gelingen würde, die traditionelle Fototechnik weitestgehend zu ersetzen. Aber über die Jahre ging die Kurve der verkauften traditionellen Fotoapparate runter, während die der verkauften Digitalfotoapparate langsam anstieg. Heute haben die Verkaufszahlen der Digitalfotoapparate die der traditionellen weit überrundet. Diese graduellen Entwicklungen können auch durch einzelne Ereignisse beschleunigt werden. So hat der Terroranschlag vom 11. September 2001 in New York den Modernisierungsprozess in der Luftfahrt erheblich vorangetrieben, da durch stärkere Sicherheitsvorkehrungen die Kosten stiegen und die Anzahl der Fluggäste aus Gründen der Angst vor weiteren Anschlägen abnahm. Nur die Fluglinien, die ausreichend Ressourcen zur Verfügung hatten und schnell reagierten, wurden durch die Krise gestärkt. Aber die wesentlichen Trends waren schon vorher angelegt: Es gab bereits die große Konkurrenz der Billigflieger, aber die starke Ausbreitung geschah erst danach. Viele Tools zur Verbesserung der Auslastung existierten schon vorher, wurden aber danach viel konsequenter angewandt.

In Organisationen setzen sich Veränderungen in der Regel schrittweise durch, und es gilt, diesen kontinuierlichen Prozess zu gestalten. Hin und wieder sammeln sich Veränderungen an und wenn die Bedingungen des Umfeldes günstig sind, gibt es einen Entwicklungssprung. Man muss also auch auf Entwicklungssprünge vorbereitet sein bzw. sie forcieren. Diese Sprünge resultieren aber in der Regel aus Anstößen von außen: grundlegende Umfeldveränderungen, die große Veränderungen in Organisationen bewirken. Oft besteht die Gefahr, dass sich Organisationen zu langsam verändern. Veränderungsprozesse müssen also bewusst gestaltet und initiiert werden. Dabei kann man bestehende Dynamiken aufnehmen und in bestimmte Richtungen lenken oder Freiräume für zukünftige Entwicklungen schaffen. Der gesamte Evolutionsprozess einer Organisation kann nicht vollständig gesteuert werden. Man kann aber die Entwicklung im Evolutionsprozess bewusst mitgestalten und dadurch Einfluss auf den Gesamtprozess der Organisation nehmen, der durch bestimmte Strukturen vorgeprägt, aber im Ergebnis offen ist.

Über einen längeren Zeitraum existieren oft verschiedene Formen oder Strukturen parallel nebeneinander, bis sich eine der Formen durchgesetzt hat. Dabei kann die Version, die sich durchgesetzt hat, ein Übergangsphänomen sein, sich aber auch über längere Zeiträume halten. Eine andere Möglichkeit ist, dass bestimmte, scheinbar überholte Formen in geringem Umfang noch lange Zeit weiterexistieren und irgendwann sogar wieder zunehmen. Obwohl heute die meisten Pralinen maschinell hergestellt werden, hat sich doch ein Markt für handgeformte Pralinen erhalten und es gibt eine ausreichende Zahl von Kunden, die diese besondere Qualität schätzen. In der Landwirtschaft haben alte Kulturtechniken im organischen Landbau eine Renaissance erfahren, weil dadurch der Einsatz von chemischen Schädlingsbekämpfungsmitteln vermieden werden kann, wofür ein Teil der Kunden bereit ist, einen höheren Preis zu zahlen. Ein anderes Beispiel für das Nebeneinanderexistieren verschiedener Formen finden wir im Logistikbereich. Schiff, Lastwagen und Flugzeug existieren parallel nebeneinander, obwohl sie von der Evolutionslinie nacheinander entstandene Transportmöglichkeiten mit jeweils höherer Systemkomplexität sind. Aber sie haben gegenüber dem Markt ihre jeweiligen Vorteile, die unterschiedlichen Kundenwünschen gerecht werden. Schauen wir uns dann noch einmal die Schiffe genauer an, so finden wir auch hier eine enorme Bandbreite vom Lastensegler vor der afrikanischen Küste über den großen Containerfrachter bis zu High-Speed-Tragflügelbooten.

Managen Sie einen schrittweisen Veränderungsprozess, aber initiieren Sie auch große Sprünge, wenn dies notwendig wird.

Achten Sie auf externe Einflussfaktoren, die große Auswirkungen haben können.

So, wie die Natur eine große Zahl verschiedener Formen von ganz einfach bis hochkomplex nebeneinander existieren lässt, so gibt es auch in der Wirtschaft einfache und hochkomplexe Lösungen parallel im gleichen Bereich. Die Parallelität erhöht die Effektivität im Gesamtsystem. Für Sie als Manager ist das wichtige Kriterium die Umfeldbewährung und diese kann durch einfache Formen und Prozesse oft besser erreicht werden.

SAP AG (Abspaltung und Wachstum)

IBM wollte kein weiteres betriebswirtschaftliches Softwarepaket herstellen und so gründeten fünf ehemalige IBM-Mitarbeiter 1972 in Weinheim das Unternehmen „SAP Systemanalyse und Produktentwicklung". Das Neuartige bestand in der Echtzeitverarbeitung der Daten (Realtime). 1973 wird das System RF, die erste Finanzbuchhaltung, fertig gestellt. SAP stellt 1972 das System RF vom Betriebssystem DOS auf OS in nur zwei Monaten flexibel um. 1975 wird das System RM für Einkauf, Bestandsführung und Rechnungsprüfung eingeführt. Damit etabliert sich das Markenzeichen SAP: Verknüpfung der wichtigsten Firmenprozesse in einer integrierten Software. Zum Beispiel können die Daten der Materialwirtschaft direkt in die Buchhaltung übertragen werden. 1976 wird die „SAP GmbH Systeme, Anwendungen und Produkte in der Datenverarbeitung" gegründet. Die alte Gesellschaft wird aufgelöst. Ein Jahr später werden die ersten Kunden außerhalb Deutschlands gewonnen. In das Jahr 1979 fallen die Inbetriebnahme des ersten, eigenen Rechners, eines Siemens 7738, und die Einführung der Software R/2 für Großrechner. 1981 nutzen 200 Unternehmen die SAP-Software. 1987 erfolgen bereits der fünfte Ausbau im Walldorfer Gewerbegebiet und die Expansion des Geschäfts ins europäische Ausland, so dass ein Jahr später der 1.000. Kunde akquiriert werden kann und die SAP GmbH in eine Aktiengesellschaft umgewandelt wird. Schließlich öffnet ein internationales Schulungszentrum in Walldorf seine Tore. 1989 erwirtschaften 1.400 Mitarbeiter in 15 Ländern einen Umsatz von 370 Millionen D-Mark, wobei ein Drittel des Umsatzes in Forschung und Entwicklung investiert wird. Im folgenden Jahr übernimmt und beteiligt sich SAP an anderen Unternehmen. 1992 integriert das neue System R/3 alle betriebswirtschaftlich relevanten Bereiche, wie Personalwesen, Produktmanagement, Logistik, Materialwirtschaft und Vertrieb. Der Auslandsanteil am Umsatz erreicht nun die 50%-Grenze. 1993 beginnt eine Zusammenarbeit mit Microsoft, um das System R/3 auf Windows NT zu portieren. 1994 benutzen auch die Partner von SAP, wie Microsoft und IBM, die SAP-Software zur Steuerung der eigenen Unternehmen. Ein Drittel des Umsatzes wird fortan in den USA erzielt. 1996 kommt es zur Vorstellung der gemeinsamen Internetstrategie mit Microsoft, dabei geht es um die Kopplung von Internetanwendungen mit dem System R/3 durch offene Schnittstellen. Den Internetboom fast verschlafen, verbindet SAP erst 1999 die bestehenden ERP-Anwendungen mit E-Commerce-Lösungen auf der Basis von Webtechnologie.

Das neue Top-Produkt mySAP.com wird eingeführt, die Neugründung der deutschen Internettochter e-SAP.de wird vollzogen. Im Jahr 2000 ist SAP der weltweit führende Anbieter von E-Business-Softwarelösungen, die Prozesse in Unternehmen und über Unternehmensgrenzen hinweg integrieren. Zurzeit überarbeitet SAP seine Software dahingehend, dass sie wie ein Betriebssystem alle Geschäftsprozesse des Unternehmens steuert. Einzelne Programmteile können dann flexibel zugekauft werden, aber wer die zentrale Softwareplattform stellt, kontrolliert den Markt für alle anderen Anwendungen.

Für das Jahr 2004 sind folgende Zahlen festzustellen: Rund eine Million Menschen benutzen die SAP-Software in über 50 Ländern weltweit, das Unternehmen hat 32.000 Mitarbeiter und macht einen Umsatz von 7,5 Milliarden Euro. IBM hat im selben Jahr 319.273 Mitarbeiter bei einem Umsatz von 89 Milliarden.

Zusammenfassend lässt sich festhalten: IBM erkennt das innovative Potenzial einer Idee nicht und fünf Mitarbeiter gründen eine neue Firma. SAP verknüpft die wichtigsten Firmenprozesse in einer Software und schafft damit schnelles Wachstum. Ein vergleichsweise großer Teil des Umsatzes wird ständig in Forschung und Entwicklung investiert. Auf diese Weise wird eine kleine deutsche Firma in kurzer Zeit zum weltweit agierenden Großunternehmen.

3.1.6 Anpassung ans Umfeld

Je nachdem, in welchem Umfeld ein Organismus aufwächst, kann er sich den dortigen Umfeldbedingungen anpassen. Dazu gibt es kurzfristige und langfristige Strategien. Kurzfristige Strategien beziehen sich auf die Plastizität im Laufe des Lebens eines Individuums, d. h. der flexiblen Anpassung ohne Veränderungen der Grundstruktur. Wenn man das Genmaterial einer Pflanze teilt und den einen Samen in den Alpen auf 2.000 Meter Höhe und den anderen im norddeutschen Flachland aussät, dann werden sich beide Pflanzen vollkommen anders entwickeln. Die in den Alpen wird viel kleiner und flacher wachsen als ihr genetisches Double und man wird nicht glauben, dass sie mal eine Pflanze waren.

Eine andere Strategie zeigt sich in der langfristigen Entwicklung bei der Fortpflanzung. So können verschiedene Teilpopulationen einer Art unterschiedliche Fortpflanzungsstrategien entsprechend den Umfeldbedingungen entwickeln (r- und K-Strategie, siehe Kapitel 5).

Wie Tabelle 3.1 am Beispiel des Löwenzahns zeigt, unterscheiden sich die Strategien der Pflanzen in der Menge und Geschwindigkeit der Samenproduktion. Wächst eine Teilpopu-

Tabelle 3.1: Die Samenproduktion des Löwenzahns ist abhängig vom Standort

Lebensraum	Genotyp		Anzahl Pflanzen
	Erzeugt viele Samen je Löwenzahn sehr rasch	Erzeugt weniger Samen je Löwenzahn langsam, zeigt viel stärkeres vegetatives Wachstum	73
Trocken, volle Sonne, häufig betreten	73	0	73
Feucht, halbschattig, nie betreten	15	58	73

lation des Löwenzahns in einem trockenen, sonnigen und häufig betretenen Lebensraum auf, erzeugen alle Pflanzen eine hohe und schnelle Samenproduktion. Wächst dagegen ein anderer Teil derselben Art in einem feuchten, halbschattigen und nie betretenen Lebensraum auf, erzeugen fast alle Pflanzen im Vergleich weniger Samen, brauchen dafür länger und zeigen ein viel stärkeres vegetatives Wachstum.

Übertragen auf Organisationen lassen sich dabei folgende Punkte festhalten: Je nach den Bedingungen des Umfeldes sollten Organisationen verschiedene Strategien verfolgen. Bei sich schnell verändernden Märkten erweist sich eine besonders große Organisation nicht unbedingt als vorteilhaft. Hier wäre eine kleine, flexible Organisation effizienter. Auch die Produktion von vielen noch nicht ganz ausgereiften Produkten in schnellem Tempo kann in instabilen Märkten erfolgreicher sein als eine geringe Anzahl qualitativ ausgefeilter Produkte, deren Produktentwicklung sehr lange braucht.

3.2   Prozessorientierte Sichtweise auf Entwicklungen

Vor 150 Jahren veröffentlichte Darwin die Evolutionstheorie und sie wurde innerhalb eines Jahrzehnts von den meisten Biologen akzeptiert. Doch bis heute stimmen ihr nicht alle Menschen zu und es gibt weiterhin starke Kräfte gegen sie. Der Gedanke, dass alles in Bewegung ist, wir uns auf nichts verlassen können, wie es ist, kann schon Angst machen. Wir möchten uns gerne an Dingen festhalten, davon ausgehen, dass sie so sind und bleiben werden. Anzuerkennen, dass es diese Beständigkeit nicht gibt, dieser Wechsel im Denken ist auch für Manager nicht einfach. Doch unsere Welt befindet sich im stetigen Wandel. Statisches Denken gehört der Vergangenheit an, während das prozesshafte Denken in der Tradition von Darwin aktueller ist denn je, wie auch die zeitgenössische Philosophie belegt.

Während in der Moderne nur eine einzige Wahrheit ihre Gültigkeit hatte, gibt es in postmoderner Anschauung vielfältige Sichtweisen auf die Wirklichkeit. Die Welt wird auch nicht auf ein Fortschrittsziel hin betrachtet, sondern vielmehr als pluralistisch, zufällig und chaotisch wahrgenommen. Entgegen einer avantgardistischen Perspektive in der Moderne steht in der Postmoderne nicht die Innovation im Mittelpunkt des Interesses, sondern eine Rekombination oder neue Anwendung vorhandener Ideen. Schließlich wird die Vorstellung einer Wesenheit abgelehnt, die das Sein auf mehr oder weniger unveränderbare Zustände manifestiert. Identitäten gelten allerdings als instabil und durch viele kulturelle Faktoren geprägt.

Diese Ansätze der postmodernen Philosophie integriert die Gruppe um Prof. Werner Kirsch der Ludwig-Maximilians-Universität in ihrem Konzept des Strategic Management zusammen mit der Evolutionären Organisationstheorie. Darauf aufbauend kritisieren sie, dass der Status quo des organisationstheoretischen Denkens sich nur innerhalb der Begriffe „Identität" und „Negation" bewegt. Dieses Denken unterteilt eine Organisation in schematisch einzelne Teile, beispielsweise die Strategie oder Struktur einer Organisation, und spricht diesen Teilen eine spezifische Identität zu. Gleichzeitig zieht man durch diese Begriffsbestimmung eine Grenze zu allem, was nicht zu dieser Struktur oder Strategie zählt. Wenn also die Strategie einer Organisation eine spezifische Definition beinhaltet, dann gehört alles Nichtbezeichnete nicht zu dieser Strategie.

Dieses Denken ist sehr starr und kann immer nur Momentaufnahmen festhalten, aber keine Entwicklungen. Erst wenn die Organisation offiziell eine neue Strategie bekannt gibt, kann diese neu definiert werden. Es ist aber kaum anzunehmen, dass sich die Strategie in der täglichen Anwendung nicht verändert hat, sie muss nicht das identische Duplikat des Bisherigen sein. Aufgrund der zunehmenden Dynamik gesellschaftlicher Veränderungen entstand mit der postmodernen Philosophie ein prozesshaftes Denken in „Differenz" und „Wiederholung". Die Bedeutung eines Begriffes wird in sozialer Interaktion also nicht einfach identisch kopiert, sondern different, es gibt Verschiebungen von Bedeutung. Dieses Denken ermöglicht bei der Betrachtung der besagten organisatorischen Strategie über einen gewissen Zeitraum, dass kleine Veränderungen mitgedacht werden können, die bei der wiederkehrenden Anwendung der Strategie fast zwangsläufig passieren. Das Alte kehrt wieder, aber in veränderter Form.

Dieses prozesshafte Denken legt also nahe, dass das Neue sich stets aus dem Alten ergibt, wenngleich verschiebend oder different. Eine weitere Erkenntnis der postmodernen Philosophie besagt, dass der Status quo als Ermöglichung und als Begrenzung für den Lauf von organisatorischen Entwicklungen wirkt. Das Alte eröffnet also einen Möglichkeitsraum, in dem sich zukünftige Entwicklungen abspielen können, und hat gleichzeitig eine begrenzende Funktion, über die Entwicklungen nicht hinauslaufen können. Wenn wir beim Beispiel der Organisationsstrategie bleiben, dann kann ein kleines mittelständisches Unternehmen zwar versuchen, in einer bestimmten Nische Marktführer zu werden, aber das Ziel eines diversifizierten Global Players ist etwas zu hoch gegriffen. Es gibt viele mittelständische Unternehmen wie Sennheiser electronics, die im Bereich der Studiomikrophone zu den Weltmarktführern gehören und darauf spezialisiert sind, dies aber nicht in gleichem Maße für andere ihrer Produktbereiche gilt. Das prozesshafte Denken zeichnet sich also durch zwei Hauptaspekte aus: Erstens stehen Veränderungen immer in direktem Zusammenhang zum Vorangegangenen und bauen darauf auf. Zweitens begrenzt und öffnet das Vergangene gleichermaßen mögliche evolutionäre Entwicklungen. Diese zwei Punkte werden nun näher betrachtet.

3.2.1 Auf Altem aufbauen

Die Entwicklung von Lebewesen in der Evolutionsgeschichte zeigt, dass neue Strukturen immer auf den alten Strukturen aufbauen und auch im Neuen weiterexistieren. 98 % der Gene von Maus und Mensch stimmen überein. In der Natur wird nicht immer gleich alles neu gemacht.

Die biogenetische Grundregel geht von der Beobachtung aus, dass während der embryonalen Entwicklung des Menschen Frühformen von Organen angelegt werden, die im erwachsenen Zustand entweder nicht mehr vorhanden oder deutlich verändert sind, aber vielfach mit Strukturen übereinstimmen, die im Adultstadium Kennzeichen des Grundbauplans darstellen. Es werden damit in der Keimesentwicklung oft Umwege statt direkter Ansteuerung der endgültigen Form beschritten, eine verkürzte Wiederholung der Stammesentwicklung. So bildet der menschliche Embryo im Alter von wenigen Wochen nach der Befruchtung in der Halsregion Kiemenspalten aus, weist am ganzen Körper eine Behaarung auf und besitzt eine Schwanzwirbelsäule, die annähernd so groß ist wie bei einem entsprechenden Schweineembryo und erst später reduziert wird.

Es wird angenommen, dass die stufenweise Abfolge der embryonalen Entwicklung in ihrem Ordnungsgefüge derart komplex ist, dass die einzelnen Stadien nicht übersprungen werden können. Wenn Sie ein Haus bauen wollen, können Sie auch nicht mit dem dritten Stock anfangen, sondern brauchen die darunter liegenden. Bei heutigen Veränderungsprozessen wird dazu geneigt, nur noch das Neue als wichtig zu betrachten und das Alte allmählich zu vergessen. Aber nur weil es alt ist, heißt das noch lange nicht, dass es schlecht sein muss, im Gegenteil, es hat sich über lange Jahre bewährt. Häufig geht man in der Wirtschaft davon aus, dass alles, was nicht unbedingt gebraucht wird, wegfallen kann.

So kann die Bearbeitung eines Metallblocks mit einer Feile dem Lehrling als Übungseinheit unsinnig erscheinen, wenn er den Metallblock später mit elektronischen Geräten bearbeiten soll. Allerdings ist der grundlegendere Lerneffekt dieser Einheit, ein Gefühl für das Material zu entwickeln, was auch für die elektrische Bearbeitung wichtig ist. Die Arbeit mit der Feile macht also nach wie vor Sinn und kann nicht einfach weggelassen werden. Neues Wissen kann ohne das alte Wissen, auf dem es aufbaut, nicht vollständig erfasst werden.

> Bewahren Sie Altes, wenn Neues darauf aufbaut, auch wenn es scheinbar nicht mehr gebraucht wird.

Halbleiterstandort Dresden (Bewahrung von Bewährtem)

Nachdem in den 50er Jahren im Institut für Halbleitertechnik in Teltow grundlegende Produktionsverfahren zur Herstellung von Halbleiterbauelementen entwickelt und in Frankfurt/Oder umgesetzt wurden, schlug am 1. August 1961 die Stunde für Dresden. Die „Arbeitsstelle für Molekularelektronik" (AME) nahm mit sieben Mitarbeitern ihre Arbeit auf.

Ab 1976 als IMD (Institut für Mikroelektronik) und schließlich ab 1980 als ZFTM (Zentrum für Forschung und Technologie der Mikroelektronik Dresden) firmierend, entwickelte sich dieses Institut im Laufe der Jahre zum „Mittelpunkt des Produktions- und Innovationssystems der Halbleiterindustrie der DDR". Allein von 1961 bis 1970 erhöhte sich die Anzahl der Beschäftigten von acht auf 600, 1983 waren es schon mehr als 7.000. Den Mittelpunkt der Arbeit der Dresdner Forscher bildete die „Überleitung von Prozesswissen in die Produktion".

Schon 1967 waren die ersten Labormuster von integrierten Schaltkreisen fertig, die dann ab 1970 im Halbleiterwerk Frankfurt/Oder seriell produziert wurden. Freilich war der Rückstand zum Weltmarkt enorm: Zwischen sieben und neun Jahren waren aufzuholen. Die DDR-Führung war sich zu diesem Zeitpunkt des Problems bewusst. Kontinuierlich flossen erhebliche Gelder in die Forschung.

Die Produktivität der Ausrüstungen betrug ein Zehntel, in günstigen Fällen ein Drittel, die Kosten jedoch das Fünf- bis Zehnfache des internationalen Niveaus. Eine der ersten Maßnahmen war die Straffung der Organisationsstruktur der Industrie. Im 1978 geschaffenen Kombinat Mikroelektronik mit Stammsitz Erfurt wurden alle relevanten Betriebe und Forschungseinrichtungen zusammengefasst und nach den Bereichen Forschung, Produktion und Anwendung sortiert.

Dennoch stellte sich bald heraus, dass der Anschluss an das internationale Niveau nicht zu schaffen war. Da Mikrochips auf der COCOM-Liste standen, die es westlichen Staaten verbot, mit sensiblen Gütern im Ostblock Geld zu verdienen, entwickelte die DDR eine Gegenstrategie. Beispielsweise das „Nacherfinden": Der bei der Staatssicherheit angesiedelte Bereich Kommerzielle Koordinierung (Koko) besorgte auf die eine oder andere illegale Weise die benötigten Chips. Die wurden dann analysiert und es wurde, wenn möglich, ein passendes Produktionsverfahren erfunden. Aber auch diese Strategie scheiterte letztlich an den enormen Kosten.

Nichtsdestotrotz gelang den DDR-Forschern Ende der 80er Jahre, selbständig das Labormuster eines Ein-Megabit-Chips zu entwickeln, auch wenn eine Serienproduktion finanziell nicht mehr umsetzbar war.

Nach der Wende waren die wesentlichen Voraussetzungen für ein Bestehen in der Marktwirtschaft gegeben: gut ausgebildetes Personal entlang der gesamten Produktionskette – von Forschungseinrichtungen und Werkstofftechnik über Chipdesign bis hin zur Prozesstechnik. Was fehlte, um den Standort neu zu beleben, war Geld. Mit staatlicher Förderung und dem Privatinvestor Siemens war das Fortbestehen gewährleistet. 1994 wurde für 2,7 Milliarden D-Mark in Dresden das Siemens-Chipwerk errichtet. 1995 verkündete der US-amerikanische Konzern AMD seinen Entschluss, dort ebenfalls eine Chipfabrik zu errichten. 1999 schließlich startete das neue Werk, „Fab 30" genannt, mit der Produktion des damals weltweit schnellsten Mikroprozessors: K7 „Athlon". Inzwischen arbeiten hier gut 1.900 Menschen und AMD ist auf bestem Wege, Weltmarktführer Intel ernsthaft Konkurrenz zu machen. Darüber hinaus hat AMD eine zweite Fabrik in Dresden eröffnet und produziert nun alle seine Chips in dieser Region.

Wenig später legte Infineon, der aus der Siemens AG heraus gegründete Halbleiterproduzent, nach. Am 12. Dezember 2001 fand die Weltpremiere der seriellen Fertigung von 300-Millimeter-Wafern in Sachsen statt. Aus diesen Siliziumscheiben kann im Gegensatz zum herkömmlichen 200-Millimeter-Verfahren mehr als die doppelte Anzahl von Chips hergestellt werden. Das ist ein klarer Wettbewerbsvorteil bei stark sinkenden Marktpreisen. Mit der Serienproduktion hat man einen technologischen Vorlauf von mindestens 15 Monaten vor der Konkurrenz. Infineon ist mit inzwischen 4.300 Mitarbeitern auch der größte Player im „Silicon Saxony".

Die Konzentration der Halbleiterindustrie in Dresden mit Infineon, AMD und ZMD gilt europaweit als stärkster Technologiecluster. Insgesamt sind über 11.000 Menschen in der Region Dresden in der Halbleiterindustrie beschäftigt.

Obwohl also im Verlauf der Wiedervereinigung die gesamte DDR-Chipindustrie in Dresden aufgelöst wurde, war bei den Menschen in dieser Region ein hohes Maß an Know-how vorhanden. Dies war die Grundlage für den Wiederaufbau der Chipindustrie an diesem Standort.

Zusammenfassend steht der Halbleiterstandort Dresden für die Bewährung aufgrund des vorhandenen Kompetenzclusters trotz großer Veränderungen des Umfeldes. Das aufgebaute Wissen der Menschen blieb auch nach der Wende am Standort erhalten und bot die Möglichkeit zu neuem Wachstum.

3.2.2 Pfadabhängigkeit von Entwicklungsprozessen

Bei der Richtung von Entwicklungen stellt sich die Frage des Ziels. Da Mutationen in der Natur rein zufällig passieren, kann man davon ausgehen, dass auch die Gesamtentwicklung kein Ziel verfolgt. Aber ist damit auch die Gesamtentwicklung rein zufällig? So ist z. B. auffällig, dass das Auge mindestens zwölfmal unabhängig voneinander in der Evolution immer wieder neu entstanden ist. Angesichts der gegebenen Bedingungen scheinen die Vorteile am größten zu sein, wenn man die Umwelt mit Hilfe von Licht wahrnimmt (andere Möglichkeiten sind etwa Schallwellen oder der Tastsinn). Es gibt also gewisse Strukturen, die bestimmte Entwicklungen wahrscheinlicher machen als andere. Im Rahmen dieser vorgeprägten Strukturen sind die Entwicklungen dann wieder zufällig. Daraus kann man zwar nicht schließen, die Evolution folge einem angelegten Plan, aber der Anpassungsdruck an die Umwelt hat einen gestaltenden Einfluss.

Diese Entwicklungen lassen sich damit erklären, dass sich unter den gegebenen Bedingungen einfach die effizientesten Formen herausgebildet haben. Es gibt aber auch viele Beispiele in der Natur, bei denen gerade ineffizientere Formen weiterbestehen. In den Wirtschaftswissenschaften nennt man diese Forschungsrichtung Pfadabhängigkeit: das Fortbestehen von Institutionen oder Technologien, obwohl „effizientere" möglich zu sein scheinen. Durch Pfadabhängigkeit entstehen keine „falschen Lösungen", sondern es können sich relativ schlechtere in der Konkurrenz zum Besseren halten.

Dies zeigt sich am Format der Videokassetten: VHS hat sich auf dem Markt der Videorecorder durchgesetzt, obwohl nach der Meinung vieler Experten Beta-Max das technisch bessere System war. Am Anfang der Entwicklung waren beide Formate noch recht unbekannt. Aber ab einem bestimmten Punkt gab es einfach mehr VHS als Beta-Max. Diese stärkere Verbreitung strukturierte den Markt: Ein neuer Nutzer entschied sich für VHS, weil es ihm beispielsweise den Austausch von Kassetten erleichterte. Mit jedem Nutzer, der sich für VHS entschied, gab es wieder einen Grund mehr, dieses Format zu kaufen. Der Erfolg dieser Technologie ist also das Ergebnis historischer Zufälligkeit eines Marketingerfolges und eines sich selbst verstärkenden Prozesses.

Eine ähnliche Entwicklung zeigt sich auch bei der Computertastatur. Haben Sie sich jemals gefragt, warum die Buchstaben der Tastatur scheinbar willkürlich angeordnet sind, ohne beispielsweise Häufigkeiten von Buchstaben zu beachten? Die Tastatur wurde bereits 1873 in Form einer mechanischen Schreibmaschine entwickelt und die spezifische Anordnung der Tastatur sollte damals das Problem sich verhakender Typenhebel minimieren. Mechanische Schreibmaschinen sind heutzutage jedoch nahezu ausgestorben. Doch anstatt dass sich später andere Formate durchsetzen konnten, die nachweislich ein schnelleres Schreiben ermöglichen wie z. B. die Tastatur von August Dvorak aus dem Jahre 1936, war der Markt durch die Schreibmaschinentastatur schon vorgeprägt. Eine „alte" Technologie bleibt herrschende Technologie, obwohl längst eine bessere entwickelt wurde.

Der einmal eingeschlagene Pfad steuert zwar nicht auf ein Endziel zu, aber er strukturiert den Raum der Entwicklungsmöglichkeiten. Ein solcher Entwicklungsverlauf wird häufig mit dem Bild des Baums der Evolution verdeutlicht: Von einem dicken Stamm ausgehend verzweigen sich einzelne Äste, bringen neue Äste hervor, die sich immer weiter verzweigen, so dass am Ende eine schöne Baumkrone entsteht. Dieses Bild hat jedoch den Nachteil, dass Entwicklungsstränge, in diesem Fall Äste, nicht wieder zusammenlaufen können, wie es in der Evolution der Fall ist. Von daher bevorzugen wir das Bild der Koralle: Einzelne Arme teilen sich auf, bilden mehrere Arme aus, können aber auch wieder zusammenlaufen und sich vereinigen.

Bei evolutionären Entwicklungen kann man sich an jeder Gabelung überlegen, welchen Weg man gerne gehen möchte. Aber im Sinne des sich selbst verstärkenden Prozesses nehmen die Gründe, auf dem Pfad zu bleiben, zu und die Alternativen nehmen ab.

Überlegen Sie sich, welche Faktoren Ihrer Umgebung maßgeblich Einfluss auf Ihre Organisation haben und Ihre Entwicklung vorprägen könnten.

Wo haben sich in Ihrer Organisation ineffiziente Lösungen durchgesetzt, obwohl es bessere Alternativen gegeben hätte. Schätzen Sie die Kosten, diese Entwicklung rückgängig zu machen, höher ein als den zu erwartenden Nutzen?

GoLive (kurz und heftig)

1996 wird die Firma von Andreas Poliza und Thomas Mührke gegründet. Entwicklungsstandort ist Hamburg. Ende 1998 werden 60 Mitarbeiter beschäftigt (30 in Hamburg, weitere 30 in Deutschland und den USA). Produziert wird Software zur Erstellung von Webdesign/Websites (Anwendung für Computer mit Mac-OS-Betriebssystemen [Apple-Computer]; Ausweitung des Produkts auf Computer mit Windows-Betriebssystemen steht an.) Zwischen 1996 und 1998 erhält das Unternehmen 25 Auszeichnungen für die oben genannte Software. Im Januar 1999 wird das kleine Unternehmen von Adobe, dem weltweit zweitgrößten Softwarehersteller, gekauft. Thomas Mührke wird im neuen Unternehmen Director of Engineering, Web Technology; Andreas Poliza Chief Internet Strategist. Das Hamburger Personal wird übernommen. Die Ausweitung der Produktlinie auf Windows-Betriebssysteme wird in Angriff genommen, dabei kommt es zur Konzentration auf die technische Entwicklung. Das fertige Softwareprodukt erhält den Namen der alten Firma und wird Mitte 1999 auf den Markt gebracht. Im Juni 2001 verdoppelt sich die Belegschaft in Hamburg auf 60 Mitarbeiter. Adobe macht 2003 einen Umsatz von 266,3 Millionen US-Dollar und hat ca. 3.500 Mitarbeiter an 26 Standorten.

Das Beispiel zeigt, wie ein kleines, innovatives Team schnelles Wachstum schaffen kann, und dieses Wachstum sich dann bei Aufkauf des kleinen Unternehmens durch einen Großen der Branche noch beschleunigt. Das Aufgehen in einem größeren Unternehmen muss dabei nicht das Ende vom Alten, sondern kann auch der Beginn einer neuen Entwicklung sein.

3.3 Grundlegende Entwicklungsprozesse und ihre Bedeutung für den Evolutionsmanager

Es gibt in der Natur Prozesse, die so grundlegend sind, dass sie für alle Organismen gelten, vom Einzeller bis zum Menschen. Selbst Organisationen funktionieren danach. Im Folgenden haben wir einige dieser Entwicklungsprozesse speziell auf das Managen von Organisationen ausgerichtet.

3.3.1 Sich nähern und entfernen, sich verbinden und lösen

Bereits Einzeller nähern sich in Flüssigkeit schwimmend Bereichen mit Nährstoffen an und sie entfernen sich von spitzen Gegenständen, die ihre Hülle verletzen könnten. Sich von Gefahrenstellen zu entfernen und sich Chancen zu nähern, das ist für das Überleben des Organismus wichtig. Insofern treffen selbst einfache Organismen Entscheidungen, auch wenn sie instinktgesteuert sind. Diese Entscheidungen sind von großer Bedeutung, denn wenn sich der Einzeller nicht in Bereiche begibt, die ihm Nahrung bieten, wird er verhungern.

Dieses Grundmuster gilt, mit etwas mehr Entscheidungsmöglichkeiten, auch für das Agieren von Unternehmen und einzelnen Managern. Für Unternehmen ist es wichtig, Märkte zu finden, auf denen sie ihre Produkte oder Dienstleistungen gut verkaufen können. Ebenso ist der Abstand zu Organisationen von Bedeutung, die das eigene Unternehmen gefährden können. Dazu können Konkurrenten zählen, aber durchaus auch Institutionen, die für das Unternehmen nicht gut sind, oder Lieferanten, deren Teile sich auf die Qualität negativ auswirken. Sich nähern oder entfernen: Diese Entscheidung muss jedes Mal neu getroffen werden, unabhängig von einer positiven oder negativen Polung. So kann es sein, dass ein Unternehmen in die

Tabelle 3.2: Nähe-Distanz-Einschätzung von Personen und Organisationen

Person/Institution/Bereich	Einschätzung Ist – Soll	Maßnahmen zur Umsetzung
1	1 10	
2	1 10	
3	1 10	
4	1 10	
5	1 10	
6	1 10	
	X = Ist O = Soll	

Auseinandersetzung mit einem Lieferanten gehen muss, der schlechte Qualität liefert, sich ihm also nähert. In einem anderen Fall kann es sinnvoll sein, den Lieferanten zu wechseln, sich also zu entfernen. Es gilt einzuschätzen, welche wichtigen Interaktionspartner einem wie nahe sind, um dann zu entscheiden, wie eine Veränderung sinnvollerweise aussehen könnte. Auf der Ebene von Unternehmen sind es eher Institutionen, Unternehmen oder Organisationen, auf der Ebene des einzelnen Managers sind es meist Personen. Eine Methode, um dies operationalisierbar zu machen, ist die Organisationsaufstellung. In Workshops werden Menschen oder Institutionen durch einzelne Personen repräsentiert, die im Raum aufgestellt werden. Man ändert dann die Aufstellung und registriert, welche Unterschiede im Empfinden dadurch bewirkt werden. Dabei geht es immer um den Abstand und die ausgelösten Veränderungen. Schätzen Sie die Nähe oder Distanz von Personen und Organisationen für Ihr eigenes Umfeld ein (Tabelle 3.2).

Ein spezieller Fall von Annähern und Entfernen ist die Verbindung bzw. das Sichlösen. Wenn der Abstand zwischen zwei Organismen weiter reduziert wird, dann tritt eine Verbindung auf. In der Natur kann dies sehr unterschiedlich aussehen. Zwei Zellen können sich verbinden, indem sie andocken, aber ihre Eigenständigkeit bewahren, oder sie können miteinander verschmelzen. Je enger die Verbindung, desto schwieriger ist es, sich wieder zu lösen. Übertragen auf Unternehmen kann es sich dabei um enge Beziehungen zu Lieferanten und Kunden handeln oder um Fusionen zwischen Unternehmen. Wenn ein Unternehmen nur einen Hauptkunden hat, so ist die Abhängigkeit natürlich groß, ein Loslösen schwierig. Es kann sich aber auch um Allianzen handeln, symbiotische Beziehungen zu anderen Unternehmen zum hoffentlich gegenseitigen Nutzen. Dies gilt auch für die einzelnen „Zellen" des Organismus Unternehmen, nämlich für die Mitarbeiter. Jemanden einstellen heißt, Verbindung herzustellen, jemanden entlassen heißt, sich zu lösen. Dies ist natürlich von großer Bedeutung und es betrifft die Mitarbeiter genauso wie die Vorstände oder Geschäftsführer. Früher waren Bindungen sehr viel langfristiger und konstanter, es gab noch Lebensläufe, bei denen Menschen als Lehrling bei einem Unternehmen anfingen und es erst mit der Rente verlassen haben. Heute ist der Wechsel schneller und häufiger und die Fähigkeit, schnell und unproblematisch Verbindungen eingehen zu können, aber auch in der Lage zu sein, sie wieder zu lösen, ist eine Voraussetzung für hohe Flexibilität. Gute Netzwerker sind dazu in der Lage, sie zeichnen sich aber auch dadurch aus, dass im Laufe ihres beruflichen Lebens ihr Netzwerk immer komplexer wird, wenn auch in ganz unterschiedlichen Bindungsformen.

Analysieren Sie genau, wem Sie sich mehr nähern wollen und zu wem Sie mehr Abstand brauchen. Erhöhen Sie Ihre Fähigkeit, schnell Verbindungen herzustellen. Aber seien Sie auch in der Lage, sie ohne allzu viele Konflikte wieder zu lösen.

3.3.2 Aufnehmen und abgeben

Ein weiterer grundlegender Prozess ist das Aufnehmen und Abgeben. Dies ist sowohl beim Stoffwechsel als auch beim Informationswechsel wichtig (siehe Kapitel 4). Grundlegend für alle Organismen ist die Nahrungsaufnahme und Ausscheidung von Resten. Es gilt, die richtige Menge und Qualität zu finden. Wer zu wenig Nahrung aufnimmt, verhungert, zu viel Nahrung kann allerdings auch zu körperlichen Schäden führen. Im Unternehmen ist es die Aufnahme von Leistungen, die zur Herstellung gebraucht werden. Es kann aber auch um die Aufnahme von Geld gehen, entweder aus dem Verkauf von Produkten und Dienstleistungen oder durch Bankkredite. Die Ausgewogenheit dieses Prozesses ist für das Leben des Unternehmens wichtig. Viele Unternehmen der New Economy haben sehr schnell sehr viel Geld über die Börse und über Venture-Capital bekommen, weil ihre Ideen profitabel erschienen. Sie haben aber dann nicht die Leistungen abgeben können, die ausgedrückt in einer entsprechenden Bezahlung eine ausreichende Wertschöpfung darstellten. Als es ihnen in einem bestimmten Zeitraum nicht gelang, Aufnehmen und Abgeben in ein Gleichgewicht zu bringen, waren ihre Tage gezählt, weil die weitere Aufnahme über die Geldgeber stoppte.

Achten Sie auf das Verhältnis von Aufnehmen und Abgeben. Es darf langfristig nicht einseitig sein. Aufnehmen und Abgeben können auf unterschiedlichen Ebenen erfolgen: Man kann Ideen abgeben und dafür Geld oder materielle Güter bekommen.

Prüfen Sie, was Sie gegenwärtig aufnehmen und was Sie abgeben. Ist darüber das langfristige Überleben des Unternehmens gewährleistet?

3.3.3 Entstehen, Wachsen, Sterben

Für jeden Organismus ist die Stunde null entscheidend, das Entstehen, die Geburt. Entstehen und Geburt müssen nicht identisch sein, denn der Embryo entsteht schon im Mutterleib und die Geburt erfolgt erst später. Aber noch ist er über einen gemeinsamen Blutkreislauf mit der Mutter verbunden und erst bei der Geburt, wenn die Nabelschnur durchtrennt wird, entsteht ein selbständiger Organismus. So ist es bei Unternehmen und Organisationen auch: Sie entstehen, bevor sie selbständig werden. Eine Geschäftsidee reift bei einzelnen Menschen, ein Business-Plan wird erstellt, Kredite werden beantragt und dann erst wird das Unternehmen gegründet und zu einem selbständigen Organismus. Bei Menschen ist die Sterblichkeitsrate in den ersten zwei Lebensjahren besonders hoch. Ein Kind, das diese Zeit überlebt, hat dann gute Chancen, alt zu werden. So ist es auch bei Unternehmen. Die erste Zeit ist besonders schwierig, hier gehen viele Unternehmensgründungen pleite. Nach ein bis zwei Jahren, wenn die ersten Bankkredite verbraucht sind, zeigt sich, ob das Unternehmen auf eigenen Beinen stehen kann. Wer diese Phase übersteht, hat gute Chancen, länger zu existieren.

In der Natur gibt es verschiedene Entstehungsmöglichkeiten: Organismen können sich teilen oder einen Teil abspalten. Sie können zusammengehen, miteinander verschmelzen und dadurch etwas Neues entstehen lassen. Oder sie können über die geschlechtliche Vermehrung einen neuen Organismus hervorbringen. So ähnlich ist es auch bei Unternehmen und Organisationen: Organisationen teilen sich und bilden neue Organisationen. Oder einzelne Menschen, die in der Regel vorher in einer anderen Organisation tätig waren, gründen ein neues Unternehmen. Dies kann auch durch Fusionen entstehen. Die geschlechtliche Fortpflanzung, die sich in der Natur aus der Teilung entwickelt hat, ist bei Organisationen nicht zu finden. Dies ist jedoch kein Nachteil. Unternehmensgründungen sind nicht auf die Vereinigung von männlichen und weiblichen Zellen beschränkt. Ein Einzelner kann sich mit vielen anderen zusammentun und eine Organisation gründen. Dadurch sind die Kombinationsmöglichkeiten sehr viel größer als bei der geschlechtlichen Fortpflanzung. Dies scheint einer der wesentlichen Gründe dafür zu sein, dass die Evolution von Organisationen und Unternehmen viel schneller abläuft als die Evolution in der Natur.

> Achten Sie darauf, bei der Gründung von Unternehmen möglichst vielfältige Kombinationen von Menschen und damit auch von Wissen zu ermöglichen.

Nach der Entstehung ist Wachstum angesagt. Wie schnell, wie stark und in welchen Bereichen ein Organismus wächst, ob kontinuierlich oder eher in Schüben, in der Natur ist alles möglich, und das gilt auch für Organisationen. Anschließend folgt oft eine Phase der Stagnation, Marktmöglichkeiten und Mitarbeiterzahl haben sich eingependelt, es lebt sich ganz gut. Nun kann ein weiterer Wachstumsschub erfolgen oder es geht bergab. Ein Schrumpfungsprozess kann entweder eine Zwischenphase sein, die einem weiteren Wachstumsprozess vorausgeht, oder sie kann das Sterben einleiten. Dies ist natürlich ein bedeutsamer Unterschied und fordert den Manager in seiner Analysefähigkeit. Zudem hat dieser Prozess zwei Seiten: Die Umfeldbedingungen, die in Richtung von Wachstum oder Schrumpfung gehen, und die Menschen, die trotz schwieriger Bedingungen Wachstum ermöglichen, oder trotz guter Bedingungen das Unternehmen an die Wand fahren. Während heute viele internationale Automobilfirmen Personal abbauen müssen und schrumpfen, gerade auch die ehemals größten und traditionsreichsten auf dem amerikanischen Markt wie Ford und General Motors, wächst Toyota und wachsen die koreanischen und chinesischen Marken.

Wenn Sie sich in einer Schrumpfungsphase befinden, konzentrieren Sie sich auf folgende Fragestellungen:

- Welche Maßnahmen müssen zur Schadensbegrenzung schnell getroffen werden?
- Versuchen Sie, Zeit zu gewinnen, um Panikreaktionen zu vermeiden. Aber informieren Sie die relevanten Personen rechtzeitig.
- Was passiert mit den Mitarbeitern?
- Wie wird mit verbleibenden Verbindlichkeiten umgegangen?
- Wie können Altlasten bereinigt werden?
- Wie kann aus der bestehenden Konkursmasse noch möglichst viel rausgeholt werden?

> Analysieren Sie Ihre Abwärtsbewegung: Ist sie vorübergehend oder leitet sie einen unabwendbaren Absterbeprozess des Unternehmens ein? Die Organisation des Sterbeprozesses erfordert grundlegend andere Managementaktionen als die Vorbereitung eines erneuten Wachstums.

Wir haben auf der menschlichen Ebene große emotionale Schwierigkeiten mit dem Abschied-nehmen und der Begleitung des Sterbens. Zu Recht beklagen viele Kulturwissenschaftler und Theologen, dass unsere Gesellschaft das Sterben tabuisiert, während Jungsein angebetet wird und der tiefe Wunsch nach dem ewigen Leben unsere Emotionen bestimmt.

Dies gilt auch für Organisationen und Unternehmen, obwohl klar ist, dass auch hier das Sterben die andere Seite des Lebens ist. Die einst führende Telegrafenfirma Western Union hat im Februar 2006 nach mehr als 150 Jahren ihren Telegrammdienst eingestellt. 1861 hatte sie die erste transkontinentale Telegrafenverbindung in Nordamerika errichtet und damit die Wirtschaftsverbindungen in dem großen Kontinent maßgeblich beschleunigt. Anfang des 21. Jahrhunderts gibt es dafür keinen Bedarf mehr, das Internet bietet dieselben Leistungen schneller und billiger, das Absterben dieses Geschäftsbereiches war unvermeidlich. Der Evolutionsmanager hat solche langfristigen Entwicklungen im Auge und unterstützt den Absterbeprozess, erleichtert es den Menschen, sich auf neue Prozesse und neue Fähigkeiten umzustellen. Er arbeitet nicht gegen den Sterbeprozess, sondern sorgt dafür, dass er in einer würdigen Form ablaufen kann. Gleichzeitig ist es wichtig, dass möglichst viel bewahrt werden kann, was bewahrenswert ist. Das kann die Hülle sein, wie man es bei der Weiternutzung alter Fabrikbauten beobachten kann. Es können Menschen sein, die ihr Wissen in neuen Unternehmen einbringen und dadurch weiterleben lassen. Es kann aber auch sein, dass Teile des alten Unternehmens mit leicht veränderten Leistungen weiterexistieren. Vielleicht muss eine Druckerei mit veralteten Maschinen zumachen, aber das Satzbüro arbeitet weiter und beliefert modernen Digitaldruck. Oftmals bleiben auch kleine Nischen übrig. So werden noch immer Schreibmaschinen produziert, sei es für Länder, in denen sich der Computer noch nicht durchgesetzt hat oder für Menschen, die sich nicht an den Computer gewöhnen wollen und weiter ihre gute alte Schreibmaschine lieben.

> Wenn in der evolutionären Entwicklung Sterben angesagt ist: Setzen Sie Ihre Fähig-keiten dafür ein, dass ein würdiger Sterbeprozess des Unternehmens ablaufen kann. Sorgen Sie dafür, dass bewahrenswerte Teile bewahrt werden. Das unterscheidet einen guten vom schlechten Insolvenzverwalter: Er erkennt trotz schwieriger Ausgangslage die bewahrenswerten Teile des Unternehmens.

Die evolutionäre Entwicklung von Audiogeräten – Als die Musik laufen lernte

Schallplatte – Grammophon – Schallplattenspieler

Der Erfinder und Industrielle Emil Berliner erfand 1887 ein Gerät, das die mechanischen Schwingungen in eine dick mit Ruß überzogene Glasplatte einritzte. Nach chemischer Härtung des Rußes war er in der Lage, auf galvanoplastischem Wege ein Zink-Positiv und von diesem ein Negativ der Platte anzufertigen, das als Stempel zur Pressung beliebig vieler Positive ge-nutzt werden konnte. So entstand die Schallplatte. Schließlich präsentierte Berliner 1888 das entsprechende Abspielgerät, das Grammophon. Die mit einer Handleier ausgestatteten Geräte ermöglichten eine leichte Bedienung und die Musik erklang aus einem riesigen Trichter. Seitdem war es möglich, Musik nicht nur live zu genießen, sondern zu konservieren und einem großen Publikum anzubieten.

Eine weitere Entwicklung des Geräts ist der sogenannte Schallplattenspieler. 1895 kamen die ersten Geräte mit Elektromotor auf den Markt, die einen absoluten Gleichlauf der Schallplatte ermöglichten. Der erste tragbare Schallplattenspieler kam schließlich 1929 von der Firma Columbia auf den Markt und trug besonders in der 50er Jahren zur Verbreitung der Musikrichtung Rock 'n' Roll bei.

Transistorradio

Eine große Bedeutung für die Musikverbreitung stellte die Entwicklung von sogenannten Transistorradios dar. Die in den 50er Jahren neu entwickelten Transistoren lösten die herkömmlichen Röhrenempfängerradios ab. Die Transistorradios zeichneten sich besonders durch einen problemlosen benutzerfreundlichen Batteriebetrieb, einen geringen Energieverbrauch und niedrigen Preis aus. Diese Entwicklung ermöglichte die Mitnahme von Radios für alle Freizeitaktivitäten und gilt zudem als bedeutender Schritt zur Verbreitung von Musik und Information.

Tonbandgerät – Kassettenrekorder

Als Vorläufer des Kassettenrekorders gilt das Tonband. 1935 wurde durch die Firma AEG das erste „Magnetophon K1" auf der Berliner Funkausstellung vorgestellt. Ab den 1950er Jahren gelangten die Tonbandgeräte in die Haushalte. Sie waren jedoch schwer und kompliziert zu bedienen, zudem zu teuer, um sich als mobiles Musikgerät durchzusetzen. Erst die Erfindung der Kompakt-Kassetten durch Philips brachte nach 1964 eine durchgreifende Änderung. Kassettenrecorder verdrängten bald die Spulentonbandgeräte. Das Gerät konnte sowohl mit Strom als auch mit Batterie betrieben werden und galt als Revolution in der Musikwiedergabe. Zum ersten Mal war es für jeden möglich, Musik aufzunehmen und zu überspielen. Als weitere Sensation galt das Kassettenabspielgerät für das Auto, das 1968 von der Firma Philips auf den Markt gebracht wurde. Diese Innovation ermöglichte es, auch auf der Autofahrt ständig von seiner Lieblingsmusik begleitet zu werden.

Ghettoblaster und Walkman

In den 1970er Jahren wurde der Ghettoblaster entwickelt, ein tragbares Audiogerät mit Batteriebetrieb, so dass Musik nun auch im Freien gehört werden konnte. 1979 brachte Sony den ersten Walkman heraus, ein kleines, handliches Gerät mit Kopfhörer für den individuellen Gebrauch für unterwegs. Von diesen Geräten wurden seither ca. 330 Millionen Stück verkauft. Ghettoblaster und Walkman ermöglichten einen noch mobileren Nutzen von Musik als bisher.

CD-Player und Discman

Der CD-Player ist, anders als alle vorhergehenden Tonabnehmersysteme, ein digitales Medium. Das Medium, die Compact Disc, wird hier indirekt mit einem Laserstrahl abgetastet. 1981 wurde der erste CD-Player der Firma Philips vorgestellt. Außerdem führte diese Erfindung dazu, dass der Walkman in den 90er Jahren von einem tragbaren CD-Player, dem sogenannten Discman, abgelöst wurde.

MP3-Player

Der Discman gilt wiederum als Vorläufer von MP3-Playern. Diese Geräte können digital gespeicherte Audiodateien abspielen und zeichnen sich insbesondere durch eine leichte Bedienbarkeit aus. Das Gerät kann zudem als mobiler Datenspeicher, Wecker oder Terminplaner genutzt werden. Das MP3-Format komprimiert die Datenmenge einer normalen CD um den Faktor zwölf, so dass bis zu 2.500 Stunden Musik auf Playern wie den iPod raufgeladen werden können. Ebenso können in dieser komprimierten Form Songs relativ schnell über das Internet ausgetauscht werden, was eine neue Qualität der Mobilität von Musik bedeutet.

Zusammenfassend lässt sich sagen, dass die Entwicklung der reproduzierten Form von Musik drei große Trends zeigt:

- Die Geräte werden immer komplexer mit immer mehr Anwendungsmöglichkeiten. (Wobei es zwischendurch auch immer wieder Trends zur Einfachheit gibt, siehe den iPod.)
- Die Geräte werden immer leistungsfähiger und können mehr Musik abspeichern.
- Die Geräte werden immer vielfältiger: Es gibt kleine, handliche und damit mobile Geräte sowie große, schwere mit sehr guter Qualität.
- Die Geräte treiben die Verbreitung von Musik immer stärker voran.

3.4 Entwicklungsphasen von Unternehmen

Wenn man ein Unternehmen als einen lebendigen Organismus betrachtet, der entsteht, wächst und schließlich stirbt, dann kann man auch die Entwicklung von Unternehmen in spezifische Phasen einteilen. Mit dem Wissen, auf welchem Entwicklungsstand sich ein Unternehmen gerade befindet, kann besser eingeschätzt werden, welche Herausforderungen an das Unternehmen gestellt werden und in welche Richtung es sich weiterentwickeln wird. Die Entwicklung verläuft allerdings nicht linear. So können Krisen ein Unternehmen in eine frühere Phase zurückwerfen oder zumindest Elemente aus früheren Phasen stärker werden lassen.

Grundlage der folgenden Darstellung sind die drei Entwicklungsphasen von Bernhard Lievegoed sowie eine ergänzte Phase von Friedrich Glasl:

Entstehungsphase

Am Anfang der ersten Entwicklungsphase steht die Unternehmensgründung eines Visionärs, manchmal sind es auch mehrere. Jemand, der eine tolle Idee hat, für deren Umsetzung Bedarf beim Kunden besteht. Die Persönlichkeit des Gründers spielt hierbei eine besonders große Rolle: Meistens hat sie Charisma, darf sich nicht beirren lassen und tritt mit großer Überzeugung für ihre klar formulierte Idee auf. Das Bewusstsein des Pioniers umfasst alle Vorgänge und alle Beteiligten, der Pionierunternehmer hat persönliche Kenntnis von allem, denn er ist der Schöpfer von allem. Neben dem Visionär bedarf eine Organisation in der Pionierphase noch Menschen mit viel Energie und Kreativität, die die Ideen der Gründerpersönlichkeiten vollständig akzeptieren. Bernhard Lievegoed spricht hier auch von der Pionierphase.

Gerade in der ersten Phase ist es besonders wichtig, dass die Führung deutliche Richtlinien vorgibt, damit dadurch Zusammenhalt entstehen kann. Es kommt nicht primär auf eine klare Unternehmensstruktur an, sondern darauf, dass die Kompetenzen aller Mitarbeiter möglichst gut genutzt werden. Hierbei spielt Improvisation eine sehr wichtige Rolle, damit sämtliche Ressourcen bestmöglich zum Einsatz kommen können. Eine Voraussetzung dafür ist, dass alle Mitarbeiter gut eingebunden sind und sich gegenseitig kennen. Aufgrund der anfangs geringen Größe des Unternehmens mangelt es nicht an Überschaubarkeit und Transparenz. Die Organisation ähnelt einer großen Familie.

Ein Großteil der Unternehmensgründungen kommt nicht über diese Entstehungs- und frühe Wachstumsphase hinaus, sie gehen pleite.

Entwicklungsphase

Wenn die Gründung erfolgreich bestanden wurde, steht die Entwicklung des Unternehmens an. Die Entwicklungsphase kann Reifephasen im Sinne der Differenzierungsphase, Integrationsphase und Assoziationsphase beinhalten. Ebenso können aber auch Phasen des Downsizing auftreten oder Restrukturierungsphasen, an die sich erneutes Wachstum anschließt. Auf- und Abbewegungen können sich dabei abwechseln, ebenso sind Rückentwicklungen möglich. Die Abfolge der einzelnen Phasen muss also dynamisch gedacht werden.

● *Differenzierungsphase*

Ist die Pionierphase überstanden, wächst das Unternehmen und differenziert sich aus. Nun kann nicht mehr jeder alles machen: Arbeitsteilung wird eingeführt, es entstehen Abteilungen und Hierarchien mit Arbeitsplatzbeschreibungen, Dienstanweisungen und einer zentralen Kommunikation. In der Folge hat nicht mehr jeder Mitarbeiter den Bezug zum Unternehmensganzen, was zu Motivationsproblemen führen kann. Auch der Pionier muss häufig mit sich kämpfen. Je komplexer eine Organisation wird, je mehr verdrängt die Planung die Improvisation. Mit der Schaffung von Strukturen und Standards wird die Spontaneität des Pioniers zunehmend eingeschränkt.

Der Führungsstil kann seine patriarchalischen Züge durch die stetige Emanzipation der Mitarbeiter verlieren. Von der Unternehmensführung wird nicht mehr verlangt, Anweisungen zu geben, sondern die Führung zu organisieren. Sie spielt jetzt eher die Rolle eines Dirigenten, der alle Vorgänge koordiniert und steuert. In einer wachsenden Organisation muss sich die Führung immer mehr über die sich vergrößernde Distanz zu Mitarbeitern und Kunden bewusst werden.

Ein häufig auftretendes Problem in diesem Entwicklungsstadium sind das Abteilungsdenken und das Auftreten von Parallelorganisation durch mangelnde Abstimmung im Unternehmen. Eine weitere Gefahr besteht darin, dass das Unternehmen durch die zahlreichen strukturellen Veränderungen anfängt, sich zu sehr mit sich selber zu beschäftigen und der Kundennutzen in den Hintergrund gerät.

● *Integrationsphase*

In der Integrationsphase geht es hauptsächlich darum, sich vom entstandenen Hierarchiebewusstsein zu einem Prozessbewusstsein zu entwickeln. Hierzu steht für jeden Mitarbeiter die Frage im Mittelpunkt: Was ist mein Beitrag zum Kundennutzen? In der stark arbeitsteiligen Organisation ermöglicht dies leichter die Sinnfindung des Einzelnen. Um ein Auseinanderdriften der Abteilungen zu verhindern, wird meist eine föderative Struktur einer rein funktionalen Struktur vorgezogen.

Es entsteht also eine Prozessorganisation mit mehr Spielräumen. Vom einzelnen Mitarbeiter werden nun Partizipation und das Übernehmen von Mitverantwortung gefordert. Dadurch entsteht die Möglichkeit eines größtenteils selbst organisierten Arbeitens. Es wird nicht mehr nach einem „von oben" diktierten Schema F gearbeitet, sondern die Methoden werden hinterfragt und gegebenenfalls verändert. Folglich ist die Aufgabe der Führung, anzuregen, zu fördern und bei Problemen einzugreifen, anstatt bloße Befehle zu erteilen. Die Führungskraft wird in der Integrationsphase zum Evokator, der es den Mitarbeitenden ermöglicht, jeweils ihre Ziele und Aufgaben im Unternehmensganzen selbst zu finden. Typisch für die Integrationsphase ist z. B. die Einführung von Projektmanagement, das Aufgaben außerhalb der Routine bewältigt und der permanenten Erneuerung des Unternehmens dient. Allerdings besteht in dieser Phase auch eine erhöhte Gefahr von Bürokratismus und Schwerfälligkeit.

● *Assoziationsphase*

In der Assoziationsphase gilt es, die in den drei vorherigen Phasen erlangten Kompetenzen zu vereinen. So muss die Energie jetzt gleichermaßen auf die Zusammenarbeit im Inneren wie auch auf den externen Wettbewerb gerichtet werden. Die Führungskräfte werden zu Synergisten, die die Führungsstile der Pionier-, Differenzierungs- und Integrationsphase vereinen. Eine erfolgreiche Führung besteht aus Kreativ-Managern, die eine ständige Balance zwischen Chaos (Flexibilität) und Ordnung (Stabilität) herstellen.

Es ist immer stärker zu bedenken, dass die Prozessverantwortung einer Organisation weit über das Unternehmen selbst hinausgeht. Sie reicht von den Zulieferern bis zur Entsorgung. In der Assoziationsphase öffnet sich das Unternehmen für makrowirtschaftliche Probleme und beginnt, sich als Glied in einer Kette zu begreifen. Die Führung muss verinnerlichen, dass es langfristig wenig Sinn macht, nur im eigenen Interesse zu handeln. Unternehmen sind von ihrem gesamtwirtschaftlichen Umfeld abhängig: Wenn ein Unternehmen seinen Lieferanten schwächt, indem es die Preise immer weiter drückt, dann wirkt sich das auch auf die Qualität der eigenen Produkte aus, da der Lieferant beispielsweise weniger Ressourcen in neue Innovationen stecken kann. In dieser letzten Entwicklungsphase kommt es darauf an, alles wirtschaftliche Geschehen in einem Zusammenhang zu sehen und danach zu handeln. Äußere Schnittstellen werden zu Nahtstellen und neue Formen der Kooperation und Allianzen mit anderen Akteuren des Umfeldes entstehen.

Sterbe-/Transformationsphase

Wenn ein Unternehmen aus einer Krise nicht mehr herauskommt, folgt die Niedergangsphase. Diese kann zum Absterben bzw. einer Insolvenz oder einem Aufgehen in einer oder mehreren neuen Organisationen führen. Manchmal werden Teile gerettet, aber das Gesamtunternehmen existiert so nicht mehr weiter. Oft sind die Produkte und Dienstleistungen überholt und nicht rechtzeitig erneuert worden. Oder man hat sich auf Erfolgen ausgeruht, veränderte Umfeldbedingungen nicht schnell genug in die Strategie einbezogen.

Gefährlich ist es, wenn nicht frühzeitig erkannt wird, dass diese Phase bevorsteht. Befindet man sich erst einmal in dieser Phase, ist es schwer, wieder herauszukommen, und es kann ein Teufelskreis entstehen, der nicht mehr zu bremsen ist. Kunden und Lieferanten hören von der Situation, wenden sich von dem Unternehmen ab und beschleunigen dadurch diese Phase. Unternehmensentwicklung ist eben nicht nur Wachstum, sondern auch das Absterben von Unternehmen, deren Know-how, die Meme, deren Menschen, aber auch deren Maschinen in anderen Unternehmen weiterexistieren können. Oftmals ist ein rechtzeitiger Wechsel des Führungspersonals notwendig, um ein Absterben zu verhindern, gerade wenn alte Konzepte in eine Sackgasse geführt haben. Unternehmen, die gelernt haben, Abwärtsphasen rechtzeitig zu erkennen und Gegenmaßnahmen einzuleiten, schaffen es besser, aus der Abwärtsbewegung wieder herauszukommen.

Im folgenden Überblick wird dargestellt, worauf Sie in welcher Phase achten müssen:

Entstehungsphase

- Überlegen Sie sich eine Entwicklungsstrategie. Wollen Sie ein Einpersonenunternehmen bleiben oder wachsen?
- Seinen Sie auf Krisen kurz nach der Gründungsphase vorbereitet, auch wenn gerade alles gut läuft.
- Entwickeln Sie ein klares Geschäftsmodell, aber seien Sie bereit, es den Marktbedingungen anzupassen.
- Suchen Sie sich erfahrene Mentoren zur Unterstützung.
- Haben Sie ein Ausstiegsszenario parat, damit nach einem unvermeidbaren Scheitern ein Neuanfang möglich ist.

Entwicklungsphase

- Seien Sie aufmerksam für die großen Entwicklungslinien Ihres Unternehmens, wo gabeln sich Entwicklungen, wo laufen welche zusammen?
- Entscheiden Sie sich, einen Weg zu beschreiten, aber halten Sie sich mehrere Alternativen offen.
- Bringen Sie Mitarbeiter, Ideen und Ressourcen in ein gutes Zusammenspiel.
- Suchen Sie nach unerwarteten Chancen.
- Gehen Sie davon aus, dass Entwicklungen nicht geradlinig aufwärtsgehen, es kann immer wieder Krisen geben.
- Lernen Sie die Kunst, zu unterscheiden, ob eine Krise lediglich ein Zwischentief ist und es danach wieder aufwärtsgeht oder das Ende bedeutet.

Sterbe-/Transformationsphase

- Sehen Sie dem Absterbeprozess konsequent ins Auge, warten Sie nicht, bis er unsteuerbar wird.
- Ermöglichen Sie den beteiligten Personen einen würdevollen Abschied. Vermeiden Sie Traumatisierungen.
- Sorgen Sie auch im Absterbeprozess für Effektivität.
- Versuchen Sie, Ressourcen zu retten, um damit einen Neuanfang zu starten.
- Erkennen Sie trotz des Scheiterns die eigenen Stärken im Prozess.
- Zelebrieren Sie das Ende.

3.5   Lebenszeit von Organisationen

Die Anwendung der Kenntnisse aus der Evolutionsforschung sind besonders interessant bei der Betrachtung der Lebenszeit einer Organisation. So gibt es in der Natur Lebewesen, die sehr lange leben, wie z. B. Bäume, die über 1.000 Jahre alt werden können, und es gibt Lebewesen, die nur eine kurze Existenz haben, wie z. B. die Eintagsfliege. Das eine ist nicht schlechter als das andere. So ist es auch mit Organisationen. Es gibt Organisationen, die schon sehr alt sind und sich immer wieder an Veränderungen angepasst haben. Die katholische Kirche existiert als Organisation nach ihrem Verständnis schon seit 2.000 Jahren. Andere haben nur eine kurze Existenz: Man denke nur an Start-ups der New Economy.

Die durchschnittliche Lebensdauer von Unternehmen in den Industrieländern liegt bei zwölf bis 18 Jahren. Sie ist damit kürzer als die durchschnittliche Lebensdauer von Menschen. Um zu erfahren, was längerlebige Unternehmen auszeichnet, hat Shell auf dem Höhepunkt der Ölkrise eine Untersuchung über die Lebensdauer von Unternehmen durchgeführt. Shell befürchtete, durch die Limitierung der Ölreserven früher oder später unterzugehen. Daher wurden die Gemeinsamkeiten von 27 großen Unternehmen analysiert, die älter als 80 Jahre alt waren. Dabei stellten sich folgende Merkmale heraus:

- Langlebige Unternehmen sind sensibel gegenüber ihrer Umwelt und haben ihre Fühler ausgestreckt, um zu spüren, was um sie herum passiert. Dies ist Voraussetzung zum kontinuierlichen Lernen und Anpassen ans Umfeld.

- Sie zeichnen sich durch einen starken Zusammenhalt und ein starkes Identitätsgefühl aus. Jede Managementgeneration fühlt sich als Glied einer langen Kette und hat das Wohl der gesamten Organisation im Auge.

- Sie sind aufgeschlossen gegenüber andersartigen, von der Norm abweichenden Entwicklungen und Experimenten am Rande der Organisation. Diese Stärkung der dezentralen Aktivitäten ermöglicht die Erweiterung des eigenen Horizonts und konstruktive Zusammenarbeit zwischen internen und externen Einheiten.

- Sie praktizieren eine konservative Finanzpolitik ohne große Risiken und haben dadurch stets genug flüssiges Kapital für flexibles, unabhängiges Handeln. Dies ermöglicht die Steuerung des Wachstums aus eigenen Kräften.

Weitere Untersuchungen legen verschiedene Wachstumsphasen von Organisationen nahe. Auf dem Population Ecology-Ansatz basierende Untersuchungen zeigen, dass nach einer kurzen Anfangsphase die Überlebenswahrscheinlichkeit von Unternehmen kurzzeitig abnimmt, dann aber wieder zunimmt. Die große Gefährdung kurz nach der Gründung entsteht meistens, wenn das Startkapital aufgebraucht ist, sich der wirtschaftliche Erfolg aber noch nicht eingestellt hat. Die Sterblichkeit von Unternehmen nimmt mit zunehmendem Alter aber wieder zu, wie Brüderl und Schüssler aufzeigen konnten. Zwar haben sie dann nützliche Routinen entwickelt, dadurch ist aber auch ihre Anpassungsfähigkeit an neue Entwicklungen zurückgegangen.

Die meisten langlebigen Unternehmen bieten Produkte oder Dienstleistungen an, die die grundlegenden menschlichen Bedürfnisse befriedigen: Nahrung (Teigwaren), Unterkunft (Hotels), Kleidung (Stoffe, Schuhe), Genuss (Bier, Wein), Sicherheit (Waffen, Versicherungen) und Kredit (Banken). Viele dieser langlebigen Unternehmen sind Familienunternehmen, bei ihnen wirkt Tradition wie ein Stützgerüst. Ziel von Familiendynastien ist in der Regel, das Unternehmen gesund an die nächste Generation weiterzugeben. Dafür verzichten sie bewusst auf kurzfristig orientiertes Handeln, das das Unternehmen gefährden könnte.

Die Lebensdauer eines Unternehmens ist aber kein Wert an sich. Unternehmen können auch in anderen aufgehen und darüber ihre Werte und ihr Know-how weitertransportieren. Oftmals ist auch das weitere Wachstum eines Produkts mit einem kleinen Unternehmen nicht mehr zu garantieren und es braucht die Unterstützung von Großunternehmen. Große Unternehmen beobachten den Markt. Sie lassen den Boden durch kleine bereiten, und wenn der Markt für ein Produkt groß genug geworden ist, übernehmen sie dieses Produkt.

Katholische Kirche (die älteste Organisation)

Die katholische Kirche ist die älteste Organisation. Sie hat folgende hierarchische Struktur: Papst, Kardinal, Legat (Inquisitor), Erzbischof, Bischof (Genaralvikar/Weihbischof), Priester (1. Klasse), Pastoralreferent (Priester 2. Klasse, nicht geweiht), Diakon, Gläubiger.

Ihre Geschichte beginnt im Jahre null unserer Zeitrechnung (vermutlich drei bis sechs Jahre früher) mit der Geburt von Jesus von Nazareth als Gründungsfigur der Kirche. Bereits 64 gab es erste Christenverfolgungen durch den römischen Kaiser Nero. Im Jahr 100 entsteht die „Alte Kirche" durch den Kirchenvater Ignatius von Antiochia. Die Entwicklung einer Ämterhierarchie (u. a. der erste Bischof mit umfassender Macht) geht auf das Jahr 140 zurück. Auf die besonders blutige Christenverfolgung durch den römischen Kaiser Valerian (303) folgt 311 die Anerkennung des Christentums als offizielle Religionsgemeinschaft (Kaiser Galerius' Toleranzedikt von 311). So kann sich die katholische Kirche ab 330 zur „Reichskirche" entwickeln und zunehmend das öffentliche Leben erfassen. Zu einer ersten großen Abspaltung kommt es 451 auf dem Konzil von Chalcedon. Die östlichen Kirchen trennen sich von der „Alten Kirche" aufgrund verschiedener Interpretationen des Lebens Jesus von Nazareth. Zwischen 500 und 700 datiert die Christianisierung der Franken und Germanen. Mit der Gründung des ersten Klosters auf Monte Cassino durch Benedikt von Nursia 529 beginnt das europäische Mönchswesen, eine Grundlage zur weiteren Expansion des Glaubens. 711 entstehen infolge des Sieges der Araber über Spanien machtpolitische Herausforderungen und gleichzeitig eine kulturelle Bereicherung durch den Islam. Ab 754 vertiefen sich die Bündnisse zwischen Staat und Kirche. Ab 900 verstärkt sich die christlich-abendländische Expansion mit Pilgerbewegungen nach Jerusalem, Rom und Santiago de Compostela. Etwa 100 Jahre später kommt es zur Trennung der Kirche in eine römisch-katholische mit Sitz in Rom und eine orthodoxe Kirche mit Sitz in Byzanz. Es folgen (ab 1050) große Kämpfe zwischen Papst- und Kaisertum. Gleichzeitig entwickeln sich enorme Bautätigkeiten von romanischen und gotischen Kathedralen, welche die Bevölkerung mobilisieren und die Wirtschaft und Wissenschaft durchdringen und befördern. Ins Jahr 1077 fällt der sogenannte Gang nach Canossa: Heinrich IV. bittet um Vergebung vor Papst Gregor VII. Danach erkennt er die kirchliche Macht nicht mehr an. Darauf kommt es zur Trennung der weltlichen und der kirchlichen Macht (Investitionsstreit). Die Kirche wird durch den Konflikt geschwächt. Als Reaktion auf fortschreitende Säkularisierungstendenzen versucht die Kirche, Stärke zu zeigen. So beginnen 1095 die Kreuzzüge. Diese militärische Expansion ist gewissermaßen eine Verkehrung der vormaligen Pilgerbewegung. Erst ab 1250 vollzieht die katholische Kirche eine geistige Erneuerung mit Konzentration auf den Glauben. Das kirchliche Monopol der Weltdeutung wird dann ab 1400 durch Renaissance und Humanismus erneut herausgefordert, wobei die Entdeckung Amerikas durch Kolumbus (1492) der katholischen Kirche mit der folgenden Missionierung Südamerikas wiederum zu neuem Aufstieg verhilft. Die Käuflichkeit kirchlicher Ämter und Ablasshandel sowie der Niedergang des Papsttums ab dem 15. Jahrhundert rufen Martin Luther auf den Plan, dessen Wittenberger Thesen (1518) zur Abspaltung der protestantischen Kirchen (Evangelisten, Calvinisten, Lutheraner etc.) führen. Reformatorische Kirchen entstehen in England, den Niederlanden, Skandinavien und Deutschland. Im Dreißigjährigen Krieg (1618 bis 1648) instrumentalisieren Staaten dann die beiden Religionen zur Durchsetzung ihrer säkularen Interessen. Ende des 17., Anfang des 18. Jahrhunderts entstehen Nationalstaaten, so dass die Religion als gesellschaftliches Bindeglied zunehmend durch die Nation ersetzt wird. Aufklärung, fortschreitende Säkularisierung und mit der Französischen Revolution (1789) einhergehende Enteignung von Kirchenbesitz führen zum Einflussverlust der katholischen Kirche. Mit dem Konzil von Trient im 17. Jahrhundert setzt eine Besinnung und Erneuerung der katholischen Kirche ein, die zu verstärktem Engagement im sozialen Bereich führt. Am Ende des 19. Jahrhunderts hat sich im Zusammenhang mit starken

Konflikten zwischen Kirche und Staatsmächten der Einfluss der katholischen Kirche und des Katholizismus weiter reduziert. Im Jahr 2000 existierten weltweit eine Milliarde katholische Gläubige, davon 240 Millionen in Europa. Abgesehen von Nordamerika und Europa steigt die Zahl der Gläubigen weiter an. Die Einnahmen der katholischen Kirche belaufen sich in Deutschland auf ca. vier bis sechs Milliarden Euro jährlich, die Einnahmen der katholischen Kirche insgesamt auf ca. 185 Milliarden Euro im Jahr 1999.

Zusammenfassend lässt sich in Bezug auf die evolutionäre Entwicklungslinie der katholischen Kirche festhalten, dass sie die am längsten existierende Organisation ist – bei verhältnismäßig wenig organisatorischem und geistigem Wandel. Starke Kooperation mit der politischen Macht begünstigte einen schnellen Aufstieg der Organisation. Die Organisation ist stark hierarchisch mit starken Eingriffsmöglichkeit der Zentrale geleitet, verfügt aber in Relation zu ihrer Größe über wenige Führungskräfte und eine verhältnismäßig kleine, sehr früh global operierende Zentrale. Die stabile (innere) Bindung schafft die Kirche durch das gemeinsame geistige Konzept der Religion.

3.6 Meme als Informationseinheiten der Kultur

Vergleichbar mit Genen in der Natur gibt es „Meme" in Organisationen. Der Begriff Meme lehnt sich sprachlich an das englische Wort memory an und wurde 1976 von Richard Dawkins in seinem Buch „The Selfish Gene" eingeführt. Meme können Ideen, Kommunikationsmuster, Arbeitstechniken, aber auch z. B. Moden oder Melodien sein. Meme werden entweder direkt von Mensch zu Mensch weitergegeben (z. B. sprachlich) oder mittels Informationsträger wie Bücher, Tonbänder, Disketten etc. Das heißt, sie werden vervielfältigt, entsprechend der DNA-Replikation bei der Vermehrung der Gene. So, wie sich durch den natürlichen Auswahlprozess nicht alle Gene erfolgreich vermehren können, so gibt es auch erfolgreiche und weniger erfolgreiche Meme. Ein Ohrwurm ist nichts anderes als ein zumindest kurzfristig erfolgreiches Mem, das sich sehr schnell verbreitet. Im Gegensatz dazu gibt es sich kaum verbreitende, aber über lange Zeiträume existierende Meme, wie z. B. jahrtausendealte Gesetze der jüdischen Religion.

So, wie Gene in Form von Chromosomen gemeinsam weitergegeben werden, so können Meme sich zu Komplexen vereinen. Als Beispiel sei hier der Mem-Komplex der Steinaxtherstellung im vorderasiatisch-europäischen Kulturkreis genannt. Dieser Vorgang enthält mehrere Arbeitsschritte, daher ein Mem-Komplex. Entstanden in vorgeschichtlicher Zeit, erfolgte die Verbreitung und Weitergabe (Replikation) durch Abschauen und Erlernen. Dieser Mem-Komplex hatte einen hohen Selektionswert, da er eine Verbesserung der Lebensbedingungen mit sich brachte. Vorteilhafte Mem-Mutationen (gleichzusetzen mit vorteilhaften Gen-Mutationen in der Biologie) konnten hier in der Verbesserung der Steinaxtherstellung resultieren. Mit dem Aufkommen der Metallwerkzeuge und -waffen wurde die Steinaxt verdrängt, der Mem-Komplex „Steinaxtherstellung" starb aus. Welche europäische Kultur kennt heute noch den vorgeschichtlichen Arbeitsablauf der Steinaxtherstellung? Das heißt auch: Meme stehen in Konkurrenz zueinander (Metalllaxt- gegen Steinaxtherstellung). Wir erleben das in der Gegenwart jeden Tag, wenn die Meme-Flut der Werbe- und Unterhaltungsindustrie auf uns einstürmt und um Festsetzung in unserem Gehirn wetteifert.

Analog zum Genpool in der Biologie bildet der Mem-Pool in einem Kulturkreis die Gesamtheit der Meme, also die Elemente einer Kultur. Geistige Verwandtschaft tritt dann entsprechend zwischen Individuen auf, die viele ähnliche oder gleichartige Mem-Komplexe gemeinsam haben.

Wie steht es um die memetische Evolutionsgeschwindigkeit? Da der Mensch sich im Vergleich zum Bakterium sehr langsam fortpflanzt, werden biologische Evolutionsraten in der Regel in Jahrtausenden bis Jahrmillionen bemessen. Kulturelle Änderungen hingegen basieren auf dem Austausch von Informationen auch innerhalb einer Generation und können in sehr kurzen Zeiträumen von Jahren, Monaten bis Tagen vonstatten gehen. Von daher ist die kulturelle Entwicklung durch den Austausch von Memen wesentlich schneller als die biologische Entwicklung durch Fortpflanzung. Unsere Gene unterscheiden sich vom steinzeitlichen Jäger und Sammler nicht wesentlich, während wir uns kulturell stark weiterentwickelt haben. Diese schnelle Entwicklung war erst durch die Weitergabe von Memen in diesem Maße möglich, wir hinken jedoch genetisch unserer zivilisatorischen Entwicklung hinterher.

Was bedeutet das? Wenn sich zwei Menschen in kriegerischer Absicht nah gegenüberstehen, so stellt der ungehinderte Blick auf den anderen eine genetisch bedingte Verhaltensmöglichkeit der Tötungshemmung dar, vor allem wenn der Gegner z. B. verletzt ist und offensichtlich leidet. Das Abfeuern einer Granate mit dem Ziel der Vernichtung eines kilometerweit entfernten Gegners umgeht diese Hemmmechanismen. Hierdurch ermöglicht die technische Entwicklung Gewalteskalationen, da Ferntötung und deren Hemmung in unserem genetisch bedingten Verhaltensrepertoire nicht verankert sind. Ein besonders krasser Konflikt zwischen Genen und Memen ist das Zölibat, also der Verzicht auf Fortpflanzung zugunsten einer religiösen Lehre. Der Überträger dieses Zölibat-Mems sowie aller anderen Meme dieses Religion-Mem-Komplexes trägt als Priester zur Verbreitung desselben bei, unterbricht aber abrupt die Fortpflanzungslinie seiner Gene.

Meme und Gene können sich aber auch gleichsinnig entwickeln, anstatt in Konflikt zu geraten: Das milchzuckerspaltende Enzym Lactase wird bei Säugetieren normalerweise nur in der Jugendphase produziert. Eine längere Bereitstellung durch den Körper wäre Energieverschwendung, da Milch normalerweise nur in dieser Lebensspanne durch die eigene Mutter bereitgestellt wird. Durch die Erfindung der Viehzucht stand dem Menschen plötzlich mit der Milch eine hochwertige Nährstoffquelle zur Verfügung. Zu deren Verwertbarkeit durch Erwachsene musste allerdings Lactase auch bei ihnen synthetisiert werden, da es sonst zu Verdauungsstörungen kommt. Anhand der Untersuchungen von weltweit 62 Kulturen konnte festgestellt werden, dass bei Volksgruppen, die schon seit langer Zeit Ziegen, Schafe oder Rinder halten (wie z. B. Tuareg, Spanier, Tutsi oder Iren), das Lactase-Gen auf Chromosom 1 so verändert ist, dass das Lactase-Enzym auch bei Erwachsenen in großer Menge hergestellt wird.

Kritiker werfen der Memetik vor, dass die Frage nach der klaren Abgrenzung der kleinsten Bausteine der Tradition noch nicht beantwortet ist. In der Genetik ist dies mit der Entschlüsselung des genetischen Codes gelungen. Auch sei nicht geklärt, inwieweit die Meme aktive Replikatoren sind. Würden sie nur passiv kopiert wie ein Schriftstück, erfüllten sie die Forderung nach einem aktiven Replikator nicht und Meme könnten dann auch nicht als Selektionseinheiten im Darwin'schen Sinne angesehen werden. Trotzdem ist dieses Konzept für die Entwicklung von Organisationen wichtig.

Meme in Organisationen

Meme unterliegen prinzipiell den gleichen Vorgängen wie Gene: Sie haben einen Informationsgehalt und benötigen dementsprechend ein Speichermedium. Sie können durch Kopien erhalten oder vervielfältigt werden, dabei unterlaufen jedoch Fehler bzw. Veränderungen der ursprünglichen Informationen. Aus den veränderten Memen kann eine Auswahl getroffen und wiederum gespeichert werden.

Auch von einem Unternehmen sind fast alle Informationen gespeichert, beispielsweise Struktur und Strategie, die Geschäftsordnung, Prozessabläufe, Kundenbeziehungen oder Verträge. Zu den Speichermedien gehören neben Papier und PC vor allem die Köpfe der Mitarbeiter.

Diese Informationen werden im täglichen Geschäft unablässig kopiert. Kopien im Wortsinn können analog und digital sein, aber auch durch jeden Brief, jede Präsentation, sogar durch jedes Gespräch werden beim jeweiligen Empfänger Kopien von Inhalten erstellt. Diese Kopien sind mit Fehlern bzw. Veränderungen behaftet. So werden gesprochene Meme auf der Grundlage von Erfahrungen und Emotionen des Empfängers interpretiert. Am deutlichsten wird das vielleicht am Beispiel von sich verselbständigenden Gerüchten. Ein „gutes Verhältnis" von Chef und Sekretärin kann dabei als „effektiv arbeitendes Team" bis zur „erotischen Affäre" interpretiert, d. h. kopiert werden.

Die Veränderungen der Gene sind die evolutionäre Grundlage der Vielfalt und der Anpassung. Den Memen kommt die gleiche Bedeutung für eine kulturelle Entwicklung zu. Daher ist aus der Sicht des Evolutionsmanagements auch eine Änderung der Meme ein grundsätzlich positiver, sogar ein überlebensnotwendiger Aspekt der Unternehmensentwicklung. Produkte, Prozesse usw. sind Meme eines Unternehmens, die ständiger Veränderung, Auswahl und Bewahrung bedürfen, um das Unternehmen an das sich ändernde Umfeld anzupassen.

Die wesentlichen Meme-Gruppen einer Organisation sind die Kernwerte, die Kernstrukturen, Kernprozesse, Kernressourcen und die Kernprodukte. Kernwerte sind die grundlegenden Werte einer Unternehmensphilosophie oder eines Leitbildes, die sich in jedem Bereich wiederfinden lassen. In den Kernstrukturen sind die wesentlichen Regeln der organisatorischen Strukturen festgelegt, die das Handeln und damit auch den strategischen Erfolg maßgeblich bestimmen. Die Kernprozesse beschreiben übliche Routinen und Best Practices. Zu den Kernressourcen zählen aktives und abgespeichertes Wissen, Erfahrungswissen und Kernkompetenzen. Schließlich werden die Kernprodukte hervorgehoben, die aus den vorher genannten Kategorien entstehen.

Ähnlich wie Gene in der Evolution unterliegen Meme einem prozesshaften Wandel, der zu grundlegenden Veränderungen im Unternehmensgedächtnis führen kann. Wenn ein Mem sich besser fortpflanzt als andere, sprich eine Idee besonders gut ankommt, dann kann sich dieses Mem schneller ausbreiten und andere Meme verdrängen. Wie kann dieses Prinzip in Organisationen genutzt werden?

Das Grundprinzip des Meme-Konzepts ist die Annahme, je unterschiedlicher die Meme in einem Unternehmen sind und je stärker sie ausgerichtet auf eine bessere Umfeldbewährung miteinander vermischt werden, umso erfolgreicher werden die Meme im Vergleich zu anderen Unternehmen sein und umso schneller wird sich das Unternehmen weiterentwickeln. Wie also die Vielfalt unterschiedlicher Meme herstellen? Zuerst einmal über eine kreative Einstellungspolitik von Mitarbeitern mit unterschiedlichen Fähigkeiten. Ein weiterer Weg ist es, möglichst viel Expertenwissen von außen in das Unternehmen zu tragen, beispielsweise über enge Kontakte zu Universitäten, Experten oder Beratern. Umgekehrt können Sie Ihre Mitarbeiter auch anspornen, Wissen von außen in die Organisation zu tragen, beispielsweise über Benchmarking, Teilnahme an Konferenzen oder Weiterbildungen.

Es reicht aber nicht aus, dass sich beispielsweise das neu erlernte Wissen gezielt bei einem Mitarbeiter befindet. Dieses vorhandene Wissen sollte möglichst im Unternehmen verbreitet werden, sich mit anderem Wissen vermischen oder auch der Konkurrenz zu „altem" Wissen unterliegen. Wichtig ist, dass die Wissensressourcen für möglichst viele Mitarbeiter zugänglich und transparent sind, damit ein offener Wettkampf zwischen den Wissensformen stattfinden kann. Durch dieses unternehmensinterne Bewertungssystem können die erfolgreichsten Lösungen auf dem neuesten Stand gehalten werden. Eine weitere Möglichkeit zum Austausch von Wissen ist ein häufiger Arbeitsplatzwechsel, wie er in der Wissenschaft, aber auch in vielen Unternehmen gang und gäbe ist.

Achten Sie darauf, dass es nicht sinnvoll ist, alle Meme gleichermaßen zu verändern. Vor allem im Bereich der Kernwerte ist eher Kontinuität gefragt.

> Fördern Sie den Austausch mit externen Experten, die neues Wissen ins Unternehmen tragen, und motivieren Sie Ihre Mitarbeiter, sich selbst neues Wissen außerhalb des Unternehmens anzueignen.
>
> Installieren Sie ein unternehmensinternes Bewertungssystem der Best Practices. Durch diesen initiierten Wettbewerb werden Sie die erfolgreichsten Lösungen auf dem neuesten Stand haben.
>
> Sorgen Sie für eine kreative Einstellungspolitik und fördern Sie einen häufigen Arbeitsplatzwechsel im Unternehmen, damit sich die Meme schneller verbreiten können.

4 Was den Organismus zusammenhält – der Blick in die Organisation

Wie alle Organismen existiert das lebendige Unternehmen zuerst für sein eigenes Überleben, auch für seinen eigenen Fortschritt. Es will seine Potenziale realisieren und so groß werden, wie es ihm möglich ist. Es existiert nicht einzig deswegen, um Kunden mit Waren zu versorgen oder für den Return on Investment für die Shareholder.

Arie de Geus

Wenn man über innere Strukturen redet, wird das Außen immer mitgedacht. In der Philosophiegeschichte sind das Innen und Außen im Rahmen des Subjekt-Objekt-Verhältnisses eine jahrhundertealte Diskussion. Früher ging man von einer starken Trennung vom Innen und Außen aus und je nach weltanschaulicher Vorliebe wurde eher auf die innere Subjektivität oder die äußere Materialität Wert gelegt. Mit der Zeit erkannte man, dass beide in einem starken wechselseitigen Zusammenspiel miteinander interagieren und sich gegenseitig bedingen. Wenn ein Mensch seine äußere Umwelt wahrnimmt, verändert er sie allein schon dadurch und ebenso verändert die äußere Welt durch den Akt der Wahrnehmung das Innenleben des Menschen. Spätestens seit der Heisenberg'schen Unschärferelation existiert die klassische Trennung vom Innen und Außen nicht mehr. Doch wenn das Zusammenspiel so eng ist, und damit kommen wir zu einer wichtigen sozialwissenschaftlichen Debatte, wo verläuft dann die Grenze zwischen innen und außen? Wer wird eingeschlossen und wer ausgeschlossen?

Übertragen wir diese Fragestellungen auf Unternehmen: Ein Unternehmen wird heute sehr schnell erkennen, dass es in starkem wechselseitigem Verhältnis mit seiner Umwelt steht. Der gesamte Produktionsprozess beruht darauf, Stoffe aufzunehmen, sie umzuarbeiten und dann als fertige Produkte wieder abzugeben. Im Dienstleistungssektor werden Dienstleistungen kreiert, für die der Markt Geld zu zahlen bereit ist. Das Auftreten auf dem Markt beeinflusst Konkurrenten und deren Reaktion die eigene Preispolitik; die eigene Werbung beeinflusst Konsumverhalten und Kundenwünsche eigene Werbe- oder Entwicklungsstrategien usw. Ein Unternehmen befindet sich in einem Netzwerk gegenseitigen Austausches. Doch wo ist hier noch Innen und Außen? Was sollte noch als Unternehmensgrenze mitgedacht werden? Dies ist eine entscheidende Fragestellung, denn natürlich wird das Innen anders behandelt als das Außen. Gehören langjährige Kunden, mit denen die eigene Produktpalette weiterentwickelt wird, schon zum Innen? Sind Lieferanten, an denen man finanziell beteiligt ist, wirklich außen?

Darwin hat sich bei seinen Analysen vor allem auf die äußere Selektion konzentriert. Diese Schwerpunktsetzung ist berechtigt, da ein Organismus nur überleben kann, wenn er sich im Umfeld bewährt. Doch bevor sich Mutationen im Umfeld bewähren können, müssen die mutierten Eigenschaften zu den bestehenden Strukturen des Organismus passen. Eine Mutation, die den strukturellen Notwendigkeiten des Organismus nicht Rechnung trägt, ist nicht lebensfähig, beispielsweise bei der Fehlbildung eines Organs, die zur Totgeburt führen kann. Der innere Auswahlprozess ist dem äußeren also vorgeschaltet.

Auch bei der Entwicklung von Organisationen ist es wichtig, interne Selektionsvorgänge zu beobachten und zu bearbeiten. Diese sind zwar oft durch Vorgänge am Markt hervorgerufen, sie können aber auch aus einer internen Eigendynamik entstanden sein. Es gibt genügend Unternehmen, die trotz guter Umfeldbewährung Konkurs anmelden müssen, weil die internen Prozesse nicht mehr funktionieren. Auch Machtkämpfe in der Führungsetage oder schwierige Nachfolgeregelungen können eine Organisation lähmen.

> Denken Sie daran: Die besten Marktbedingungen nützen nichts, wenn das innere Zusammenspiel Ihres Unternehmens nicht klappt.

4.1   Was das Leben ausmacht

„Nichts in der Geschichte des Lebens ist beständiger als der Wandel", sagte einst Charles Darwin. Diese prozesshafte Sichtweise auf die Entwicklung des Lebendigen ist das eigentlich Revolutionäre an der Evolutionstheorie. Im Mittelpunkt steht die Frage nach dem Werdenden. Diese Fragestellung impliziert drei unterschiedliche Formen von Entwicklungen, die in enger Wechselbeziehung zueinander stehen: Die ersten beiden betreffen die Entwicklung und Weiterentwicklung eines Organismus und die Entstehung und Entwicklung von Arten in ihrem Umfeld. Die Übertragung dieser Aspekte auf Organisationen war Thema von Kapitel 3. Im Folgenden konzentrieren wir uns auf den dritten Aspekt, nämlich die Frage, welche Prozesse und Entwicklungen normalerweise im Organismus ablaufen, wie ein Organismus funktioniert.

Aus der prozesshaften Sichtweise des Evolutionsmanagements stellt sich bei der Analyse des inneren Wandels eines Organismus nicht die Frage, wie ein Organismus „ist", sondern wie die Prozesse im Organismus ablaufen. Bei der Innensicht in einen Organismus ist also spannend, wie die vielen Einzelelemente des Organismus in ein gemeinsames Zusammenspiel gebracht werden, so dass sie gut interagieren und in dieselbe Richtung wirken. Wie anstrengend wäre es, wenn man beim Fußballspielen alle Bewegungsabläufe und die Atmung bewusst koordinieren müsste. Unser Körper schafft diese Koordination ständig und das meiste davon nehmen wir nicht einmal bewusst war.

Der Verhaltensbiologe Günter Tembrock benutzt zur Beschreibung dessen, was einen Organismus zu einem lebenden Subjekt macht, drei grundlegende *Prozesse*:

- Lebewesen zeichnen sich durch eine bestimmte Form körperlicher Eigenschaften und den dazugehörigen Formwechsel aus (Strukturen und deren Veränderungen, Wachstum).
- Lebewesen setzen sich aus spezifischen Stoffen und dem dazugehörigen Stoffwechsel zusammen (materieller Austausch, Nahrungsaufnahme, -umwandlung und -abgabe).
- Lebewesen verarbeiten ganz bestimmte Informationen und tauschen diese im Informationswechsel aus (immaterieller Austausch, interne und externe Kommunikation).

Diese drei Prozesse sind Grundlage eines jeden Lebewesens. Es kann sich dabei sowohl um interne Prozesse handeln als auch um solche, die sich im Austausch mit der Umwelt befinden. Fällt eine dieser Prozessarten aus, stirbt der Organismus.

Als Folge der zunehmenden Komplexität durch evolutionäre Entwicklungen zeigt sich, dass die Bedeutung des Informationswechsels in Relation zum Stoffwechsel und Formwechsel zunimmt. Fast alle Lebewesen besitzen neben dem Hormonsystem das zentrale Nervensystem zur internen Kommunikation und ein größeres Gehirn zur Verarbeitung und Steuerung. Der zunehmende Informationswechsel ermöglicht ein komplexes Zusammenspiel zwischen Form- und Stoffwechsel.

Im Zusammenspiel der drei Prozesse können zwei prinzipielle Modi von Veränderung unterschieden werden. Einmal Veränderungen, die langfristig einen qualitativen Unterschied zum Vorherigen bewirken, beispielsweise die Veränderung von Strukturen aufgrund von Wachstum oder die Änderung des Stoffwechsels durch andere Nahrung. Zum Zweiten eine Veränderung, welche die Wiederherstellung des Status quo im Rahmen der Homöostase bedeutet. Wenn Sie in die Sauna gehen und anfangen zu schwitzen, dann ist das eine Reaktion des Körpers auf veränderte Außenbedingungen und der Schweiß als Abkühlungssystem soll die Körpertemperatur bei 37 Grad Celsius konstant halten. Die Schweißproduktion ist zwar auch eine Veränderung im Organismus, diese bewirkt aber die Wiederherstellung des vorherigen „Normalzustandes" und keinen qualitativ neuen Zustand.

Auch Unternehmen befinden sich in ständigen Veränderungsprozessen: Sie müssen sich an den Markt anpassen, interne Prozesse optimieren oder auf neue technische Entwicklungen reagieren. Ebenso wie bei Organismen sind Formwechsel, Stoffwechsel und Informationswechsel die grundlegenden Prozessarten zur Beschreibung von Organisationen.

Aufgabe des Evolutionsmanagements ist es, diese drei Prozessarten in ihrem Zusammenspiel zu effektivieren, so dass sie auf der Gesamtebene gut zusammenwirken und dies zur Optimierung der Lebensfähigkeit beiträgt. Die Steuerung der evolutionären Entwicklung einer Organisation beinhaltet also die Harmonisierung der drei Grundprozesse: Formwechsel, Stoffwechsel und Informationswechsel. Diese Harmonisierung bezieht sich einmal auf die Aufrechterhaltung der Homöostase sowie die Regelung von Veränderungen. Kernkompetenz der Organisationsentwicklung ist es, in Veränderungsprojekten über die Verbesserung des Informationswechsels und unter Zuhilfenahme von Strukturveränderungen den Stoffwechsel zu optimieren. Im Folgenden werden die Funktionsweisen von Organismen und Organisationen entsprechend der Dreiteilung Form, Stoff und Information dargestellt.

4.1.1 Stoff und Stoffwechsel

Der Stoffwechsel oder auch Metabolismus steht für die Aufnahme, den Transport und die chemische Umwandlung von Stoffen in einem Organismus sowie die Abgabe von Stoffwechselendprodukten an die Umgebung. Diese biochemischen Vorgänge, z. B. innere und äußere Atmung, interne Transportvorgänge, Ernährung usw., dienen dem Aufbau und der Erhaltung der Körpersubstanz, der Energiegewinnung und damit der Aufrechterhaltung der Körperfunktionen.

Ganz allgemein sind Aufnehmen und Abgeben von Stoffen grundlegende Prinzipien von allen Lebensorganismen.

Die Stoffwechselreaktion im Organismus lässt sich entsprechend ihrer Komplexitätsänderung folgendermaßen einteilen:

- Der Aufbau von Stoffen, aus denen der Organismus besteht, sowie der Umbau organismusfremder Stoffe in organismuseigene Stoffe. Diese Stoffwechselprozesse liegen beispielsweise beim Wachstum vor und brauchen dazu Energie (ATP).
- Der Abbau von Stoffwechselprodukten von komplexen zu einfachen Molekülen zur Energiegewinnung. Die hier gewonnene Energie dient dem Aufbau von anderen komplexen Molekülen.

Der allgemeine Stoffwechselprozess eines Unternehmens entspricht mit dem Produktionsprozess ebenso dem Aufbauen, Umbauen und Abbauen von Stoffen:

- Aufbau/Umbau: z. B. Einkauf von Rohstoffen oder Produkten, Einstellen von Mitarbeitern, Lohn, Herstellung von Produkten durch Verarbeitung von Rohstoffen.
- Abbau: Verkauf von Produkten oder Dienstleistungen, Entsorgung/Umweltverschmutzung.

Wie in der Natur gilt: Je ressourcensparender der Stoffwechsel, desto erfolgreicher ist das Unternehmen in seiner Umfeldbewährung am Markt.

4.1.2 Form und Formwechsel

Vor etwa 1,8 Milliarden Jahren entwickelten sich die ersten Lebewesen mit Zellkern (Eukaryoten). Seitdem haben sich sehr komplexe Organismen daraus entwickelt und sich in ihrem Umfeld bewährt. Der Mensch beschäftigt ca. 100 Billionen Zellen als Mitarbeiter und schafft auf erstaunliche Weise die reibungslose Zusammenarbeit der Zellen. Die meisten Aktivitäten im Körper laufen ohne die bewusste Steuerung des Gehirns als Unternehmenszentrale ab. Beim Gehen gibt das Gehirn zwar die Richtung vor, die komplizierten Abläufe der richtigen Muskelbewegung laufen aber unbewusst ab. Dies gilt praktisch für alle mit Geschäftsprozessen vergleichbaren Vorgänge im Körper, ob Atmung, Blutkreislauf oder Verdauung. Für die interne Ordnung sorgen Regelkreise, Feedbacksysteme, Reflexe, Netzwerke und eine starke Selbstorganisation der Zellen und Organe. Das Gehirn leistet eine zentral koordinierte Dezentralisierung: Es ist verantwortlich für die sinnvolle Koordination dezentraler Regelkreise und für ein sicherndes Informationsnetz der dezentralen Selbstorganisation. Erstaunlicherweise besitzen komplexe Organismen wie der Mensch von der Funktionsweise her ähnliche Strukturen wie Organisationen. Wie funktioniert die Form und welche Funktionen haben einzelne Strukturteile?

Übertragen auf Organisationen lässt sich deren Form beispielsweise anhand von Organigrammen, der Strukturierung eines Unternehmens durch die Aufteilung in Abteilungen und der Betriebsform beschreiben.

Der Formwechsel von Organismen und Organisationen wurde bereits im Kapitel 3 abgehandelt. In Kürze: Zum Formwechsel in Organisationen gehören Wachstumsprozesse wie die langfristige Umstrukturierung durch eine Veränderung der Linienstruktur und kurzfristige Formwechsel durch Projektmanagement. Ebenso können Kapazitätsschwankungen des Marktes durch schnelle Formwechsel aufgefangen werden, beispielsweise mit dem Prinzip der „atmenden Fabrik". Auch häufig auftretende Alltagsprozesse können eine Änderung der Form bewirken.

Funktion kann auch der Form folgen

Die Veränderung von Strukturen kann bedeuten, dass Funktionen sich weiterentwickeln oder vorhandene Strukturen neue Aufgaben übernehmen. Darauf werden wir im Kapitel 6 genauer eingehen. Die Veränderung von Funktionen im Laufe des Evolutionsprozesses ist ein wichtiger Vorgang, der auch für die Entwicklung von Organisationen von Bedeutung ist. Früher war die Produktion in vielen Unternehmen die entscheidende Abteilung. Heute sind es oft die Entwicklung und das Marketing, die für den Erfolg die wichtigste Bedeutung haben. Der Kundendienst war früher nur zur Reparatur da. Heute ist er ein wichtiges Instrument des Customer Relationship Management und wichtig für die Kundenbindung.

Diese Strukturveränderungen folgen Veränderungen der Funktionsanforderungen. Entsprechend besagt das Leitmotiv des Designs, das auf die Entwicklung von Unternehmen übertragen wurde: „Form follows function", d. h. die Form, die Gestaltung von Dingen, soll sich dabei aus ihrer Funktion, ihrem Nutzungszweck ableiten. Während es sich beim Customer Relationship Management aber um schrittweise, evolutionäre Strukturveränderungen handelt, zielt das Management-Tool des *Reengineering* eher auf sprunghafte, grundlegende Veränderungen ab. Auf einem Reißbrett wird überlegt, wie die Prozesse künftig ablaufen sollen, um dann die Unternehmensstruktur entsprechend anzupassen. Da die Form einer Organisation jedoch historisch gewachsen ist, können grundlegende Umstrukturierungen die Gefahr beinhalten, dass die neu erdachten Strukturen nicht an die alten anknüpften können.

Wieso sollten sich die Strukturen auch immer den Funktionen anpassen? Wenn wir uns die Natur anschauen, ist es manchmal genau andersherum: *Durch Mutation entstehen zufällig neue Strukturen, bei denen sich erst in der Umfeldbewährung erweist, ob sie eine für den Organismus hilfreiche Funktion übernehmen können oder nicht.*

Die Vogelfedern dienten bestimmten Reptilien ursprünglich der Wärmeregulierung, aber durch Mutationen in der Erbsubstanz, die zu Bauplanänderungen führten, konnte die neue Funktion des Fliegens entstehen. Diese Tiergruppe entwickelte sich zu den Vögeln. Dieser Funktionswechsel kann auch bei der Entwicklung des Auges beobachtet werden. Dienen bestimmte lichtaufnehmende Moleküle bei Bakterien ausschließlich der Energiegewinnung, so steuern verwandte Stoffe bei vielen Tieren und auch bei uns Menschen die Lichtwahrnehmung. Ihre „neue" Funktion ist somit die Orientierung und nicht mehr die Energiegewinnung. Da neue Strukturen meistens auf alten aufbauen, ist ohnehin zu beachten, wie die Strukturen zueinander passen, damit die neue Funktion erfüllt werden kann.

In dieser Radikalität kann natürlich kein Unternehmen geführt werden, sie legt aber ein Augenmerk auf die wichtige Funktion von Strukturen. Bei dem heutigen Komplexitätsgrad von Organisationen sind Unternehmensstrukturen stark untereinander vernetzt, träge und nur unter sehr großem Energieaufwand grundsätzlich zu verändern.

Wenn Sie also Ihre Organisation vollkommen neu umstrukturieren wollen und ein entsprechendes Idealbild am Reißbrett entwerfen, denken Sie immer auch von den bestehenden Strukturen ausgehend, was möglich ist und was nicht. Es geht nicht darum, ob die Form der Funktion folgt oder die Funktion der Form, sondern wie Form und Funktion in ein sinnvolles Wechselspiel gebracht werden können.

> Entwickeln Sie neue Strukturen unter Beachtung ihrer bisherigen strukturellen Stärken und leiten Sie ihre Funktionen daraus ab.

4.1.3 Information und Informationswechsel

Der Kontakt mit der Außenwelt sowie die interne Abstimmung eines Organismus funktionieren durch den Austausch von Informationen. Im Laufe der Evolution sind unterschiedliche Wege der Informationsverarbeitung entstanden. Ein frühes Prinzip der Informationsweitergabe im Körper ist das Hormonsystem: Es benutzt die bestehenden Strukturen des Kreislaufsystems und arbeitet über chemische Stoffe nach dem Schlüssel-Schloss-Prinzip. Wenn eine Information von A nach B gelangen soll, werden Informationsträger ausgeschüttet, die durch den Körper strömen und ihr Ziel erreicht haben, sobald sie den passenden Rezeptor gefunden haben. Dieses Prinzip hat den Vorteil, keine zusätzlichen Leitungsstrukturen zu benötigen, ist allerdings auch sehr langsam, da die Informationen nicht auf elektrischem Weg übermittelt werden können. Mit der Zeit entwickelte sich parallel zum Hormonsystem ein weiteres internes Informationssystem, das zentrale Nervensystem: Das Nervensystem ist ein eigenes System mit eigenen Bahnen, die unabhängig vom Kreislaufsystem verlaufen. Die Informationen werden elektrisch übermittelt und können gezielt und sehr schnell in die entsprechenden Körperregionen geliefert werden. Der menschliche Körper braucht also beide Systeme, das Hormonsystem und das zentrale Nervensystem: Sie ergänzen sich mit ihren jeweiligen Leistungen.

Wie in der Natur gewinnen auch in der Gesellschaft Information und Informationsaustausch mit zunehmender Komplexität an Bedeutung. In den letzten Jahren haben sich die Volkswirtschaften der Industrieländer stark verändert. Die Liberalisierung der Telekommunikationsmärkte, die Computerisierung der Produktion, das rasante Wachstum des Internets und die zunehmende Vernetzung von Wirtschaft und Gesellschaft weisen allesamt auf eines hin: die Entstehung einer Informationsgesellschaft.

Dieser Wandel kommt nicht zuletzt auch im Konsumverhalten der Verbraucher zum Ausdruck: So übersteigt der prozentuale Anteil immaterieller Informationsprodukte wie Software, Entertainment, Medien beim Konsum des durchschnittlichen Verbrauches bei weitem den Anteil materieller Produkte wie Nahrungsmittel, Kleidung, Autos.

Der zunehmende Informationsaustausch kann also als Strategie zur Handhabung der zunehmenden Komplexität gedeutet werden. Neue Instrumente und Informationsmedien wiederum versuchen, mit dem steigenden Informationsangebot klarzukommen. Zunehmende Information als Komplexitätsbewältigung und ein wachsender Informationsapparat zur Bewältigung der vielen Informationen, dieses Prinzip gilt auch in Unternehmen.

Von dieser Entwicklung werden auch die internen Kommunikationsstrukturen von Unternehmen beeinflusst. Für Terminabsprachen oder reinen Materialaustausch sind die digitalen Medien aufgrund ihrer Schnelligkeit sehr wichtig geworden. Allerdings finden aufgrund der unaufwändigen Handhabung in vielen Firmen bereits übertriebene Nutzung und Überflutung statt. So gibt es mittlerweile schon Großraumbüros, deren Mitarbeiter ausschließlich über E-Mail miteinander kommunizieren. Dies birgt die Gefahr, dass Verhandlungen oder wichtige Vereinbarungen weniger verlässlich wirken können als im persönlichen Gespräch. Der geschriebene Brief oder das klassische Gespräch nehmen zwar mehr Zeit in Anspruch, haben aber eine ganz andere Wirkung als eine E-Mail oder ein Kommentar im Intranet. Insgesamt geht es also um eine gute Mischung von herkömmlicher und digitaler Kommunikation.

Auch bei der Speicherung von aktuell nicht gebrauchtem Wissen können wir aus der Natur, beispielsweise von den Bakterien, lernen. Bakterien können beinahe unbegrenzt in „Schlafzustände" überwechseln, wenn sich die Umfeldsituation ungünstig entwickelt. Sie reduzieren den Stoffwechsel und Informationswechsel dabei massiv und halten nur die Fähigkeit aktiv, bessere Umweltbedingungen wahrzunehmen. Im Extremfall installieren sie in Form von Sporen einen Wissenspool, der in unbestimmter Zukunft und besseren Zeiten die genetischen Informationen zum Aufleben von Populationen aktivieren kann.

Da Information und Informationswechsel aber auch im Unternehmen immer wichtiger werden, muss man sich überlegen, wie viel Wissen in der Organisation vorhanden ist, wann und wie dieses Wissen abgerufen wird? Dabei geht es nicht nur um Fachwissen, sondern auch um Erfahrungswissen aus der Entwicklungslinie des Unternehmens. Hier liegen Schätze vergraben, auf die in Organisationen wenig zugegriffen wird. Und wo ist das Wissen gespeichert? In vielen Wissensmanagementansätzen hat man versucht, das Problem in den Griff zu bekommen, und auch erfolgreich Werkzeuge zur Sicherung von Informationen entwickelt. Dennoch gibt es Grenzen in der Erfassung von lebendigem Erfahrungswissen. Es ist an die Beschäftigten gebunden, diesen oft nicht so gegenwärtig und geht mit deren Ausscheiden aus dem Berufsleben verloren. Organisationen spüren dies schmerzlich, wenn nach Rationalisierungsprozessen die Qualität plötzlich absinkt oder bei Veränderung von Anforderungen sich Hilflosigkeit in der Belegschaft breitmacht. Hier müssen kreative Ansätze ausgebaut werden wie beispielsweise rechtzeitig installierte betriebliche Mentorenmodelle zwischen den Berufsgenerationen oder auch die Einbeziehung von ausgeschiedenen Beschäftigten in eine Unterstützungs- und Beratungsfunktion.

Insgesamt wird das Wissensmanagement also immer wichtiger: erstens für den Erhalt der Wettbewerbsfähigkeit, zweitens für den Verbleib von Informationen im Unternehmen und drittens zur Vermeidung von Fehlern im Informationsfluss. Dennoch lässt sich nicht leugnen, dass Wissen mittlerweile omnipräsent ist und für sich genommen keinen Wettbewerbsvorteil mehr gewährt. Der einzige Wettbewerbsvorteil ergibt sich aus der Gestaltung, Innovation und Kreativität.

Der Informationswechsel nimmt in seiner gesellschaftlichen Bedeutung zu. Wie reagieren Sie in Ihrem Unternehmen darauf?

Nutzen Sie die Wissenspotenziale Ihrer Organisation. Entwickeln Sie ein Konzept, um das lebendige Wissen zu erhalten.

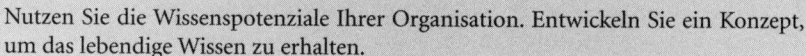

4.2 Das Unternehmen als lebender Organismus

Ebenso wie jeder Organismus einzigartig ist, gibt es nicht die eine richtige Organisationsform für Organisationen, sondern viele verschiedene. Dennoch lassen sich jeweils vergleichbare Funktionseinheiten feststellen (Tabelle 4.1).

Der Knochenbau eines entwickelten Organismus erfüllt die Funktionen von Stabilisierung, Schutz und Muskelansatz. Der Vergleich mit dem materiellen Gerüst oder dem Gebäude einer Organisation liegt nahe. Hier geht es um räumliche Abgrenzungen und eine z. B. juristische Definition des Arbeitsareals. So, wie Haut und Haare einen Organismus vor Austrocknung, Infektionen und Verletzungen schützen, so schützt sich eine Organisation materiell durch Zäune und Sicherheitskräfte vor unerwünschtem Eindringen und immateriell durch eine Firewall und Patentrechte vor Industriespionage. Den Muskeln, welche die Bewegung des Or-

Tabelle 4.1: Vergleichbare Funktionseinheiten zwischen menschlichem Organismus und Organisation

Funktionseinheiten im Organismus	Funktion	Funktionseinheiten in der Organisation	Funktion	Wichtig für Ihre Organisation
Knochen	Stabilisierung, Schutz, Muskelansatz	Gerüst, Gebäude	Schutz, räumliche Abgrenzung, Definition des Arbeitsareals (z. B. juristisch)	
Haut, Haare	Schutz vor Austrocknung, Infektionen, Verletzung	Materielle Abgrenzung; z. B. Zaun; immaterielle Abgrenzung; z. B. Firewall, Patentrecht	Schutz vor unerwünschtem Eindringen	
Muskeln	Bewegung	Motoren	Mechanische Bewegung	
Herz-Kreislauf-System	Versorgung, Stoffweiterleitung	Interner Materialtransport, Energienetz, Förderbänder, Heiz- und Kühlsystem	Materialtransfer, Logistik	
Hormonsystem	Aussenden und Erkennen von Botenstoffen, um u. a. die Homöostase aufrechtzuerhalten	Stoffliche Informationsweitergabe	Materialgebundene Informationsweitergabe (z. B. Originaldokumente mit nicht digitalisierbarem Informationsgehalt)	
Nervensystem	Informationsweiterleitung, Koordination	IT, Verwaltung, Rechnungswesen; Gespräche, Meetings	Informationsweiterleitung, Datenaustausch, Koordination, Arbeitsanweisung	
Gehirn	Auslösung von Reaktionen, Koordination, Denken und Ausprobieren	Unternehmensleitung, Führung, Forschung und Entwicklung	Leitung, Koordination, Planung, Überwachung und Weiterentwicklung der betrieblichen Abläufe	

Tabelle 4.1: (Fortsetzung)

Funktionseinheiten im Organismus	Funktion	Funktionseinheiten in der Organisation	Funktion	Wichtig für Ihre Organisation
Sinnesorgane außen	Wahrnehmung des Umfeldes	Markt- und Technikbeobachtung,	Hauptsächlich externe Informationsaufnahme, Umfeldbeobachtung und -erkundung	
Sinnesorgane innen	Interne Körperwahrnehmung: Zustand innerer Organe und chemischer Parameter	Mitarbeiterbefragung, Feedbackkommunikation, Überwachungskameras	Einschätzung interner Funktionsfähigkeit	
Verdauungsorgane	Verwerten der Nahrung, Bereitstellung von Material und Energie zur Aufrechterhaltung der Körperfunktion und Leistungsfähigkeit	Verwertung von Finanzmitteln, Energie und Produktionskomponenten, Verkauf von Produkten/Dienstleistungen	Bereitstellung von Mitteln zum Aufbau von Produkten und Ausbau sowie Aufrechterhaltung organisatorischer Strukturen	
Immunsystem	Schützt, Abwehr von inneren und äußeren Krankheitserregern	Qualitätsmanagement, Controlling, Abwehr von internen und externen Störfaktoren	Schutz der Funktions- und Wettbewerbsfähigkeit vor schädigenden Einflüssen	
Fett- und Speichergewebe	Bietet Reserve	Lager von Material, Geld und Wissen	Materielle und immaterielle Ressourcen	
Zellen	Kleinste Lebenseinheiten des Organismus	Mitarbeiter	Basale, multifunktionelle „Produktionseinheiten"	

ganismus leisten, entsprechen in Organisationen Motoren. Interne Transporte, Förderbänder, Heiz- und Kühlsysteme, welche die Organisation mit notwendigen Materialien versorgen und die Logistik leisten, sind einem Herz-Kreislauf-System vergleichbar. Die stoffliche, materialgebundene Informationsweitergabe, z. B. Originaldokumente mit nicht digitalisierbarem Informationsgehalt, lassen an das Hormonsystem denken, welches durch Aussenden und Erkennen von Botenstoffen u. a. die Homöostase aufrechterhält. Dagegen verweist der weniger materiell gebundene Informations- und Datenaustausch, wie er im IT-Bereich, der Verwaltung und Rechnungsstelle einer Organisation gepflegt wird, auf das Nervensystem, das ebenfalls Informationen weiterleitet und Koordinierungsaufgaben bewältigt. Die leitende und planende Funktion der Unternehmensführung übernimmt im Organismus das koordinierende Gehirn. Die Informationsaufnahme aus dem Umfeld durch Markt- und Technikbeobachtung wird im Organismus durch Seh-, Hör-, Geruchs-, Geschmacks- und Tastsinn wahrgenommen. Praktiken wie Mitarbeiterbefragung, Feedbackkommunikation und Überwachungskameras, d. h. Wahrnehmung innerer Abläufe, funktionieren im Organismus über neurobiologische Reize. Dem Verwerten von Nahrung und dem Bereitstellen von Material bzw. Energie zur Aufrechterhaltung der Leistungsfunktion des Organismus durch Verdauungsorgane entspricht in Organisationen die Verwertung von Finanzmitteln und Produktionskomponenten. Zwischen der schützenden Funktion des Qualitätsmanagements wie des Controllings und dem Immunsystem eines Organismus, das äußere und innere Krankheitserreger abwehrt, lässt sich eine weitere Parallele ziehen. Fett- und Speichergewebe bilden im Organismus eben solche Reservedepots wie die Materiallager, Geld- und Wissensdepots in Organisationen. Und so, wie die Zellen die kleinsten Lebenseinheiten des Organismus sind, erweisen sich schließlich die Mitarbeiter einer Organisation als basale und multifunktionelle Produktionseinheiten.

Wenn man vor einer grundlegenden Veränderung im Unternehmen steht, hilft es, mit Bildern und Metaphern aus der Natur zu arbeiten. Sie verdeutlichen den Kerngedanken und helfen bei der Fokussierung auf die Fragestellung. Suchen Sie sich ein vergleichbares Bild, überlegen Sie sich, was in der Natur dabei zu beachten ist und übertragen es wieder zurück auf ihre Organisation. Die Grundfragestellung könnte die Optimierung der Waren- und Materialströme in der Logistik sein. Die Analogie zur Biologie könnte beispielsweise das Herz-Kreislauf-System sein. Hier können Verstopfungen der Blutzufuhr durch Verkalkung auftreten. Diese Verstopfungen beeinträchtigen das Gesamtsystem aber vor allem an zentralen Punkten. Dieses Prinzip wieder auf die Logistik übertragen bedeutet: Stauungen oder ähnliche Probleme müssen an den zentralen Punkten der Hauptzuliefererwege verhindert werden. Überlegen Sie sich zu Ihrer Fragestellung eine ähnliche Herleitung.

5 Innovationsentwicklung – aus der Natur lernen

Die Auflösung des Einen ist die Entstehung eines Andern.

Francesco de Sanctis

Der Mensch sieht sich häufig als Krone der Schöpfung, weil er glaubt, sich durch technische Entwicklungen von der Natur abgenabelt zu haben. Wie war er stolz, als er zum ersten Mal in der Lage war, zu fliegen! Dabei hatte er nur das geschafft, was in der Natur schon seit Millionen von Jahren möglich ist. Menschliche Innovationen sind im Vergleich zu neueren Entwicklungen in der Natur eher gering. Die Vielfältigkeit und der Ideenreichtum in der Tier- und Pflanzenwelt scheinen unbegrenzt. Um nur ein paar „Rekorde" zu nennen. Eine Küstenseeschwalbe fliegt jedes Jahr 36.000 Kilometer, der Gepard kann bis zu 120 Kilometer je Stunde schnell laufen, ein Schmetterling hat bis zu 12.000 Augen und der Rhinozeroskäfer der Dynastinae-Familie kann das 850fache seines eigenen Körpergewichtes tragen.

Innovation ist die Findung und Umsetzung von Ideen zur Neuschaffung oder Verbesserung von Produkten, Dienstleistungen, Prozessen, Strukturen und Verhaltensweisen in einer Organisation. Im Ergebnis wird Innovation als Differenz zum Vorherigen wahrgenommen. Innovationen entstehen in einer Mischung aus Geplantem und Zufälligem, indem sich aus einer Vielzahl von Ideen einzelne in internen Auswahlprozessen und in Auseinandersetzung im Umfeld bewähren und erfolgreich in den Alltag integriert werden. Dieser Prozess wird stark von der Unternehmenskultur beeinflusst.

So sehr wir die Innovationskraft der Natur bewundern, so wenig werden Naturmodelle beim Innovationsgeschehen in den Unternehmen berücksichtigt: Viele Unternehmen denken, sie würden schon alles zum Thema kennen und angewendet haben. Trotzdem werden immer wieder die gleichen Fehler gemacht: Zusammen mit dem Institut für Angewandte Kreativität (IAK) fragte die Dr. Otto Training & Consulting 200 Personen aus 80 Unternehmen der unterschiedlichsten Branchen nach den Gründen für eine gescheiterte Innovationsentwicklung. Dabei entstanden folgende Ergebnisse.

- Die Maßnahmen sind nicht konsequent und nachhaltig von einer Gesamtstrategie abgeleitet, sondern entstehen eher aufgrund der Anforderungen des „daily business".
- Innovative Prozesse werden selten mit neuen Elementen kombiniert, um sie weiterzuentwickeln.
- In Organisationen wird die Vielfalt von Innovationen aus Gründen der Ressourcenknappheit oftmals zu klein gehalten. Dadurch stehen häufig nicht genügend Alternativen zur Verfügung, um die beste Lösung zu finden.
- Das Verhältnis von innovativer Stärke und standardisierender Kompetenz ist selten ausgeglichen.
- Es gibt eine zu starke Fokussierung auf die eigene Organisation. Eine umfassende Umfeldwahrnehmung vieler Mitarbeiter ist selten gegeben.

- Erfahrungen anderer Unternehmen werden selten genutzt, das Rad wird immer wieder neu erfunden.
- Die Wirksamkeit der Maßnahmen wird selten überprüft und als Erfahrungen an die Organisation weitergegeben (Innovationscontrolling).
- Durch unzureichendes Wissen über Veränderungsprozesse und ihr Management scheitert häufig die Implementierung innovativer Prozesse.

Die Bedingungen, unter denen Innovationen entstehen, haben sich enorm verändert. Folgende Trends in der Innovationsentwicklung zeigen dies deutlich:

- Es gibt einen enormen Druck vom Markt, die Entwicklungszeiten von Produkten zu kürzen. Beispielsweise hat sich die durchschnittliche Entwicklungszeit von Fahrzeugen von sieben Jahren auf drei Jahre verkürzt.
- Die Produktvielfalt nimmt enorm zu: Denken Sie nur an die vielen verschiedenen Angebote von Joghurtsorten im Kühlregal. Jedes Produkt wird ausdifferenziert und auf die individuellen Geschmäcker der Kunden zugeschnitten.
- Kostendruck und Konkurrenz auf dem Markt führen zur Vereinfachung der Produkte und Produktion. IKEA oder Billigflieger reduzieren bestehende Angebote auf ein Minimum und können dadurch bestehende Preise unterbieten.
- Der Produktlebenszyklus verkürzt sich am Markt. Am offensichtlichsten ist dies in der Softwarebranche der Fall.
- Hohe Volatilität der Märkte und Kundenbedürfnisse: Die Halbleiterbranche ist diesen extremen Schwankungen stark ausgesetzt und versucht bereits, antizyklisch zu produzieren.
- Es sind steile Aufstiege, aber auch rasante Abstiege von Unternehmen möglich. Heutzutage kostet die Produkteinführung eines neuen Medikamentes 1,5 Milliarden Euro. Wird das Medikament vom Markt nicht angenommen, kann dies schnell zu Pleiten führen.
- Die Entwicklung neuer Produkte wird immer komplexer und übersteigt die Grenzen eines Menschen, eines Bereiches und eines Unternehmens. Bei der Entwicklung des Hybridmotors haben sich BMW, DaimlerChrysler und General Motors zusammengetan, um den technischen Vorsprung von Toyota einzuholen.
- Es gibt einen enormen Druck, die Produktionsprozesse durch Innovationen billiger und schneller zu machen. Die Einführung der arbeitsteiligen Fließbandarbeit bei Ford war eine wichtige Optimierung in diese Richtung.
- Prozesse der Zusammenarbeit werden innovativ weiterentwickelt. Mit der Einführung der Gruppenarbeit in der Automobilbranche in den 80er Jahren konnten die deutschen Automobilkonzerne wieder den Anschluss an die Weltspitze erreichen. Neue Formen der Zusammenarbeit sind gerade heute eine der wichtigsten Wertsteigerungspotenziale für Unternehmen und dies immer mehr in der Zusammenarbeit von Gruppen unterschiedlicher Unternehmensbereiche.

Die meisten dieser Trends beschreiben eine zunehmende Dynamik, wie z. B. eine höhere Geschwindigkeit, steigenden Kostendruck oder schnellere Veränderungen. Dabei geht es um die Frage, wie Innovationsentwicklung die Bewährung im Umfeld gewährleisten kann. Was können wir dazu aus dem Evolutionsmanagement lernen?

5.1 Innovationsentwicklung der Natur

Wer ist schon in der Lage, wie die Jesus-Echse über das Wasser zu laufen? Die Echse tritt mit hoher Geschwindigkeit mit ihren Hinterbeinen fast senkrecht auf die Wasseroberfläche. Durch diese Prozedur erzeugt das Wasser genug Gegendruck, um das Gewicht der Echse zu halten. Nach diesem Prinzip haben Sie sicher als Kinder flache Steine über das Wasser springen lassen. Die Natur vollbringt diese „Wunder" ganz von alleine und es gibt immer häufiger Ansätze, die sich die Natur zum Vorbild nehmen, um aus ihren vielfältigen und innovativen Formen und Prozessen zu lernen.

5.1.1 Bionik

In der Bionik werden innovative Lösungen aus der Natur auf technische Innovationen übertragen. Dabei können zwei Herangehensweisen unterschieden werden, mit denen wir prinzipiell auch im Evolutionsmanagement arbeiten. Die Übertragung bezieht sich im Evolutionsmanagement allerdings auf Organisationen und nicht technische Innovationen.

Zunächst wird ein technisches Problem definiert. Daraufhin werden dann in der Natur Analogien gesucht, die als Naturvorbilder analysiert und die daraus gewonnenen Erkenntnisse als Ideen für das zu lösende Problem genutzt werden. In einer weiteren Herangehensweise werden grundlegende Prinzipien eines biologischen Phänomens beschrieben, um sie dann vom biologischen Vorbild zu lösen und auf einer überfachlichen Ebene zu verallgemeinern. Damit werden dann Anwendungsbereiche für technische Lösungen gesucht. Sind erst mal neue Prinzipien in der Technik etabliert, können die Anwendungen in jedem geeigneten Bereich stattfinden.

Exemplarische Bionik-Beispiele sind das Bionic Car von DaimlerChrysler, das sich von der Form her den Strömungsbedingungen des Kofferfisches anpasst und dessen Karosserie sich an der Leichtbauweise der Natur orientiert. Entsprechend dient auch die gewichtssparende Struktur von Vogelknochen der Technik als Vorbild für Metallschäume. Diese werden z. B. durch Einbringen chemisch reagierender Granulate oder Einblasen von Gas in Metallpulver hergestellt und erreichen so ein relativ geringes Gewicht bei vorgegebener Steifheit. Verwendung finden Metallschäume als Einsätze in Zahnrädern zur Stoßdämpfung oder auch als Protektor für die Verkleidung von Motorrädern.

Ebenso faszinierend wie berühmt ist der Lotus-Effekt. Durch die genaue Analyse des Lotus-Blattes konnten Materialien hergestellt werden, die wasser- und schmutzabweisend sind. Bei schnell schwimmenden Haien besteht die Hautoberfläche aus kleinen, dicht aneinander liegenden Schuppen. Auf diesen Schuppen befinden sich scharfkantige feine Rillen, die parallel zur Strömung ausgerichtet sind. Diese mikroskopisch kleinen Rillen bewirken eine Verminderung des Reibungswiderstands. Dieser widerstandsvermindernde Effekt ist in allen turbulenten Strömungen, also auch in der Luft wirksam. Flugzeuge können mit einer speziellen Folie beklebt werden (sogenannte Riblet-Folien), die auf ihrer Oberseite über eine sehr ähnliche Struktur verfügt und so den Luftwiderstand des Flugzeugs senkt. Die wissenschaftliche Grundlage dieser Innovation entstammt Untersuchungen an fossilen Haien und deren „Schuppen".

5.1.2 Mutation, Rekombination und Verhalten

Im Gegensatz zur Bionik überträgt das Evolutionsmanagement Erkenntnisse aus der Natur nicht nur auf technische Lösungen, sondern generell auf Veränderungsprozesse in Unternehmen.

In der Natur entstehen Neuheiten durch *Mutation, Rekombination und durch die Weitergabe von Verhaltensweisen und Erfahrungen.* Dies sind drei unterschiedliche Strategien der Evolution, um Veränderungen in der Natur voranzutreiben. Mutation ist die zufällige Veränderung des bestehenden Erbgutes und kann die Grundlage für neue Eigenschaften sein. Rekombination ist die Neukombination bestehender Genpools bei der sexuellen Fortpflanzung. Die Weitergabe von Verhaltensweisen und Erfahrungen entsteht durch Lernfähigkeit und wird für die Entwicklung einer Art desto entscheidender, je komplexer ein Organismus ist.

Neu entstandene *Verhaltensweisen* können sich auf breiter Ebene nur durchsetzen, wenn sie an andere Individuen der Art und nachfolgende Generationen weitergegeben werden. Die Weitergabe von Verhaltensweisen findet in der Natur hauptsächlich auf zwei Wegen statt: durch Modelllernen und durch Kommunikation. Das Modelllernen kann beispielsweise bei Delphinen und ihrer Benutzung von Meeresschwämmen beim Jagdverhalten beobachtet werden. Weibliche Delphine zeigen und lehren ihren Jungen, wie Meeresschwämme beim Stöbern nach Nahrung auf dem Meeresgrund als Mundschutz genutzt und so Verletzungen verhindert werden. Zusätzlich zum Modelllernen werden in der Natur Informationen auch über Sprache vermittelt. Generell ist die Voraussetzung für die Verbreitung von Verhaltensweisen also Lernfähigkeit. Speziell beim Menschen beschleunigt sich der Innovationsprozess durch seine hohe Lernfähigkeit. In der Folge verläuft die kulturelle Evolution sogar schneller als die biologische und zählt damit zur wichtigsten Dynamik menschlicher Entwicklung.

Bei der *Rekombination* werden vorhandene Gene durch die geschlechtliche Fortpflanzung in einer neuen Art und Weise zusammengesetzt. Die Auswahl des Sexualpartners bewirkt eine bewusste Steuerung der zu vereinigenden Genpools. Der Austausch zwischen einzelnen Stücken der väterlichen und mütterlichen Chromosomen ist dann zufällig (Crossing-over). In der Folge ist jedes Individuum genetisch einzigartig und es entsteht eine enorme Vielfältigkeit. Ähnlichkeiten und Unterschiede von Geschwistern veranschaulichen dies immer wieder. Durch die Rekombination des genetischen Materials können neue, bisher nicht existente Merkmale entstehen und bewirken damit eine schnelle Variation der Lebewesen.

> Rekombination setzt bekanntes genetisches Material bei der geschlechtlichen Fortpflanzung in einen neuen Zusammenhang, erzeugt einzigartige Neukombinationen und bewirkt damit Veränderungen.

Übertragen auf Organisationen bedeutet Rekombination die Entwicklung von etwas Neuem durch die Kombination von Bestehendem. Dabei kann es sich um Wissensformen, technische Entwicklungen oder auch Produkte handeln. Beispielhaft dafür sind die Ergebnisse bereichsübergreifender Projektarbeit, bei der Mitarbeiter aus verschiedenen Unternehmensbereichen mit unterschiedlichem Wissen und Erfahrungen Innovationen erarbeiten und umsetzen. Insgesamt verläuft die Entwicklung in Unternehmen schneller als in der Natur, da Wissen und Erfahrungen von tausenden von Mitarbeitern miteinander kombiniert werden können und nicht nur von zwei Organismen wie in der Regel bei der geschlechtlichen Fortpflanzung.

Das Veränderungspotenzial bei der Rekombination ist jedoch nicht grundsätzlicher Natur, da nicht das vorhandene Genmaterial an sich verändert wird. Es ändert sich lediglich das Zusammenspiel zwischen den Genen. Grundlegende Veränderungen im Bauplan von Organismen entstehen durch *Mutationen*. Bei der Mutation werden die Gene durch kleine Kopierfehler als solche verändert. Diese Kopierfehler sind jedoch relativ selten, da die Gene bei der Fortpflanzung in der Regel eins zu eins kopiert werden. Diese positive Bewahrungsfunktion der bestehenden Ordnung ist wichtig, da die meisten entwickelten Eigenschaften erhalten bleiben sollen. Viele der Mutationen sind gar nicht lebensfähig, da die zufällig entstandene Veränderung nicht in die bestehenden Strukturen passt. Einige dieser Mutationen bilden jedoch die Basis für neuartige Strukturen und Funktionen, die wichtig werden können. Andere Mutationen fallen gar nicht auf, da sie weder positive noch negative Auswirkungen haben. Sie können jedoch bei veränderten Umweltbedingungen im Sinne von Präadaptionen wichtig werden.

> Mutation bedeutet die Entstehung von etwas Neuem durch grundlegende Veränderungen des Bauplans. Die Gene mutieren durch Fehler beim Kopieren der vorhandenen Gene.

5.1.3 Vielfalt, Auswahl, Bewahrung

99 % aller jemals lebenden Arten sind bereits ausgestorben, aber gleichzeitig stimmen die Gene von Menschen und Mäusen zu 98 % überein. Die erste Zahl impliziert viel Veränderung und die zweite Zahl legt nahe, dass vieles Altes bewahrt wird und in den folgenden Arten weiterlebt. Die Bewahrung bezieht sich sowohl auf ganze Organismen als auch einzelne Funktionen oder Strukturen. Auch wenn durch Veränderung viele Neuerungen hinzukommen, bleibt in der Natur doch viel von dem bereits Bestehenden bewahrt. Evolutionäre Innovationsentwicklung ist die schrittweise Erneuerung von einigen Teilen bei Bewahrung des großen Rests.

Entwicklung in der Natur findet prinzipiell nach drei grundlegenden Prinzipien statt: Herstellung von Vielfalt, Auswahl von Erfolgreichem und Bewahrung des Bewährten.

Vielfalt herstellen: Die durch Rekombination und Mutationen entstehenden neuen Eigenschaften erzeugen eine enorme Vielfalt an unterschiedlichen Organismen. Diese Vielfalt ist Voraussetzung für die Entstehung von Neuem in der Natur.

Artenvielfalt wirkt sich wiederum positiv auf das Ökosystem aus, wie Forscher des Max-Planck-Instituts für Biochemie in Jena herausfanden. Demnach beeinflusst sowohl die Anzahl der Arten als auch die der funktionellen Gruppen die Produktivität des Ökosystems. Ökologische Unterschiede zwischen den Arten führen dazu, dass mit zunehmender Artenzahl die vorhandenen Ressourcen wie Licht, Wasser und Nährstoffe effektiver genutzt werden. Verschiedene Pflanzen nutzen und verwurzeln den Bodenraum unterschiedlich und können daher die vorhandenen Ressourcen optimaler gebrauchen. Wächst dazu im Vergleich nur eine einzige Art im Ökosystem, so wurzeln alle Pflanzen in derselben Bodentiefe. Sie konkurrieren dann um weniger verfügbares Wasser und wachsen schlechter. Das heißt, Ökosysteme mit geringer pflanzlicher Diversität bauen weniger Biomasse auf als jene mit einer größeren Vielfalt an Arten oder an funktionellen Gruppen.

In der Übertragung zeigt sich, wie wichtig Vielfältigkeit für das Innovationsgeschehen ist: In engen Märkten mit vielen Unternehmen herrscht ein größerer Konkurrenzdruck. Die einzelnen Unternehmen müssen sich also stärker differenzieren, um unterschiedliche Kundensegmente zu nutzen. Dies treibt die Innovationsfreudigkeit der Unternehmen an und erzeugt eine große Produktvielfalt. In monopolistischen Märkten ist dies nicht gegeben.

Auswahlprozess: Im Rahmen enormer Vielfalt können die durch Mutationen neu entstandenen Eigenschaften bei der Umfeldbewährung durchaus gegenüber den bestehenden Eigenschaften von Vorteil sein, beispielsweise bei der Nahrungssuche oder dem Schutz vor Feinden. In der Wechselbeziehung zwischen den Organismen und ihrer Umwelt können sich dadurch einige Arten besser fortpflanzen als andere. Der natürliche Auswahlprozess resultiert also aus den unterschiedlichen Fortpflanzungserfolgen verschiedener Phänotypen.

Die Evolution der heutigen Pferde begann vor 55 Millionen Jahren und erfolgte über viele Zwischenstufen. Der Vorfahre aller Pferde war ein kleines Waldtier mit einer Schulterhöhe von nur ca. 50 Zentimetern und ernährte sich von Blättern und Früchten. Einige Millionen Jahre später veränderte sich das Klima grundlegend und es wurde trockener. Die Wälder schrumpften zu offenen Graslandschaften. Die Pferde mussten sich nach und nach den neuen Bedingungen anpassen. Sie wurden größer, um sich in der freien Landschaft schneller fortbewegen zu können, und stellten ihre Ernährung allmählich von der Laubnahrung auf Grasfutter um. Seither entstanden aus jenem Urpferdchen über 20 weitere Gattungen, die sich in ihrer Körpergröße, zunehmendem Zehenspitzengang und reduzierter Zehenanzahl sowie der Ausprägung des Gebisses und der Zähne unterschieden. Von den vielfältigen Formen ist heute nur die Gattung der *Equus* übrig geblieben, zu denen Pferd, Esel und Zebra zählen. Und auch das Pferd, wie wir es heute kennen, war zwischenzeitlich in seiner ursprünglichen Heimat Nordamerika ausgestorben und wurde erst durch die europäische Kolonisierung des Kontinents wieder eingeführt.

Wir unterscheiden den internen vom externen Auswahlprozess: Der interne Auswahlprozess sorgt für eine funktionierende Passung zwischen den Teilen des Organismus. Wenn eine Mutation an die vorhandenen Strukturen nicht andocken kann, stirbt der Organismus. Der externe Auswahlprozess betrifft die Fähigkeit zur Adaption an die Umwelt. Eine bereits davor ansetzende Selektion wirkt über die Rekombination bei der Auswahl des Sexualpartners. Bei Tieren gibt es ganz unterschiedliche Kriterien, nach denen der jeweilige Partner zur gemeinsamen Vereinigung des Genmaterials ausgewählt wird. Welche Gene aus den jeweiligen Genpools miteinander kombiniert werden, das passiert zufällig, aber die Auswahl des dafür vorgesehenen Genpools wird gezielt gesteuert.

Bewährtes bewahren: Wenn sich eine Mutation durch die bessere Angepasstheit ans Umfeld häufiger reproduziert als andere, kommt es zu einer starken Verbreitung dieser Merkmale und das Neue wird bewahrt.

5.2 Das VAB-Modell: Prozessschema für die Innovationsentwicklung in Organisationen

Humberto Maturana beschreibt die Ideenfindung der Natur sehr eindrücklich wie folgt: „Die Evolution ähnelt eher einem wandernden Künstler, der auf der Welt spazieren geht und hier einen Faden, da eine Blechdose, dort ein Stück Holz aufhebt und diese derart zusammenstellt, wie ihre Struktur und die Umstände es erlauben, ohne einen weiteren Grund zu haben als den, dass er sie so zusammenstellen kann. Und so entstehen während seiner Wanderung die kompliziertesten Formen aus harmonisch verbundenen Teilen, Formen, die keinem Entwurf folgen, sondern einem natürlichen Driften entstammen."

Bei der Innovationsentwicklung geht es also nicht nur um eine strategische Planung mit klarem Ziel, sondern auch um ein Antasten, Ausprobieren und Zulassen von Unerwartetem. Dabei werden verschiedene Strategien aufgenommen, wird ihr Erfolg getestet und dann verstärkt. Ein Pfauenschwanz erscheint auf Anhieb unnütz: Aufgrund seiner Größe und Schwere beeinträchtigt er die Fortbewegung des Pfaus grundlegend und stellt ihn als einfache Beute dar. Eigentlich müsste ein Tier mit solch offenkundiger Behinderung bereits ausgestorben sein. In der Logik der geschlechtlichen Auswahl macht diese Beeinträchtigung aber dennoch Sinn, denn sie dient gerade als Ausweis der Vitalität des männlichen Pfaus. Ein gesunder Pfauenhahn kann es „sich leisten", ein so hinderliches und auffälliges Ding wie seinen Schwanz zu tragen. Schon kleine Beeinträchtigungen – Krankheit, Parasitenbefall – machen ihn zum Opfer von Raubfeinden, so dass den Weibchen nur besonders vitale Exemplare für die Fortpflanzung übrig bleiben. Wie können Sie eine Haltung entwickeln, die scheinbar nicht Passendes in Ihre Innovationsentwicklung mit einbezieht?

Mutation und Rekombination in der Natur sind mit Innovationen in Organisationen vergleichbar, die sich in Auseinandersetzung mit dem Umfeld als Ideen durchsetzen können. Das Mutationsprinzip auf Organisationen übertragen beinhaltet: **V**ielfalt, **A**uswahl und **B**ewahren (VAB-Modell, siehe Bild 5.1). Organisationen betreiben Innovationsentwicklung, um Wachstum zu generieren oder ihr Überleben zu gewährleisten. So, wie in der Natur viele Lebewesen um die begrenzten und sich ständig verändernden Ressourcen konkurrieren, so findet auch zwischen Unternehmen ein ständiger Wettbewerb um die zur Verfügung stehenden und sich wandelnden Marktressourcen statt. Um gegenüber Konkurrenten einen Vorteil zu erzielen, entwickeln Menschen in Unternehmen Ideen für Innovationen.

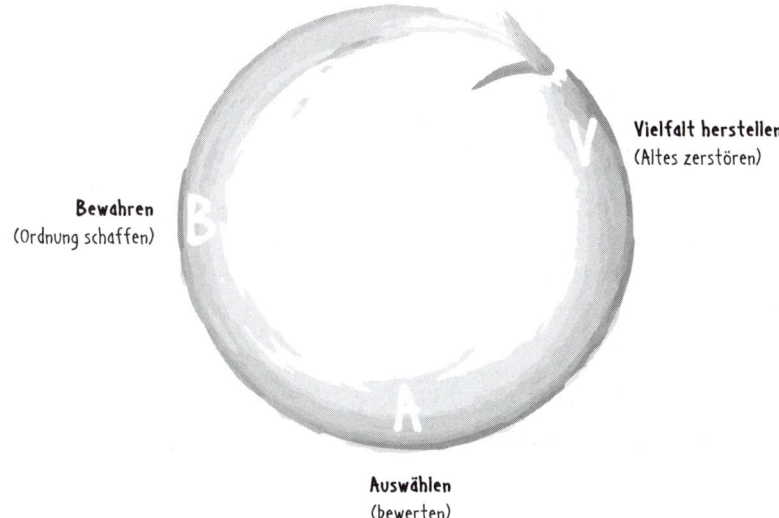

Vielfalt herstellen
(Altes zerstören)

Bewahren
(Ordnung schaffen)

Auswählen
(bewerten)

Bild 5.1: Der Innovationskreislauf im VAB-Modell

5.2.1 Vielfalt herstellen

Voraussetzung von Innovationen in Organisationen ist immer wieder die Herstellung von Vielfalt. Fixieren Sie sich nicht nur auf einen Weg, sondern lassen Sie viele Möglichkeiten offen. Es muss eine hohe Variation von Innovationsrichtungen eröffnet werden, aus denen möglichst viele Ideen generiert werden können, die dann zur Auswahl stehen. Aufgrund knapper Ressourcen in Organisationen entsteht zwischen den verschiedenen möglichen Innovationen eine Konkurrenzsituation. Trennen Sie jedoch die Ideenfindung von der Bewertung. Sammeln Sie erst alle Ideen und wählen Sie dann aus. Andernfalls schränken Sie die kreative Findungsphase bereits zu stark ein.

Mögliche Herangehensweisen zur Herstellung von Vielfalt sind:

- Verschiedene Möglichkeiten in Szenarien durchspielen: Dank neuester Technologien kann die Vielfalt virtuell in Computerszenarien noch erhöht werden (beispielsweise Crashtests). Dadurch reduziert sich die Anzahl der realen Produktversuche. Trotzdem sollten verschiedene Wege zur Entwicklung neuer Ideen genutzt werden, da die realen Produktversuche erkenntnisreicher sind.

- An kreativen Methoden gibt es mittlerweile ein großes Spektrum, wie z. B. assoziatives Denken, nichtlineare Logik oder Neukombination von Bestehendem. Bewährte Methoden sind: World Café, Mindmapping, Brainwriting, Disney-Methode, Morphologischer Kasten, 6-3-5-Methode usw. (siehe auch Kapitel 9).

- Arbeiten Sie mit dem Prinzip der Bionik:
    - 1. Phase: Definition der Herausforderung.
    - 2. Phase: Suchen Sie ein Beispiel aus der Natur, das sich mit der eigenen Herausforderung vergleichen lässt.
    - 3. Phase: Sammeln Sie detaillierte Informationen zu diesem Naturbeispiel, vor allem unter dem Gesichtspunkt, welche Lösungsmöglichkeiten in der Natur existieren. Wenn möglich, lassen Sie diese Informationen von anderen sammeln – idealerweise von einem interdisziplinären Team mit Biologen.
    - 4. Phase: Übertragen Sie die Lösungsansätze der Natur auf die Problemstellung aus der Wirtschaft. Seien Sie dabei mutig, aber nicht platt.
    - 5. Phase: Entwickeln und prüfen Sie mögliche Umsetzungsschritte.

- Vielfältige Wahrnehmungsebenen zulassen: Nicht nur kognitiv herangehen, sondern alle Sinne in die Ideenfindung einbeziehen.

- Laborexperimente am Computer mit sogenanntem High Throughput Screening durchführen. Dabei werden Millionen Kombinationen im Trial-and-Error-Verfahren in kurzer Zeit durchgespielt und bieten dieselben Ergebnisse wie reale Laborexperimente.

- Eigene Grenzen überschreiten, aus anderen Bereichen lernen (Netzwerke, Innovations-Benchmarking etc.). Viele Pharmaunternehmen verlassen sich nicht mehr nur auf die eigene Forschung, sondern lassen mit Hilfe von Scouts Urwälder nach neuen Pflanzen durchforsten und kooperieren mit Universitäten auf der Suche nach neuen Substanzen.

Die Herstellung von Vielfalt steht jedoch nicht nur am Anfang des Innovationsprozesses, sondern setzt an vielen Ebenen an: Vielfalt der Herangehensweisen oder Lösungsansätze zum Finden von Ideen, Vielfalt der Ideen selber, Vielfalt der entwickelten Produkte, Vielfalt in der Zusammenarbeit mit Externen, beispielsweise Zulieferern, Vielfalt der Zugänge zum Markt usw. Dieses Öffnen der Möglichkeiten macht jedoch nur Sinn, wenn die Vielfalt wieder eingeschränkt wird und die erfolgversprechendsten Ideen oder Produkte in Auswahlprozessen gefiltert werden.

Die Phase der Ideenfindung: Lassen Sie sich von der Natur inspirieren

Schrittweise Entwicklung von Innovationen: In der Natur treten Neuerungen nur schrittweise aus kleinen, fließend ineinander übergehenden Änderungen auf und nicht in großen Sprüngen. Die Flugfähigkeit der Vögel entstand nicht plötzlich. Sie ging einher mit der Änderung von Reptilienschuppen in eine federähnliche, fein verzweigte Hautbedeckung, die wahrscheinlich zunächst der Isolation diente. Mit diesen Strukturen an den Vorderbeinen konnten schnell laufende Echsen, die Vorgänger der Vögel, besser manövrieren und dann sogar kurze Strecken gleiten, als Vorform des Fliegens. Mit zunehmender Perfektion des Zusammenspiels aus befederten Flügeln, leichtgewichtigen Hohlknochen und großer Muskelansatzstelle am Brustbein entstand schließlich der leistungsfähige Flugapparat der Vögel.

Wenn man sich die Entwicklung eines neuen Produktes, beispielsweise den Computer, genauer anschaut, dann erkennt man eine Aufeinanderfolge von vielen kleinen Innovationen, die stets zum großen Teil auf bereits bewährten Techniken aufbauen.

> Warten Sie nicht auf den großen, revolutionären Neuentwurf, sondern fördern Sie auch kleine schrittweise Innovationen.

Kleine Änderungen können eine große Wirkung haben: Es gibt 14 verschiedene Darwinfinkenarten auf den Galapagos-Inseln. Diese Vielfalt entstand vor allem in Anpassung an die vorhandenen Nahrungsquellen: Samenfresser haben große und kräftige Schnäbel zum Knacken der harten Schalen, Insektenfresser hingegen zeigen eher spitze und zierliche Schnäbel. Auch gibt es Vögel, die mit Hilfe von bohrenden Pflanzenstacheln Insektenlarven in ihren Höhlen erreichen. Sie unterscheiden sich also nicht grundsätzlich, sondern hauptsächlich in der Schnabelform. Diese kleine Änderung führt jedoch dazu, dass die verschiedenen Finkenarten jeweils unterschiedliche Nahrung zu sich nehmen können. Durch eine Summe kleiner Änderungen konnten sich die verschiedenen Arten an neue Lebensbedingungen anpassen und so eine optimale Ausnutzung der vorhandenen Ressourcen erreichen.

Die weitaus meisten Neuerungen beruhen also zu einem großen Teil auf bereits Bestehendem. In der Regel wird nur eine Kleinigkeit verändert, die aber qualitativ große Wirkung hat. Auch die Swatch-Uhr funktioniert genau nach diesem Prinzip. Die Grundtechnik und -form der einzelnen Modelle sind identisch, nur das Design ändert sich in enormer Vielfalt und kann dadurch viele Zielgruppen und Geschmäcker ansprechen.

> Bei Innovationen bleiben große Teile des Alten erhalten. Konzentrieren Sie sich auf die Variation von Details und stellen bei diesen eine Vielfalt her.

Ein Produkt kann mit kleinen Änderungen verschiedene Funktionen übernehmen: Die Spinnseide der Webspinnen ist ein Beispiel für die vielseitigen Nutzungsmöglichkeiten einer bestimmten Funktion. Ursprünglich diente das fädige Sekret dem Einspinnen von Ei-Kokons. Im

Laufe der Zeit nutzten Spinnen ihre Seide auch zum Auskleiden der Wohnhöhlen und zum Schutz während der empfindlichen Häutungsphase. Die auffälligste Anwendung kam mit der Nutzung der Spinnseide zum Beutefang, bei dem Spinnen über ein breites Spektrum an Möglichkeiten verfügen. Es gibt einfache Stolperfäden, Alarmschnüre, klebrige Netze, Fusselnetze und sogar Schleuderkugeln. Zu guter Letzt haben sich kleinere Spinnen mit langen, im Wind verdriftenden Fäden den Luftraum erobert. Im Altweibersommer fliegen sie so ihren neuen Lebensräumen entgegen.

Seit 46 Jahren ist Edding der Handelsname für wasserfeste Filzschreiber. Seitdem gibt es die Permanentmarker von Edding in verschiedenen Farben und Strichstärken zu kaufen. Die ursprüngliche Idee von wasserfesten Filzschreibern ist dabei stets gleich geblieben, aber die Materialien, auf denen geschrieben werden kann, und damit auch die Anwendungsgebiete wurden immer weiter ausgebaut. Mittlerweile gibt es 150 verschiedene Edding-Produkte: als Flipchartmarker, CD-Marker, Textilmarker, Lackmarker, Holzmarker und Fugenmarker zur farblichen Überdeckung von Fugen beispielsweise im Bad.

> Überlegen Sie, welche Ihrer Produkte in anderer Form eine neue Funktion übernehmen und dadurch neue Kunden erschlossen werden können.

Innovationen müssen an bestehende Strukturen anknüpfen: In vielen Fällen ist es sogar wichtig, dass die Innovation in Beziehung zum bereits Bewährten der Organisation steht. 1908 begann Henry Ford mit dem Bau des ersten massenproduzierten Automobils und startete mit dem Ford T eine legendäre Erfolgsgeschichte. Durch die Einführung der Fließbandfertigung konnte der anfängliche Verkaufspreis von 850 US-Dollar auf 370 US-Dollar gesenkt werden und breitere Käuferschichten erreichen. Im Ersten Weltkrieg machte Ford der amerikanischen Regierung das Angebot, auch U-Boote am Fließband zu produzieren und dadurch die Preise ähnlich wie beim Ford T zu reduzieren. Er bekam den Auftrag zum Bau von 60 U-Booten, doch nach bereits acht Jahren waren nur noch acht U-Boote im Dienst. Die restlichen U-Boote waren undicht, weil die Fließbandherstellung von U-Booten nicht die nötige Qualität erreichte. Auch der Versuch, im Zweiten Weltkrieg Flugzeuge zu bauen, misslang. So sinnvoll die Fließbandfertigung bei der Autoproduktion war, so wenig ließ sich diese Innovation auf den See- oder Lufttransport übertragen.

> Stellen Sie Vielfalt auf Basis des Bewährten her. Ist die Innovation dem Unternehmen zu fremd, kann Sie fehlschlagen.

Es muss nicht immer alles komplexer werden: In der Natur kann auch Einfachheit sehr erfolgreich sein. Die Evolution entwickelt auf der einen Seite durch den Selektionsdruck immer komplexere Formen, auf der anderen Seite aber sind auch die einfachsten Formen noch immer äußerst erfolgreich. Während die hochkomplex strukturierten Dinosaurier untergegangen sind, haben Bakterien überlebt und sich angesichts schwieriger Umfeldbedingungen als außerordentlich gut angepasst gezeigt.

Auch in der Wirtschaft existieren weltweit agierende Automobilkonzerne und in Netzwerken agierende Softwarefirmen neben dem Bäcker oder Fleischer von nebenan, der sich seit Jahrhunderten kaum verändert hat. Es kommt nicht darauf an, Produkte immer komplexer zu machen, um sich erfolgreich am Markt zu behaupten. Wichtigstes Kriterium ist die Bewährung

Tabelle 5.1: Welche Faktoren, die die Branche als selbstverständlich betrachtet, müssen reduziert bzw. eliminiert werden?

Neuen Nutzen für eine Produkt-Kreierung	
Durch Eliminierung: Bis weit über den Standard der Branche Elemente eliminieren	Durch Kreierung: Etwas Neues erfinden
Durch Reduzierung: Etwas weniger anbieten	Durch Steigerung: Mehr Service

im Umfeld, und hier sind oft einfachere Formen erfolgreicher. Ein Beispiel dafür sind die Billigflieger, die viele Abläufe im Luftverkehr vereinfacht und weniger komfortabel gemacht haben, als das früher der Fall war. Dadurch konnten sie den Preis drücken und haben völlig neue Käuferschichten für den Luftverkehr erreicht. So wird man bei einigen Anbietern nicht mehr über die Passagierbrücke direkt in das Flugzeug geleitet, sondern muss zu Fuß über das Rollfeld zum Flugzeug laufen, um Kosten einzusparen.

Ebenso müssen Produkt- oder Prozessinnovation nicht unbedingt daraus resultieren, dass etwas völlig Neues erfunden wird oder der bestehende Service erweitert und gesteigert wird. Ebenso kann es innovativ sein, an seinem Produkt etwas zu reduzieren, indem weniger angeboten wird oder einzelne Elemente sogar komplett eliminiert werden (Tabelle 5.1). Dadurch wird das Produkt günstiger und kann ganz neue Käuferschichten erreichen, wie das Beispiel der Billigflieger zeigt.

Die Weiterentwicklung Ihres Unternehmens geschieht nicht unbedingt durch Zunahme von Komplexität. Prüfen Sie, wo Sie Produkte vereinfachen können. Wägen Sie dabei die Qualitätsanforderungen ab. Das entscheidende Kriterium ist die Umfeldbewährung Ihrer Organisation.

Prüfen Sie, ob die innovative Weiterentwicklung immer ein „Mehr" des Vorhandenen bedeuten muss. Wo kann bei den bestehenden Produkten etwas wegfallen und dadurch eine neue Produktvariation entstehen?

Innovation ist Neukombination von bisher nicht Verknüpftem: Das Kernprinzip der Rekombination ist, dass bestehende Gene neu miteinander kombiniert werden. Dadurch entsteht etwas Neues und individuell Einzigartiges. Auch neue Ideen sind in der Regel lediglich die Verknüpfung von Dingen, die vorher noch nicht miteinander verknüpft waren. Versuchen Sie also in der Ideenfindungsphase etwas Abstand vom eigentlichen Themengebiet zu bekommen, quasi den „Geist frei zu bekommen", um dann Dinge miteinander zu verknüpfen, an die keiner gedacht hätte.

Betrachten Sie Innovation als die Kombination von bisher nicht miteinander verknüpften Elementen.

Stärken/Schwächen in der Umfeldbewährung sind individuell unterschiedlich: Da jedes Lebewesen einzigartig ist, besitzt es auch im Vergleich zu seinen Konkurrenten ganz unterschiedliche Qualitäten, in denen es besonders gut ist. Kein Lebewesen ist in allem perfekt, sondern jedes Lebewesen hat verschiedene Stärken und Schwächen. Umfeldveränderungen können nun bestimmte Fähigkeiten notwendig machen, die nicht unbedingt zu den Stärken des Lebewesens zählt.

Führen Sie eine Stärken-Schwächen-Analyse Ihrer Produkte durch. Worin sind Ihre Produkte besonders gut; bei welchen Aspekten ist die Konkurrenz besser? Überlegen Sie, welche zukünftigen Umfeldveränderungen (veränderte Nachfrage) bestimmte Anforderungen an Produkte stellen werden. Können Ihre Produkte diesen Anforderungen gerecht werden oder sind Konkurrenzprodukte bei diesen Punkten überlegen?

Evolutionäre Entwicklungen schreiten inkrementell voran: Aus einer kleinen Einheit, wie der genetische Code, kann sich ein ganzes Lebewesen entwickeln. In diesem Sinne muss eine Führungskraft nicht unbedingt die Innovationen selber erschaffen, sondern das bereits Vorhandene in seinem Team zur Entfaltung bringen.

> Sehen Sie sich als einen Innovator, der innovatives Potenzial zur Entfaltung bringt.

Evolutionäre Entwicklungen verlaufen nicht linear: Wie bereits im Kapitel 3 beschrieben, verläuft die Evolution nicht in einseitigen Aufwärtsentwicklungen. Auch in der Wirtschaft verlaufen Innovationsprozesse nicht linear, sondern häufig über Umwege oder vermeintliche Rückschritte. So können uralte Technologien als Teiltechnologien weiterleben oder in neuer Form wieder eingeführt werden. Zum Beispiel wird das riesige Abschlussteil des Druckbehälters für den Passagierraum des neuen Großraumflugzeuges Airbus A380 zuerst aus textilen Kunststoffbahnen genäht, die dann miteinander verschweißt werden, weil dadurch Gewicht eingespart werden kann. Hier gewinnt das jahrtausendealte Handwerk des Nähens in Kombination mit modernster Technik neue Bedeutung.

> Analysieren Sie Ihre Produktgeschichte. Wo gibt es alte Produkteigenschaften, die Sie wieder aufleben lassen können?

Vielfältigkeit wird auch durch einen hohen Beteiligungsgrad der Mitarbeiter an der Innovationsentwicklung sowie durch Umfeldwahrnehmung gewährleistet. Näheres dazu im Kapitel 7.

5.2.2 Erfolgreiche Innovationen auswählen

Wir unterscheiden zwischen *internen* und *externen Auswahlprozessen.* Aufgabe des internen Auswahlprozesses ist zum einen, die Kohärenz der Innovation mit der bestehenden Struktur und Identität der Organisation zu sichern. Zum anderen soll antizipiert werden, ob sich bestimmte geplante Innovationen im Umfeld bewähren werden und einen Vorteil gegenüber Wettbewerbern verschaffen. Der externe Auswahlprozess beschreibt den Auswahlmechanismus des Marktes, also die Antwort auf die Frage, ob ein Produkt am Markt ankommt. Generell arbeitet eine Organisation dann am effektivsten, wenn interne und externe Selektion übereinstimmen, d. h. wenn Innovationen, die den internen Selektionsprozess durchlaufen, auch von den Kunden angenommen werden.

Um die Antizipation des Marktes im Rahmen des internen Auswahlprozesses möglichst optimal zu erreichen, muss das Umfeld möglichst breit analysiert und müssen die relevanten Einflussfaktoren identifiziert werden: Neben den klassischen Markt-, Produkt- und Konkurrenzanalysen sind die Szenario-Technik und Analyse von Trendentwicklungen hilfreiche Methoden.

Oftmals beziehen Unternehmen nur die direkten Marktbedingungen in ihre Planung mit ein. Das Umfeld ist aber viel breiter. Es geht nicht nur darum, den Absatz von Produkten und Dienstleistungen zu gewährleisten, sondern alle wichtigen Faktoren zu berücksichtigen, die auf die Organisation in irgendeiner Art und Weise Einfluss nehmen können. Evolutionsmanagement verknüpft die Stakeholder-Analyse mit der Umfeldanalyse (Technologieentwicklung, gesellschaftliche Trends, Bestand der natürlichen Ressourcen). Daraus resultiert eine mögliche Entwicklungslinie, die das Unternehmen zukünftig zum Leben/Überleben braucht.

Je besser eine Organisation in der Lage ist, eine langfristige Umfeldbewährung zu antizipieren, desto besser kann sie wachsen. Das Problem der strategischen Ausrichtung von Unternehmen ist häufig, dass sie nicht langfristig genug planen und nicht genügend Faktoren in die Planung mit einbeziehen.

Anhand der folgenden Checkliste können erfolgversprechende Ideen ausgewählt werden:

- Hat das Produkt ein klares Unterscheidungsmerkmal und einen zusätzlichen Kundennutzen gegenüber Wettbewerbern?
- Handelt es sich bei dem neuen Produkt um einen Bereich, in dem eine hohe Eigenkompetenz des Unternehmens vorhanden ist und an genügend Erfahrung angeknüpft werden kann?
- Wie hoch ist das Know-how der Mitarbeiter und das Markt-Know-how?
- Wie sicher sind die Prozesse bei der Produkteinführung?
- Welche Produktionsvorteile des Produktes gibt es gegenüber anderen möglichen Produkten?
- Wie hat und wird sich das Marktsegment, in dem das Produkt platziert werden soll, entwickeln (Wachstum, Stagnation, Schrumpfung)?
- Wie hat und wird sich der kulturelle Stellenwert des Marktsegmentes entwickeln (zunehmen, stagnieren, abnehmen)?
- Wie können die Technikentwicklung und gesellschaftliche Entwicklung die Einführung des Produktes beeinflussen?
- Wie hoch ist die Konkurrenz zu Mitbewerbern in dem Segment (hoch, mittel, gering)?
- Wird von dem Produkt ein kurzfristiger Trend oder eine nachhaltige Produktnachfrage erwartet?
- Wie hoch ist der Grad an Kopierbarkeit des Produktes?
- Wird das Produkt für den gesamten Produktlebenszyklus rentabel sein?
- Ab wann kann man mit dem Produkt Geld verdienen? Wie hoch wird die Rendite sein?

Allerdings sollte man sich nicht ausschließlich auf die erhobenen Datenmengen verlassen. Gerade beim Marketing spielt auch Intuition eine große Rolle (siehe Kapitel 8). Viele Unternehmenspatriarchen haben ihr Unternehmen allein „aus dem Bauch heraus" sehr erfolgreich geführt.

Führen Sie eine umfassende Umfeldanalyse durch. Vertrauen Sie Ihrem Bauchgefühl bei der letzten Entscheidung, aber nehmen Sie vorher alle wichtigen Basisdaten zur Kenntnis.

Den Auswahlprozess des Marktes frühzeitig einbeziehen

Die größten Schwierigkeiten bei der Innovationsentwicklung haben Unternehmen bei der Umsetzung von Innovationen. Häufig können sie sich nicht entscheiden, welche der vielen Innovationen wirklich umgesetzt werden sollen, oder verfolgen die Innovationen nicht konsequent nach. Mit einem Zwei-Stufen-Prozess kann dem abgeholfen werden: Nachdem Sie eine sehr große Anzahl von Innovationen produziert haben, wählen Sie erstmal drei bis fünf der besten aus. Da diese noch nicht die endgültigen Gewinner sind, wird die Entscheidung vereinfacht. Die Erstauswahl der Innovationen läuft im Rahmen verschiedener Testverfahren parallel zum externen Auswahlprozess. Erst die Innovation, die in dem im Folgenden skizzierten Testverfahren erfolgreich ist, kommt auf den Markt.

Trotz der immer ausgefeilter werdenden Marktforschungsinstrumente wird eine Antizipation der Kundenwünsche immer schwieriger. Bei zunehmender Komplexität und Unübersichtlichkeit des Marktes reicht der interne Auswahlprozess nicht mehr aus. Wer hätte gedacht, dass ein kleines Gerät, welches wie ein Tier gehegt und gepflegt werden muss, unter dem Namen Tamagotchi einen derartigen Erfolg feierte? Wer, außer der Kunde selbst, weiß schon wirklich, ob ein Produkt am Markt ankommt? Um zu verhindern, dass ein neues Produkt von Kunden abgelehnt wird, gibt es einen starken Trend von der Marktantizipation bis hin zur Markttestung: Also nicht nur überlegen, was der Kunde denken könnte, sondern ihn einerseits sehr früh in die Entwicklung mit einbeziehen und andererseits den Markt früher als bisher entscheiden lassen, welche Produkte ankommen und welche nicht.

Laut einer Studie von der Boston Consulting Group klagt jeder zweite Manager, dass es zu lange dauert, bis eine Idee zum Produkt wird. Wenn man die Entwicklung einer Innovation auf einer Zeitachse vom Finden einer Idee bis zur letztendlichen Markteinführung verortet, dann geht es also darum, den Markt möglichst früh in die Innovationsentwicklung zu integrieren. Ein interessanter Ansatz in diese Richtung ist das Leaduser-Konzept, bei dem innovative Kunden, die von sich aus Lust an der Weiterentwicklung von Ideen oder Produkten haben, in die Findungsphase integriert werden. Die Leaduser werden nicht bezahlt und arbeiten aus dem Engagement für die Verbesserung des Produktes sehr erfolgreich mit. Leaduser rekrutieren sich im eigenen Unternehmen, durch Kunden (z. B. über Beschwerdebriefe) und aus anderen Branchen. Erfolgreich umgesetzt wurde der Ansatz beispielsweise bei der Entwicklung einer Badewanne für ältere Personen. In Zusammenarbeit mit dieser Altersgruppe stellte sich heraus, dass der Ein- und Ausstieg über den hohen Beckenrand die größten Probleme und potenzielle Unfälle mit sich bringt. Das Ergebnis war ein Mix aus Duschkabine und Badewanne, in der es eine bis zum Boden reichende Eingangstür gab. Ein spezielles Zulauf- und Abfließsystem ermöglichte ein schnelles Füllen und Leeren der Wanne.

Sie schaffen ihre Innovationsentwicklung nicht alleine. Beziehen Sie Externe – gerade auch Kunden – in die Entwicklung, Auswahl und Verbesserung von Produkten mit ein.

Immer wieder ausprobieren

Die Natur verbringt nicht viel Zeit mit Überlegungen, ob eine Innovation funktioniert oder nicht. Die Natur probiert einfach aus. Mutationen entstehen zufällig und erst die Umfeldbewährung offenbart den Erfolg oder das Scheitern einer neuen Entwicklung.

Dieses Prinzip lässt sich natürlich nicht eins zu eins auf Organisationen übertragen, die Tendenz schon: Die Produkte müssen nicht mehr perfekt ausgereift sein, bevor sie auf den Markt kommen, sondern sie werden früh in begrenzten Marktsegmenten getestet und auf der Basis einer klaren Abfrage der Kundenbedürfnisse weiterentwickelt. Dadurch können insgesamt mehr Produkte mit den gleichen Entwicklungskosten entwickelt werden. Die Wahrscheinlichkeit eines erfolgreichen Produktes steigt, da das direkte Feedback des Kunden verlässlicher ist als jeder Versuch, dessen Geschmack vorauszusehen.

In sich schnell entwickelnden Branchen gehen immer mehr Firmen dazu über, die tatsächliche Auswahl neuer Produkte dem Markt zu überlassen. Das innovative Biotechnologie-Unternehmen B.R.A.H.M.S AG meldet jeden Monat ein bis zwei Patente an, bringt einen Teil davon auf den Markt und arbeitet dann eng mit praktizierenden Ärzten zusammen, um herauszufinden, welche Diagnostika besonders wirksam sind. Wie im VAB-Modell beschrieben, werden zunächst viele Produkte in kleiner Menge auf den Markt gebracht. Jene Produkte, die vom Kunden angenommen werden und sich dadurch bewähren, kommen in die Massenproduktion. Es geht also darum, neue Produkte schnell zur Marktreife zu bekommen, den Kunden an der Weiterentwicklung des Produktes zu beteiligen und sich an seinen Bedürfnissen zu orientieren. Dadurch werden aufwändige und ressourcenintensive Markt- und Produktanalysen, deren Erkenntnisse ohnehin nur begrenzte Aussagekraft besitzen, eingespart.

Bei relativ hohen Investitionskosten eines neuen Produktes sollten eher Pilotprodukte in geringer Anzahl produziert werden, um die Spreu vom Weizen zu trennen. Jedoch ist immer zu bedenken, ob die Zeit reif ist für die Einführung eines neuen Produktes. Falls das Produkt noch unreif im Sinne von nicht funktionsfähig ist, kann dies dem Image des Produktes erheblich schaden und auch spätere Nachbesserungen werden nicht helfen können.

Eine relativ neue Strategie ist das „product on demand" (Produkt auf Anfrage). Vor allem bei individuell zugeschnittenen oder besonders teuren Produkten bietet sich das Abwarten bis zur Bestellung an. Beispiele sind: „book on demand", Autos mit Extrawünschen oder Flugzeuge mit hohen Entwicklungskosten, wie der Airbus A380. Airbus hatte die Produktion des A380 von einer Mindestanzahl an Bestellungen abhängig gemacht.

> Bringen Sie einen Teil Ihrer neuen Produkte ohne allzu großen Marketingaufwand frühzeitig auf den Markt und lassen Sie die Kunden entscheiden, was ankommt und was nicht.

5.2.3 Bewährtes bewahren, Neues automatisieren

Ist eine Innovation erfolgreich oder erfolgversprechend, wird sie reproduziert, d. h., das neu Entstandene wird in gleicher Art hergestellt und in standardisierten Prozessen in den Arbeitsalltag integriert. Durch Standardisierung werden neue Prozesse effizienter gestaltet und können als Best Practices im Unternehmen verbreitet werden. Dabei dürfen Standards jedoch nicht erstarren, sondern unterliegen in stetiger Weiterentwicklung immer wieder neuen VAB-Prozessen.

Auch bei der Standardisierung kann der Markt stärker mit einbezogen werden, wie dies im Computerbereich gang und gäbe ist: Unfertige Versionen eines Computerprogramms, sogenannte Beta-Versionen, werden vom Hersteller zu Testzwecken, an interessierte Anwender oder Mitarbeiter weitergegeben. Eine Beta-Version hat zwar alle wesentlichen Funktionen des Programms implementiert, wurde aber noch nicht vollständig getestet und enthält daher vermutlich noch Fehler. Diese Tests übernehmen dann kostengünstig die Kunden selber als Beta-Tester.

> Nehmen Sie sich die Zeit, erfolgreiche Innovationen in die Organisation zu integrieren und durch stärkere Standardisierung und Automatisierung zu effektivieren.

5.2.4 Innovation geht nicht ohne Standardisierung und umgekehrt

Es gibt also in Organisationen zwei grundlegende Prozessentwicklungen: Standardisierung und Automatisierung auf der einen Seite und die innovative Weiterentwicklung auf der anderen Seite. Beide Prozesse hängen eng miteinander zusammen. Wenn man immer nur Neues entwickelt, ohne diese Innovationen zu standardisieren, arbeitet man ineffektiv. Bei ausschließlicher Standardisierung ohne Innovation fehlt der Veränderungsimpuls.

Kleine und mittlere Unternehmen zeichnen sich häufig durch die Entwicklung kreativer Ideen aus, dafür mangelt es jedoch an der effizienten Reproduzierbarkeit dieser Innovationen. Große Unternehmen hingegen sind besonders stark in der Entwicklung von standardisierten Prozessen. Bei ihrer Innovationsentwicklung fehlt jedoch meistens die Bereitschaft, neue Ideen tatsächlich umzusetzen. Im Bereich der Biotechnologie oder der Softwarebranche ist es von daher üblich, dass große Unternehmen abwarten, bis ein erfolgreiches Start-up eine Produktreife erlangt hat und diese Firma dann von dem Unternehmen aufgekauft wird. Beispielsweise produzierte die Hamburger Firma GoLive seit 1996 Software zur Erstellung von Webdesign/Websites. In den folgenden zwei Jahren erhielt das Unternehmen 25 Auszeichnungen und bereits 1999 wurde es von Adobe, dem weltweit zweitgrößten Softwarehersteller, aufgekauft.

Bei der Analyse von Innovationsprozessen in Unternehmen ist es wichtig, darauf zu achten, wo die Stärken und Schwächen des Unternehmens liegen: Ist es nicht innovativ genug oder schafft es das Unternehmen nicht, Innovationen erfolgreich zu reproduzieren? Diese Fähigkeiten sind in gewisser Weise widersprüchlich. In der Innovationsentwicklung kommt es darauf an, immer wieder neu auszuprobieren, Fehler zuzulassen und kreativ zu sein. Bei der Reproduzierbarkeit von Innovationen geht es darum, Prozesse gleich ablaufen zu lassen, Dinge fehlerfrei zu produzieren und hohe Stückzahlen zu erreichen. Ein Unternehmen muss immer beide Prozesse erfolgreich miteinander verknüpfen: das kreative, spielerische und etwas „ver-rückte" Entwickeln immer neuer Ideen sowie das Standardisieren, effiziente Gestalten und Verbreiten erfolgreicher Innovationen. Durch die stärkere Standardisierung und Automatisierung von Prozessen können mehr Ressourcen für die Weiterentwicklung von Innovationen geschaffen werden. Generell gilt: Produkt- oder technikgetriebene Unternehmen sollten ständig neue Produkte entwickeln. Prozessgetriebene Unternehmen mit einem Produkt, das häufig am Markt angeboten wird, sollten versuchen, dieses Produkt durch verbesserte, neue Prozesse günstiger anzubieten.

> Analysieren Sie Ihre Prozesse hinsichtlich des Standardisierungsgrads und der Innovationsstärke. Schätzen Sie ein, welche Prozesse eher standardisiert/automatisiert oder eher innovativ weiterentwickelt werden sollen.

5.2.5 Die drei Phasen des VAB-Modells im Überblick

Obwohl das VAB-Modell einen Kreislauf beschreibt, müssen die einzelnen Phasen – Vielfalt herstellen, Auswählen und Bewahren – nicht in einer Sequenz verlaufen. Sie können auch simultan und in Feedbackschleifen auftreten. Die Auswahlkriterien und Methoden zur Herstellung von Vielfalt unterliegen stets dem VAB-Veränderungsprozess. In Tabelle 5.2 können Sie Ihre Organisation in den verschiedenen Phasen verorten. Tabelle 5.3 zeigt den Innovationsprozess im VAB-Modell.

Tabelle 5.2: In welcher Phase befindet sich Ihr Unternehmen?

Einschätzung Ist (x) und Soll (o)		Maßnahmen zur Erreichung des Soll
Wir haben wenig Ideen	Wir haben viele Ideen	
1	10	
Wir tun uns schwer mit der Auswahl	Wir treffen eine klare Auswahlentscheidung	
1	10	
Wir wählen häufig das Falsche aus	Wir treffen die richtige Auswahl	
1	10	
Wir tun uns schwer in der Umsetzung	Wir sind sehr gut in der Umsetzung	
1	10	
Unsere umgesetzten Innovationen sind nicht erfolgreich	Unsere umgesetzten Innovationen sind erfolgreich	
1	10	

Achten Sie darauf, eine möglichst große Vielfalt an Lösungsmöglichkeiten zu generieren. Beschränken Sie sich nicht zu früh auf einen Weg, sondern stellen Sie Vielfalt her.

Treffen Sie aus der Vielfalt eine erste Auswahl: Schärfen Sie Ihre Wahrnehmung für die Antizipation erfolgversprechender Innovationen. Damit einhergehend probieren Sie mehrere Lösungsmöglichkeiten im Trial-and-Error-Verfahren aus.

Bewahren und Standardisieren Sie erfolgreiche Lösungswege. Denken Sie dabei an eine stetige Weiterentwicklung der Best Practices.

Tabelle 5.3: Der Innovationsprozess im VAB-Modell

Prozess	Teilprozesse	Mögliche Ursachen für gescheiterte Innovationsprozesse
Vielfalt herstellen	● Vielfältige Innovationsmöglichkeiten und Ideen entwickeln ● Entwicklung von Produktideen zur Besetzung von Nischen ● Zufällige Prozesse in einer offenen Kultur ● Alte Strukturen/Gewohnheiten überprüfen und hinterfragen	Vielfalt konnte gar nicht hergestellt werden: ● Keine innovationsfähige Kultur ● Zu wenig Ressourcen im Entwicklungsbereich ● Zu wenig Anregungen von außen, zu wenig Verbindung mit dem Umfeld ● Zu wenige Quer-Strukturen in der Organisation ● Rigider Umgang mit Fehlern
Auswahl zu realisierender Produktideen	● Wahrnehmung der Inventionen/Innovationen ● Einschätzung der Inventionen auf ihren Wert bezogen auf Kundenbedürfnisse und Vorreiterposition im Markt ● Bewertung der momentanen und zukünftigen Markt- und Marketingmöglichkeiten ● Treffen einer vorläufigen Entscheidung ● Entscheidung am Markt bewähren lassen	Falsche Auswahl durch Fehleinschätzungen ● von momentanen und zukünftigen Kundenbedürfnissen ● Entwicklungsgeschwindigkeit der Konkurrenz ● zukünftiger technologischer Weiterentwicklung ● zukünftiger Preisentwicklung ● einem systematischen Prozess zur Bewährung auf dem Markt in einer Vorphase
Bewahrung	● Standardisierung der Produktion ● Werbung ● Markteinführung ● Laufendes Controlling ● Produkterweiterung ● Verbreiten und übertragen, was gut funktioniert (z. B. Prinzip, das der Innovation zugrunde liegt)	Prozessinnovation nicht konsequent umgesetzt. Produkt konnte nicht auf dem Markt platziert werden, weil: ● Qualität zu schlecht ● Kosten zu hoch ● Zeitpunkt verpasst, Standardisierung zu langsam ● Marketing nicht effektiv

5.3　Spezifische Innovationswege der Natur

5.3.1　Vielfältige Innovationsformen

Die Frage, ob eine Neuerung in der Natur Erfolg hat oder nicht, hängt nicht nur von der Qualität der Eigenschaften ab, die durch diese Neuerung entstanden sind. Zunächst einmal müssen die mutierten Merkmale zur Struktur des Bisherigen passen, sonst ist das Lebewesen nicht lebensfähig. Dann muss sich die Mutation im Umfeld bewähren, denn neue Eigenschaften, die sich auf dem Markt der Möglichkeiten nicht durchsetzen, gehen unter. Auch ein veränderter Prozess wie die Fortpflanzungsstrategie kann die Vermehrung der Mutation positiv beeinflussen. Schließlich können Verhaltensweisen sich unterstützend auf die Entwicklung von Mutationen auswirken. Es gibt in der Natur also verschiedene Ebenen, die bei der erfolgreichen Entstehung von Neuem betrachtet werden müssen.

Genauso ist es bei Unternehmen. Doch meistens wird nur über die Produktinnovation, also die Innovation von Produkten und Dienstleistungen, gesprochen. Dies ist jedoch nur ein Teil von einer ganzen Bandbreite an möglichen Innovationen. Folgende Innovationsformen sind ebenso wichtig und sollten bei jedem Innovationsmanagement mitbedacht werden:

- Produktinnovation: Innovation von Produkten, die Erfolg haben.
- Prozessinnovation: Innovation von Prozessen, mit denen eine Leistung erbracht wird.
- Strukturinnovation: Innovation der internen Strukturen zur Leistungserstellung.
- Marktinnovation: Innovation, wie sich eine Organisation in den Märkten verhält, beispielsweise die Erschließung neuer Märkte.
- Kulturinnovation: Innovation der internen Organisationskultur, d. h. wie in einer Organisation Leistungen erbracht werden.

Häufig reicht es nicht aus, die Idee und den Willen zu einem neuen Produkt zu haben, wenn die internen Strukturen diese Innovation gar nicht hervorbringen können. Einer der grundlegenden Unterschiede zwischen den Menschen und den Affen ist die Sprache. Affen können sich zwar über Grunzlaute verständigen, aber zur menschlichen Artikulation von Sprache mangelt es ihnen an physischen Voraussetzungen. Im Laufe der evolutionären Entwicklung des Menschen entstand ein Resonanzsystem, welches kontrollierte Vokalisation ermöglichte, erst durch das zufällige Senken des Kehlkopfes und des Zungenbeins. Da man davon ausgehen kann, dass die Entwicklung des menschlichen Gehirns maßgeblich durch die Wechselbeziehung von Denken und Sprache vorangetrieben wurde, wären viele weitere Innovationen ohne die Struktur des Kehlkopfes nicht denkbar.

Bei erfolgreichen Innovationen handelt es sich also nicht nur um eine gute Produktidee. Vielmehr geht es um ein Zusammenspiel vieler, sich gegenseitig beeinflussender Faktoren, wie beispielsweise Prozesse, Strukturen, Unternehmenskultur und Marktbedingungen. Bereits 1483 entwickelte Leonardo da Vinci eine Skizze für einen Hubschrauber, jedoch war diese geniale Idee damals technisch noch nicht realisierbar und wurde erst mehr als 400 Jahre später (1907) gebaut.

Das bereits vorgestellte VAB-Modell gilt nicht nur für Produktinnovationen, sondern lässt sich ebenso auf neue Prozesse oder Strukturen, neue Marketing- bzw. Geschäftsideen, neue Konzepte im Führungs- und Sozialbereich usw. anwenden. Dabei geht es immer um die Herstellung von Vielfalt, erfolgreiche Auswahl und die Bewahrung von Bewährtem.

Verengen Sie Ihren Blick nicht nur auf die Entwicklung neuer Produkte. Innovationen können überall im Unternehmen hervorgebracht werden und dadurch auch neue Produkte ermöglichen.

5.3.2   Präadaption: Aus nicht erkannten Potenzialen schöpfen

Grundlage dieser Überlegung sind Präadaptionen in der Natur, also Vorausanpassungen. Auf genetischer Ebene entstehen Innovationen nicht zielgerichtet und mit einem zugrunde liegenden Plan, sondern rein zufällig und kontinuierlich. Neuheiten, die weder Schaden noch Nutzen bringen, bleiben über die Zeit trotzdem erhalten. Sobald sich die Umweltbedingungen ändern, können diese Präadaptionen von Vorteil sein. Die ersten Fische, die aufs Land gingen, hatten fußähnliche Flossen, die es ihnen erlaubten, zu schwimmen und auf dem Meeresgrund zu gehen. Sobald einer dieser Fische durch eine Mutation in der Lage war, sich für einen längeren Zeitraum an Land aufzuhalten, tat er es. Durch die neu entstandenen Eigenschaften eröffnet sich eine neue Nische und die ohne große Konkurrenz. Auch ein Unternehmen kann durch Zufall Kompetenzen ausgebildet haben, die erst einmal nicht von Bedeutung sind, aber irgendwann durch veränderte Umfeldbedingungen wichtig werden können. Die SMS (Short Message Service) wurde ursprünglich als reines „Abfallprodukt" kostenlos angeboten, entwickelte sich aber zum Ertragsbringer Nummer eins der Netzbetreiber. Im Jahr 2004 haben die Handybenutzer in Deutschland über 23 Milliarden SMS verschickt. Auch Viagra wurde ursprünglich als Herzmittel getestet und war ein Flop. Die potenzsteigernde Wirkung des Präparats bemerkte Pfizer nur durch Zufall, als einige Patienten ihre überflüssigen Versuchspillen nicht zurückgeben wollten.

Es geht nicht darum, Präadaptionen zu schaffen, sondern die verborgenen Kompetenzen im Sinne einer Potenzialerhöhung zu entdecken und zu nutzen. Diese Fähigkeit gehört zu einer der wichtigsten Kompetenzen des Evolutionsmanagers. Nicht nur überlegen, was der Markt wünscht, sondern die eigenen Stärken wahrnehmen und diese in Form von Produkten am Markt ausprobieren. Eine Möglichkeit, diesen verloren gegangenen Ideen auf die Spur zu kommen, ist ein Ideenmanagementworkshop. Stellen Sie die Frage an die Workshopteilnehmer Ihres Unternehmens: „Benennen Sie alte Konzepte oder Projekte, die nicht umgesetzt wurden" und „Was für vorhandene Fähigkeiten haben wir im Unternehmen, die wir nicht am Markt umsetzen?" Dabei werden interessante Punkte ans Tageslicht kommen.

Ebenso kann es sinnvoll sein, im Sinne der Präadaption scheinbar Sinnloses zu behalten. Um auch in Zukunft bei Umfeldveränderungen weiterhin flexibel handeln zu können, ist ein gewisser Puffer wichtig. Ein zu schlankes Unternehmen hat kaum Fettreserven für härtere Zeiten. Allerdings dürfen die scheinbar sinnlosen Präadaptionen nur begrenzte Ressourcen verbrauchen.

Analysieren Sie die Stärken und Kompetenzen Ihrer vergangenen evolutionären Entwicklung. Was davon haben Sie am Markt noch nicht umgesetzt?

Gehen Sie Ihre alten Konzepte und Projekte durch, die nicht umgesetzt wurden. Was können Sie davon heute nutzen?

5.3.3 Fehler bringen uns weiter

Viele Innovationen entstehen in der Natur letztendlich durch Fehler, denn Mutationen sind nichts anderes als bei der Fortpflanzung falsch kopierte Gene. Der Begriff „Fehler" ist eigentlich negativ konnotiert, hat hier aber eine ganz andere Bedeutung. Falsch kopiert bedeutet, dass die Gene nicht mehr dem Original entsprechen. Ob dies nun positive oder negative Folgen hat, hängt von der Bewährung im Umfeld ab, denn diese Fehler können durchaus Veränderungsprozesse von Arten in der Evolutionsgeschichte vorantreiben.

Die Sichelzellenanämie ist eine erbliche Erkrankung der roten Blutkörperchen. Einige der roten Blutkörperchen haben eine sichelförmige Form, die in den Blutgefäßen stecken bleiben können und das Gewebe von der notwendigen Sauerstoffversorgung abschneiden. Diese Durchblutungsstörungen führen zur Schädigung der Organe und letztlich zum frühzeitigen Tod. Laut Darwin sollten Mutationen mit derart negativen Folgen eigentlich nur vereinzelt auftreten und sich im Zuge der Evolution nicht durchsetzen können. In Teilen Afrikas mit starken Malaria-Gebieten tritt die Sichelzellenanämie jedoch bei rund einem Drittel der Bevölkerung auf. Angesichts der noch stärkeren Bedrohung des Lebens seitens der Malaria bietet die Sichelzellenanämie tatsächlich einen Selektionsvorteil. Denn Malaria-Erreger befallen ausschließlich rote Blutkörperchen. Die roten Blutkörperchen haben bei Menschen mit Sichelzellenanämie eine sichelförmige Form. Dadurch sind sie instabiler und werden vom Körper schneller abgebaut, wobei die Malaria-Erreger gleich mit abgetötet werden.

Auf Organisationen übertragen könnte man dieses Prinzip wie folgt ausdrücken: Nur weil jemand etwas anders macht, heißt das noch lange nicht, dass dies schlecht ist. Fehler müssen also im Rahmen ihrer Wirkungsgeschichte betrachtet werden. McDonald's hatte in Deutschland beispielsweise mit seiner amerikanischen Verpackungskultur viele Probleme bekommen, in der Folge aber große Innovationen auf dem Gebiet erreicht. Umweltschädigende Schaumkunststoffe und weitestgehend auch Plastik wurden durch recyclebare Papierverpackungen ersetzt.

Eine Mutation ist nicht zwangsläufig auch eine Innovation. Im Gegenteil, die meisten Mutationen sind überhaupt nicht lebensfähig. Parallel zur Produktentwicklung könnte man hier von Inventionen sprechen. Bei Inventionen handelt es sich zwar um Erfindungen, diese sind aber noch nicht marktfähig. Denn ebenso, wie ein Produkt nur erfolgreich ist, wenn es sich auf dem Markt bewährt, muss auch in der Natur jegliche Mutation im Rahmen ihres Umfeldes betrachtet werden. Nur eine Mutation, die sich durchsetzt, kann Veränderungen in der Artentwicklung bewirken. In der Regel kommen Innovationen also nur zustande, weil andere Versuche fehlgeschlagen sind.

Dieses Denken widerspricht dem klassischen Qualitätsmanagement, bei dem es darum geht, jeglichen Fehler zu vermeiden. Aus Gründen der Sicherheit, Imageerhalt und Rationalisierungstendenzen ist man bestrebt, die Fehlerquote möglichst gering zu halten. In der Regel werden Fehler dem einzelnen Mitarbeiter zugeschrieben, statt den Kontext des Scheiterns unter die Lupe zu nehmen.

Aus Sicht der evolutionären Innovationsentwicklung sind Fehler jedoch ein notwendiger Bestandteil der Innovationskultur. Eine absolut gesetzte Null-Fehler-Kultur verhindert eher Innovationen. Denn ohne Risiko gibt es keine Veränderungen: Je nachdem, wie viele Fehler sie zugelassen hat, bewegt sich eine Organisation zwischen den Polen Ordnung und Chaos (Bild 5.2). Werden viele Fehler zugelassen, wird eine hohe Innovationsrate entstehen. Gleichzeitig nehmen aber auch die Fehlerrate und das Chaos im Sinne von ungeordneten

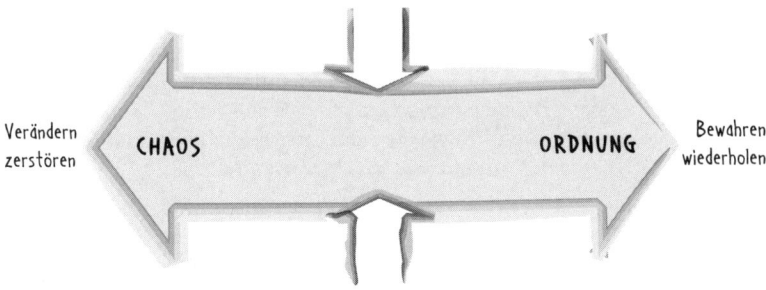

Bild 5.2: Der Chaos-Ordnung-Indikator

Ereignissen zu. Werden zu wenig Fehler zugelassen, kann die Organisation mangels Innovationen erstarren. Beide Extremzustände können der Organisation langfristig schaden. Die bestehende Ordnung ist notwendig für die Rationalisierung standardisierter Prozesse, aber Innovationen entstehen eher am „Rande des Chaos" (vgl. Kapitel 9). Wenn eine Neuerung entstehen soll, müssen Dinge in Frage gestellt und alte Strukturen und Standards aufgebrochen werden, auch wenn es sich lediglich um Denkstrukturen bei der Produktentwicklung handelt. Werden Fehler und kreatives „Rumspinnen" nicht zugelassen, kann auch nichts Neues entstehen.

Innovative Organisationen brauchen das spielerische Moment der Zufälligkeit, sie brauchen kreative Träumer, „Spinner" und Entdecker. Diese Tendenzen gibt es in jedem Mitarbeiter und müssen gefördert werden. Das Technologieunternehmen 3M etwa erlaubt seinen Forschern, 15 % der Arbeitszeit ohne Rechtfertigung oder Erfolgsdruck auf ein Thema eigener Wahl zu verwenden. Forschung ins Blaue, um dem Zufall eine Chance zu geben. Gleichzeitig sind aber auch „Typen" wichtig, die darauf achten, das Bewährte zu bewahren. Bereits bewährte Prozesse müssen standardisiert und optimiert werden, sie müssen messbar sein und systematisch überprüft werden. Ebenso gibt es Eigenheiten von Organisationen, die nicht verändert werden dürfen, weil sonst grundlegende Mechanismen nicht mehr funktionieren. Eine Organisation braucht beide Kompetenzen: Innovation *und* Bewahrung.

Dies bedeutet natürlich nicht, dass alle Fehler zugelassen werden können. Fehler sind nicht gleich Fehler. Neue Fehler bieten immer ein Lernpotenzial. Aber wiederholte Fehler müssen verhindert werden. Ebenso dürfen die begangenen Fehler nicht so groß sein, dass sie die Existenz der Organisation gefährden.

Können Sie nachstehende Fragen mit „Ja" beantworten? Dann liegt in Ihrem Unternehmen eine offene Fehlerkultur vor.

- Fallen Ihnen mindestens drei Fehler ein, aus denen Sie Veränderungen abgeleitet haben?
- Belasten von Mitarbeitern gemachte Fehler deren Ruf?
- Gibt es eine gemeinsame Suche nach der Fehlerursache anstatt gegenseitige Schuldzuweisungen?

- Gibt es Absprachen zur Vermeidung einer Wiederholung von Fehlern?
- Wird kommuniziert, in welchen Bereichen keine Fehler auftreten dürfen, da sie das Unternehmen gefährden können?

> Schaffen Sie eine offene Fehlerkultur, um das innovative Potenzial der Mitarbeiter zu nutzen.
>
> Vermeiden Sie das Wiederholen vergleichbarer Fehler und generieren Sie Bedingungen, in denen Fehler nicht die Organisation gefährden.
>
> Nutzen Sie Fehler als Chance, analysieren Sie den Entstehungszusammenhang und das innovative Potenzial von Fehlern.
>
> Bauen Sie eine Innovationskultur auf, in der Zufall und Verspieltes genauso ihren Platz haben wie die Standardisierung und Bewahrung von Bewährtem.
>
> Sorgen Sie entsprechend den äußeren Bedingungen und dem Entwicklungsstand Ihrer Organisation für mehr Chaos oder mehr Ordnung.

5.3.4 Abstieg eines Produktes oder Tal vor dem Aufstieg?

Wie in der Natur jeder Organismus verschiedene Phasen des Wachstums durchläuft, gilt dies auch für Produkte. Es können vier Phasen unterschieden werden:

- In der Entstehungsphase sind die Produkte noch nicht auf dem Markt und Ihr Erfolg lässt sich noch nicht absehen. Sie sollten aber stets einige Innovationen in der Pipeline haben.
- In der Wachstumsphase kann mit dem Produkt erstes Geld verdient werden. Hier geht es nicht mehr um die Marktetablierung, sondern die Ausweitung der Marktanteile.
- In der Reifephase befinden sich meistens die Cash Cows des Unternehmens. Dies sind langjährig erfolgreiche Produkte, die mit entsprechender Marketingunterstützung quasi alleine laufen.
- In der Alterungsphase befinden sich die auslaufenden Produkte.

Das Wichtigste an der Phaseneinteilung ist die Steuerung der Übergänge:
- Von der Entstehungs- zur Wachstumsphase wird die Marktetablierung angestrebt.
- Von der Wachstums- zur Reifephase wird die Entwicklung von Cash Cows forciert.
- Danach wird versucht, gut laufende Produkte durch Verjüngung in der Reifephase zu halten. Weniger gut laufende Produkte werden in die Alterungsphase überführt.

In der Natur gibt es interessante Beispiele für den Untergang oder unerwarteten Erfolg einer Art, beides geht oft Hand in Hand.

Über Millionen von Jahren beherrschten Fische aus den großen Meeren die Welt, darunter riesige, schwer gepanzerte Räuber mit tödlichen Gebissen. Doch die Zukunft gehörte nicht diesen Giganten der Meere, sondern kleineren Fischen des Süßwassers. In Seen und Tümpeln kam es von Zeit zu Zeit zu Sauerstoffmangel. Um diese Perioden besser zu überstehen, schluckten bestimmte Fischarten Luft und speicherten sie in Taschen im vorderen Darmbereich. Aus dieser Aussackung des Darms entstand die Schwimmblase. Als Gleichgewichtsorgan war sie eine große Hilfe. Heute lassen sich mehr als 95 % aller Fische, auch die der Meere, auf die Ahnen im Süßwasser zurückführen, die mit ihrer kleinen Innovation sehr erfolgreich waren. Vielleicht gibt es ja auch bei Ihnen im Moment noch unscheinbare Produkte, die große Chancen haben und für die der Platz geräumt werden sollte durch den Auslauf von Altprodukten.

Die Entscheidung, ein Produkt auslaufen zu lassen oder über einen Relaunch wieder zu stärken, ist außerordentlich wichtig für das Produktportfolio. Um diese Entscheidung zu treffen, ist die Beantwortung der folgenden Fragen wichtig:

Auslaufen oder Relaunch eines Produktes

- Hat es schon in früheren Phasen Rückgänge gegeben, wie wurde damit umgegangen?
- Haben die verwendeten Technologien langfristig eine Zukunft?
- Was hindert Sie emotional, sich von diesem Produkt zu verabschieden?
- Macht es Sinn, ein Produkt auf niedrigem Niveau weiterlaufen zu lassen, weil es trotzdem noch Geld bringt, einige Kunden an dem Produkt hängen oder ein Wachstum nach einer gewissen Zeit möglich ist?
- Wie wird sich der Markt entwickeln?
- Welche Trends kennen Sie von den Wettbewerbern?
- Können Sie durch Preisreduzierungen die Lebensdauer verlängern, rechnet sich das?
- Bringt der Auslauf Chancen für andere Produkte?
- Macht es Sinn, den Auslauf zu verzögern, bis andere Produkte marktreif sind?
- Sind Vereinfachungen möglich, die Kosten reduzieren?
- Können Sie durch Veränderungen des Aussehens und der Präsentationsformen die Attraktivität wieder steigern?
- Gibt es neue Anwendungsfelder für das Produkt?
- Gibt es neue Marktnischen?

> Skizzieren Sie die Wachstumsphasen der Produkte Ihres gesamten Portfolios. Wenn sich nicht die große Mehrheit Ihrer Produkte in der Entstehungsphase oder Wachstumsphase befindet, brauchen Sie dringend neue Innovationen.
> Entscheiden Sie rechtzeitig über den Relaunch oder das Auslaufen eines Produktes.

5.3.5 Quantität oder Qualität?

In der Natur haben sich im Laufe der Evolution zwei unterschiedliche Fortpflanzungsstrategien für Organismen entwickelt, die abhängig vom Umfeld sind. Typologisch lassen sich stabile, über einen langen Zeitraum unveränderte Lebensräume, wie der Urwald oder Höhlen, von instabilen Lebensräumen unterscheiden, die nur kurzzeitig bestehen, beispielsweise aufgrund von Kahlschlägen oder bei Schlammflächen. In instabilen Lebensräumen wird eine Art besonders erfolgreich sein, wenn sie sich rasch vermehrt, viele Nachkommen hat und dadurch einen neuen Lebensraum an anderer Stelle findet (r-Strategie). Diese Reproduktionsstrategien werden meistens bei einfachen, kleineren Lebewesen mit hoher Evolutionsgeschwindigkeit beobachtet. Zu ihnen zählen neben Viren und Bakterien auch Kleinsäuger wie die Hausmaus. Ihre Population schwankt stark und liegt meist weit unter der von der Umwelt getragenen Kapazitätsgrenze. Lebewesen mit r-Strategie sind in der Lage, einen neuen Lebensraum sehr schnell zu besiedeln und in kurzer Zeit hohe Individuenzahlen zu entwickeln.

In beständigen Lebensräumen findet man hingegen Arten, die über lange Zeit existieren und deren Zahl von Individuen nahe an der Kapazitätsgrenze der Umwelt liegt (K-Strategie). Hier ist weniger die hohe Vermehrungsrate für die Erhaltung der Art entscheidend als vielmehr die Fähigkeit, sich gegenüber Konkurrenten innerhalb der eigenen Art durchzusetzen, um das Areal zu behaupten. Aufgrund ihrer niedrigen Nachkommenszahl existieren sie hauptsächlich in Lebensräumen, die keinen großen Umweltveränderungen ausgesetzt sind, da sie sich nicht schnell genug an Veränderungen anpassen können. Blauwale, Braunbären und Elefanten sind typische Beispiele für Tierarten, die wenig Nachkommen, dafür aber umso ausgefeiltere Überlebensstrategien erzeugen.

Wenn in langfristiger Perspektive instabile Lebensräume an Stabilität gewinnen, können sich zusätzlich zu den Lebewesen der r-Strategie auch die sich nur langsam verändernden Lebewesen der K-Strategie ausbreiten. Da Arten mit K-Strategie in der Regel Räuber sind und die Beute gewöhnlich der r-Strategie unterliegt, verdrängen Erstere langfristig Letztere.

Bei Pflanzen sind Arten mit vorherrschender r-Strategie meist klein und bilden zahlreiche leichte Samen aus (z. B. Unkräuter). Pflanzen mit vorherrschender K-Strategie können oft sehr groß und alt werden oder sind an besondere Standorte angepasst. Die wichtigsten Unterschiede der beiden Strategien sind in Tabelle 5.4 zusammengefasst.

Tabelle 5.4: Die wichtigsten Unterschiede zwischen der r- und der K-Strategie

	r-Strategie	**K-Strategie**
Lebensraum:	Instabil	Stabil
Populationsgröße:	Sehr variabel, meist unter der Kapazitätsgrenze der Umwelt	Konstant, nahe unter der Kapazitätsgrenze der Umwelt
Innerartliche Konkurrenzfähigkeit:	Gering	Hoch
Vermehrungsrate	Hoch	Gering
Selektion begünstigt	Rasche Entwicklung, frühe Geschlechtsreife, kleines Körpergewicht	Langsame Entwicklung, verzögerte Geschlechtsreife, größeres Körpergewicht
Anteil an der Gesamtenergieproduktion, der zur Fortpflanzung dient	Groß	Klein
Evolutionsgeschwindigkeit	Oft groß	Oft gering

Diese Evolutionsstrategien lassen sich in der Wirtschaft auf zwei grundsätzlich unterschiedliche Unternehmensstrategien übertragen. In diesem Fall werden Organismen mit Produkten verglichen:

- In stabilen Märkten bietet sich eher eine K-Strategie an: Es werden wenige Produkte mit hoher Qualität und hohen Entwicklungskosten produziert. Im Ergebnis steht ein Produkt, das sich auf dem Markt gut durchsetzen kann.

- In instabilen Märkten hingegen, in denen sich die Kundennachfrage schnell verändert, bietet sich eher eine r-Strategie an: Hier werden viele verschiedene Produkte mit relativ kurzen Entwicklungszeiten und geringen Kosten produziert. Es wird angenommen, dass das eine oder andere Produkt vom Kunden angenommen wird.

Auf Grundlage dieser typologischen Unterscheidung lassen sich zwei Wirkungszusammenhänge festhalten: einmal zwischen Stabilität bzw. Instabilität vom Umfeld sowie zwischen hohen bzw. niedrigen Produktionskosten zur Entwicklung eines neuen Produktes. Daraus lassen sich zwei Trends ableiten: erstens eine Zunahme instabiler Märkte und damit die Zunahme von r-Strategien generell. Zweitens die Beibehaltung von K-Strategien in stabilen Märkten, wenn die Entwicklungs- und Produktionskosten sehr hoch sind.

Nur noch selten gibt es Märkte, die von zwei Anbietern so stark dominiert werden wie die Produktion von Verkehrsflugzeugen. Hier sind die Produktions- und Entwicklungskosten so hoch, dass der Neueinstieg in die Branche schwer fällt. Boeing und Airbus konkurrieren zwar sehr stark, der Markt ist aber recht stabil. Die Betreiberkosten der Airlines sind hingegen vergleichsweise gering, weshalb sich eine enorme Vielfalt von Billiganbietern entwickelte, die die Kosten drückten und Instabilität in den Airline-Markt brachten.

5.4 Innovation entsteht aus dem Tanz der Polaritäten

Aus einer Meta-Perspektive betrachtet, handelt es sich bei der Innovationskraft der Natur um das Pendeln zwischen Polaritäten: Neues entwickeln ist wichtig für die Anpassungsfähigkeit von Organismen, aber ohne die Bewahrung von Bewährtem, z. B. durch zu starke Veränderungen des Genmaterials, ist der Organismus nicht mehr lebensfähig. Ebenso wird die zufällig produzierte Vielfalt der Natur durch Auswahlkriterien begrenzt. Von welchem Pol eine Entwicklung stärker angezogen wird, hängt von der individuellen Ausprägung und den äußeren Bedingungen des Organismus ab.

Diese Polaritäten bewirken auch bei Unternehmen ein sehr spezifisches Zusammenspiel, das die Grundlage für die Entwicklung von Innovationen bildet. Wie Elektrizität aus dem Zusammenspiel von Plus und Minus entsteht, so wirken auch auf das Innovationsgeschehen polare Kräfte ein (Bild 5.3): Die sieben wichtigsten Faktoren für die Innovationsentwicklung – Struktur, Systeme, Strategie, Umfeldwahrnehmung, Mitarbeiterkompetenz, Evolutionskompetenz und Ressourceneinsatz – sind in der Innovationskultur eingebettet. Diese Faktoren befinden sich im Spannungsverhältnis zwischen Ordnung und Chaos, Bewahren und Zerstören, Vielfalt und Auswahl, Führung und Selbststeuerung sowie Geschwindigkeit und Ruhe. Durch die Anforderungen des Marktes entstehen in diesem jeweils sehr spezifischen Spannungsverhältnis wertschöpfende Innovationen.

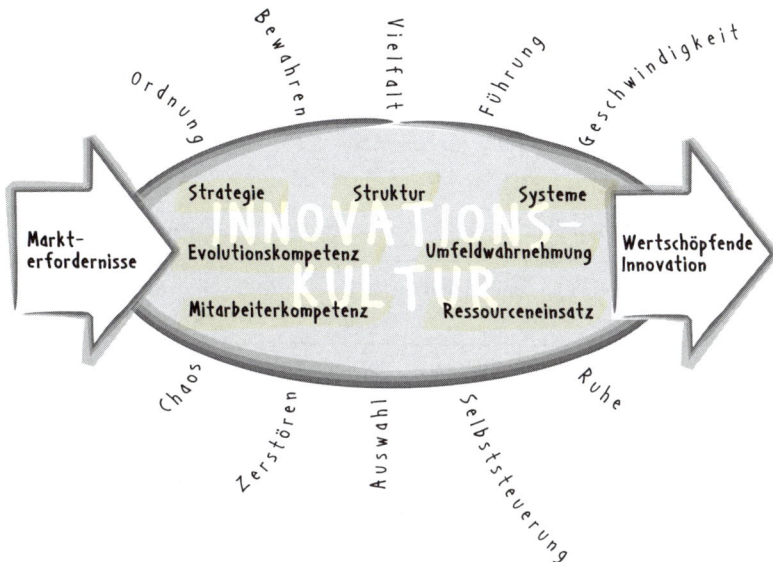

Bild 5.3: Auf die Innovationskultur wirken polare Kräfte

Veränderungsprozesse in Organisationen bewegen sich zwischen den Polen Ordnung und Chaos. Einerseits müssen bewährte Prozesse standardisiert und optimiert werden, sie müssen messbar sein und systematisch überprüft werden. Andererseits müssen auch alte Strukturen aufgebrochen, Verrücktheiten zugelassen und muss der Phantasie freier Lauf gelassen werden.

Die Bereitschaft, Dinge in Frage zu stellen und zu zerstören, ist genauso Bestandteil des Innovationsgeschehens wie das Bewahren und Weiterentwickeln wissenschaftlicher und technologischer Verfahren.

Damit hängt auch die Dynamik von Vielfalt und Auswahl zusammen. Aus vielfältigen Herangehensweisen resultiert eine größtmögliche Zahl von Ideen, die in internen Auswahlprozessen und in der Auseinandersetzung mit dem Umfeld die optimale Innovationsrate ergibt.

Die Wahrnehmung des Umfeldes ist besonders wichtig für das Innovationsgeschehen. Veränderungen von außen müssen innen möglichst von allen Unternehmensbereichen erkannt werden.

Der individuelle Innovationsfluss eines Unternehmens bewegt sich zwischen Eigenem und Fremdem. Es kommt darauf an, für Anstöße von anderen offen zu sein. Man muss aber die eigenen Kompetenzen bzw. Eigenschaften kennen und wissen, wie diese Ideen an die eigenen Möglichkeiten angepasst werden können.

Eine gute Führung bedarf klarer Zielvorstellungen und der Selbststeuerung der Mitarbeiter für erfolgreiche Innovationsprozesse. Ohne Eigeninitiative und Impulse von den Fachkräften vor Ort kommt das innovative Potenzial nicht voll zur Geltung (siehe Kapitel 10).

Jedes Unternehmen braucht entsprechend seinen jeweiligen Bedingungen eine individuelle Dynamik zwischen Geschwindigkeit und Ruhe. Manche Innovationsprozesse brauchen eine gewisse Anspannung, andere Phasen eher Entspannung zur Entwicklung der besten Ergebnisse (siehe Kapitel 3).

Finden Sie Ihren eigenen Innovationsrhythmus: Überlegen Sie, wo sich Ihr Unternehmen zwischen den einzelnen Polaritäten befindet und wo es sich entsprechend den äußeren und inneren Bedingungen befinden sollte (Tabelle 5.5).

Tabelle 5.5: Innovationsstand meiner Organisation – Wo stehe ich? Wo möchte ich hin?

Einschätzung Ist (x) und Soll (o)	Maßnahmen zur Erreichung des Soll
Ordnung Chaos ◆————————————————◆ 1 10	
Bewahren Zerstören ◆————————————————◆ 1 10	
Vielfalt Auswahl ◆————————————————◆ 1 10	
Führung Selbststeuerung ◆————————————————◆ 1 10	
Ruhe Geschwindigkeit ◆————————————————◆ 1 10	

Zukunftsstrategien zur Innovationsentwicklung

- Führen Sie eine gute Markt- und Umfeldanalyse durch und integrieren Sie frühzeitig die Bedürfnisse der Kunden.

- Kommunizieren Sie auf der einen Seite ein klares Innovations-Roadmapping mit Vorgaben der Innovationsziele sowie des Ressourceneinsatzes und lassen Sie auf der anderen Seite Freiräume zum kreativen „Rumspinnen".

- Stellen Sie eine große Vielfalt an möglichen Neuentwicklungen her. Orientieren Sie sich am Prinzip des High Throughput Screening: Am Computer werden Millionen Experimente in kürzester Zeit ausprobiert.

- Entwickeln Sie gute Auswahlkriterien für die Selektion der geförderten Neuentwicklungen. Beteiligen Sie Kunden an den Prozessen der Auswahl und Weiterentwicklung von Produkten.

- Bringen Sie viele Produkte/Innovationen frühzeitig auf den Markt und lassen Sie den Markt entscheiden, was ankommt/erfolgreich ist.

- Setzen Sie bei der Entwicklung von Innovationen nicht nur an einem Punkt an, sondern an verschiedenen Punkten gleichzeitig.

- Entwickeln Sie klare, transparente Entscheidungskriterien zur Bewertung und Steuerung von Innovationsprojekten (Innovationsscorecard).

- Beziehen Sie möglichst viele Mitarbeiter in die Innovationsentwicklung mit ein. Die bringt eine bessere Umfeldwahrnehmung, motiviert die Mitarbeiter und schöpft deren Potenziale optimal aus.

- Leben Sie eine innovationsfördernde Fehlerkultur, in der Fehler als Chance zur Weiterentwicklung genutzt werden können.

- Beteiligen Sie die gesamte Belegschaft an der Innovationsfindung, nicht nur Forschung und Entwicklung. Installieren Sie ein unbürokratisches Vorschlagswesen mit schnellem Feedbackverfahren und schneller Prämienauszahlung.

6   Wir lieben Veränderungen und wir meiden sie

Je planmäßiger ein Mensch vorgeht, umso wirksamer vermag ihn der Zufall zu treffen.

Friedrich Dürrenmatt

6.1   Reaktiv oder proaktiv

Unsere Haltung gegenüber Veränderungen ist paradox. Manchmal sehnen wir uns danach, dass alles gleich bleibt, unser Kundenstamm konstant ist und am liebsten immer die gleichen Produkte zum gleichen Preis bestellt und abgenommen werden. Im umgekehrten Fall sind wir wieder unzufrieden, wenn alles gleichförmig abläuft, sich immer wiederholt und keine neuen Herausforderungen entstehen. Wir suchen den Wechsel und die Veränderung, um uns und unsere Fähigkeiten stärker zu erleben. In unserer schnelllebigen Welt brauchen wir uns in der Regel um Veränderung im Unternehmensalltag nicht zu kümmern, genügend Veränderung geschieht sowieso. Die Frage ist vielmehr, ob wir sie rechtzeitig erkennen und wie wir damit umgehen? Ob wir sie von unserer Haltung her eher bejahen oder uns dagegen sträuben?

Im Kapitel 3 haben wir die Entwicklung von Organisationen im Draufblick dargestellt, so, wie die Biologen die Evolution der Natur beobachten und beschreiben. In diesem Kapitel geht es um die aktive Gestaltung der Veränderung von Organisationen. Wir sind als handelnde Subjekte in der einen oder anderen Rolle mittendrin im Geschehen. Was ist zu beachten, wenn wir Organisationsveränderungen mitgestalten? Wer sind die treibenden Kräfte und wer die Mitspieler? Was und wie wird gestaltet? Wir beginnen mit einigen grundlegenden Überlegungen.

Während viele Vertreter des „Change Management" sich sorgen, wie genügend Veränderung in der Organisation bewirkt werden kann, haben wir aus der Sicht des Evolutionsmanagements diese Sorge nicht. Es passieren sowieso genügend Veränderungen. Entscheidend ist, wie und zu welchen Anteilen die ohnehin stattfindenden Veränderungen gestaltet werden können. Dabei ist die aktive Gestaltung der evolutionären Entwicklung nicht etwas, das erst mit dem Menschen aufkam. Auch Tiere greifen in die evolutionäre Entwicklung ein, z. B. indem sich ein Tier der Auseinandersetzung mit einem Rivalen stellt oder die Flucht ergreift. Durch dieses Verhalten kann das Tier entweder überleben oder nicht und damit – wenn auch nur mit einem kleinen Schritt – die Evolution seiner Art beeinflussen. Grundlegend für die aktive Gestaltung des Menschen sind folgende drei Schritte:

- eine Veränderung geschieht,
- wir nehmen wahr, ob sie relevant ist im Sinne einer Gefahr oder einer Chance, und
- wir reagieren.

Eine gerade für Veränderungsprozesse in Organisationen wichtige Unterscheidung ist, ob diese Reaktion vorausschauend und *proaktiv* ist oder eher abwartend *reaktiv*. Warten wir ab, bis eine relevante Veränderung so massiv ist, dass sie zur Gefahr geworden ist, beispielsweise weil sie als Chance verschlafen wurde, so dass Wettbewerber sie schon längst genutzt haben? Oder sind wir in der Lage, eine mögliche Gefahr so frühzeitig zu erkennen und darauf einzugehen, dass wir sie als Chance für das Unternehmen gegenüber den Wettbewerbern nutzen können? Der Mensch kann von allen Lebewesen auf der Erde die Evolution am stärksten beeinflussen. Im positiven Sinne, indem er beispielsweise durch Bewässerungstechniken in der Landwirtschaft von wetterbedingten Krisen unabhängiger wird als in früheren Zeiten. Im negativen Sinne, indem er durch die Entwicklung der Atombombe die gesamte Menschheit vernichten kann, aber auch, indem er das Artensterben auf der Erde beschleunigt.

Die Chancen und Risiken von eingetretenen Veränderungen müssen frühzeitig erkannt und gestaltend beeinflusst werden. Je früher die Chancen und Risiken einer Veränderung eingeschätzt werden, desto ressourcensparender ist deren Beeinflussung, auch wenn im Einzelfall erst später interveniert wird.

Manche Manager verändern die vorgefundenen Strukturen grundlegend, wenn Sie ein Unternehmen oder einen Bereich neu übernommen haben. Unzählige Witze nehmen dieses Verhalten mittlerweile auf den Arm. Sie beschreiben den Neuankömmling, der ohne Bescheid zu wissen alles verändert und einen Scherbenhaufen hinterlässt. Dagegen empfiehlt es sich häufig, mit Veränderungen erst einmal zu warten, sich in die Organisation hineinzuleben und erst nach ausreichender Kenntnis entsprechende Veränderungen zu forcieren.

Es geht also darum, Veränderungen in Organisationen genau zu beobachten und professionell zu gestalten. Dies ist der eigentliche Inhalt, der Disziplin *Organisationsentwicklung*. Nicht dass schon vorher Manager Organisationen bewusst verändert hätten. Das Neue an der Organisationsentwicklung ist das Bestreben, das Wissen um diese Veränderungen zu systematisieren und zu verallgemeinern, so dass für zukünftige Organisationsveränderungsprozesse daraus gelernt werden kann. Bei der Entwicklung solcher Systematisierungen können viele Erkenntnisse aus den Entwicklungsmustern von Organismen in der Evolution gewonnen werden, da es sich in beiden Fällen um die Entwicklungsmuster lebender Systeme handelt.

> Je früher Sie relevante Veränderungen für Ihre Organisation wahrnehmen, desto ressourcensparender können Sie sie nutzen und beeinflussen. Betreiben Sie Organisationsveränderung proaktiv.
>
> **Es muss nicht immer alles neu gemacht werden. Ein stimmiger Veränderungsprozess unterscheidet, was Bestand haben sollte und was zu verändern ist.**

Gestalten versus geschehen lassen: Die Vorstellung eines zu 100 % rational steuerbaren Unternehmens ist reines Wunschdenken. In der evolutionären Entwicklung von Unternehmen gibt es viele Zufälle, manche Faktoren liegen außerhalb des eigenen Einflussbereiches, menschliches Handeln ist häufig irrational und aufgrund der hohen Komplexität sind direkte Kausalitäten immer seltener feststellbar. Daraus folgt jedoch kein resignierter Rückzug ausschließlicher Beeinflussung der groben Rahmenbedingungen. Im Gegenteil, die Herausforderung ist nur gewachsen.

Ein guter Evolutionsmanager versucht nicht, alles zu steuern, und verbeißt sich auch nicht in hoffnungslos scheiternde Abenteuer. Ein guter Evolutionsmanager unterscheidet ganz bewusst zwischen den Dingen, die er beeinflussen kann, und denjenigen, die er ohnehin nicht beeinflussen kann. Er konzentriert seine Ressourcen und Energien auf die erreichbaren

Ziele und setzt sie um. Jene Dinge, die er nicht beeinflussen kann, muss der Evolutionsmanager lernen, loszulassen. Manche Dinge sind durch übergeordnete Hierarchien geregelt oder durch eine bestimmte Umfeldentwicklung vorgegeben. Unter der Voraussetzung einer genauen Risikoabschätzung muss man Dinge auch geschehen lassen können. Dadurch können die vorhandenen Ressourcen auf tatsächlich veränderbare Faktoren konzentriert und insgesamt mehr Ziele erreicht werden. Dies bedeutet nicht, dass er keine Visionen hat, dass er nicht auch Dinge beeinflussen will, von denen andere glauben, dass sie nicht beeinflussbar wären. Das ist ja gerade seine Herausforderung: zu erkennen, wo diese neuen, unentdeckten Kontinente liegen.

Wir gehen im Evolutionsmanagement davon aus, dass Organisationen prinzipiell gestaltet werden können. Nicht vollständig, nicht immer erfolgreich, oft auch anders als geplant. Damit unterscheiden wir uns von bestimmten systemischen Ansätzen, die das System Organisation prinzipiell für so komplex halten, dass es nicht steuerbar ist, dass es lediglich durch Interventionen „verstört" werden kann und sich dann durch Selbstorganisation ein neuer eigener Weg entwickelt.

> Entdecken Sie mutig neue Kontinente.
>
> Treffen Sie klare Unterscheidungen, wo Sie etwas beeinflussen können und wo Sie Entwicklungen laufen lassen.
>
> Nehmen Sie die Herausforderung an, etwas zu gestalten, was für andere nicht gestaltbar scheint.

6.2 Menschen in Veränderungsprozessen

Die Einstellungen gegenüber Veränderungsprozessen in Organisationen sind oftmals skeptisch: „Das bringt doch nichts", „Das kennen wir schon", „Wir haben schon viele Veränderungen mitgemacht, letztendlich hat es nichts gebracht" sind nur einige solcher Stimmen. Aufgrund von neuen Erkenntnissen aus den neurobiologischen Forschungsergebnissen von Gerhard Roth, Direktor am Institut für Hirnforschung an der Universität Bremen, können dahinterstehende, typische Verhaltensweisen von Menschen in Veränderungsprozessen beschrieben werden. Grundsätzlich ist unser Entscheidungsverhalten nur eingeschränkt rational: Menschen tendieren dazu,

- … den bestehenden Besitz mehr zu schätzen als Dinge, die durch Veränderung hinzugewonnen werden können.

- … ihr bisheriges Verhalten auch dann fortzusetzen, wenn dies absehbare negative Folgen für sie hat, um dem unkalkulierbaren Risiko aus dem Weg zu gehen, das sie auf sich nehmen müssten, wenn sie sich für den neuen Weg entscheiden würden.

- … nahe liegende Ereignisse stärker zu gewichten als ferne Ziele, die jedoch eine objektiv größere Bedeutung haben können.

- … mit der Suche nach alternativen Lösungen aufzuhören, sobald eine halbwegs akzeptable Lösung für ein Problem gefunden wurde, obwohl durchaus die Möglichkeit besteht, noch viel bessere Ideen zu entwickeln.

Aufgrund dieses Verhaltens treten bei anstehenden Veränderungen häufig Ängste auf. Diese Ängste sind auch durchaus verständlich, wenn wir genauer betrachten, welche Rolle Veränderungen in der Evolution spielen.

6.2.1 Angst vor Veränderungen

In der Natur entstehen Veränderungen bei Organismen durch Mutation und Rekombination. Dadurch können sich Arten an veränderte Lebensbedingungen im Laufe der Evolution anpassen. Viele dieser individuellen Mutationen sind allerdings gar nicht überlebensfähig, d. h. viele Veränderungsansätze scheitern, während wenige Veränderungen die Art voranbringen. Mutationen bergen also die große Gefahr, dass der entstehende Organismus nicht überlebensfähig ist. Wir können davon ausgehen, dass diese Erfahrung durch die Evolution tief in jedem von uns eingespeichert ist und unser Denken und Fühlen beeinflusst. Gleichzeitig ist es aber auch offensichtlich, dass ohne dieses Risiko sich eine Art nicht weiterentwickeln und mit hoher Wahrscheinlichkeit aussterben würde. Nur wenige Arten können über einen längeren Zeitraum unverändert bleiben, da sie weiterhin gut an ihre Umwelt angepasst sind oder sich ihre Nische nicht entscheidend veränderte. Solche Veränderungen können jedoch schnell eintreten: Je nach Bedarf fluten große Schiffe ihre Ballasttanks und entleeren sie in tausende Kilometer entfernten Gewässern. Dadurch werden fremde Organismen in heimische Gewässer eingeschleppt. Für die dort lebenden Arten verändern sich die Bedingungen damit schlagartig, neue Feinde treten plötzlich auf, für die noch keine Abwehrmechanismen entwickelt wurden. Dies birgt große ökologische Gefahrenpotenziale. So haben sich bestimmte Fische in unseren Gewässern ausgebreitet, die hier keine natürlichen Feinde haben, selbst aber andere Arten fressen und dadurch die Artenvielfalt durcheinanderbringen.

Ähnlich verhält es sich mit Veränderungsprozessen in Organisationen. Denn es ist nicht sicher, dass es besser wird, wenn es anders wird. Veränderungen können stets scheitern und viele Mitarbeiter haben Angst vor der Ungewissheit. Vielleicht haben sie ein solches Scheitern auch schon miterlebt oder es ist in ihnen in Form eines „kollektiven Unbewussten" vorhanden.

Gleichzeitig haben die meisten Organisationen keine andere Möglichkeit, als sich den ständig veränderten Bedingungen des Umfeldes anzupassen. Vor allem die Schnelligkeit des Marktes führt zu höherem Anpassungsdruck, der Veränderungen notwendig werden lässt. Denn der Spruch von Georg Lichtenberg gilt weiterhin: „Damit es besser wird, muss es anders werden." Und eine sichere Marktnische zu finden, in der es kaum Konkurrenz gibt, wird angesichts der heutigen Wirtschaftsentwicklung immer unwahrscheinlicher.

Neben der Angst und Skepsis vor Veränderungen finden wir beim Menschen aber auch eine unendliche Neugier, den Drang, Neues zu entdecken und Veränderungen voranzutreiben, das Bedürfnis zu lernen und sich persönlich weiterzuentwickeln. Wir können dies bei jedem Säugling, jedem Kind beobachten, das von alleine immer mehr Neues entdeckt und lernt. Diese Haltung ist in der Evolution angelegt und auch schon bei Tieren zu finden. Affen erkunden sehr intensiv ihr Umfeld, Bienen schwärmen aus auf der Suche nach neuen Nahrungsquellen. Dieses Verhalten treibt Entwicklungen voran. Denn diejenigen, die neue Umfelder erkunden, die sich weiterentwickeln, haben bessere Überlebenschancen.

Skepsis der Mitarbeiter gegen Veränderungen ist vom Evolutionsgeschehen her gut nachvollziehbar. Gehen Sie auf die Risiken ein und zeigen Sie die Chancen auf. Wecken Sie bei den Mitarbeitern die Neugier und das Bestreben, Neues zu entdecken, zu erfinden und zu lernen.

6.2.2 Veränderung versus Bewahrung des Bestehenden

Im Evolutionsmanagement geht es darum, den Entwicklungsweg der Organisation zu antizipieren: Das kann bedeuten, sich schnell oder langsam zu entwickeln, viel oder wenig zu verändern, genau zu unterscheiden, was verändert werden soll und was bewahrt werden muss. Kriterien sind die zukünftige Umfeldbewährung und die Gewährleistung des Funktionierens des Gesamtorganismus. Es gibt in der Natur viele genetische Veränderungen, die zum Absterben des Organismus führen können. Werden beispielsweise die Regelungsmechanismen für Zellteilung und -wachstum durch Mutation der DNA außer Kraft gesetzt, kann Krebs entstehen. Dies gilt auch in der Wirtschaft, beispielsweise bei Unternehmen, die Einbußen hinnehmen müssen, weil seine Veränderungen vom Kunden nicht akzeptiert wurden. Deswegen ist es bei Veränderungsprozessen wichtig, nicht nur festzulegen, was verändert werden soll, sondern auch genau zu definieren, was die Stärke des Unternehmens ausmacht und was bewahrt werden sollte. Manchmal sind diese Punkte selbstverständlich, es kann aber wichtig sein, sie trotzdem zu kommunizieren, auch um den Mitarbeitern zu zeigen, dass nicht alles verändert wird, sondern viel von dem Bestehenden erhalten bleibt, was wichtig für den Erfolg der Organisation ist.

Wichtig ist hier zu unterscheiden, wie viel Veränderung notwendig ist und wo etwas nicht verändert werden darf, sondern bewahrt werden muss. Die Haltung dazu ist in den Unternehmen oft eine Generationsfrage, die jüngeren Mitarbeiter sind meist offener für Veränderungen, die älteren Erfahrenen sind manchmal skeptischer. Sie haben schon so viele Veränderungen erlebt und gesehen, wie viele gescheitert sind. Ältere Menschen haben den Vorteil eines hohen Erfahrungswissens, was gerade bei der Steuerung komplexer Prozesse sinnvoll ist. Auch deswegen sind Vorstandsmitglieder und Minister in der Regel ältere Personen. Bei Veränderungsprozessen ist es notwendig, eine gute Mischung von Jung und Alt im Veränderungsteam herzustellen.

Historische Untersuchungen haben gezeigt, dass Revolutionen, gesellschaftliche Umbrüche und Kriege vor allem in Gesellschaften zu Tage treten, die einen überdurchschnittlich hohen Anteil von jungen Leuten haben. Dieser Drang zu Veränderungen kann sich also auch negativ auswirken, und eine gewisse Skepsis vor zu viel Veränderungen ist hilfreich. Von daher braucht es Menschen, die auch bereit sind, an Bewährtem festzuhalten, gerade damit nicht essentielle Errungenschaften durch die Veränderung abgeschafft werden.

Jede Veränderung birgt die Gefahr des Scheiterns. Von daher sollte man Kritikern der Veränderung genau zuhören, ihre Bedenken ernst nehmen und in die eigenen Überlegungen mit einbeziehen. Kritiker einer Veränderung sind der Korrekturmaßstab des eigenen Veränderungswillens.

> Analysieren Sie genau, welche Aspekte Ihres Unternehmens (Strukturen, Prozesse, Produkte) geändert und welche bewahrt werden sollen. Die Natur zeigt, dass Erfolgsmodelle durchaus sehr lange Zeiträume überdauern können.
>
> Würdigen Sie bestehende Skepsis als durchaus im Überlebensinteresse des Unternehmens stehend. So können Sie potenziellen Gefahren bei Veränderungsprozessen begegnen.
>
> Arbeiten Sie mit den Widerständen Ihrer Mitarbeiter. Tauschen Sie sich mit ihnen aus und versuchen Sie, ihre Ängste zu verstehen. Investieren Sie in die Schaffung von Akzeptanz für Veränderungen.

6.2.3   Rolle der Führungskraft als Treiber des Wandels

Die Führungskräfte tragen die Verantwortung dafür, dass die Organisation den notwendigen Wandel rechtzeitig und in die richtige Richtung vollzieht. Sie dürfen nicht in der Tagesarbeit untergehen, sie brauchen Freiraum, um weit nach vorne zu schauen und strategisch zu denken und zu handeln. Sie sind hoffentlich deswegen an dieser Stelle, weil sie ein gutes Gespür für Zukünftiges haben, weil sie mehr Mut haben, Neues zu wagen, als viele andere im Unternehmen. Diesen Mut verbinden sie aber mit Verantwortung für den Erhalt des lebenden Organismus Unternehmen. Dabei müssen sie heute nicht unbedingt sagen, wo es langgeht, aber sie müssen einen Rahmen vorgegeben, in dem sich das Unternehmen als Ganzes entwickelt.

Den meisten Führungskräften gehen Veränderungen nicht schnell genug. Ihre Aufgabe ist es aber auch, zu hinterfragen, wie viel Bewahrung und Wandel in der Organisation notwendig sind. Wie viel Veränderung verträgt die Organisation? Steht der erwartete Nutzen der Veränderung in sinnvoller Relation zu den bestehenden Kosten und zum Ressourceneinsatz? Veränderungen sind kein Selbstzweck. Die Vorstellung einer Organisation, die permanent alles verändert, überfordert die Befindlichkeit vieler Mitarbeiter. Alles, was bewahrt werden kann, weil es gut funktioniert, braucht nicht verändert zu werden. Ebenso braucht jede Veränderungsphase auch eine Standardisierungsphase, in der die neuen Prozesse optimiert und automatisiert werden (siehe Kapitel 5).

Auch wenn Organisationen nicht ständig alles verändern müssen, so sind doch kontinuierliche Veränderungsprozesse wichtig. In der Natur entsprechen kontinuierliche Veränderungen in kleinen Schritten der normalen Entwicklung von Lebewesen (siehe Kapitel 3). Auch in Organisationen sind kontinuierliche Veränderungen die Regel, und da sie nicht so eine große Gefahr des Scheiterns bergen, werden sie von den Mitarbeitern wesentlich besser akzeptiert als sprunghafte Veränderungen. Trotzdem können auch sprunghafte Veränderungen notwendig sein, entweder wenn sich das Umfeld rapide verändert oder Entwicklungen vom Management verschlafen wurden.

> Übernehmen Sie als Führungskraft die Verantwortung dafür, dass die für das Leben der Organisation notwendigen Veränderungen umgesetzt werden.
>
> Treiben Sie Veränderungen voran, wenn es nötig ist, aber bewahren Sie auch gut Funktionierendes. Veränderungen sind kein Selbstzweck. Wägen Sie Kosten und Nutzen sorgfältig ab und bevorzugen Sie schrittweise Veränderungsprozesse.

6.2.4   Beteiligungsorientierung:
Mit den Mitarbeitern geht es besser

Die Frage der Veränderungsgeschwindigkeit von Unternehmen ist oft eine Frage der Veränderungsgeschwindigkeit in den Köpfen der Mitarbeiter. Wenn ein Veränderungsprozess von allen Mitarbeitern positiv aufgenommen werden soll, dann ist es wichtig, die Mitarbeiter einzubeziehen, ihnen die Möglichkeit zu geben, die Entwicklung des Unternehmens mitzugestalten. Dafür gibt es in der Natur viele Beispiele: Wenn eine Antilopen- oder Gnuherde in der Savanne grast, dann sind alle Tiere wachsam gegenüber einem Angriff von Raubtieren.

Registriert auch nur ein Tier Gefahr, so wird diese Information sofort an die Herde weitergegeben. Wenn ein einzelner Fisch am Rand eines Schwarms einen Räuber sieht, so ändert er seinen Kurs, weicht dem Feind aus und der ganze Schwarm folgt dieser Bewegung. Dafür braucht es keinen zentralen Befehl. Tierherden oder Schwärme können sehr schnell reagieren, ohne dass vorher eine zentrale Instanz geprüft hat, ob die Beobachtung richtig oder falsch ist. Diese Form der Selbstorganisation ermöglicht ein sehr schnelles Handeln auf der Basis nahezu automatisierter Reaktionen. Es ist zu erwarten, dass sie auch in Unternehmen zukünftig immer bedeutsamer werden, da nur so die zunehmende Komplexität bewältigt werden kann.

Je komplexer die Märkte werden, je schneller sie sich verändern, desto wichtiger sind eine umfassende Umfeldwahrnehmung und schnelle Reaktionsfähigkeit auf Veränderungen. Viele Augen und Ohren sehen und hören mehr als ein speziell dafür vorgesehener Bereich. Die Aufnahme der Informationsmenge steigt also mit der Anzahl der einbezogenen Mitarbeiter. Die Mitarbeiter bekommen dadurch auch schneller mit, was auf dem Markt passiert, und können dies in ihre tägliche Arbeit einbeziehen, eventuelle Veränderungen sofort umsetzen. Auch bei Veränderungsprozessen werden durch Beteiligungsorientierung vielfältige Kompetenzen der entsprechenden Experten in den Veränderungsprozess integriert. Und schließlich gelingt die Umsetzung geplanter Veränderungen wesentlich reibungsloser, wenn sich die Mitarbeiter in die Entwicklungsphase mit einbringen können, sich mit dem Projekt identifizieren und etwaige Widerstände aus dem Weg geräumt sind.

In den heutigen Zeiten härterer Konkurrenz beobachten wir einen Trend, die Beteiligung der Mitarbeiter wieder stärker einzugrenzen. Die Angst um den Arbeitsplatz lässt Mitarbeiter unterwürfiger werden und aus Sicht mancher Manager scheint es leichter, die Ausrichtung des Unternehmens über Gehorsam und über Anweisungen zu erreichen. Man glaubt, dadurch schneller werden zu können. Aber damit nimmt sich das Unternehmen ein wichtiges Potenzial. Die Folge ist in der Regel eine sinkende Motivation, die innere Kündigung nimmt zu. „Lass die da oben doch machen" ist die mit Dienst nach Vorschrift verbundene Haltung. Natürlich darf bei Beteiligung nicht darauf gewartet werden, bis der Letzte einem Prozess zustimmt. Aber es ist wichtig, die vielfältigen Ideen der Mitarbeiter in die Veränderung zu integrieren. Es gibt heute genug Erfahrungen, wie man Mitarbeiter beteiligt und gerade dadurch langfristig die Geschwindigkeit in einem Prozess erhöht.

6.2.5 Wie sich Mitarbeiter für Veränderungsprozesse begeistern können

Viele Tiergemeinschaften geben ihren Mitgliedern die Möglichkeit, auf das Leben der Gemeinschaft Einfluss zu nehmen. Sie setzen ihre Fähigkeiten ein für die gemeinsame Nahrungssuche und Gefahrenabwehr. Die Individuen verhalten sich nach Regeln, die sich im Evolutionsprozess bewährt haben.

Wir haben weiter oben gezeigt, dass es durchaus eine aus der Evolution erklärbare Skepsis der Mitarbeiter gegenüber Veränderungsprozessen gibt. Umso wichtiger ist es, sie in diese Prozesse einzubeziehen. Einbeziehung bedeutet nicht, dass die Prozesse demokratisch abgestimmt werden, Einbeziehung meint die Information und Diskussion über die Veränderungen. Die Mitarbeiter haben die Möglichkeit, ihre Meinung zu vorgesehenen Änderungen zu äußern und ihre Ideen in den Prozess einzubringen. Die letztendliche Entscheidung bleibt bei der Führung. Dies bedeutet auch eine Wertschätzung der Mitarbeiter, und Wertschätzung steigert die Motivation.

Es gibt heute eine Reihe von Instrumentarien, mit der die Mitarbeiter in Veränderungsprozesse einbezogen werden: Großveranstaltungen, in denen nicht nur informiert, sondern auch diskutiert wird, Open-Space-Methoden, bei denen in einem sehr ergebnisoffenen Prozess gearbeitet wird, Informationsweitergabe über das Intranet in großen Unternehmen oder Abteilungsversammlungen, in denen die Veränderungen diskutiert werden und jeder Bereich festlegt, was diese Veränderungen für den eigenen Bereich bedeuten und welche Maßnahmen ergriffen werden müssen. Wir begleiteten einen Veränderungsprozess im Produktentwicklungsbereich eines Unternehmens: Die Führung hatte den Kurs für einen Veränderungsprozess beschlossen, der von den Mitarbeitern nicht akzeptiert wurde. Auf einer Versammlung gaben die Mitarbeiter einen wichtigen Hinweis, an welcher Stelle etwas anders gemacht werden sollte. Das war zwar kein entscheidender Punkt, aber den Mitarbeitern wichtig. Sie erwarteten ein Signal der Führung, dass sie ernst genommen werden. Erst als die Führung darauf verzichtete, ihr Konzept in der ursprünglichen Form per Anweisung durchzusetzen, und den Änderungsvorschlag einbezog, gaben die Mitarbeiter ihre Blockadehaltung auf und unterstützten den Prozess. Die Veränderung wurde zum Erfolg.

Wenn es nicht gelingt, die Mitarbeiter einzubeziehen, so dass sie ihre Ideen in den Prozess einbringen, so wird die scheinbare Beschleunigung durch die Nichtdiskussion zu einer Verlangsamung. Einbeziehung bedeutet aber nicht, dass ein Unternehmen keine Führung braucht. Es kann durchaus sein, dass eine Mehrheit der Mitarbeiter von bestimmten notwendigen Veränderungen nicht überzeugt ist, dass es den Mut der Führung braucht, Dinge loszulassen und Neues zu wagen gegen die Meinung des Mainstreams. Aber gerade dann ist Einbeziehung auch notwendig, um die Argumente der Mitarbeiter zu kennen und durch ihre Hinweise wichtige Korrekturen vorzunehmen, die an der Richtung nicht unbedingt etwas ändern, aber das Konzept optimieren.

> Beziehen Sie in den Entwicklungsprozess des Unternehmens die Mitarbeiter ein. Wer beteiligt wurde, ist aktiver bei der Umgestaltung. Integrieren Sie die Potenziale Ihrer Mitarbeiter in den Entwicklungsprozess.

6.2.6   Einbeziehung bei Downsizing-Prozessen

Schwieriger ist die Beteiligung der Mitarbeiter bei Absterbe- oder Downsizing-Prozessen. Gerade bei Personalentscheidungen braucht es eine klare Linie der Führung. Es gibt aber auch Instrumentarien, mit denen die Härte solcher Prozesse abgefedert werden kann. Instrumentarien, mit denen die Menschen mehr Zeit bekommen, sich auf die Veränderungen einzustellen und ihre eigene Veränderung, Umstellungsprozesse oder Weiterqualifizierungen zu organisieren. In Downsizing-Prozessen können auch Vermittler wie beispielsweise Vertreter von Gewerkschaften die Prozesse unterstützen, können Sozialpläne verhandelt werden, die den Übergang erleichtern. Oftmals reichen jedoch Instrumente aus, die ein stärkeres „Atmen" des Unternehmens erlauben, also die Möglichkeit, sich ohne Entlassungen an die Marktentwicklung anzupassen. Dazu gehören flexible Arbeitszeitkonten, kollektive Arbeitszeitverkürzungen, die zeitweilige Verleihung von Mitarbeitern oder die Wahrnehmung von „Sabbaticals" durch einen Teil der Mitarbeiter. Diese Instrumente sind sinnvoll, wenn das Ende der Krise des Unternehmens absehbar ist und ein Zeitraum überbrückt werden soll. Wenn dann die Nachfrage steigt, brauchen nicht wieder neue Leute eingearbeitet zu werden.

Auch wenn die Beteiligung in der Krise schwieriger ist, ist es wichtig, die Mitarbeiter intensiv zu informieren, damit sie ein klares Verständnis für den Prozess und die Umfeldbedingungen bekommen. Sie haben oftmals wichtige Ideen, wie die Krise gemeistert werden kann. Krisen führen in der Regel dazu, dass die Auseinandersetzung um die Ressourcen härter wird, dass die Konkurrenz zunimmt. Sie bieten aber auch die Chance für schnellere Veränderung, um bei zunehmender Konkurrenz von außen den internen Zusammenhalt zu stärken. In der Aufbauphase der Bundesrepublik wurde viel improvisiert und gemeinsam am Wiederaufbau gearbeitet. Noch heute schwärmen viele Ältere von dem Geist des gemeinsamen Anpackens in dieser Zeit.

> Beziehen Sie auch in der Krise die Mitarbeiter ein, bei Personalreduzierung ist aber eine klare Linie der Führung gefordert.

6.2.7 Externe Beteiligte im Veränderungsprozess

Die meisten Organisationsveränderungsprozesse werden nur mit den internen Beteiligten durchgeführt. Die Organisation schwebt aber nicht im freien Raum: Über Erfolg oder Misserfolg der Veränderung entscheiden letztendlich nicht der Erfolg und die Zustimmung in der Organisation, sondern die spätere Bewährung im Umfeld, in der Regel am Markt. Bei komplexen Veränderungsprozessen ist es deswegen wichtig, auch Externe in den Prozess zu integrieren, um dadurch frühzeitig Informationen über die spätere Umfeldbewährung in den Prozess integrieren zu können:

- *Kundensicht:* Der Prozess sollte sich zum wesentlichen Teil daran ausrichten. Außerdem kann es auch wichtig sein, die Kunden frühzeitig über Veränderungen zu informieren oder diese sogar zu diskutieren, wenn sie Auswirkungen auf die Quantität und Qualität für den Kunden spürbarer Leistungen hat, beispielsweise wenn die Erreichbarkeit des Kundendienstes eingeschränkt wird oder der Kundendienst nicht mehr vom Unternehmen selber durchgeführt wird.

- *Lieferanten* spielen heute eine große Rolle bei der Umsetzung von Kostensenkungsprogrammen. Eine partnerschaftliche Einbeziehung in den Veränderungsprozess ist hier langfristig sinnvoller als Preisdiktate, gerade auch weil die Lieferanten oft noch weitere gute Ideen haben, die dem Unternehmen noch nicht bekannt sind.

- *Wettbewerber* werden natürlich aus bestimmten Innovationen herausgehalten, aber inzwischen nimmt die Erkenntnis zu, dass bestimmte aufwändigere Veränderungen nur in Absprache mit Wettbewerbern möglich sind, beispielsweise wenn man sich auf neue Standards einigen muss.

- *Andere Unternehmen* können als Lehrbeispiel dienen. Dies können Wettbewerber sein, aber auch Unternehmen aus anderen Branchen, die in dem Veränderungsfeld beispielhafte Entwicklungen umgesetzt haben. Hier können Besuche in diesen Unternehmen sehr hilfreich sein.

- *Gesellschaftliche Institutionen* sollten bei manchen Prozessen sehr frühzeitig informiert, mitunter auch integriert werden. Bei Unternehmenserweiterungen braucht es ihre Unterstützung, eine offene Politik ist hier hilfreicher als Verheimlichungen. Auch bei Downsizing-Prozessen ist es wichtig, sie einzubeziehen, denn deren Auswirkungen können massive Folgen für eine Region haben.

- Wer die *Presse* links liegen lässt, erfährt oft eine böse Überraschung, wenn die Wirkung von Pressemeldungen überhaupt nicht mehr steuerbar ist.

- Oft ist es auch wichtig, *Experten* in den Veränderungsprozess einzubeziehen. Man braucht das Rad nicht zweimal zu erfinden. Erfahrungen, die andere gemacht haben, können in aktuelle Veränderungsprozesse integriert werden.

In der Regel werden Externe zu wenig in die Veränderung einbezogen, sei es, dass dies zu aufwändig erscheint, sei es, weil man meint, dass der Prozess dadurch weniger steuerbar würde. Die praktischen Erfahrungen zeigen, dass dadurch wichtige neue Sichtweisen in den Prozess hineinkommen, die in dieser Form im Unternehmen nicht vorhanden sind, und bei der Umsetzung schneller alle an einem Strang ziehen.

> Beziehen Sie frühzeitig Externe in Ihre Organisationsveränderung ein.
>
> Stellen Sie eine umfassende Liste aller möglichen externen Beteiligten auf, treffen Sie eine Auswahl und bewerten Sie, wer wofür einbezogen werden sollte.
>
> Ermöglichen Sie Mitarbeitern, externe Sichtweisen zu erleben.

6.2.8 So arbeiten am Evolutionsmanagement ausgerichtete Prozessberater

Zur Begleitung von komplexen Veränderungsprozessen werden heute in manchen Unternehmen externe oder interne Prozessberater eingesetzt. Aus Sicht des Evolutionsmanagements ist für ihre Arbeit Folgendes wichtig: Ihre Aufgabe ist die Strukturierung des Prozesses, so dass am Ende ein gutes Ergebnis herauskommt. Das Expertenwissen der Mitarbeiter wird dabei für den Prozess nutzbar gemacht. Die eigentliche Zielrichtung des Veränderungsprozesses gibt allerdings die Führung vor. Für die Berater ist es wichtig, die evolutionäre Entwicklungslinie des Unternehmens im Auge zu haben, die vergangene und die zukünftig mögliche. Sie unterstützen das Unternehmen, seinen Weg zu finden. Sie sorgen dafür, Vertrauen von Mitarbeitern und Führung zu gewinnen.

Der Einsatz von Beratern trifft oft auf Skepsis. Die Führung fürchtet manchmal, dass im fragilen Spiel der diversen Kräfte ein zusätzlicher Mitspieler es für sie noch komplizierter macht. Mitarbeiter befürchten, dass „fremde" Einflüsse die Identität der Organisation gefährden und zu viel Veränderungen bringen. Hier ist es wichtig, mit kleinen wirksamen Unterstützungsschritten praktisch erlebbare Optimierung zu erreichen. Dabei ist es aber wichtig, darauf zu achten, dass die Prozesshoheit bei den Handelnden im Unternehmen bleibt. Es wird also eher mit wenig Beratungskapazität für eine längere Zeit unterstützt, während klassische Unternehmensberatungen eher mit vielen Beratern für eine kurze Zeit massiv in das Unternehmen eingreifen, den Kurs verändern und sich dann wieder zurückziehen und die längerfristige Umsetzung dem Unternehmen selbst überlassen.

Aus der Sichtweise des Evolutionsmanagements kann es sinnvoll sein, ein Unternehmen über längere Zeit, manchmal über Jahre hinweg mit Unterbrechungen zu begleiten, da dadurch der Berater die Entwicklungslinie über längere Strecken kennt und mitbekommt, was Erfolge gebracht hat und was eher fehlgeschlagen ist, und diese Erfahrung dem Unternehmen zugute kommen lassen kann.

Wenn ein Berater die Entwicklungslinie des Gesamtunternehmens im Blick hat, mag ihm mancher Auftrag nicht sinnvoll erscheinen. Dann sollte es zu seiner Verantwortung gehören, einen solchen Auftrag nicht anzunehmen bzw. für die Veränderung des Auftrages zu streiten. In solchen Situationen ist es oftmals hilfreich, gemeinsam mit dem Unternehmen vor einer Entscheidung erst einmal eine Vielfalt von Veränderungsmöglichkeiten zu entwickeln, sie gemeinsam zu bewerten und sich dann erst für einen Weg zu entscheiden. Das Einfordern einer solchen, am Evolutionsmanagement orientierten Vorgehensweise kann den Manager zuweilen sperrig und wenig kundenorientiert erscheinen lassen.

In der Begleitung ist es wichtig, dass der Berater den Prozess nicht einfach nur „neutral" moderiert, sondern manchmal aus der Evolutionssicht auch Position bezieht und in die Auseinandersetzung geht. Dabei sollte er aber immer beachten, dass er nur auf bestimmte Entwicklungen hinweisen kann, die letztendliche Entscheidung muss immer beim Unternehmen bleiben. Der Berater ist auch Experte, nämlich mit seiner Prozesskompetenz. Dies sollte er auch aktiv zeigen.

Oftmals bewährt es sich, die Beratungsarbeit in einem Tandem von externen und internen Prozessbegleitern durchzuführen. Der externe Berater dockt zeitweilig an das System an. Es gibt aber immer noch eine dünne Trennmembran zwischen dem Organismus und dem Berater, denn er braucht für die Wirksamkeit seiner Arbeit weiterhin eine gewisse Distanz. Nach Abschluss des Beratungsprozesses löst der Berater sich wieder ab.

Angesichts kurzfristiger Gewinnerwartungen und knapper Kassen hat sich die Erwartungshaltung an Prozessbegleiter stark verändert. Folgende Tendenzen lassen sich festhalten:

- Langfristig ausgerichtete Veränderungsprozesse gehen immer mehr zurück.
- Projekte, die sich auf die Gestaltung der Unternehmenskultur ausrichten, gehen zurück. Es zählen immer mehr nur die kurzfristig überprüfbaren „hard facts", der kurzfristige Return on Investment.
- Gleichzeitig werden auch Downsizing-Projekte, klassisches Metier traditioneller Unternehmensberatungen, zunehmend beteiligungsorientiert mit Unterstützung von Prozessberatern durchgeführt.
- Unternehmen erwarten auch in der Prozessberatung mehr fachliche Inputs. Eine Positionierung des Beraters aus seiner Prozesskompetenz heraus wird stärker gefordert.

Aus unserer Erfahrung sollten auch in Zeiten eines härteren Wettbewerbs weiterhin die Aspekte der Unternehmenskultur in die Veränderungsprojekte integriert werden. Unternehmenskulturfragen sollten kein Schönwetterthema sein. Eine Unternehmenskultur existiert immer, mal mehr beachtet, mal sich stärker im Selbstlauf entwickelnd. Gerade in schwierigen Zeiten leidet die Unternehmenskultur und sollte bewusst gestaltet werden.

Die Ebenen der evolutionären Beratung:
- Individuum,
- Team/Bereich/Projekte,
- Organisationen/Unternehmen,
- Organisations-/Unternehmenskooperation,
- Gesellschaft.

6.3 Kernelemente der praktischen Organisationsveränderung aus Sicht des Evolutionsmanagements

Die praktische systematische Organisationsveränderung lässt sich in drei Phasen einteilen. Es gibt eine *Startphase,* die *Durchführungsphase* und die *Abschlussphase.* Auch wenn Organisationsentwicklung kontinuierlich erfolgt, so ist es doch sinnvoll, sie projektmäßig zu strukturieren, um dadurch den Prozess besser steuern und verfolgen zu können. Im Folgenden werden wichtige Punkte dargestellt, die aus der Sicht des Evolutionsmanagements bei Organisationsveränderungen zu beachten sind. Zuerst werden einige grundlegende Aspekte erläutert, danach wichtige Punkte für die einzelnen Phasen.

6.3.1 Grundlegende Aspekte

Der Fokus liegt auf der Entwicklung der Organisation. Im Mittelpunkt der Arbeit steht die Frage, wo die Organisation herkommt und wo sie sich hinbewegen wird. Es geht nicht so sehr um die Frage, wie sie funktioniert. Viele betriebswirtschaftliche Beratungsansätze setzen sich die ideal funktionierende Organisation zum Ziel. Aus der Evolutionssicht kann dies aber immer nur ein Zwischenstand im Rahmen eines sich immer weiter verändernden Prozesses sein. Diese Denkweise erfordert von den Beteiligten eine hohe Fähigkeit, mit Unsicherheit umzugehen.

Die Geschichte der Organisation spielt eine wichtige Rolle. Im Prozess wird die entwickelte Identität der Organisation stark einbezogen. Was sind ihre Stärken und Schwächen? Welche Muster hat die Organisation bisher gezeigt? Was sind ihre Traumata? Welche Ressourcen hat die Organisation? Und was bedeutet dies für den Prozess? So gibt es z. B. bei DaimlerChrysler ein Muster, dass der Vorstandsvorsitzende während seiner Amtszeit eine unumstößliche Autorität besitzt, nach seinem Abgang aber massiv über ihn hergezogen wird. Diese Muster müssen erkannt und in der Entwicklung des Veränderungsprozesses berücksichtigt werden.

Die Organisation ist mehr als ihre eigene Geschichte. Manchmal wird die Geschichte und Identität der Organisation überbetont. Das verhindert, neue Wege zu beschreiten. Das Meme-Konzept zeigt uns, dass die schnelle evolutionäre Entwicklung der Organisation gegenüber anderen Organismen in der Natur geschehen kann, weil die Rekombinationsmöglichkeit einer Organisation über die Meme ihrer Mitarbeiter gewaltig ist. Zu diesen Memen gehört nicht nur die Erfahrung, die sie in der Organisation selber gesammelt haben, sondern auch die, die außerhalb gesammelt wurden, z. B. in früheren Unternehmen. Dafür ist es aber notwendig, diese Erfahrungen in Erinnerung zu rufen und im Prozess zuzulassen.

Die Weisheit des Einzelnen kann größer sein als die Weisheit der Organisation. Wir alle kennen den Spruch, dass das Ganze mehr ist als die Summe seiner Teile. Aber es kann auch anders sein. Die Wahrnehmung des Einzelnen ist weiter als die Gesamtwahrnehmung der Organisation. Dies sollte ein Kennzeichen für Führungskräfte sein, deswegen sollten sie ja an die Führungsstelle gekommen sein. Dies kann aber auch aus verschiedenen Gründen für andere gelten, und es braucht eine Strukturoffenheit der Organisation, dies zuzulassen und für die Organisation nutzbar zu machen. Auch in der Natur sind einzelne Organismen in ihrer Entwicklung weiter als andere, und dies kann durchaus zum Vorteil für alle sein. Wenn ein Wald entsteht, so bilden die ersten Bäume einen Schutz für die nachwachsenden Bäume.

Die Organisationsveränderung ist prozessoffen angelegt. Zwar werden am Anfang Ziele festgelegt, aber sie werden im Laufe des Prozesses ständig überprüft und weiterentwickelt. Man hat am Anfang des Prozesses nicht alle notwendigen Informationen parat, viele wichtige Informationen entfalten sich erst im Laufe des Prozesses, sei es, weil sie noch nicht geschehen sind, sei es, weil sie noch nicht offen liegen. Deswegen bergen zu genaue Festlegungen am Anfang die Gefahr, dass die Veränderung dadurch unnötig limitiert wird. Dieser Grundsatz ergibt sich aus der Beobachtung, dass die Evolution nicht zielgerichtet abläuft und die schnelle Einbeziehung von plötzlichen Umfeldveränderungen wichtig für das Überleben der Arten ist.

Die Veränderung ist hierarchieübergreifend organisiert. Alle Ebenen der Organisation sind in den Veränderungsprozess einbezogen. Dies knüpft an das Bild der Schwarmintelligenz an. Die Einbeziehung aller Schwarmmitglieder sichert die Überlebensfähigkeit des Schwarms. Die Einbeziehung der verschiedenen Ebenen ist wichtig für die Geschwindigkeit und die Kontinuität des Veränderungsprozesses. Oftmals wechselt auch die interne Energie, den Prozess in der Organisation voranzubringen. Vielleicht ist der Prozess mit einer hohen Verbindlichkeit der Führung gestartet, die Treiberrolle geht dann aber über an die mittlere Führung und wechselt wieder zu einer weiteren Gruppe.

Die unterschiedlichen Bereiche und Strömungen/Fraktionen sind in den Prozess integriert. In einer Organisation gibt es in der Regel unterschiedliche Strömungen oder Fraktionen. Sie orientieren sich an inhaltlichen Auseinandersetzungen, manchmal aber auch einfach an bestimmten Menschen. Wichtig ist, dass alle relevanten Strömungen und die unterschiedlichen Bereiche in den Prozess integriert sind. Dies muss nicht als Abbild ihrer quantitativen Bedeutung sein. Wenn eine Mehrheit gegen bestimmte Veränderungen ist, so muss sie nicht im Veränderungsteam eine Mehrheit haben, aber sie braucht die Möglichkeit, ihre Argumente äußern zu können und die ernsthafte Auseinandersetzung damit.

Der Veränderungsprozess ist ganzheitlich angelegt. Ganzheitlichkeit heißt nicht, nur ausschließlich die betriebswirtschaftliche Seite oder die Kulturseite in der Veränderung zu bearbeiten, sondern die verschiedenen Ebenen in den Prozess zu integrieren. Wichtig ist es auch, die Emotionen der Organisation in den Prozess zu integrieren und zu berücksichtigen. Eine Organisation hat manchmal eher traurige oder eher euphorische Phasen.

Evolutionäre Veränderungen werden „chirurgischen" Eingriffen vorgezogen. Wir haben vorher gezeigt, dass in der Natur in der Regel große Veränderungen durch viele kleine Veränderungen vollzogen werden. Dies ist auch für Organisationsveränderungen wichtig. Die Mitarbeiter sollen mitgenommen werden, dann unterstützen sie auch den Prozess und er beschleunigt sich. Manchmal ist aber auch rasches Handeln angesagt, wenn Gefahr in Verzug ist. Ist der Blinddarm entzündet, muss der Chirurg schneiden. Manche Manager machen aber unnötige Schnitte und versuchen, sich durch Härte zu profilieren.

Die spätere Umfeldbewährung bestimmt den Prozess. Oftmals werden bei der Organisationsveränderung nur die internen Faktoren berücksichtigt. Die Veränderung hat aber das Ziel, die Lebensfähigkeit der Organisation zu verbessern, indem sie so umgestaltet wird, dass eine bessere Umfeldbewährung gewährleistet ist. Deswegen müssen diese Faktoren von Anfang an im Prozess integriert sein. Dazu kann auch gehören, die Kunden und Lieferanten über Befragungen einzubeziehen und zu studieren, wie andere, durchaus auch aus fremden Branchen, ihre Umfeldbewährung meistern. Unsere Erfahrung zeigt, dass in den Organisationen der Kreis der Einbezogenen in der Regel eher zu eng gefasst wird.

6.3.2 Startphase

Es gibt eine klare Rollenvereinbarung der Beteiligten im Prozess. Wer übernimmt für welchen Bereich und für welche Aufgaben die Verantwortung? Hier ist es auch wichtig, festzulegen, wer welche Führungskompetenzen im Prozess hat.

Die Struktur des Prozesses ist klar festgelegt. Welche Gremien gibt es im Prozess? Wer trägt die Arbeitsverantwortung? Hier kann es bei größeren Prozessen auch wichtig sein, eine fachliche Differenzierung für Teilaufgaben festzulegen. Wichtig ist die regelmäßige Überprüfung, ob die Struktur dem Prozess noch angemessen ist. Sie kann sich im Laufe des Prozesses als zu differenziert oder nicht differenziert genug herausstellen.

Ein strukturierter Zeitplan mit Meilensteinen gibt klare Orientierung und ist in die Organisation kommuniziert. Organisationsveränderungen sind mit ihren vielfältigen Faktoren oft schwer überschaubar. Hier hilft ein klarer Zeitplan mit Meilensteinen und Prüfpunkten. Oft sind auch Kommunikationsereignisse wie Großveranstaltungen eine gute Orientierung. Gerade wenn am Anfang der Weg noch nicht klar ist, hilft eine solche Verabredung bei der Strukturierung.

Das heterogen zusammengesetzte Veränderungsteam hat die Möglichkeit, auch emotional zusammenzuwachsen. Wichtige Organisationsveränderungen haben stürmische Phasen. Hier muss sich ein Team aufeinander verlassen können. Dafür ist es wichtig, am Anfang die Gelegenheit zu haben, sich auch auf der menschlichen Seite kennen zu lernen. Das Team lebt vor, was sich insgesamt im Prozess entwickeln soll.

6.3.3 Durchführungsphase

Die zukünftige Entwicklungslinie ist klar herausgearbeitet und in einer einfachen, für jeden begreifbaren Form kommuniziert. Wenn die gesamte Organisation mitgehen soll, dann reicht es bei der heutigen Komplexität nicht mehr aus, einfach nur anzuordnen. Alle sollten verstehen, worum es geht und wo es hingehen soll. Dadurch kann der Einzelne auch sein tägliches Handeln auf den notwendigen Entwicklungsprozess abstimmen. Dafür ist es notwendig, den Prozess in seiner Essenz so darzustellen, dass er von jedem verstanden wird, nicht nur von einigen Experten oder nur den Prozesstreibern. Dies klingt einfacher, als es ist. Die Essenz so darzustellen, dass es jeder verstehen kann, ohne dass sie banalisiert wird, ist eine hohe Kunst; ein solches Kommunikationsinstrument trägt aber viel zum Erfolg oder Misserfolg des Prozesses bei.

„Quick wins" werden zügig umgesetzt. Früher wurden Veränderungen oft lange geplant und es dauerte, bis erste Umsetzungserfolge sichtbar wurden. Heute ist es wichtig, Dinge, die schnell etwas verändern können, sogenannte „quick wins", auch sofort umzusetzen und dadurch das Vertrauen in die Wirksamkeit des Veränderungsprozesses zu stärken. Es wird eine schnelle Rückkopplungsschleife gebildet und der Prozess gewinnt an Fahrt.

Das Sichtfeld der Beteiligten erweitert sich im Prozess. Notwendige Veränderungen scheitern oft daran, dass die erlebte und wahrgenommene Welt der Beteiligten zu klein ist, zu eng gefasst wird und dadurch kurzsichtige Schlussfolgerungen gezogen werden. Hier besteht die Aufgabe darin, den Beteiligten eine Horizonterweiterung zu ermöglichen. Dies kann virtuell geschehen über erweiterte Fragestellungen, kann aber auch ganz real passieren durch Besuche in anderen Unternehmen oder durch die Einladung von „ungewöhnlichen" Gästen. Dazu gehört auch die Notwendigkeit, bewährte Routinen in Frage zu stellen. Meistens ist es notwendig, die eigenen

Aufgabengrenzen zu überschreiten und die Abläufe der Gesamtorganisation stärker in den Blick zu bekommen, um dadurch die eigene Arbeit differenzierter einstufen zu können.

Die Zusammenarbeit zwischen den Bereichen intensiviert sich im Prozess. Bestimmte, tiefergehende Veränderungen sind nur erreichbar, wenn Bereichsmauern überwunden werden und sich neue Formen der Zusammenarbeit entwickeln. Dabei sollte der Veränderungsprozess beispielhaft im Kleinen praktiziert werden, um festzulegen, was dann für die gesamte Organisation gelten soll. Oftmals müssen die Vertreter der Bereiche erst einmal die Erlaubnis dafür bekommen, oder sie müssen befähigt werden, auch ohne diese Erlaubnis zu handeln. Viele Veränderungsprojekte scheitern daran, dass verschiedene Fachsprachen gesprochen werden und man daher nicht auf einen gemeinsamen Nenner kommt. Es ist daher notwendig, eine gemeinsame Sprache zu sprechen.

Die Geschwindigkeit wird ständig an die Prozessnotwendigkeit angepasst. Organisationsveränderungsprozesse müssen nicht ständig mit hoher Geschwindigkeit gefahren werden. Sie verlieren in langsameren Phasen auch nicht an Durchsetzungskraft. Die Geschwindigkeit variiert in der Regel. Um mit Höchstgeschwindigkeit zu fahren, muss ich auch langsamere Phasen zulassen können. Bei großen Anforderungen von außen kann es wichtig sein, die Veränderungsgeschwindigkeit für eine Zeit lang zu reduzieren oder sogar Pausen einzulegen. Die Natur zeigt uns, dass sie selten eine gleichförmige Geschwindigkeit hat, sondern eher variiert.

Die Prozessdurchführung stärkt die Fähigkeit zur Selbstorganisation. In der Durchführungsphase wird darauf geachtet, dass viele Aufgaben selbstorganisiert stattfinden und kleine Gruppen oder Bereiche Teilprozesse selbständig übernehmen. Der Prozess selber ist damit schon ein Abbild von dem, was sich später in der gesamten Organisation entwickeln soll. Das stärkt die Energie im Prozess und motiviert die Menschen. Gleichzeitig bekommen die Führungskräfte ein Gefühl dafür, wie viel Freiheit sie geben und wann sie steuernd eingreifen müssen.

6.3.4 Abschlussphase

Die notwendigen Abschlussprozesse werden vollzogen. So, wie die Natur sich auf den Winter vorbereitet, die Bäume die Blätter fallen lassen, so ist auch ein Veränderungsprozess abzuschließen. Restarbeiten werden durchgeführt, für die noch offenen Prozessteile wird festgelegt, was mit ihnen passiert, ob sie ruhen sollen oder in einen anderen Prozess überführt werden. Dadurch wird deutlich, was bisher alles erreicht wurde, aber auch, was nicht erreicht wurde.

Für die Nachhaltigkeit der Veränderung ist gesorgt. Während des gesamten Prozesses ist darauf zu achten, dass es nicht nur um kurzfristige Erfolge geht, sondern die Veränderung auch langfristig Bestand hat oder zumindest langfristig notwendige Veränderungen nicht verbaut. Zum Abschluss des Prozesses ist dies aber noch einmal zu überprüfen: Können wir den Prozess so abschließen oder fehlt noch etwas? Wenn wir uns in ein, zwei oder fünf Jahren treffen und auf den Prozess zurückschauen, wird er sich durchgesetzt haben? Haben wir alles berücksichtigt, was berücksichtigt werden konnte? Wenn man später eine solche langfristige Reflexion durchführt, zeigt sich oftmals, dass bestimmte Aspekte damals durchaus schon sichtbar waren, aber in ihrer Bedeutung unterbewertet wurden.

Der Lerntransfer ist gewährleistet, die Evolutionsfähigkeit gestärkt. Für die langfristige evolutionäre Entwicklung der Organisation ist es nicht allein wichtig, dass die Veränderung erfolgreich abgelaufen ist, sondern dass die Organisation für ihre weitere Entwicklung gelernt hat. Für die Reflexion des Prozesses sollte man sich Zeit nehmen und seine „lessons learned" bearbeiten.

Ein gut gelaufener Prozess, der nicht reflektiert und in seinen Stärken analysiert wird, bringt nur den halben Gewinn. Wenn aus vorangegangenen Mustern das Motto vorherrscht, dass „nicht sein kann, was nicht sein darf", dann kann der Erfolg schnell wieder zunichte gemacht werden. Andererseits kann ein nicht erfolgreicher Prozess richtig aufgearbeitet zu einer wichtigen Lernerfahrung werden, welche die Evolutionsfähigkeit stärkt.

Ein klares Zeichen für das Ende wird gesetzt, ein Ritual schließt ab. Oft ist man schon wieder bei der nächsten Aufgabe, ohne sich von der vorherigen verabschiedet zu haben. Das entzieht dem neuen Prozess Energie. Hier ist es wichtig, das Ende klar anzusagen. Ein Ritual ist dabei hilfreich, vielleicht auch eine Feier, die Würdigung der erreichten Erfolge und Leistungen.

6.4 Spezifische Aspekte der evolutionären Gestaltung

6.4.1 Gestaltungsmöglichkeiten abgeleitet aus der biologischen Evolution

Im Allgemeinen herrscht das Verständnis vor, man könne die Evolution nicht zielgerichtet beeinflussen. Das stimmt auch: Man kann den gesamten Evolutionsprozess als solchen nicht steuern. Wenn man von oben auf den Evolutionsprozess draufblickt, dann passiert er einfach. Allerdings kann man seine eigene evolutionäre Entwicklung im Rahmen des Evolutionsprozesses bewusst mitgestalten und dadurch den Gesamtprozess beeinflussen, der durch bestimmte Strukturen vorgeprägt, aber im Ergebnis offen ist.

Für die potenzielle Entwicklung eines Organismus spielen die Veränderungsmöglichkeiten der bestehenden Strukturen und die Anforderungen des Umfeldes eine große Rolle. Die Entwicklungsmöglichkeiten eines Organismus in seiner Entwicklung können dabei in unterschiedliche Richtungen gehen:

- *Modifikation:* Lebewesen haben einen gewissen Spielraum, in dem sie sich flexibel veränderten Bedingungen anpassen können. Teilt man z. B. den Wurzelstock einer Löwenzahnpflanze und lässt die eine Hälfte im Hochgebirge, die andere im Flachland wachsen, so resultieren daraus Pflanzen mit unterschiedlichem Aussehen. Diese nichterblichen Gestaltänderungen aufgrund von Umweltbedingungen bezeichnet man als Modifikationen. Solche Modifikationen führen auch Unternehmen ständig durch und sind Reaktionen auf schnelle Marktveränderungen. Lufthansa hat beispielsweise durch die stärker werdende Konkurrenz von Billigfliegern das eigene Essensangebot günstiger und damit auch schlechter werden lassen. In diesem Fall war die Preisstabilität wichtiger als der direkte Kundennutzen beim Essen.

Passen Sie Ihre Produkte, Strukturen und Prozesse kurzfristig den unterschiedlichen Umfeldbedingungen an. Wo können Sie in Zeiten der Knappheit kürzen, wo weiten Sie aus, um Expansion zu unterstützen?

- *Nutzung von präadaptiven Formen:* Bei Umfeldveränderungen können bisher nicht oder anderweitig genutzte Merkmale zum Tragen kommen. Werden beispielsweise Bakterien auf einen antibiotikumhaltigen, für Bakterien giftigen Nährboden gebracht und einige von ihnen überleben, so müssen in der Erbinformation dieser Überlebenden bereits vorher Veränderungen (Mutationen) existiert haben, die eine Widerstandsfähigkeit (Resistenz) gegen das entsprechende Gift ermöglichten. Eine solche, rein zufällige Voranpassung wird als *Präadaption* bezeichnet. Dieses Phänomen ist sehr bedeutend im Evolutionsgeschehen. Es kann einer Art bei plötzlichem Auftreten einer gefährlichen Umweltsituation vielleicht das Überleben ermöglichen. Auch ein Unternehmen kann durch Zufall Kompetenzen ausgebildet haben, die erst einmal nicht von Bedeutung sind, aber irgendwann durch veränderte Umfeldbedingungen wichtig werden können.

Zur Gestaltung der evolutionären Entwicklung einer Organisation geht es nicht darum, Präadaptionen zu schaffen, sondern die verborgenen Kompetenzen im Sinne einer Potenzialerhöhung zu entdecken und zu nutzen. Analysieren Sie, welche Ihrer potenziellen Stärken bisher noch nicht genutzt werden.

- *Adaptive Radiation:* Bei Mutationen verändern sich durch andere Erbinformationen die internen Strukturen und damit das Wechselspiel mit dem Umfeld. Wenn ein Organismus in einen noch kaum besiedelten Lebensraum vordringt, hat er viele Möglichkeiten, sich evolutiv zu entwickeln. Man nennt diesen Vorgang adaptive Radiation. Dies geschieht auch bei Unternehmen, die in neue Märkte eindringen, die sie vorher noch nicht besetzt hatten und sich dann entsprechend verändern, um sich den neuen Bedingungen anzupassen. Die Plattformstrategie der Automobilindustrie ist ein Versuch, mit möglichst vielen gleichen Grundelementen Vielfältigkeit in unterschiedlichen Marktsegmenten herzustellen. Durch eine veränderte Außenhülle hat der Kunde den Eindruck eines komplett andersartigen Modells.

Verwenden Sie Erfolgreiches in leichter Variation weiter und sorgen Sie für dessen Ausweitung.

- *Umfeldgestaltung:* Der Organismus kann seine Umwelt aktiv zu seinen Gunsten verändern. Dies machen auch schon Tiere. Der Biber fällt mit seinen scharfen Zähnen Bäume und staut dadurch Bäche und kleinere Flüsse auf. So gelingt es ihm, den Eingang seiner Höhle unter Wasser zu legen, so dass eine große Zahl von Feinden sie nicht mehr betreten kann. In Unternehmen geschieht dies aktiv, wenn über Lobbyarbeit die Gesetzeslage zugunsten des Unternehmens verändert oder durch Werbung die Nachfrage für ein Produkt erst geschaffen wird. Auch über die Industrieansiedlungspolitik von Kommunen und Ländern können sich Unternehmen eine für sie günstige Infrastruktur aufbauen lassen und verändern damit das Umfeld ihrer Ansiedlung. Nicht immer ist das im Sinne der Gesamtgesellschaft, da Unternehmen mit ihrer Macht das Umfeld oftmals in einer Weise gestalten, die mehr ihren eigenen Interessen als denen der Gesamtgesellschaft entspricht. Gegenwärtig ist ein Trend festzustellen, dass die Unternehmen ihre Umfeldgestaltung weiter intensivieren. Pharmaunternehmen unterscheiden traditionell zwischen frei verkäuflichen und rezeptpflichtigen Medikamenten. Erstere werden über den Patienten beworben, letztere über die Ärzte. Denn bei rezeptpflichtigen Medikamenten ist der eigentliche Kunde der Arzt, der das Medikament verschreibt, auch wenn er das Produkt weder konsumiert (Patient) noch bezahlt (Krankenkasse). In den letzten Jahren gehen die Pharmaunternehmen jedoch immer stärker dazu über, auch Patienten und

Krankenkassen in die gezielte Informationspolitik einzubeziehen, da der selbstmündige Patient mit dem entsprechenden Wissen Medikamente vom Arzt einfordern kann und die Krankenkassen darüber entscheiden, welche Behandlungsmethoden erstattet werden und welche nicht.

> Weiten Sie die Faktoren Ihres Umfeldes, auf die Sie Einfluss nehmen, möglichst aus. Konzentrieren Sie sich nicht nur auf den Kunden oder den Shareholder-Value, sondern das gesamte Umfeld, in dem Sie sich entwickeln wollen (technologische Entwicklungen, gesellschaftliche Trends, Gesetzgebung).
>
> Achten Sie darauf, eine bestehende Marktmacht nicht gegen das gesellschaftliche Gesamtinteresse auszunutzen. Eine Gegenbewegung kann für Sie schnell unkontrollierbar werden und ökonomisch hohen Schaden anrichten.

● *Nischenwechsel:* Der Begriff ökologische Nische steht umfassend für die Nutzung aller biotischen und abiotischen Ressourcen eines Lebensraums durch Organismen einer Art. Nische wird im Alltagsverständnis häufig ausschließlich räumlich begriffen, dies ist jedoch falsch. Die ökologische Nische ist nicht die „Adresse" eines Organismus, sondern sein „Beruf": Die Rolle, mit der sich eine Art in ein Ökosystem eingliedert. Die ökologische Nische einer Population tropischer Baumleguane besteht u. a. aus der Tageszeit, zu der sie aktiv sind, der Art der Insekten, von denen sie sich ernähren, der Temperaturtoleranz, die sie vertragen können, und der Größe der Bäume, an denen sie sich aufhalten.

Ein Nischenwechsel bedeutet also die Veränderung mindestens eines dieser Faktoren ohne eine Änderung der Erbinformation. Dadurch können sich Organismen flexibel an veränderte Umfeldbedingungen anpassen: Wenn die Konkurrenz während der Tageszeit zu groß wird, kann die Art auch nachtaktiv werden, sich auf andere Nahrungsquellen umstellen oder ihren Lebensraum unter die Erde verlegen. Dieser Nischenwechsel ist auch für Unternehmen wichtig. Wenn ein Unternehmen expandieren will oder seine alten Marktbereiche nicht mehr genug hergeben, ist es wichtig, zu prüfen, durch welche Veränderungen Teile einer Nische gewechselt werden können. Tankstellen haben früher vor allem Benzin verkauft. Heute erzielen sie einen großen Teil ihres Verkaufsumsatzes mit Getränken, Lebensmitteln und Zeitungen. Sie haben ausgenutzt, dass sie länger geöffnet haben dürfen, und setzen viel mit Kioskprodukten um. Ein vergleichbarer Nischenwechsel fand bei den Lebensmitteldiscountern statt, die mit ihrer Aktionsware für kurze Zeit Produkte eines ganzen Warenhauses vertreiben. Da sie große Mengen des gleichen Produktes einkaufen und keine kontinuierliche Bevorratung durchführen, können sie die Produkte zu sehr günstigen Preisen anbieten. Dies führt gleichzeitig zu einer Veränderung des Käuferverhaltens. Er kauft Produkte nicht mehr in dem Moment, wo er sie direkt braucht, sondern wenn sie billig beim Discounter angeboten werden.

> Analysieren Sie genau Ihre gegenwärtige Nische und mögliche Nischenveränderungen.
>
> Überlegen Sie, wie Sie durch Veränderungen Ihrer Nische an noch freie Ressourcen herankommen oder starker Konkurrenz aus dem Weg gehen können.
>
> Testen Sie neue Nischen praktisch aus, die Analyse reicht oft nicht.

● *Stillstand:* Der Organismus kann Veränderungen im Umfeld ignorieren, läuft aber dadurch Gefahr, nicht zu überleben. Ebenso kann dies eine Schutzstrategie in schlechten Zeiten sein. Der Winterschlaf ist eine solche Strategie eines energetischen Sparzustands. Murmeltiere senken z. B. während des Winterschlafs ihre Körpertemperatur von 39 auf bis zu sieben Grad Celsius ab. Ihr Herz schlägt statt 100-mal nur noch zwei- bis dreimal pro Minute. Die Atempausen können bis zu einer Stunde betragen. Dadurch sind sie in der Lage, schwierige Umfeldbedingungen zu meistern. Verbessern sich die Umfeldbedingungen – wenn der Frühling kommt –, so aktivieren sie wieder ihre Körperfunktionen.

Vergleichbare Strategien des Energiesparens gelten auch für Unternehmen, bei denen man abwartet, bis sich Dinge geklärt haben. Bei der Produktentwicklung stellt sich häufig die Frage, wie viele Ressourcen in die Weiterentwicklung gesteckt werden. Wird der Status quo gehalten oder verpasst man dadurch den Anschluss? Solange dies eine bewusste Entscheidung ist, kann Stillstand wertvolle Kräfte sparen. Wenn man allerdings die Umfeldveränderungen nicht weiterverfolgt oder nicht wahrnimmt und deswegen nicht handelt, kann dies gefährlich werden.

> Steuern Sie die Geschwindigkeit der evolutionären Entwicklung bewusst. Dies kann auch mal strategisches Abwarten bedeuten, darf aber nicht aus dem Übersehen von Veränderungen resultieren.

Wenn es darum geht, zu entwickeln, wohin sich eine Organisation, ein Unternehmen oder auch ein Bereich weiterentwickeln sollte, sind die in Tabelle 6.1 gezeigten Prüffragen hilfreich.

Tabelle 6.1: Prüffragen für eine erfolgreiche Weiterentwicklung

Modifikation	Wo sollten wir Teile unserer Organisation verändern, um sie an veränderte Umfeldbedingungen anzupassen?
Präadaption	Wo sind Chancen in unserem Unternehmen, die schon angelegt sind, aber die wir noch nicht zum Markterfolg gebracht haben?
Adaptive Radiation	Wo können wir uns durch das Wechselspiel mit einem noch nicht ausgeschöpften Umfeld (Markt) weiterentwickeln und dadurch unsere Gesamtchancen erhöhen?
Umweltgestaltung	Wo können wir in die Gestaltung unseres Umfeldes eingreifen, um unsere Marktbedingungen zu verbessern?
Nischenwechsel	Wo ist ein bestimmter Markt ausgereizt, welche neuen oder veränderten Märkte sollten wir uns suchen?
Stillstand	Wo praktizieren wir einen Stillstand, der uns schadet und der beendet werden sollte? Wo ist es sinnvoll, Aktivitäten zu stoppen, entweder abzuwarten, bis bestimmte Bedingungen geklärt sind, oder endgültig stoppen?

6.4.2 Gestaltungsmöglichkeiten der kulturellen Evolution

Wir gehen davon aus, dass die Grundprinzipien der kulturellen und biologischen Evolution vergleichbar sind, die Prinzipien des VAB-Modells gelten für beide. Allerdings gibt es auch wichtige Unterschiede zwischen der kulturellen und der biologischen Evolution: Die biologische Evolution basiert auf der Weitergabe von genetischen Informationen von einer Generation auf die nächste, jedoch immer nur auf genau ein Individuum. Die kulturelle Evolution hingegen bedeutet die Übertragung von Informationen mit Hilfe von *Verhalten*. Diese Form der Verbreitung betrifft wesentlich mehr Individuen. Der Mensch ist zwar mit biologischen Neigungen seit seiner Geburt ausgestattet, muss aber mit Hilfe der Kommunikation durch Symbole bzw. Sprache das komplizierte, kulturelle Verhalten noch erlernen. Im Gegensatz zur biologischen Evolution, bei der die Informationsweitergabe nur bei der Befruchtung der Eizelle stattfindet, ist die kulturelle ein ständiges, aktives sowie lebenslanges Lernen und Lehren. Dadurch gehen die Gestaltungsmöglichkeiten der kulturellen Evolution über die der biologischen Evolution hinaus.

Die kulturelle Evolution setzt also nicht an Genen an, sondern am Verhalten in Meme-Form wie Wissen oder organisatorische Praktiken (siehe zu Memen Kapitel 3). Darüber hinaus unterscheidet sich der Mensch von den meisten Lebewesen in der Qualität seines Bewusstseins. Das menschliche Bewusstsein ermöglicht, in weit höherem Maße als alle anderen Tiere zu kommunizieren, zu lernen und zu gestalten:

● Sprache ermöglicht einen Informationstransfer ohne langwierigen Umweg über den Genpool. Bei der geschlechtlichen Fortpflanzung werden in der Regel nur Gene von einem männlichen und einem weiblichen Organismus rekombiniert. Die kulturelle Evolution hingegen rekombiniert Wissen und Praktiken von sehr vielen Individuen. Dadurch wird die Geschwindigkeit der kulturellen Evolution enorm gesteigert.

● Durch unsere Sprache und die mediale Speicherung von Informationen in Bildern, Texten usw. können wir auch altes Wissen wesentlich länger tradieren als höher entwickelte Tiere, die ihre Kenntnisse nur von einer Generation zur nächsten weitergeben können. Menschen können auf jahrtausendealtes Wissen zurückgreifen und es reaktivieren.

● Lernen ermöglicht das Vervielfältigen sozialer Praktiken und Wissensformen durch Kopieren des Bestehenden. Dieses Modelllernen ist auch bei höheren Säugetieren wie den Affen vorhanden, aber je größer das Wissen und die Fähigkeit, zu lernen, desto schneller die kulturelle Evolution.

● Das Bewusstsein des Menschen ermöglicht zielgerichtetes und zweckmäßiges Handeln. Dies befähigt ihn zu Willensentscheidungen, die die eigene evolutionäre Entwicklung beeinflussen können. Diese Willensentscheidungen findet man in geringem Ausmaß auch bei höheren Säugetieren.

● Darüber hinaus hat der Mensch Kenntnisse, wie die evolutionären Grundregeln ablaufen: Je mehr man darüber weiß, desto besser kann auch die eigene evolutionäre Entwicklung beeinflusst werden.

● Der Mensch kann mit seinem Verstand das Ergebnis verschiedener evolutionärer Entwicklungen im Vorhinein abschätzen. In der Tierwelt ist die Fähigkeit nur bei kurzfristigen Entwicklungen zu beobachten. Dadurch kann das menschliche Handeln wesentlich zielorientierter wirken als bei Tieren. Dies ist strategisches Denken im evolutionären Sinne.

6.5 Tools zur evolutionären Gestaltung einer Organisation

6.5.1 Die evolutionäre Entwicklungslinie der Organisation darstellen

Bei der evolutionären Entwicklungslinie von Organisationen kann es sich je nach Bedarf auch um die Entwicklung einzelner Bereiche oder spezifischer Aspekte wie die Entwicklung der Innovationen handeln.

Wenn technisch möglich, bietet sich die dreidimensionale Darstellung der Entwicklungslinien in etwa tischgroßen Sandkästen an, hierbei können die Dynamiken der Entwicklung gut herausgearbeitet werden. Zwei Drittel der Sandkästen stellen die vergangene Entwicklung dar und ein Drittel die zukünftige Entwicklung. Mit Naturmaterialien sowie vorgefertigten Symbolfähnchen können die einzelnen Ereignisse kreativ zusammengestellt werden. Mit den Symbolfähnchen können sehr positive sowie besonders schwierige Situation festgehalten werden, wichtige Entscheidungspunkte, an denen sich Entwicklungen verzweigen oder zusammenlaufen sowie Sackgassen, bei denen es nicht weitergeht. Neben dem größeren Spaßmoment hat das künstlerische, selber Zusammenstellen der Linien den Effekt, dass die erarbeiteten Ergebnisse besser im Gedächtnis bleiben.

Da nicht überall Sandkästen zur Verfügung stehen, können die Entwicklungslinien auch mit folgender Variante dargestellt werden:

Ziele der Übung

* Überblick über die Entwicklung der Organisation gewinnen.
* Stärkenprofil erstellen: Stärken und Gelerntes angesichts schwieriger Umfeldanforderungen.
* Verhaltensmuster oder immer wiederkehrende Fehlerquellen erkennen, um daraus Veränderungen abzuleiten.
* Weiterführung der Linie in die Zukunft mit zukünftigen Anforderungen und benötigten Stärken.
* Verstärkung der Identifikation mit der Organisation durch Prozess (gemeinsam erstelltes Bild) und Ergebnis (Visualisierung).

Einsatzbereiche

* Zur tiefgehenden Bestandsanalyse vor strategischen Prozessen bzw. allgemein vor Veränderungsprozessen in der Organisationsentwicklung.

Vorbereitung

* Pinnwände mit sinnvoll gestreckter Zeitschiene für den Rückblick und für die Zukunft.
* Bereitlegung unterschiedlich farbiger Karten für:
  – Umfeldanforderungen/Rahmenbedingungen/wichtige Außenereignisse,
  – Ereignisse in der Organisation,
  – gezeigte Stärken und Gelerntes.

Durchführung

Einführung im Plenum

- Verweis auf Evolutionsmanagement als Herkunft der Evolutionslinie.
- Einleitung, z. B.: Ein wichtiges Prinzip besteht darin, dass die Stärken einer Organisation nicht nur durch eine Momentaufnahme widergespiegelt werden, sondern dass sie gewachsen sind. Wissen und Erfahrungen fließen in die Kultur ein und sammeln sich mit der Zeit an …
- Kurzes Sammeln von Ereignissen und Umfeldanforderungen, um das Prinzip klar zu machen.

Arbeit in Kleingruppen

- Darstellung der vergangenen und der zukünftigen Entwicklungslinie je Gruppe.

Präsentation und Ergänzung im Plenum

Auswertung

Auswertungsfragen wie:

- Welche Linien und Muster erkennen Sie?
- Welche Stärken ziehen sich durch? Welche Schwächen?
- Was ist das Besondere an den heutigen Anforderungen?
- Gab es schon mal eine Zeit, in der die Anforderungen den heutigen ähnlich waren? Was hat sich damals bewährt?
- Was können wir aus der Vergangenheit für die Zukunft lernen?

Benötigte Materialien

Pinnwände, Moderationsmaterial; Aufwand: ca. eineinhalb bis zwei Stunden.

6.5.2 Die zukünftige Entwicklung des Unternehmens prognostizieren: evolutionäre Strategieentwicklung

Am Anfang jedes Gestaltungsprojektes steht die Entwicklung einer Strategie. Porsche-Chef Wendelin Wiedeking sieht die Bedeutung von Strategiearbeit folgendermaßen: „Strategie beschreibt einen Weg, den ein Unternehmen gehen sollte, um seine langfristigen Ziele zu erreichen, seine Substanz zu stärken und seine Existenz dauerhaft und erfolgreich abzusichern." Strategie als Spiel mit den Möglichkeiten verstanden, stellt die Frage, wohin das Unternehmen sich weiterentwickeln will und welche Strukturen es dafür braucht. Da diese Entwicklung nicht im luftleeren Raum stattfinden kann, muss man sich auch die bestehenden Strukturen anschauen, die den Rahmen der Möglichkeiten vorprägen, sowie eine umfassende Umfeldanalyse durchführen, um abschätzen zu können, was zur Umfeldbewährung notwendig ist. Die alleinige Konzentration auf die Kundenorientierung reicht dabei nicht aus, da eine erfolgreiche Umfeldbewährung wesentlich mehr Faktoren bedingt.

Grundlegender Ablauf einer Strategieentwicklung (Bild 6.1)

- Projektstart, Projektaufbau,
- bisherige evolutionäre Entwicklung der Organisation (Stärken – Schwächen, Siege – Traumata) sowie des Umfeldes (Branche, technologische Entwicklung),
- Ist-Analyse,
- zukünftige Entwicklungslinien des Gesamtumfeldes (gesellschaftliche Trends, Gesetzgebung), der Branche (Benchmarking, Konkurrenzabschätzung) und der Technologie (Produktentwicklung, technische Trends),
- Szenarien für die zukünftige Entwicklung der Organisation,
- Vision der eigenen Organisation,
- Strategieentwicklung,
- Strategieumsetzung,
- Ziele und Maßnahmen für die gesamte Organisation,
- Ziele und Maßnahmen für die einzelnen Bereiche.

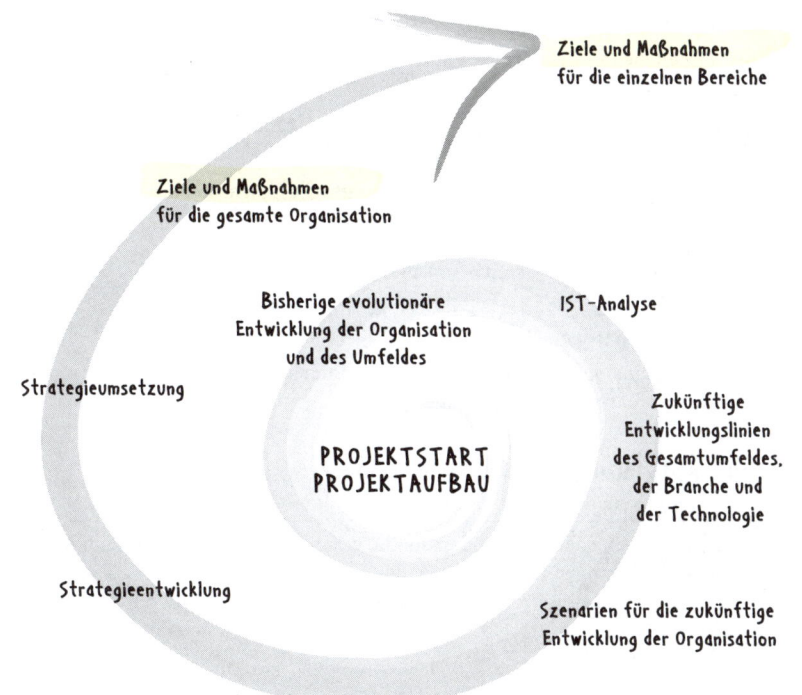

Bild 6.1: Ablauf einer Strategieentwicklung

6.5.3 Modellierung von Prozessen in virtuellen Welten – die Szenarienentwicklung

Wie sieht die Welt in sagen wir zehn Jahren aus? Mit Hilfe der Szenario-Technik kann diese Frage durch die Entwicklung verschiedener Zukunftsbilder umrissen werden. Szenarien dienen der Orientierung und Entscheidungsvorbereitung. Dabei verknüpfen Szenarien empirisch-analytische mit kreativ-intuitiven Elementen. Sie sollten folgende Merkmale erfüllen: kreativ-intuitiv, partizipativ und kommunikativ, transparent, ganzheitlich, interdisziplinär und praxisorientiert.

In der Regel werden drei unterschiedliche Szenarien entwickelt: ein *Trend-Szenario*, bei dem die heutige Situation in die Zukunft fortgeschrieben wird. Dabei wird angenommen, die Zukunft entwickelt sich im Sinne einer verlängerten Gegenwart weiter wie bisher. Dies ist dann das am wahrscheinlichsten eintretende Szenario.

Da man jedoch von instabilen Umweltbedingungen ausgehen muss, ist ein Öffnen des Möglichkeitshorizontes in Form eines Trichters nötig. In der Regel entwirft man neben dem wahrscheinlichsten Szenario noch ein bestmögliches Szenario *(„best case")*, das einen positiv bewerteten Zukunftszustand beschreibt, und einen *„worst case"*, also die schlechteste Entwicklungsmöglichkeit. Innerhalb dieses Trichters sollte sich dann die zukünftige Entwicklung abspielen.

Die Entwicklung der Szenarien lässt sich in folgende Phasen einteilen:

Phase 1: Festlegung des Untersuchungsbereiches

Als Erstes wird der Untersuchungsbereich festgelegt und beschrieben. Der Bereich kann in Bezug auf drei Dimensionen eingegrenzt werden:

- Sachliche Dimension: Der Bereich kann sehr weit oder sehr eng gefasst werden.
- Zeitliche Dimension: Es können kurzfristige, mittelfristige oder langfristige Zukunftsszenarien erstellt werden.
- Räumliche Dimension: Das Problem kann auf einen lokalen, regionalen, nationalen oder internationalen Raum bezogen werden.

Phase 2: Identifizierung der Einflussbereiche

In Phase 2 sind alle Einflussbereiche zu identifizieren, die auf das Untersuchungsfeld unmittelbar einwirken. Jedoch geht es nicht darum, die gesamte Zukunft abzubilden, sondern nur die relevanten Veränderungen sowie wichtige Dinge, die gleich bleiben. Diese Einflussbereiche werden durch die Bestimmung von Einflussfaktoren für jeden einzelnen Bereich weiter ausdifferenziert. Wichtig ist dabei auch die Untersuchung, inwiefern sich die einzelnen Faktoren wechselseitig beeinflussen.

Phase 3: Bestimmung der Entwicklungsmöglichkeiten

Nun gilt es die unterschiedlichen Entwicklungsmöglichkeiten für die einzelnen Faktoren zu ermitteln. Welche Ausprägungen sind für die einzelnen Faktoren von extrem negativ bis extrem positiv möglich?

Phase 4: Entwicklung und Bewertung der Szenarien

Die bisher erarbeiteten, noch isolierten Einschätzungen positiver und negativer Veränderungsmöglichkeiten einzelner Faktoren werden in Phase 4 zu stimmigen Bildern möglicher Zukünfte zusammengefasst. Diese Szenarien veranschaulichen mögliche Zukunftsentwicklungen und ihre Konsequenzen. Das Ergebnis dieser Phase sind Bewertung und Gegenüberstellung der ausgewählten Alternativen.

Phase 5: Maßnahmenkatalog: Entwicklung von Handlungsoptionen

Auf dieser Grundlage sollen in Phase 5 konkrete Ziele und Handlungsmöglichkeiten formuliert werden, mit denen man sich dem Best-Case-Szenario tendenziell annähern kann. Ziel ist die Erstellung eines Maßnahmenkatalogs, mit dem gewünschte Entwicklungslinien unterstützt sowie unerwünschten Entwicklungen entgegengewirkt werden kann.

Bei der Szenario-Technik ist zu bedenken, dass damit nur schrittweise Entwicklungen abgebildet werden können. Sprunghafte Veränderungen, die einen grundsätzlichen Bruch zum Vorherigen darstellen, können schwer gedacht werden, weil die zugrunde liegenden Basisdaten stets von der Gegenwart ausgehen.

Trotzdem kann durch das Vorwegdenken möglicher Extremszenarien der eigene Handlungsspielraum vergrößert werden, da mögliche eintretende Ereignisse vorweggedacht werden. Zukünftige Probleme werden identifiziert, um durch den Vergleich ganz unterschiedlicher Szenarien geeignete Lösungen vorzuschlagen.

6.5.4 Die Balanced Scorecard zur evolutionären Entwicklung nutzen

Bei der Balanced Scorecard geht es darum, nicht nur reine Finanzzahlen zu messen, sondern Werte aus vier Perspektiven zusammenzustellen:

- der Kundenperspektive,
- der Finanzperspektive,
- der internen Entwicklungsperspektive einschließlich der Entwicklung der Mitarbeiter und
- der Qualitätsperspektive.

Dabei werden nicht nur Werte aus der Vergangenheit geprüft, sondern zukünftige Soll-Werte festgelegt, die regelmäßig überprüft werden. Mit diesem Konzept ist ein ganzheitliches Zahlensystem entstanden, das hilfreich ist für die Steuerung eines Unternehmens. Doch was hat eine Balanced Scorecard mit Evolutionsmanagement zu tun?

Entscheidend für die erfolgreiche Weiterentwicklung eines Unternehmens ist seine Umfeldbewährung. Biologen beurteilen den Erfolg einer Art im Laufe der Evolution im Nachhinein unter dem einfachen Kriterium, ob sie untergegangen ist oder sich ausbreiten konnte.

Dies ist auch im Evolutionsmanagement im Rahmen der Analysephase wichtig, aber für die Gestaltung der Unternehmensentwicklung reicht dies nicht aus. In Unternehmen werden Ziele gesetzt, die über Kennzahlen messbar werden. Das regelmäßige Monitoring der Zielerreichung ist eine kontinuierliche Überprüfung der Umfeldbewährung. Durch diese regelmäßige Überprüfung wird auch schnell erkannt, wann die Umfeldbewährung nicht funktioniert. Dann kann die Unternehmensführung gegensteuern oder die Ziele korrigieren.

Die eigene Zielerreichung ist ein gutes Messkriterium. Es kann aber auch wichtig sein, Daten im Umfeld regelmäßig zu messen, wie z. B. das Kundenverhalten, Preisentwicklungen oder die Daten von Konkurrenten. Natürlich beobachtet jeder erfolgreiche Manager diese Daten genauestens. Aber oftmals werden sie nur intuitiv ausgewertet, dann heißt es, der Manager habe ein „gutes Gespür" für Entwicklungen. Explizit aufgeschriebene Kennzahlen bieten daher eine gute Kommunikationsmöglichkeit und sind auch ein gutes Mittel zur Ausrichtung der Mannschaft.

Oft scheuen sich Organisationen, ein solch komplexes Kennzahlensystem aufzubauen. Neben dem hohen Aufwand befürchten viele die Einengung eigener Handlungsspielräume. Doch wenn man mit Kennzahlen beteiligungsorientiert umgeht, keine unerreichbaren Werte vorgibt, sondern herausfordernde, aber erreichbare Werte gemeinsam abspricht, dann bieten Kennzahlen Orientierung und erweitern den eigenen Handlungsspielraum. Wichtig ist auch, dass die Kennzahlen nicht als Instrument der Bestrafung genutzt werden. Wenn „rote Ampeln" in erster Linie missbraucht werden, wird ein solches System schnell an Akzeptanz verlieren und boykottiert werden.

In der Regel gehen die Unternehmen ohnehin in ihren Zahlen unter. Es geht also nicht darum, wieder neue Zahlen zu messen, sondern darum, sich auf die wichtigsten Zahlen zu einigen, die dann gemeinsam und verbindlich festgelegt und gemessen werden.

Kennzahlen stellen die Umfeldbewährung des Unternehmens quantitativ dar. Sie messen Ergebnisse: Daten interner Prozesse und Daten aus dem Umfeld. Sie helfen dem Evolutionsmanager bei der Steuerung der Entwicklung.

6.6 Organisation von Veränderungsprozessen: das evolutionäre Projektmanagement

Bei der Entwicklung von Organisationen gibt es die bereits erwähnten zwei wichtigen Prozesse: die Durchführung von Innovationen und die Standardisierung von Prozessen. Letzteres wird im Prozessmanagement durchgeführt, für die Organisation von Innovationen bietet sich das Instrument Projektmanagement (PM) an. Projektmanagement ist eine gängige und anerkannte Methode in Organisationen, Veränderungen zu gestalten, indem für eine begrenzte Zeit und eine definierte Arbeitsaufgabe Beschäftigte aus verschiedenen Bereichen und über die Hierarchien hinweg zusammenarbeiten.

So etabliert die Methode ist, so sehr muss sie sich seit einigen Jahren doch harter Kritik stellen. Die Umsetzung ist oftmals unzureichend. Es gelingt immer seltener, vor Projektbeginn eine Planung zu erarbeiten, die alle relevanten Größen (und ihre Entwicklung über die Projektlaufzeit) wirklich berücksichtigen kann. Der Zufall spielt eine zu große Rolle (Bild 6.2). Dies gilt vor allem für Projekte mit hoher Komplexität und starker Vernetzung mit dem Umfeld. Die Lufthansa musste infolge des 11. September 2001 ihre gesamte vorherige Planung ändern und den neuen Gegebenheiten anpassen, sonst würde sie heute nicht mehr existieren. Sie musste Strecken schließen, Flugzeuge stilllegen, Personalkosten reduzieren. Aufgrund eines zeitweiligen Investitionsstopps wurden Ausbaupläne zurückgehalten. Dies ist kein Einzelfall.

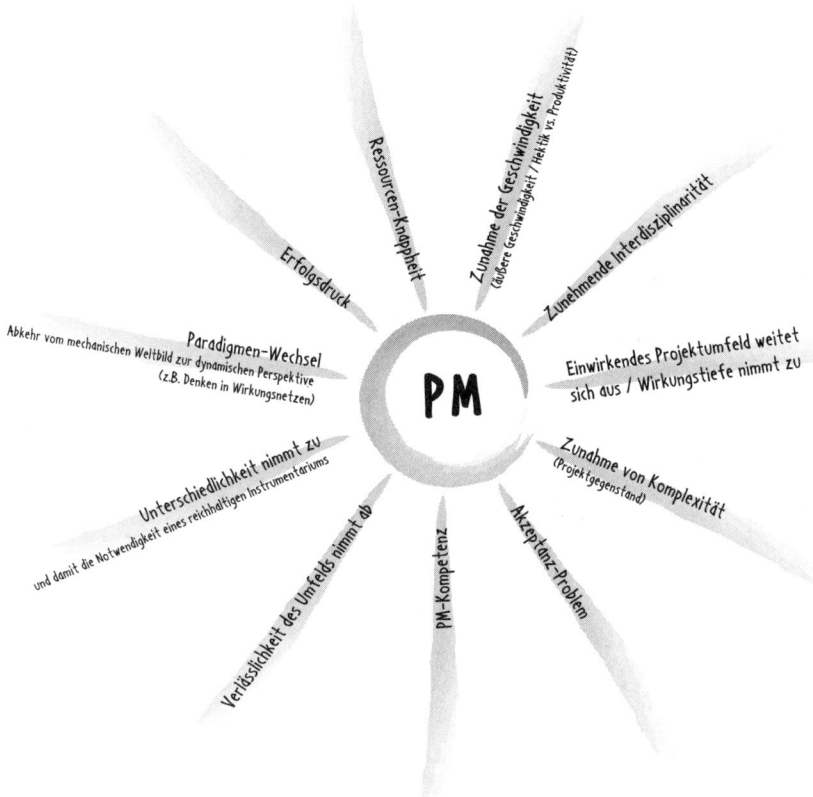

Bild 6.2: Einflussfaktoren auf das Projektmanagement

Bestimmte Trends erschweren die Ausgangssituation: Umfeldbedingungen ändern sich immer schneller und werden immer relevanter.

Häufig wird versucht, das Problem durch erhöhte Kontrolle in den Griff zu bekommen. Wenn nur die Planung und Projektorganisation verbessert würden, dann wäre der Erfolg auch wieder stärker. Die Verstärkung der planerischen Kompetenzen und die Optimierung von eingesetzten Tools können vor allem bei kurzzeitigen Projekten oder Projekten mit hohem Standardisierungsanteil wirksam sein. Aus Sicht des Evolutionsmanagements braucht es aber eine veränderte Blickrichtung, einen Paradigmenwechsel (Bild 6.3).

6.6.1 Ein gutes Projekt erreicht seine Ziele nicht!

Wenn wir uns die Natur anschauen, verlaufen evolutionäre Entwicklungen nicht linear in einseitigen Aufwärtsentwicklungen, sondern häufig über Umwege, Sprünge oder Richtungsänderungen. Das gilt auch für Entwicklungen in Organisationen und Projekten. Das herkömmliche

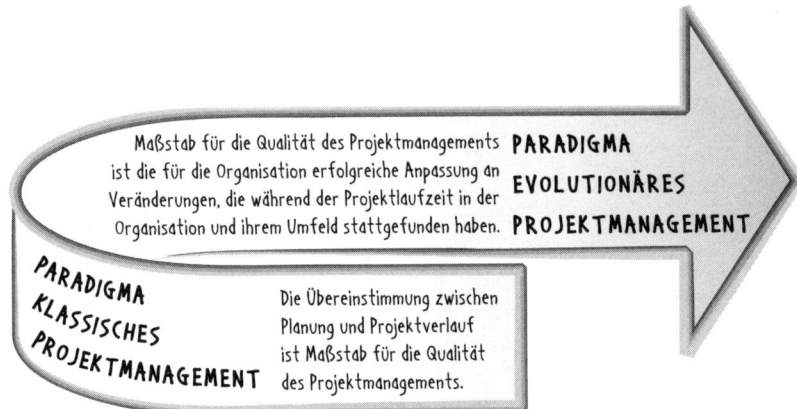

Bild 6.3: Projektmanagement – ein Paradigmenwechsel

Paradigma geht von einer geradlinigen Entwicklung aus: Ein gutes Projekt erfüllt die Planung zu den Überprüfungszeitpunkten. Abweichungen vom Soll werden als Missplanung und Misserfolg begriffen. Da sich aber in unserer schnelllebigen Zeit die Ausgangsbedingungen, aus denen man seine Ziele ableitet, während der Projektphase ändern, würde man nach einem Jahr harter Arbeit nur Ziele erreichen, die gar nicht mehr den aktuellen Bedingungen entsprechen. Von daher darf ein Projekt seine veralteten Ziele gar nicht erreichen, sondern muss die Ziele stets den veränderten Ausgangsbedingungen anpassen. In der Projektleitung überprüft der Evolutionsmanager also Veränderungen als (relevante) Chance oder Risiko und leitet entsprechende Reaktionen ein. Der Erfolg des Projektes wird nicht in der Erfüllung des ursprünglichen – schon längst überholten – Plans gesehen, sondern in dem erhöhten Nutzen für die Organisation durch die im Projekt geleistete Anpassung.

Diese veränderte Sichtweise hat mehrere Konsequenzen: Auch beim evolutionären Projektmanagement werden zu Beginn Ziele definiert. Das lineare Ursache-Wirkungs-Denken wird durch ein Denken in Kreisläufen und Entwicklungsspiralen ersetzt. Da sich nach einer gewissen Projektlaufzeit die Bedingungen verändern, müssen die Ziele angepasst, Aufgaben gekürzt und andere neu hinzugenommen werden. Nach jedem Zyklus werden aber die Ziele und Ausgangsbedingungen hinterfragt, Veränderungen des Projektumfeldes aufgegriffen, bisherige Erfahrungen eingebunden und die Ziele weiterentwickelt. Dies lässt eine Komplexitätsbewältigung zu, die nicht über Kontrollsteigerung gewährleistet werden kann. Was bedeutet das im Einzelnen?

6.6.2 Ausgangsplanung – und ständige Überarbeitung

Planung dient nicht der Eins-zu-eins-Umsetzung, sondern hilft uns, eine Richtung für unser zukünftiges Handeln festzulegen. Statt punktueller Zielgrößen und Teilziele werden Zielkorridore festgelegt. Der Erfolg wird daran gemessen, ob das Projekt Veränderungen des Projektumfeldes sowie sich bietende neue Projektchancen kontinuierlich aufnehmen und nutzen konnte.

In der Natur setzen sich Organismen über eine erfolgreiche Umfeldbewährung durch. Dies gilt auch für das Projektmanagement. Voraussetzung dafür ist eine gute Umfeldwahrnehmung, um alle für das Projekt relevanten Einflussfaktoren zu erkennen. In der Ausgangsplanung sowie an wichtigen Meilensteinen werden die gegenwärtigen Umfeldbedingungen analysiert wie auch möglichst zukünftige Anforderungen und Hindernisse berücksichtigt. Für Letzteres bietet sich die Entwicklung verschiedener Zukunftsszenarien an. Große Unternehmen haben in der Vergangenheit ausgefeilte Techniken entwickelt, wie beispielsweise das Zukunftsszenario von DaimlerChrysler. Die Bearbeitungszeit von zwei bis drei Tagen und eine computerisierte Datenauswertung machen solche Verfahren leicht einsetzbar. Aufgrund der schnellen Umfeldveränderungen darf aber nicht zu viel Zeit vergehen.

Ihre Planung sollte nach wie vor grundsätzlich verbindlich sein. Sie basiert aber auf Daten von Umfeldanalysen und Szenarien, die den Charakter von Arbeitshypothesen haben. Arbeitshypothesen sind nicht statisch, sondern veränderbar, sie müssen sich ständig bewähren oder müssen abgeändert und angepasst werden. In diesem Sinne bewahren sich Evolutionsmanager die Sensibilität für neue Signale und wissen, dass Lösungen nicht statisch und immer nur vorübergehend gültig sind.

Legen Sie Zielkorridore für Projektergebnisse und Teilziele fest.

Analysieren Sie gemeinsam mit anderen regelmäßig die gegenwärtige und zukünftige Umfeldentwicklung. So können Sie möglichst schnell Veränderungen wahrnehmen und sie in die weitere Planung aufnehmen.

Sehen Sie Ihre Planung als verbindlich an, aber auf der Basis einer Arbeitshypothese. Überprüfen Sie die Arbeitshypothese regelmäßig und bleiben Sie offen für Signale zur Veränderung. Bedenken Sie: Lösungen sind immer nur vorübergehend gültig!

Checkliste für evolutionäre Veränderungsprozesse

Aus Sicht des Evolutionsmanagements sollten sich Führungskräfte sowie Berater bei Veränderungsprozessen an folgenden Prinzipien orientieren:

- Die Vergangenheit im Blick haben und in die Analyse integrieren. Untersuchung der bisherigen Stärken, Schwächen, Siege, Traumata und der evolutionären Entwicklung der Branche.
- Die langfristige Entwicklung im Blick haben.
- Offen sein für nichtlineare Entwicklungen.
- Ganzheitliche Umfeldwahrnehmung gewährleisten.
- Vielfalt einbeziehen, Vorsicht vor eingefahrenen Managementregeln.
- Abwarten können, verlangsamen können, Geschwindigkeit anpassen.
- Beteiligungsorientiert arbeiten.
- Offen sein für naturkonforme/naturverträgliche Lösungen. Wenn diese möglich sind, umsetzen.
- Ungewöhnliche Verbindungen herstellen (Mensch, Produkt, Technologie …).
- Emotionen der Organisation und der Menschen einbeziehen.
- Nachhaltige Ergebnisse erarbeiten.

So gestaltet der Evolutionsmanager

● Ein guter Evolutionsmanager integriert die Meinungen und Lösungsvorschläge seiner Mitarbeiter in seinen Entscheidungsfindungsprozess. Dadurch erkennt er, in welche Richtung die Energien der eigenen Mitarbeiter fließen, und sucht seinen Weg in ähnlicher Richtung. Er muss aber auch die Fähigkeit besitzen, sich abzugrenzen und, falls die Mitarbeiter wie die Lemminge auf den Abgrund zurennen, gegenzusteuern.

● Ein guter Evolutionsmanager managt den intensiven Austausch von Memen im Unternehmen. Er sorgt für die Vermischung und Verbreitung von Memen nach dem Prinzip des gegenseitigen intellektuellen Befruchtens. Wie Honigbienen fliegen er und seine Mitarbeiter durchs Unternehmen und verbreiten erfolgreiche Wissensformen.

● Ein guter Evolutionsmanager bringt die interagierenden Kräfte in seinem Unternehmen in ein gemeinsames, produktives Zusammenspiel.

● Ein guter Evolutionsmanager kennt die evolutionären Grundregeln seiner Organisation und bringt sie ins Zusammenspiel.

● Ein guter Evolutionsmanager verbindet die vergangene Entwicklungslinie einer Organisation mit der zukünftigen Entwicklung.

● Ein guter Evolutionsmanager bringt das potenziell Mögliche einer Organisation mit den Bedingungen des Umfeldes in Einklang.

● Ein guter Evolutionsmanager definiert den Entwicklungsrahmen, in dem zukünftige Entwicklungen ablaufen.

● Ein guter Evolutionsmanager setzt sich langfristige Ziele und gestaltet nachhaltig.

6.7   Beispiel: Veränderungsprozess im Bereich Produktentwicklung eines Elektronikherstellers

Im Folgenden wollen wir an einem Beispiel zeigen, wie die evolutionäre Weiterentwicklung eines Unternehmensbereiches in der Praxis aussehen kann. Wir wurden von einem namhaften Elektronikhersteller gebeten, die Optimierung des Entwicklungsbereiches zu begleiten.

Ausgangssituation

Der Elektronikhersteller arbeitet sehr stark entwicklungsbezogen und schöpft seinen wirtschaftlichen Erfolg aus der Technikentwicklung. Zuständig für die Technikentwicklung ist der Bereich Produktentwicklung. Dieser hatte in der Vergangenheit wichtige Innovationen vorangetrieben.

In den letzten Jahren hatten sich die Anforderungen des Umfeldes jedoch verstärkt und die Komplexität des Marktes nahm zu. Damit stellte sich die Notwendigkeit zur Erhöhung der Anpassungsgeschwindigkeit. Es sollten zukünftig weniger Einzelprodukte, sondern verstärkt Produktsysteme entwickelt werden. Da die technologischen Anpassungsprozesse vom Entwicklungsbereich nicht schnell genug geleistet wurden, kam es zu Terminverzögerungen bei Produktentwicklungsprojekten. In der Folge war das Gesamtunternehmen mit der Leistung des Entwicklungsbereiches unzufrieden. Zugleich wurde den Entwicklern vorgeworfen, zu wenig über den eigenen Tellerrand hinaus auf Bedürfnisse anderer Abteilungen bzw. des Gesamtunternehmens zu blicken. Dadurch wurden Synergien des Unternehmens sowie des Bereiches nicht ausgeschöpft.

Zusätzlich hat die strukturell bedingte Bedeutungszunahme des Marketings zu einer Aufwertung des Bereiches gegenüber dem Bereich Produktentwicklung geführt, so dass sich die Entwickler degradiert fühlten und Minderwertigkeitskomplexe entwickelten.

Der Auftrag an uns lautete, den Optimierungsprozess im Produktentwicklungsbereich zu begleiten. Dabei ging es um:

- die Verbesserung einzelner Ablaufprozesse,
- die Erhöhung der Entwicklungsgeschwindigkeit und Qualität,
- die schnellere Integration veränderter Marktbedingungen (Markttrends) in den Entwicklungsbereich,
- bessere Gewährleistung zukünftiger Termintreue,
- Steigerung der Veränderungsfähigkeit, d. h. handlungsfähige Strukturen zu schaffen,
- aktive Einbeziehung der Mitarbeiter in den Prozess.

Gut für den Verlauf des Projektes war die klare Richtungsvorgabe der Unternehmensführung: Sie wollte über den Ausbau des Entwicklungsbereichs weiteres Wachstum des Unternehmens erreichen.

Vorgehensweise

Gleich zu Beginn des Projektes haben wir mit den beteiligten Führungskräften eine ausführliche Ist-Analyse durchgeführt, bestehende Problemfelder analysiert und die Anforderungen an den Prozess formuliert. In einer Übung stellten sie die evolutionäre Entwicklungslinie ihres Unternehmens und Bereiches dar. Es wurden Stärken und Erfolge der bisherigen Arbeit beschrieben, aber auch die bereits erwähnte Degradierung des Entwicklungsbereiches und einige Misserfolge, die ihre Wirkung in fehlgeschlagenen Produktentwicklungen sowie Konflikten nach Wechseln in der Geschäftsführung zeigten. Anschließend folgten Workshops mit allen Mitarbeitern zu den gegenwärtigen Stärken und Schwächen und der zukünftigen evolutionären Entwicklung des Bereiches. Es wurde deutlich, dass die Problembeschreibung seitens der Mitarbeiter eine andere war als die der Führungskräfte. Beispielsweise hatten die Mitarbeiter große Probleme mit der bestehenden EDV – und damit einem wichtigen Werkzeug ihrer Arbeit –, während die Führungskräfte dies nicht wahrgenommen hatten.

Im weiteren Prozess wurden Arbeitsgruppen zu verschiedenen Themen gebildet. Eine Arbeitsgruppe (AG) hatte die Verbesserung des Arbeitsumfeldes der Mitarbeiter zum Ziel. Somit konnten schon früh im Prozess erste sichtbare und spürbare Ergebnisse erzielt werden, die im alltäglichen Arbeitsprozess relevant waren, beispielsweise eine bessere Ausstattung der Besprechungsräume sowie die Renovierung und Neuausstattung von Büros. Dadurch konnte Vertrauen der Mitarbeiter in den Veränderungsprozess geweckt werden. Eine zweite AG mit dem Schwerpunkt Technologieentwicklung/Strategie hat eine offensive Beschäftigung mit der Technologiestrategie für die nächsten Jahre forciert. Es ging dabei also nicht um partielle Neuerungen, sondern darum, den gesamten evolutionären Technologieentwicklungsprozess zu antizipieren und die eigene Arbeit darauf zu orientieren. Weitere AGs haben sich mit technologischen und methodischen Voraussetzungen und deren Optimierung beschäftigt: Wissensmanagement, EDV, Projektmanagement-Tools und Kennzahlenmanagement.

Die AGs wurden auch mit Mitarbeitern aus anderen Bereichen besetzt. Dabei ging es um die Vernetzung mehrerer Bereiche, da sich eine gegenseitige Abschottung der Abteilungen kein modernes Unternehmen mehr leisten kann. Durch die gemeinsamen AGs hat sich das Verhältnis zwischen den Bereichen Marketing und Produktentwicklung schnell verbessert. Die Mitarbeiter der Produktentwicklung wurden in Diskussionen über die Situation des Unternehmens und der Technologieentwicklung einbezogen. Dadurch verbesserte sich die Ausrichtung ihrer alltäglichen Arbeit auf die Bedürfnisse des Gesamtunternehmens. In der Folge gingen die Produktentwickler selbstbewusster in die Diskussionen und die Überheblichkeit als Ausdruck von Unsicherheit konnte abgebaut werden. So konnten Selbstbewusstsein und Identität des Bereiches gestärkt werden.

Verbesserung der Umfeldwahrnehmung

Schon im Vorfeld wurde die Umfeldwahrnehmung des Unternehmens dadurch verstärkt, dass gute Mitarbeiter aus anderen großen Firmen im Bereich Produktentwicklung eingestellt wurden. Diese besaßen durch ihre externe Sichtweise eine Treiberfunktion in der Umfeldwahrnehmung. Außerdem wurden externe Experten eingeladen, die Vorträge zu erfolgreichen Veränderungen in ihren Unternehmen hielten. Medienschüler drehten einen unterhaltsamen Kurzfilm über das Veränderungsprojekt, was bei den Mitarbeitern für einen Motivationsschub sorgte. Die Mischung der Bereiche in den AGs und die Einbeziehung von Externen sorgten zusätzlich für die Entstehung und Verbreitung neuen Wissens.

Beteiligungsorientierung

Wenn die Geschwindigkeit und Komplexität von Projekten zunehmen, schaffen es die Führungskräfte nicht mehr, alle wichtigen Informationen selber wahrzunehmen. Beteiligungsorientierung ermöglicht eine Verbesserung der Wahrnehmung nach innen und außen.

In informativen und interaktiven Workshops sowie Großveranstaltungen verwendeten wir vielfältige Methoden, die alle Sinne einbezogen: angefangen bei kreativen Seminarübungen, dem Malen von Bildern bis zur Arbeit mit Fotografien. So bekamen wir Lebendigkeit in den Prozess und konnten die Emotionen der Mitarbeiter mit einbeziehen.

Insgesamt konnte bei den Mitarbeitern während des Projekts die Erfahrung, Prozesse selbst mitzugestalten, erhöht werden. Da praktische Änderungen möglichst schnell umgesetzt wurden, stieg auch ihr Selbstbewusstsein. Aus der alten passiven Haltung „Man müsste mal" wurde die aktive Einstellung „Was kann ich tun?". Beleg für eine solche zunehmende Selbstorganisierung war eine gewisse Eigendynamik der AGs im weiteren Verlauf des Prozesses: Die AGs setzten sich zunächst aus sechs bis zehn Teilnehmern zusammen. Dann aber glaubten die Teilnehmer, dass komplexe Themen in dieser Gruppengröße nicht bearbeitbar sind. Daraufhin entwickelten sich Teil-AGs mit je zwei Personen. Das Beispiel machte die Runde und alle AGs teilten sich für einzelne Arbeitsschritte auf, so dass später bis zu 30 Teil-AGs bestanden. Diese Entwicklung korrigierten die Mitarbeiter später aufgrund teilweise unbefriedigender Arbeitsergebnisse: Die Vielzahl der Untergruppen war nicht lebensfähig – so dass sich die Zahl der Teil-AGs auf ein für die Anforderungen adäquates Maß einpendelte und sich eine leistungsstarke Struktur entwickelte.

Nach der ersten Euphorie ging die Motivation der Mitarbeiter langsam zurück. Sie mussten lernen, dass gestalten und verändern wollen heißt, auch dann am Ball zu bleiben, wenn es nicht mehr immer nur lustvoll ist.

Dass der Veränderungsprozess mit einem hohen Grad an Beteiligung durchgeführt werden konnte, lag nicht zuletzt auch an der Haltung des Geschäftsführers. So hatte er eine gute Verbindung von Führung und Beteiligungsorientierung erreicht: Er bezog die Mitarbeiter stark ein und nahm sie ernst, verfolgte aber auch seine eigene Linie. Es gab eine sehr konsequente Fehleranalyse und -behebung, ohne hektisch oder verletzend zu reagieren. Auch sein Denken war ganzheitlich: Er berücksichtigte Sach- und Beziehungsebene sowie die betriebswirtschaftliche und individuelle Seite gleichermaßen.

Evolutionäre Planungsmethodik

Die Planung für den Veränderungsprozess war zu Beginn sehr offen gestaltet und alle Mitarbeiter wurden daran beteiligt, Zeiträume und Strukturen grob festzulegen. Dann wurden mittels einer Erfahrungsabfrage aller Mitarbeiter die konkreten, inhaltlichen Veränderungsabläufe bestimmt. Die Ingenieure haben in der Folge aufgrund eines zu stark linearen Planungsdenkens versucht, den Plan 100%ig, „sauber" abzuarbeiten. Im Laufe des Veränderungsprozesses kam es jedoch zu Verschiebungen und Weiterentwicklungen der Ziele. Die Ingenieure wollten aber erst die alten Ziele erfüllen. Sie befürchteten, dass durch Neudiskussion zusätzliche Arbeit auf sie zukommt, die nicht mehr leistbar wäre. Deswegen sperrten sie sich zunächst gegen jegliche Veränderung der ursprünglichen Planung. In Diskussionen fragten wir daher, welche der ursprünglichen Ziele in der aktuellen Situation nicht mehr wichtig waren, so dass man sie ignorieren konnte, und welche neuen Ziele aufgenommen werden sollten. Dadurch wurde der Arbeitsumfang nicht erweitert, zugleich konnten aber die Ziele angepasst werden. So erreichten wir bei den Ingenieuren die Bereitschaft, die Zielveränderungen aufzunehmen. Aus dieser Erfahrung entwickelte sich die praktische Konsequenz, dass das Steuerungsgremium stärker auf die Aktualität der Arbeitspakete achtete.

Beschleunigung durch Entschleunigung

Als infolge von Fehlern ein eigenes Produkt nicht rechtzeitig ausgeliefert werden konnte, stieg der unternehmensinterne Druck auf den Bereich („die Entwickler sind ja immer zu langsam") und das Veränderungsprojekt. Dem Bereich drohte eine Überforderung durch die Doppelbelastung von Tagesgeschäft und dem Projekt.

Der Geschäftsführer hat dann den Veränderungsprozess zunächst bewusst entschleunigt. Dadurch kam mehr Ruhe in den Prozess. Mit auftretenden Schwierigkeiten konnte bewusster und konstruktiver umgegangen werden, so dass die Prozesse letztendlich wieder an Geschwindigkeit zunehmen konnten.

Veränderung des Umgangs mit Fehlern und Schwierigkeiten

Früher gab es im Bereich Produktentwicklung einen zu rigiden Umgang mit Fehlern, der zu hektischen Reaktionen führte. Folglich stand im Projekt auch das Verhalten bei Fehlern zur Diskussion. Für jedes Projekt wurden die sogenannten „lessons learned" eingeführt und die Erfolge und Misserfolge im Produktentwicklungsprozess thematisiert. „Lessons learned" sind das Dokumentieren und strukturierte Sammeln von Erfahrungsberichten, positiven wie negativen. Es geht darum, klare Ziele zu setzen für das, was erreicht werden soll, und dabei offen zu bleiben für Veränderungen, die sich aus aktuellen Entwicklungen ergeben. Da die Veränderungen während des Tagesgeschäfts vollzogen werden, ist eine genaue Zeit- und Ressourcenplanung wichtig.

In einem Fall wurde ein wichtiges Teil zur Herstellung eines Produktes nicht rechtzeitig geliefert, was zur Verzögerung der Produktauslieferung führte. In einer konstruktiven Diskussion wurden die Prinzipien aus dem Veränderungsprozess im Umgang mit diesem Problem adaptiert: Es wurden neue Wege entwickelt, um zukünftig in ähnlichen Situationen besser agieren zu können, und es wurde geprüft, welche Beiträge die Produktentwicklung dazu leisten kann.

Veränderung konkreter Prozessabläufe: Standardisierung – Innovation – Standardisierung

Ein wichtiger, bereits stark standardisierter Ablauf wurde im Prozess überarbeitet: das Projektmanagement. Da dieser Ablauf auf nahezu alle Projekte Anwendung fand und kleine Veränderungen bürokratisiert hatte, erwies er sich als zu starr. So wichtig Standardisierung in Organisationen ist, so wichtig ist es, ihre Aktualität zu überprüfen. Das Team entwickelte zunächst eine innovative und abgespeckte Light-Version des Projektablaufes, die flexibler, ressourcensparender und unbürokratischer war. Im zweiten Schritt begannen sie dann, diesen neuen Prozess zu standardisieren.

Verantwortung im Projekt

Ein Konflikt entstand bei der Fragestellung, inwieweit die mittlere Führungsebene des Unternehmens bereit war, Verantwortung für den Veränderungsprozess zu übernehmen. Diese Auseinandersetzung hat die externe Beratung forciert, weil durch die stärkere Verantwortungsübernahme die Ziele des Projektes aktiver umgesetzt werden konnten.

Die Beratung hat den Prozess nicht nur neutral begleitet, sondern es als ihre Aufgabe gesehen, die evolutionäre Entwicklung des Unternehmens voranzutreiben und zu beschleunigen. Am Ende des Projekts konnten große Erfolge verbucht werden.

Abschluss

Eine Umfrage am Ende des Projekts zeigt eine weitgehende Zustimmung der Mitarbeiter zum Projekterfolg:

- Der Veränderungsprozess wird von 69 % als erfolgreich angesehen. 88 % bejahen die Fortsetzung des Projektes.
- Es werden positive Auswirkungen des Veränderungsprozesses auf die Projektentwicklung insgesamt gesehen.
- Die Bedeutung der Entwicklung ist im Laufe des Projektes nach Ansicht von Mitarbeitern und Partnern gewachsen.
- Der Kenntnisstand zur Produkt- und Technologiestrategie hat sich bei der Produktentwicklung verbessert.
- Die Kommunikation nach außen hat sich aus Entwicklungssicht deutlich verbessert; die interne Kommunikation wird sogar als noch stärker verbessert empfunden.

- Die Entwicklungseffizienz wurde gesteigert, dennoch gibt es weiteres Verbesserungspotenzial.

- Die Offenheit im Umgang mit Fehlern und Misserfolgen bildet die Basis für Verbesserungen und wird sehr hoch eingeschätzt.

Als Lehren wurden festgehalten: Die Projektarbeit hätte noch stärker mit der Tagesarbeit verbunden werden müssen und in den Projektgruppen wäre eine kontinuierliche Mitarbeit zu organisieren gewesen. Außerdem hätten die AGs in der Findungsphase mehr Unterstützung gebraucht.

Zum Projektabschluss wurde eine Implementationsstrategie entwickelt und ein Teil der Projektstrukturen in Regelstrukturen überführt.

Ein Nachfolgeprojekt im Unternehmen verfolgt die Ziele, den Ressourceneinsatz zu reduzieren und die Projektarbeit stärker in die Tagesarbeit zu integrieren.

7 Schwarmintelligenz

Die Spitzenorganisationen der Zukunft werden sich dadurch auszeichnen, dass sie wissen, wie man das Engagement und das Lernpotenzial auf allen Ebenen einer Organisation erschließt.

Peter Senge

7.1 Das Prinzip Schwarmintelligenz

Jeder Taucher hat die atemberaubende Eleganz der schnellen Bewegungen von Fischschwärmen sicher schon erlebt. Ein Schwarm besteht aus einer Vielzahl von kleinen Fischen, sie wirken in ihren Bewegungsabläufen aber wie eine Einheit. Sanft gleiten sie durchs Wasser, mal eine schnelle Zickzackbewegung nach links, weil ein großer Fisch kommt, dann wieder nach rechts auf der Suche nach Nahrung. Als wäre ein Schwarm ferngesteuert, vollzieht er seine Bewegungen in perfekter Koordination.

In ähnlicher Weise wünscht sich so mancher Manager die Organisation seines Unternehmens. Doch er sieht sich in der Regel mit einer Vielzahl von Herausforderungen konfrontiert: Immer seltener kann ein Bereich alleine Unternehmensfunktionen wie das Marketing übernehmen. Die bereichsübergreifende Zusammenarbeit wird immer wichtiger. Veränderungen und Komplexität des Umfeldes nehmen zu. Um darauf eingehen zu können, sind eine umfassende Umfeldwahrnehmung und schnelle Reaktionsfähigkeit auf Umfeldveränderungen notwendig. Schließlich wächst die Herausforderung zentral gesteuerter Unternehmen, sich flexibel und schnell an Umfeldveränderungen anzupassen. Schwarmintelligenz ist das neue Schlagwort, wenn es um flexible, sich selbst organisierende Strukturen zur Lösung dieser Probleme geht. Beim Schwarm ist Intelligenz in die Gesamtheit des Systems selbst integriert und geht so über die Fähigkeiten eines jeden Einzelnen hinaus.

Schwärme bestehen aus einer Vielzahl von Individuen, die mittels direkter Kommunikation selbstorganisiert agieren. Als Einheit agierend, folgen Fischschwärme dabei keinem Anführer, sondern jeder in der Gruppe kann gegebenenfalls die Richtung vorgeben. Die Koordination der Aktivitäten basiert in starkem Maße auf ständiger Interaktion zwischen den Individuen. Dieses Verhalten basiert auf der Befolgung dreier einfacher Regeln:

- *Zusammenbleiben:* Bewege dich in Richtung des Mittelpunktes derer, die du in deinem Umfeld siehst.
- *Separieren:* Bewege dich weg, sobald dir jemand zu nahe kommt.
- *Ausrichten:* Bewege dich in etwa dieselbe Richtung wie deine Nachbarn.

Innerhalb der Gruppe wird also stets ein gleicher Abstand zu den Nachbarn gehalten. Mit Hilfe des Seitenlinienorgans, einer Art seitlicher Sensor, können Fische Bewegungsimpulse der anderen Fische in Bruchteilen von Sekunden empfangen und entsprechend reagieren. Ändert sich der Abstand, weil der Nachbar in eine andere Richtung schwimmt, wird der größere Abstand sofort korrigiert. Sie sondieren somit permanent ihre unmittelbare Umgebung und passen sich den Bewegungen der Masse an, die wiederum erst durch dieses Zusammenspiel möglich werden. Die jeweils außen schwimmenden Fische geben die Richtung vor, wobei nicht immer die gleichen Fische am Rand schwimmen. Das einzelne Tier hat nicht den Gesamtüberblick, es hält sich nur an einfache Regeln. Dadurch erhöht sich die Chance, Futter zu finden, und es reduziert sich das Risiko von Fressfeinden, denn man kann den Feind besser wahrnehmen, sich in der Masse besser „verstecken" und schließlich wirkt der Schwarm in seiner Größe abschreckend. Die „Intelligenz" steckt im System, das sich evolutionär bewährt hat.

Aufgrund dieser einfachen Organisationsregeln zeichnen sich Schwärme durch folgende Eigenschaften aus.

● *Flexibilität:* Schwärme verfügen über eine große Anpassungsfähigkeit an unterschiedlichste Bedingungen.

● *Robustheit:* Schwärme sind sehr robust gegenüber dem Ausfall einzelner Individuen und die Mitglieder des Schwarmes benötigen vergleichsweise wenig Aufsicht oder Kontrolle.

● *Selbstorganisation:* Durch die Interaktion autarker Einzelner agiert die Gruppe ohne zentrales Kommando selbstorganisiert und dynamisch.

● *Selbstregulation:* Existierende Regeln können weiterentwickelt werden.

Dieses Prinzip lässt sich auch auf das Verhalten von Menschengruppen übertragen und geht einher mit dem Trend zu mehr Eigenverantwortung und Individualisierung. Wikipedia ist ein Internetlexikon, das von seinen Nutzern selbst geschrieben wird. Jeder, der Lust hat, kann etwas hinzufügen. Enthält das Geschriebene falsche Informationen, macht sich umgehend einer von 150 ehrenamtlichen Administratoren der deutschen Wikipedia ans Werk und entfernt den Eintrag. Administrator wird, wer sich lange bei Wikipedia engagiert hat, von einem anderen Administrator vorgeschlagen und online gewählt wird. Das Ergebnis ist eine selbstorganisierte, auf dezentraler Ebene entstandene, aber ständig wachsende zentral zugreifbare Enzyklopädie für jedermann.

Zuerst stand die Öffentlichkeit dem Wikipedia-Gründer Jimmy Wales skeptisch gegenüber, heute werden täglich mehr als 800 Millionen Mal Artikel aufgerufen, die unter mehr als zwei Millionen Stichwörtern in über 100 Sprachen abrufbar sind. Die Artikel fassen alles Wissenswerte kurz zusammen, sind illustriert, teilweise animiert, und stellen Diskussionsforen und Internetlinks zu Quellen und weiterführenden Informationen zur Verfügung. Die Seite ist Volkseigentum, allgemeinnützig, werbefrei und spendenfinanziert. Nur der Programmierer, der sich um die Software kümmert, wird bezahlt. Studenten, Lehrer, Hausfrauen, Professoren, Piloten, Lokomotivfans, alle schreiben mit, teilen ihr Spezialwissen im Internet und profitieren von der Expertise der anderen.

Schwarmintelligenz findet man mittlerweile in vielen Bereichen: Im Internet kommentieren „Blogger" mittlerweile alles: Politik, Kultur oder Produkte werden bewertet und so erlangen „Blogger" gegenüber herkömmlichen Medien immer mehr Bedeutung im Meinungsbildungsprozess. Die Publikumsfrage des beliebten Quiz von Günther Jauch nutzt die Kompetenz des Publikums und bringt bis zu einem bestimmten Schwierigkeitsgrad auch meistens gute Ergebnisse. Sogenannte „smart mobs" organisieren Mitfahrer-Börsen zur Ausnutzung des Preissystems der Bahn. Fahrrad-Demonstranten treffen sich per Handy und Internet, um in regelmäßigen Abständen den Autoverkehr lahmzulegen. Jugendliche verabreden sich am Wochenende nach dem Prinzip des „Social Swarming". Man verabredet sich nicht, sondern zieht in kleinen Grüppchen einfach los und über Handy-Kontakt stellt sich heraus, wo an dem Abend die beste Party oder der angesagteste Club ist. Derartige Gruppenprozesse sind natürlich nichts Neues. Qualitativ neu hingegen sind die Geschwindigkeit und Flexibilität mittels mobiler Kommunikationsmedien. Dieselbe Taktik wird allerdings auch bei Krawallen eingesetzt, indem sich Jugendliche über Handy verabreden und guerillamäßig die Polizei mit „hit and run"-Strategien überfordern.

Die Vorreiter in der Übertragung von Schwarmprinzipien auf Organisationszusammenhänge sind bisher leider hauptsächlich im Bereich der organisierten Kriminalität aufgetreten. Al Kaida besitzt die Struktur eines Netzwerkes mit Schwarmeigenschaften: Die einzelnen Zellen handeln nach vorgegebenen Regeln und das gemeinsame Ziel ist klar kommuniziert. Die Gesamtheit der Zellen erscheint wie eine Einheit, obwohl das Ausfallen einer Zelle sich nicht auf die Funktionsfähigkeit der Organisation auswirkt. Dadurch wird die Organisation sehr robust. Ihre Ressourcen können sehr flexibel an einem Punkt zusammengezogen werden und durch diese Konzentration sehr effektiv wirken. Schwarmverhalten ist also heutzutage immer häufiger zu beobachten, mit positiven wie negativen Folgen.

Von der evolutionären Entwicklung her ist Schwarmverhalten als Organisationsprinzip schon sehr früh entstanden. Gerade aufgrund der sehr einfachen Organisationsregeln unterscheiden sie sich vom Führungsverhalten in hierarchischen Tierverbänden. In der Übertragung auf Unternehmen gilt es aber gerade die Vorteile beider Organisationsformen zu nutzen.

7.2 Schwarmorganisation in Unternehmen

In Zeiten von globalisierten Märkten mit unvorhersehbaren Umfeldeinflüssen und dem Bedeutungsgewinn von Wissen gegenüber Kapital und Boden werden Formen der kollektiven Intelligenz immer wichtiger. Wie etwa sollte Microsoft die Innovationskraft von 57.000 Programmierern über eine Befehlskette ausschöpfen? Organisationsmodelle, die vor 100 Jahren für die Fließbandarbeit der Industrie entwickelt wurden, reichen in einer Wissensgesellschaft nicht mehr aus. Die alten Modelle werden durch neuere Formen ergänzt. Der Vergleich zu anderen Organisationsmodellen sieht wie in Tabelle 7.1 gezeigt aus.

In der Realität lässt sich diese Einteilung nicht in Reinform finden: Je nach Organisationsform, -ziel oder -bereich ist eine Kombination der jeweiligen Typen sinnvoll.

Das Konzept Schwarmintelligenz kann in einem Unternehmen wie folgt umgesetzt werden: Gemeinsam mit der Unternehmensführung werden für einzelne Bereiche Organisations- und Verhaltensregeln festgelegt, die bei bestimmten Ereignissen automatisch in Kraft treten. Dadurch gibt die Führung zwar einen Handlungsrahmen vor, sobald aber ein bestimmtes Ereignis eintritt, können die Bereiche sehr schnell und selbstorganisiert reagieren. Ein Mitarbeiter muss nicht erst die Informationen durch die Hierarchieebenen schicken und auf Vorgaben warten, sondern übernimmt für diesen Moment selbst die Führung und handelt aufgrund der vorliegenden Informationen durch Anwendung der festgelegten Regeln und Ziele.

Die vereinbarten Schwarmregeln sollten folgende Eigenschaften besitzen:

- Die Schwarmregeln organisieren das Tagesgeschäft. Es kann nicht jede Eventualität vorausgesehen werden, die dann für Handlungsmuster bereitsteht.
- Die Schwarmregeln sind keine detaillierten Verhaltensregeln oder Vorschriften, sondern stecken einen Handlungsrahmen ab, in dem sinnvolle Wahlmöglichkeiten Flexibilität gewährleisten.

Tabelle 7.1: Vor- und Nachteile von Organisationsmodellen

Organisationsprinzip	Vorteile	Nachteile
Zentralisierung: Eine Zentralstelle gibt über Zwischenstationen Anweisungen an alle Gruppenmitglieder	klare Ausrichtung, Kosteneinsparung durch zentrales Informationsmonopol, Stabilität in Krisenzeiten	lange Kommunikationswege, unflexibel, hoher Kontrollaufwand, lange Reaktionszeit, viel Bürokratie
Dezentralisierung: Einzelne Individuen/ Gruppen handeln autonom ohne direkte Anweisung einer Zentralstelle	hoher Grad an Selbstorganisation, schnelle Reaktionszeit, flexibel	wenig Kontrollmöglichkeiten, Gefahr, auseinanderzudriften, teilweise höhere Kosten
Schwarmorganisation: Einzelne Individuen/ Gruppen handeln unter Berücksichtigung einfacher Prozessregeln weitgehend autonom	hoher Grad an Selbstorganisation, schnelle Reaktionszeit, sehr flexibel wegen Fähigkeit schneller Umformierung, Koordination der Einzelaktivitäten durch gemeinsam entwickelte Schwarmregeln	Gefahr, in falsche Richtung zu laufen, nicht überall anwendbar

- Die Regeln müssen an Veränderungen flexibel angepasst werden.
- Die Regeln können über ein Ampelsystem auf der Grundlage von Kennzahlen gesteuert und kontrolliert werden. Bei der numerisch abgeleiteten Stufe „Grün" läuft alles normal, bei „Gelb" werden selbständig eigene Maßnahmen entwickelt, bei „Rot" wird zusammen mit der Führung eine Lösung erarbeitet.

Operationalisiert sind die Schwarmregeln ein Mix aus Unternehmensleitlinien, der strategischen Planung samt Zielvorstellungen der Unternehmensführung sowie Bereichsspezifika. Wichtig ist, dass vor allem die bereichsspezifischen Regeln, aber auch das Leitbild in einem gemeinsamen Prozess entwickelt werden. Nur wenn die Mitarbeiter sich selbst und die bewährten Erfahrungen einbringen können, hat das Schwarmmodell Erfolg. Ziel des Konzeptes ist es, dass ein einzelner Mitarbeiter bei seiner alltäglichen Arbeit über seinen eigenen Horizont hinausschaut und weiß, wohin das gesamte Unternehmen steuert, ohne all die Informationen zu benötigen, die der Unternehmensführung zur Verfügung stehen. Das Handeln des Einzelnen soll also auf Grundlage der Schwarmregeln das Gesamtziel des Unternehmens verfolgen. Die Koordination dieses Handelns wird zunehmend durch die Schwarmregeln und weniger durch direkte Anweisungen von oben geregelt.

Ein simples Beispiel, wo man mit der Erarbeitung von Schwarmregeln bereits ansetzen kann, ist die gemeinsame Urlaubsregelung. Häufig sind Mitarbeiter mit der bestehenden Urlaubsregelung unzufrieden, da sie die eigene Urlaubsplanung zeitlich früh einschränkt und sehr unflexibel ist. In einem begleiteten Projekt haben sich die Mitarbeiter kurzerhand ihre eigene Urlaubsregelung geschaffen. Regel 1 besagte: Keiner darf seinen Urlaub einreichen, ohne dass die Urlaubsvertretung diesen Vorschlag abzeichnet. Regel 2 besagte: Wer seinen Urlaub frühzeitig buchen will, darf das, wenn er für den Zeitpunkt die Zustimmung der Mitarbeiter in seinem Bereich bekommt. Regel 3 besagte: Spätestens Mitte März gibt es eine Gesamtplanung. Wer sich bis dahin noch nicht festlegen will, dem bleiben nur noch die übrig gebliebenen Tage. Insgesamt sind diese Regeln also standardisiert, wurden gemeinsam erarbeitet und können trotzdem selbstorganisiert und flexibel angewandt werden.

Schwarmregeln können jedoch auch auf einer prinzipielleren Ebene für ganze Bereiche entwickelt werden. Ein wichtiger Zwischenschritt zur Entwicklung der Schwarmregeln ist die Überprüfung, ob die strategische Planung der Unternehmensleitung und das Unternehmensleitbild tatsächlich mit den Zielen des Bereiches übereinstimmen. Da diesbezüglich häufig Kommunikationsdefizite herrschen, kann dies vor einem gemeinsamen Workshop geklärt werden. Im Workshop selber geht es in einem beteiligungsorientierten Prozess um die Erarbeitung der Schwarmregeln mit den Mitarbeitern und Führungskräften zusammen. Eine große Herausforderung auf dem Workshop ist es, gegenseitiges Vertrauen zu entwickeln. Wenn dies gelingt, können beide Seiten gewinnen: Die Führungskräfte können zielorientierter steuern und die Mitarbeiter bekommen mehr Handlungsspielraum. Eine weitere Herausforderung ist es, die Beteiligten dazu zu bringen, ihre bisher gelebten Regeln auch zu erkennen: Führungskräfte handeln meistens intuitiv und haben daher einige Probleme, die grundlegenden Entscheidungskriterien ihrer Steuerung zu benennen. Die Mitarbeiter wiederum konzentrieren sich meistens auf ihren Teilbereich und haben das Gesamtunternehmen nicht im Blick. Die Muster und Regeln, nach denen sie handeln, sind meistens unbewusst. Dabei kann folgende Frage helfen: „Überdenken Sie die drei wichtigsten Entscheidungen der letzten Zeit. Auf Grundlage welcher Kriterien haben Sie sich entschieden?" Bei der Vielzahl der Mitarbeiter werden sich immer wiederkehrende Kriterien und Muster herausbilden. Wenn möglich, sollte ein Prozessbegleiter bei der Herausarbeitung der Schwarmregeln helfen. Wenn diese grundlegenden Regeln erst einmal freigelegt sind, können sie im Sinne der Schwarmorganisation auch weiterentwickelt und optimiert werden.

Es gibt einen starken Trend in der wirtschaftlichen Entwicklung, dass die eigene Selbstverantwortung immer mehr zunimmt und der Einzelne im Verbund wichtiger wird. Schwarmintelligenz trägt diesem Trend Rechnung und schafft mehr Handlungsspielraum auf unterer Ebene, ohne die Führung aus der Hand der Unternehmensleitung zu geben.

Die Voraussetzungen für die Anwendung der Schwarmregeln hängen von der jeweiligen Unternehmenskultur ab. Einige von ihnen sind:

- Bildung relativ autonomer Systeme und Subsysteme.
- Lösung der Probleme durch die Betroffenen selbst.
- Selbstkritik, Selbstevaluation und Freiheit, sich mit neuen Fragen auseinanderzusetzen.
- Führungskräfte müssen bereit sein, sich vom Schwarm mittragen zu lassen und nicht immer die Führung übernehmen zu wollen.
- Eine offene Fehlerkultur, Konflikte nicht vermeiden.
- Ein geistig-sinnhafter Orientierungsrahmen.

Mit folgender Übung können Sie die Prinzipien von Schwarmverhalten durchspielen. Folgende praktische Erkenntnisse können dabei gewonnen werden:

- Alle müssen ihre Wahrnehmung in verschiedene Richtungen aktivieren.
- Einzelne werden nicht überbelastet.

- Es fällt schwer, sich auf das Geführtwerden der anderen einzulassen.
- Es gibt einen fließenden Wechsel von Führen und Geführtwerden.
- Es gibt einen ständigen Positionswechsel zwischen innen und außen.
- In der Gruppe fühlt man sich sicherer.
- Alle bleiben in Bewegung.

> „Schwärmen" Sie in Ihre Organisation.
>
> Stärken Sie die Selbstverantwortung und selbstorganisierenden Kräfte Ihrer Mitarbeiter im klar umgrenzten Handlungsspielraum der Schwarmregeln.
>
> Sorgen Sie für Handlungsfreiheit in diesem Rahmen, damit auf Veränderungen schnell und flexibel reagiert werden kann.
>
> Geben Sie Ihrer Organisation einen Sinnzusammenhang, mit dem sich die Mitarbeiter identifizieren können, damit die Handlungen der Einzelnen einheitlich in eine Richtung weisen.

7.3 Verbesserung der Umfeldwahrnehmung durch Schwarmintelligenz

Ein zentrales Moment im Konzept der Schwarmintelligenz ist die verbesserte Umfeldwahrnehmung. Da jeder im Schwarm kurzzeitig die Führung übernehmen kann und die Gruppe zum Futter führt oder vor Feinden warnt, besitzt jeder viele Informationen über sein Umfeld. Gerade dieses Wissen befähigt den Schwarm zu sehr schnellen Reaktionen auf Umfeldveränderungen.

Dasselbe Prinzip gilt auch für Unternehmen: Je mehr Mitarbeiter an der Umfeldwahrnehmung beteiligt sind, desto schneller und umfassender kann darauf reagiert werden. Ganz nach dem Motto „Viele Augen sehen mehr" sollten möglichst alle Mitarbeiter durch beteiligungsorientierte Prozesse in die Umfeldbeobachtung einbezogen werden. Dadurch wird nicht nur eine großflächigere Umfeldwahrnehmung gewährleistet, sondern auch ein schnellerer Transfer von Veränderungen des Umfeldes in die Organisation erreicht, also die Reaktionsfähigkeit auf Umfeldveränderungen wird verbessert. Die Auswahl der für das Unternehmen wichtigen Veränderungen werden großflächiger und effektiver gewährleistet.

Das Wissen eines Fisches am rechten Rand eines Schwarms unterscheidet sich natürlich von den Informationen, die sein Kollege am anderen Ende des Schwarms sammelt. Da ein Schwarm all diese Informationen durch direkte Weiterleitung von Informationen nutzen kann, ist er so effektiv.

Traditionell beschränken Unternehmen die Funktionen des Marketings auf einen Bereich, so, wie z. B. das Ideenmanagement von VW keine Vorschläge der Mitarbeiter zum Thema Marketing aufnimmt. Das betriebliche Vorschlagswesen oder Ideenmanagement wird fast ausschließlich zur Optimierung des Produktionsprozesses genutzt. Aber warum nicht auch die Umfeldwahrnehmung ins Vorschlagswesen integrieren? Ein Mitarbeiter aus dem Vertrieb nimmt sein Umfeld ganz anders wahr als einer aus der Produktion oder dem Entwicklungsbereich. Diese Informationen können enorm wichtig für das Marketing sein. Veränderungen des Marktes können so viel schneller und aus ganz unterschiedlichen Blickwinkeln ins Unternehmen getragen werden. Denn gerade bei der Beobachtung des Umfeldes ist der Standpunkt, von dem aus beobachtet wird, besonders wichtig. Ein innovatives Unternehmen sollte also möglichst alle Mitarbeiter in die Umfeldbeobachtung mit einbeziehen, während einem modernen Marketing die Umfeldwahrnehmung nicht alleine überlassen werden sollte. Das Marketing koordiniert die bereichsübergreifende Aufgabe, die von vielen Mitarbeitern mitgetragen wird, und führt die Ergebnisse zusammen. Ebenso ist ein Mitarbeiter, der sich für das Marketing seines Unternehmens mitverantwortlich fühlt, ein wesentlich besserer Repräsentant der eigenen Produktpalette.

Aber nicht nur im Rahmen des Innovationsmanagements bringt die umfassende Umfeldwahrnehmung der Mitarbeiter Erfolge. Die wahrgenommenen Erkenntnisse der Mitarbeiter wirken sich auch auf ihre eigene Alltagsarbeit aus und können so zu einem verstärkten Qualitätsbewusstsein führen.

Die Gesamtheit einer Gruppe ist also „klüger" als jedes einzelne Individuum für sich genommen. In vielen Unternehmen werden Fehlentscheidungen getroffen, weil sie auf einzelne Individuen fixiert sind, die zwangsläufig nur unzureichende Informationen haben. Keine Führungskraft kann mehr wissen als die Summe der Marktteilnehmer und Mitarbeiter. Wie also die Kompetenz der Masse in wichtige Entscheidungen einbeziehen? Dabei sind vier Bedingungen zu beachten:

- Es muss eine heterogene Gruppe mit unterschiedlichen Meinungen geben.
- Die Gruppenmitglieder müssen möglichst unabhängig voneinander sein.
- Es muss dezentrale Strukturen geben.
- Die Ergebnisse müssen gut zusammengefasst, weitergeleitet und bewertet werden.

> Binden Sie möglichst viele Menschen mit unterschiedlichen Perspektiven in die Umfeldbeobachtung mit ein und fügen Sie die Ergebnisse in einem Bereich zusammen.

7.4 Mit Schwarmintelligenz die Innovationsentwicklung stärken

Der Blick nach außen ist aber nur eine Seite der Medaille. Auch der Blick nach innen und der interne Kommunikationsfluss funktionieren bei Schwärmen reibungslos: Der direkte Abstand zum Nachbarn wird ständig gemessen und angepasst. Dadurch braucht nicht jeder alle Informationen zu haben, aber alle Informationen laufen im Gesamtsystem zusammen.

Dieses Prinzip ist bei der Entwicklung von Innovationen hilfreich. Laut einer Umfrage vom Deutschen Institut für Betriebswirtschaft (dib) unter 365 deutschen Unternehmen und öffentlichen Körperschaften haben die ca. 2,2 Millionen Mitarbeiter im Jahr 2004 1,23 Millionen Verbesserungsvorschläge eingereicht. Diese Ideen ersparte den befragten Unternehmen mehr als 1,2 Milliarden Euro. Der Nutzen liegt also auf der Hand, wird im Vergleich zu Japan jedoch noch verhältnismäßig wenig genutzt, auch wenn Instrumente wie Kaizen (kontinuierlicher Verbesserungsprozess) sich immer mehr durchsetzen. Das betriebliche Vorschlagswesen dient nicht nur der Leistungssteigerung, sondern wird auch als Maßnahme zur Förderung der Eigeninitiative der Mitarbeiter sowie zur stärkeren Identifikation mit dem Unternehmen gesehen und trägt damit zur Steigerung der Motivation bei.

Es gibt im Menschen ein Bestreben zur Weiterentwicklung, die Lust, Neues zu entdecken, zu erfinden, zu lernen. Je mehr es einer Organisation gelingt, dieses Entdecker-/Lern-/Verbesserungs-Potenzial auszuschöpfen, umso schneller kann sie sich Veränderungen anpassen. Im gesamten Unternehmen muss also eine Innovationskultur geschaffen werden, die zum Mitdenken anregt und neue Ideen auf horizontaler und vertikaler Ebene zulässt. Innovation ist nicht nur das Thema von Forschung/Entwicklung und/oder Marketing, sondern ein Thema des gesamten Unternehmens. Es wird gelebt vom Pförtner bis zum Vorstand. Mit diesem ganzheitlichen Blick können dann wieder neue Produkte hervorgebracht werden oder auch bestehende Prozesse innovativ weiterentwickelt werden.

Doch nicht nur der interne Austausch von Informationen ist wichtig, sondern auch der Austausch mit dem Umfeld. Darunter fällt jeglicher Kontakt zu Experten oder anderen Unternehmen, die Erfahrungen in ähnlichen Bereichen haben und Anregungen für eigene Fragestellung geben können. So hat Henkel seine Reinigungsprodukte mit Hausfrauen weiterentwickelt (weiteres dazu im Rahmen des Leaduser-Konzeptes siehe Kapitel 5).

Beim Finden des individuellen Innovationsflusses eines Unternehmens ist es sinnvoll, über ein normales Benchmarking hinauszugehen und für Anstöße von anderen offen zu sein. In der Bewegung zwischen dem Eigenen und Fremden muss man aber auch die eigenen Kompetenzen bzw. Eigenschaften kennen und wissen, wie diese neuen Ideen an die eigenen Möglichkeiten angepasst werden können.

> Schaffen Sie eine Kultur, in der die Mitarbeiter mitdenken und eigene Ideen offen einbringen können.
>
> Lernen Sie von den Erfahrungen anderer und passen Sie deren Erkenntnisse Ihren Bedingungen an.

7.5   Kompetenz von vielen nutzen

Der Erfolg von Ameisen beruht darauf, sich auf bestimmte Aufgaben zu spezialisieren und dass jeder individuell handelt, sie sich aber gegenseitig gut informieren. So schafft es die Kolonie als Ganzes, komplexe Probleme zu lösen, ohne dass Einzelne darüber entscheiden. Auf der Suche nach Futter hinterlassen Ameisen immer einen Hauch des Duftstoffes Pheromon. Während sie suchen, laufen sie willkürlich hin und her. Aber sobald sie eine Futterquelle gefunden haben, kehren sie auf dem schnellsten Weg zurück zum Nest. Nun benutzt die Ameise immer wieder den kurzen Weg und während die Duftstoffe der vorher benutzten Wege längst verschwunden sind, erhöht sich die auf dem kurzen Weg hinterlassene Pheromonmenge und wird dadurch auch von anderen Ameisen frequentiert. Langfristig wird dadurch immer der kürzeste Weg zur Futterquelle gefunden, denn diejenigen Ameisen, die den kürzeren und damit schnelleren Weg nehmen, können in der gleichen Zeit öfter zwischen Nest und Nahrung hin- und herlaufen. Die Duftnachricht der ersten Ameise wird also von den übrigen Ameisen verstanden und so finden alle den optimalen Weg. Eine einzelne Ameise kann nicht feststellen, welcher der kürzeste Weg ist – in einem Schwarm oder einer Kolonie ist dies durch die beschriebene Strategie möglich. Offenbar vermögen viele kleine, für sich genommen einfache Gehirne ein Problem sehr gut zu lösen.

Dieses Prinzip kann auf den Umgang mit Best Practices übertragen werden. In vielen Organisationen wird die Best Practice gar nicht erst weiterkommuniziert, sie muss also erfasst werden. Dann stellt sich aber das Problem, dass vermeintliche Best Practices aufgrund schneller Veränderungen im Unternehmen veralten und neue Wege keine Chance haben. Um dies zu vermeiden, sollten alte Best Practices negativ bewertet werden können und tatsächlich gut funktionierende positiv. Zusätzlich müssten Best Practices, auf die lange keiner zugreift, an Wichtigkeit verlieren. Bei eBay gibt es ein ähnliches Bewertungsprinzip, bei dem die Verlässlichkeit des Verkäufers eingeschätzt werden kann. Auf diese Weise wird der Betrug durch das System selbst sanktioniert.

Es gibt bereits unternehmensinterne Software, mit der sich dies operationalisieren lässt. Computer verarbeiten Informationen als Kombinationen der Ziffern 0 und 1 – ohne ein tatsächliches Verständnis der Inhalte von Dokumenten. Das Ziel neuerer Software ist es, die Bedeutung von Informationen beschreiben zu können. Dies ist bisher nur mit einem kollektiven Verbund lernfähiger Programme vorstellbar. Und hier kommen die Charakteristika der Schwarmintelligenz ins Spiel. Im Rahmen von firmeninternen Intranetrecherchen können intelligente Softwaresysteme durch die Interaktion der Benutzer lernen und das kollektive Recherchewissen in Form von aktuellen Themennetzen bzw. spezifischen Suchstrings permanent verbessern. Zudem werden nicht nur erfolgreich beantwortete Fragen abgelegt, sondern auch Personen oder Rollen aufgeführt, die sich für spezifische Themen interessieren. So kann dieses System das Leseverhalten von Anwendern analysieren und häufig genutzte Dokumente anderen als besonders interessant empfehlen.

Auch bei der Weitergabe von Informationen oder Teilprodukten im Produktionsprozess können Ameisen ein optimales System vorweisen. Beim Einsammeln von Nahrung agieren Ameisen wie Staffelläufer, sie tragen ihre Beute nicht den ganzen Weg zum Nest, sondern geben sie in einer Kettenformation weiter. Dabei haben einzelne Ameisen keinen festen Platz in der Reihe, die Übergabepunkte der Beute sind nicht starr fixiert. Wie eine fliegende Brigade variieren die Laufwege jeder Ameise entlang dieser Körnerkette. Wo immer gerade eine Ameise gebraucht wird, packt sie mit an, dadurch entstehen keine Leerläufe.

Dies wurde auf den Produktionsablauf einer Warenhauskette übertragen: Aufgrund der unterschiedlichen Arbeitstempi der Packvorgänge gibt es immer Arbeitsstaus. Nach dem Prinzip der fliegenden Brigade wurden die Packer vom langsamsten bis zum schnellsten gestaffelt eingesetzt. Die unterschiedliche Geschwindigkeit des Verpackungsprozesses resultiert dabei automatisch aus den unterschiedlich einzupackenden Produkten. Jeder Mitarbeiter suchte so lange Produkte für seine Bestellung zusammen, bis diese Arbeit vom nachfolgenden Packer fortgesetzt wird. Der freie Mitarbeiter geht dann an den Anfang seines Packprozesses und übernimmt die Arbeit von seinem nächsten Kollegen. Dieses einfache Prinzip gestattete es den Teams, das unterschiedliche Tempo der Arbeitskräfte flexibel auszugleichen.

Fassen Sie Ihre Best Practices zusammen, so dass jeder darauf zugreifen kann, und lassen Sie sie von den Mitarbeitern nach Nützlichkeit bewerten.

7.6   Zwischen Einzelligkeit und Vielzelligkeit: soziale Amöben

Ein zu den Schleimpilzen gehörender Organismus mit wissenschaftlichem Namen Dictyostelium discoideum lebt im Allgemeinen als einzelliges Lebewesen im Süßwasser auf sich zersetzendem Pflanzenmaterial oder in feuchter Erde. Er kriecht als mehr oder weniger formlose Zellplasmamasse (Amöbe) von ca. einem hundertstel Millimeter Größe über den Boden und ernährt sich von den dort lebenden Bakterien. Die Amöben haben zwei Möglichkeiten, sich fortzupflanzen. Entweder geschieht dies durch Teilung von Einzelzellen (asexuell) oder aber durch Verschmelzung zweier Amöben mit anschließender Teilung in mehrere Amöben. Letzteres entspricht einer sexuellen Fortpflanzung, da das Erbmaterial der beiden verschmolzenen Zellen neu kombiniert wird.

Bei Nahrungsknappheit vollzieht sich eine wundersame Wandlung: Die bisherigen „Einzelgänger" schließen sich anderen Amöben an, sobald sie ein bestimmtes chemisches Signal für Nahrungsknappheit aussenden. Dadurch kommt es zur Bildung eines ein bis zwei Millimeter langen Zellverbandes, der – einer Nacktschnecke ähnlich – umherkriecht und aus bis zu 100.000 Einzelzellen besteht.

Nach einer gewissen Zeit lässt sich der Verbund nieder und bildet einen gestielten Fruchtkörper von ca. eineinhalb Millimeter Höhe. Dabei übernehmen die Zellen durch Spezialisierung verschiedene Aufgaben. Ein Teil wird zum Stiel, der aus vertrockneten Zellen besteht. Die anderen kriechen dann über sie hinweg und bilden den eigentlichen Fruchtkörper. Faszinierend und bisher ungeklärt ist, wie die einzelnen Zellen wissen, welche Aufgabe sie in welcher Position übernehmen sollen, denn prinzipiell kann jede Zelle jede Aufgabe übernehmen. In dessen Innerem befinden sich Zellen, die sich zu Sporen umwandeln. Wenn sie freigesetzt werden, können sie als einzige Überlebende des gestielten, vielzelligen Gebildes bei günstigeren Umweltbedingungen neue Amöben hervorbringen. Alle anderen Zellen des Fruchtkörpers sterben. Der Vorteil dieses Zyklus, der innerhalb von 24 Stunden ablaufen kann, besteht darin, dass die Sporen an der Oberfläche des Bodens gut von Wasser, Wind oder Tieren verbreitet werden können und somit eine höhere Chance haben, den ungünstigen örtlichen Lebensbedingungen zu entkommen.

Aus diesem Beispiel lassen sich zwei Prinzipien herauslesen: Zum einen weiß jede Zelle ohne ein zentrales Gehirn, was sie zu tun hat. Das Ziel ist die Fortpflanzung und alle helfen mit. Ähnliche Mechanismen gibt es auch bei Menschen: Beim Feuermelder wird das Prinzip bereits angewendet. Bei Gefahr kann jeder den Signalknopf drücken und eindeutiges Verhalten der Betroffenen bewirken.

Der zweite wichtige Punkt ist, dass der Organismus blitzschnell seine Ressourcen an einem Punkt zusammenziehen kann und sie dementsprechend sehr zielgerichtet nutzt. Ebenso können die Ressourcen in einem schwarmorganisierten Unternehmen an einem Punkt des Unternehmens zusammengezogen werden. Dadurch wird die Netzstruktur eines dezentralen Netzwerkes zugunsten eines flexiblen Schwarms aufgegeben.

> Entwickeln Sie automatisch ablaufende Handlungsmuster für Situationen, die schnelles Handeln erfordern.
>
> Halten Sie im Unternehmen Ressourcen bereit, die flexibel in die am wichtigsten benötigten Bereiche fließen können.

7.7 Schwarmverhalten im Käufermarkt

Schwarmähnliches Verhalten zeigt sich auch immer stärker bei den Konsumenten. Aufgrund der zunehmenden Produktvielfalt und Unübersichtlichkeit des Marktes, da übers Internet mittlerweile jedes beliebige Produkt auf der ganzen Welt bestellt werden kann, nimmt die Mundpropaganda zur Bewertung dieser Vielfalt erheblich an Bedeutung zu. Bei Neuheiten im Elektronikbereich liegt die Prozentzahl der Befragten, die Ratschläge von Verwandten, Freunden und Bekannten einholten, bei über 60 %. Maßgeblich meinungsbildend ist dabei das Internet. Wenn ein neues Produkt viele negative Kritiken auf den einschlägigen Seiten bekommt, sinken die Erfolgschancen erheblich. Ebenso helfen Hotelbewertungen im Internet, die von erfahrenen Urlaubern eine Kritik des besuchten Hotels schreiben, Suchenden bei ihrer Auswahl. Dieser sich selbst organisierende Bewertungsraum Internet wurde von Marketingstrategen bisher viel zu wenig in seiner Meinungsbildungskraft erkannt. Dort kann ganz gut eingeschätzt werden, welche Information vertrauenswürdig ist und welche nicht.

Auf Seiten der Unternehmen kann dieser sich selbst organisierende Meinungsbildungsprozess aber zu starker Schwankung sowohl der Produktnachfrage als auch des eigenen Images führen. Unternehmen wie Shell beim Thema Brent Spar oder Nike beim Thema Kinderarbeit mussten aufgrund von Imageschäden Millionenverluste hinnehmen.

Die wachsende Selbstverantwortung des mündigen Kunden hat aber für Unternehmen auch viele Vorteile, beispielsweise in Bereichen, in denen bisher Experten für den Konsumenten entschieden haben. Es entstehen neue Nischen. In der Medizintechnik werden zunehmend neue Instrumente entwickelt, mit denen Patienten sich selbst analysieren können. Der Gang zum Arzt fällt dadurch weg und liefert dem Patienten ein schnelles Ergebnis.

Ein interessanter Nebeneffekt dieses Schwarmverhaltens ist, dass die Vormacht sogenannter Experten an Bedeutung verliert. Wie von der Systemtheorie richtig erkannt, kann aufgrund der starken Informationszunahme ein Einzelner gar nicht mehr einschätzen, ob eine Information richtig oder falsch ist. Bei politischen Themen versuchen Journalisten, uns zu vermitteln, wer ihrer Einschätzung nach bei den nächsten Wahlen gewinnen wird. Bei einer neuen Erfindung im Bereich der Physik versucht ein Wissenschaftsexperte, uns verständlich zu machen, was ohnehin nur eine Hand voll Menschen auf der Welt verstehen. Nachprüfen können wir das nicht. Wir speisen unser Wissen also aus den Erzählungen anderer oder systemtheoretisch ausgedrückt aus der „Beobachtung zweiter Ordnung". Dies hat natürlich einige Nachteile, denn erstens ist jede weitergegebene Information normativ geprägt, sei es, weil Fakten weglassen werden oder bestimmte Inhalte in einem anderen Kontext auftauchen. Zweitens kann sich der Experte auch schlichtweg irren. Durch die Zunahme von Schwarmverhalten kann man seine Informationen jetzt verstärkt über eine Vielzahl von Meinungen erhalten. Wenn Tausende von Leuten den Kauf eines Druckers im Internet empfehlen, dann entspricht das mit größerer Wahrscheinlichkeit der Wahrheit als bei einem Experten einer Computerzeitschrift. Die traditionelle Mundpropaganda gewinnt im globalen Dorf also wieder an Bedeutung.

> Erkennen Sie den Kunden als mündigen Konsumenten an und bieten ihm die benötigten Informationen als Orientierung in der Produktvielfalt.
>
> Versuchen Sie, den Kunden direkt und nicht vermittelt über Experten zu erreichen.

7.8   Grenzen der Schwarmmetapher

Das Prinzip der Schwarmintelligenz auf Menschengruppen zu übertragen hat sicherlich auch seine Grenzen. Intelligenz einer gesamten Gruppe ist immer nur dann produktiv, wenn die Mitglieder der Gruppe vernünftig mit ihrer Verantwortung umgehen, sich an die vereinbarten Regeln halten und die Gruppe nicht missbrauchend manipuliert wird. Denn wenn Menschengruppen in eine Richtung wirken, muss das nicht heißen, dass diese Richtung auch eine positive Wirkung erzielt. Für den Fall, dass alle wie die Lemminge auf den Abgrund zurennen, muss es eine korrigierende Führung geben.

Auch wenn es um das Durchbrechen von Regeln im Sinne einer Avantgarde geht oder um effektives Führen in Krisenzeiten, kann Schwarmverhalten eher hinderlich sein. In diesen Fällen ist die Intelligenz von vielen nicht innovativ genug und dem Bestehenden zu stark verhaftet.

Sie alle kennen sicherlich folgende Situation bei der Erarbeitung eines Vortrages oder einer Präsentation. Es geht viel schneller, wenn man es einfach alleine macht. Aber sicherlich steigt die Qualität des Papiers, wenn man sich weitere Meinungen einholt und vorher noch gegenlesen lässt. Allerdings steigt auch die Anstrengung durch die Auseinandersetzung mit der anderen Meinung. Hier muss man abwägen, ob es schnell gehen soll oder durch das Mehr-Augen-Prinzip und etwas mehr Mühe die Qualität erhöht wird.

Ebenso sollten andere Steuerungsinstrumente gewählt werden, wenn es um die kurzfristigen Interessen der Beteiligten geht. Bei Downsizing-Prozessen können zwar die im Unternehmen bleibenden in einen beteiligungsorientierten Prozess einbezogen werden, es braucht aber trotzdem eine klare Führung von oben.

Auch wenn es einen starken Trend zur Schwarmintelligenz gibt, in der die Eigenverantwortung des Einzelnen zunimmt, heißt das noch lange nicht, dass alte Steuerungsinstrumente vollends wegfallen. Vielmehr geht es um eine gegenseitige Ergänzung der einzelnen Elemente. Als groben Rahmen ist es sinnvoll, die positiven Erfahrungen aus der Plattformstrategie als Organisationsprinzip der Produktion in der Automobilindustrie auf die Organisation von Unternehmen anzuwenden: Es gibt Strukturelemente, die in allen Einheiten gleich sein sollten. Nicht jeder Bereich im Unternehmen muss eine eigene Software haben, diese sollte einheitlich sein. Die Art des Zusammenwirkens der einzelnen Elemente, also der spezifische Umgang mit der Software, ist dann aber den dezentralen Einheiten überlassen.

Verbinden Sie Elemente der Schwarmintelligenz mit vorhandenen Steuerungsinstrumenten.

Streben Sie eine größtmögliche Vereinheitlichung der einzelnen Elemente bei größtmöglicher Entscheidungsfreiheit der dezentralen Einheiten an.

8 Was hat die Neurobiologie mit Evolutionsmanagement zu tun?

Bis heute ist die Frage, wie der Mensch funktioniert, nicht wirklich beantwortet, da lebende Systeme und speziell der Mensch mit seinem hochkomplexen Gehirn noch nicht bis ins letzte Detail durchdrungen wurden. Dennoch konnten in den letzten Jahren vor allem im Bereich der Neurobiologie erstaunlich viele neue Erkenntnisse gewonnen werden, die auch fürs Wirtschaftsleben praktische Anwendungen bieten.

Der Mensch ist stark von der Entwicklung im Laufe der Evolutionsgeschichte geprägt. Viele seiner Verhaltensweisen und körperlichen Eigenschaften haben sich durchgesetzt, weil sie in bestimmten Zeiten einen Vorteil boten. Diese evolutionäre bzw. neurobiologische Entwicklung hat auch Auswirkungen auf die Unternehmensentwicklung, das Managementverhalten und auf Steuerungsprozesse von Unternehmen. Mit der Neurobiologie kommt eine weitere Dimension in der Vorgehensweise des Evolutionsmanagements hinzu. Die verschiedenen Ansätze sind in Bild 8.1 dargestellt.

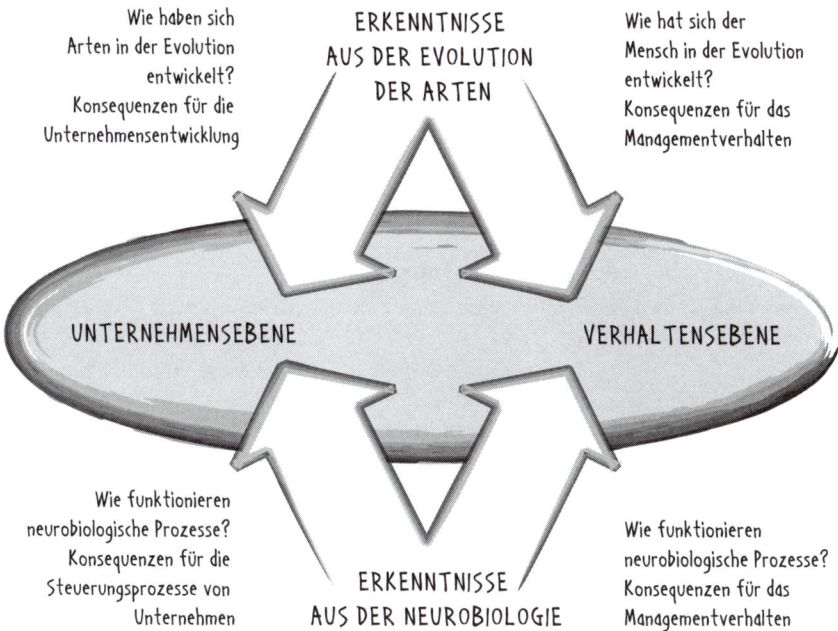

Bild 8.1: Ansätze des Evolutionsmanagements

8.1 Umgang mit Chancen und Risiken – das VER-Modell

Wenn man sich eine Amöbe genauer anschaut, dann kann sie eilig von einer potenziellen Gefahrenquelle wegschwimmen, um in einen sicheren Bereich zu gelangen. Oder sie reagiert auf eine potenzielle Nahrungsquelle, weil sie nährstoffreiches Wasser geortet hat, und schwimmt in dieselbe Richtung. Diese Prozesse entsprechen im Wesentlichen bereits dem menschlichen Verhalten: *Entdeckung von Objekten oder Ereignissen, bei denen Vermeidung und Flucht oder Hinwendung und Annäherung angeraten sind.* Diese Fähigkeit wird nicht erlernt, sondern ist genetisch festgelegt. Alle Organismen, von der Amöbe bis zum Menschen, sind von Geburt an mit Mechanismen ausgestattet, die die grundlegenden Fähigkeiten zum Überleben *automatisch,* also ohne Denkprozesse im eigentlichen Sinne, ausführen können. Zu diesen Fähigkeiten gehören:

- die Suche nach Nahrungsquellen,
- die Aufnahme und Verwertung von Energie,
- die Aufrechterhaltung eines inneren chemischen Gleichgewichts,
- die Erhaltung des Köperbaus durch Reparatur von Abnutzungserscheinungen,
- die Abwehr äußerer Verursacher von Krankheit und körperlichen Verletzungen,
- das Bestreben, sich fortzupflanzen.

Da die Bedingungen in der Umwelt stets zur Veränderung tendieren, muss ein Organismus darauf reagieren können. Das grundlegende Verhaltensmuster, das diesen Reaktionsablauf beschreibt, ist wichtig für unser gesamtes Verhalten. Es ist so grundlegend, dass es auch gut auf Abläufe in Organisationen übertragen werden kann und uns wichtige Verhaltenshinweise bietet. Diesen Prozessablauf haben wir im VER-Modell (Bild 8.2) zusammengefasst:

- **V**eränderung wahrnehmen,
- **E**inschätzung dieser Veränderung,
- **R**eaktion auf diese Veränderung.

Der Ablauf geschieht für den Organismus folgendermaßen:

- Ständig ändert sich etwas entweder innerhalb des Organismus oder extern in der Umwelt.
- Einige dieser Veränderungen haben das Potenzial, eine relevante Modifikation für das Leben des Organismus mit sich zu bringen, andere nicht. Diese mögliche Veränderung kann eine Gefahr bedeuten, die abgewehrt werden muss, oder eine Chance, die genutzt werden sollte.
- Der Organismus filtert aus den vielen Veränderungen diejenigen heraus, die zu wichtigen Modifikationen führen können. Dabei können auch Quantitäten in Qualitäten umschlagen. So sind Temperaturschwankungen für den Körper in einem gewissen Maße nicht bedeutsam. Erst wenn es zu kalt oder zu heiß wird, wird es gefährlich. Hier findet also ein wichtiger Auswahlprozess statt: *die Unterscheidung zwischen Reizen, die keine wesentliche Veränderung nach sich ziehen, und solchen, die zu einer wichtigen Veränderung führen können.*

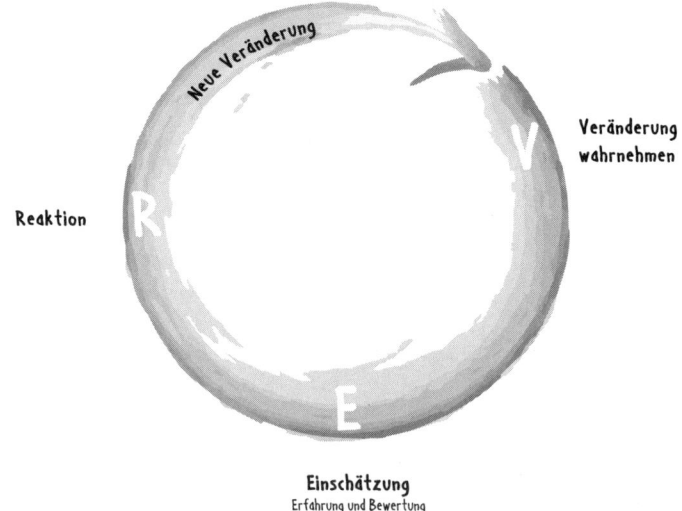

Bild 8.2: Der Reaktionszyklus im VER-Modell

● Der Organismus reagiert nun auf diese Veränderung, indem er eine Handlung vollzieht, um die Chance zu nutzen oder die Gefahr abzuwenden. Er versucht auf jeden Fall, eine für den Organismus vorteilhafte Situation zu schaffen.

Wenn für den Organismus wieder eine angenehme oder sichere Situation erreicht wurde, ist der Kreislauf abgeschlossen und beginnt bei einer weiteren relevanten Veränderung von neuem. Dieser Prozess kann auch homöostatisch sein. Durch Homöostase wird ein dynamisches Gleichgewicht im Organismus erhalten, das Leben ermöglicht. Homöostase befähigt beispielsweise im Körper, ein höheres Energieniveau als in der Umgebung aufrechtzuerhalten. Die normale Körpertemperatur des Menschen liegt bei 37 Grad Celsius, auch wenn die Umgebung kälter oder wärmer ist. Die Zellen im Körper nutzen die durch Nahrung zugeführte Energie, um selbst energiereiche Substanzen herzustellen, die für die Aufrechterhaltung der Homöostase notwendig sind.

Alle lebenden Organismen funktionieren nach diesen Regelprozessen, um schnell auf Umfeldveränderungen reagieren zu können. Da es im Grunde darum geht, einzuschätzen, ob diese Veränderung eine Chance oder ein Risiko für den Organismus darstellt, ist das VER-Modell auch für Unternehmen interessant. Denn diese müssen ebenso auf veränderte Umfeldveränderungen reagieren können und so bietet dieser einfache Regelkreis eine gute Orientierung. Das VER-Modell funktioniert in Unternehmen wie folgt:

Veränderungen wahrnehmen

● Es gibt stabile Prozesse im Unternehmen.

● Dann ändert sich etwas. Dies kann intern sein, z. B. durch einen Wechsel im Personal oder ein Fehler tritt auf. Die Veränderung kann aber auch aus dem Umfeld kommen. So z. B. können sich die Marktpreise verändern, neue gesetzliche Bestimmungen eingeführt werden oder wichtige Veränderungen bei Konkurrenten auftreten.

- Diese Veränderung kann zu gravierenden Veränderungen des Unternehmens führen, entweder im Sinne einer Gefahr, z. B. wenn die Marktpreise sinken, oder im Sinne einer Chance, z. B. wenn sich eine neue Nische auftut.

- Nun ist es wichtig, dass das Unternehmen diese Veränderung wahrnimmt, aus den vielen anderen Veränderungen herausfiltert und als wichtig einstuft. Dies kann durch die Führung passieren, in einem guten Unternehmen sind aber alle Mitarbeiter in diesen Wahrnehmungsprozess einbezogen und bei der Führung liegt die letzte Entscheidung.

> Innerhalb und außerhalb von Organisationen gibt es ständig viele Veränderungen, aber nicht alle sind relevant: Identifizieren Sie Veränderungen, die für das Unternehmen starke Auswirkungen haben können.
>
> Viele Augen sehen mehr und ermöglichen ein umfassendes Screening des Umfeldes: Beteiligen Sie möglichst viele Mitarbeiter an der Umfeldwahrnehmung.

Einschätzung der Veränderung

- Es geht also darum, einzuschätzen, ob diese Veränderung für die Lebensfähigkeit des Unternehmens wichtig im Sinne von Gefahr und Chance ist. Dies ist nicht so einfach, weil es dauernd interne und externe Veränderungen gibt und es wichtig ist, von den vielen Veränderungen diejenigen herauszufinden, die für eine Modifikation relevant sind oder relevant werden können. Ob eine Veränderung relevant ist, kann oft erst nachträglich verifiziert werden, denn viele Veränderungen entwickeln ihr Potenzial erst mit der Zeit.

- Die Veränderungen müssen hinsichtlich quantitativer und qualitativer Gesichtspunkte eingeschätzt werden. Dabei kann Quantität ab einem bestimmten Punkt in Qualität umschlagen.

> Nehmen Sie die Risiken und Chancen von Veränderungen rechtzeitig wahr, sonst verpassen Sie den richtigen Zeitpunkt für eine Reaktion.
>
> Entscheiden Sie, ob diese Veränderung als Chance genutzt werden kann oder als Gefahr abgewendet werden muss.
>
> Nehmen Sie nicht nur Gefahren wahr, sondern auch Chancen, sonst rennen Sie den Entwicklungen immer hinterher und können nicht gestalten.

Reaktion auf Veränderungen

- Nun muss das Unternehmen Reaktionsmöglichkeiten entwickeln und sich für eine entscheiden.

- Die Reaktion kann eine drohende Gefahr abwenden, z. B. indem bei einem Sinken der Marktpreise die Kosten reduziert werden oder notwendige Umstrukturierungen vorgenommen werden, die für ein beschlossenes Wachstum wichtig sind.

- An dieser Stelle können innovative Reaktionen das Unternehmen auf ein höheres Niveau heben. Wie man im Bild 8.3 sieht, kann der bereits vorgestellte VAB-Kreislauf einbezogen werden: durch eine Vielfalt an Reaktionsmöglichkeiten, der Auswahl erfolgversprechender Handlungsoptionen und Bewahrung des erfolgreich Umgesetzten.

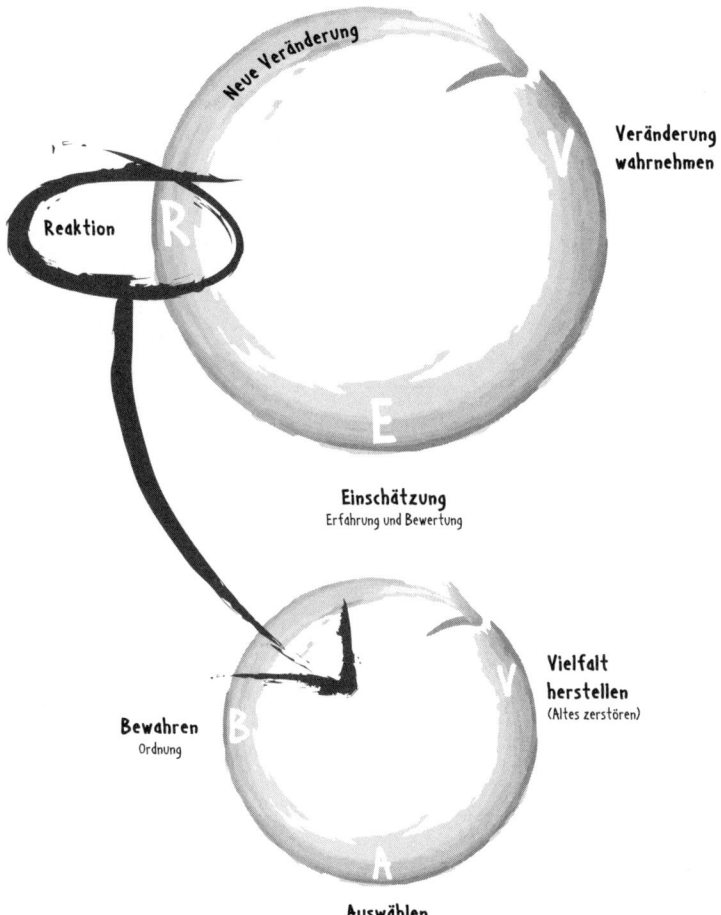

Bild 8.3: VAB- und VER-Modell

- Sind die Reaktionen erfolgreich gewesen, so hat sich das Unternehmen auf einen neuen Zustand eingependelt, entweder auf dem alten Niveau oder auf einem neuen höheren oder niedrigeren Niveau, und der Kreislauf beginnt von vorne.

In Tabelle 8.1 sind die verschiedenen Phasen dargestellt. Einige Unternehmen sind besonders gut in der Umfeldwahrnehmung. Andere sind gut in der kreativen Entwicklung von Neuheiten. Wieder andere sind sehr gut in der Umsetzung. Ordnen Sie hier Ihre Stärken und Schwächen ein. Setzen Sie ein X für Ihre Einschätzung des Ist-Zustandes und ein 0 für den Soll-Wert. Überlegen Sie sich Maßnahmen zur Optimierung.

> Achten Sie auf die Intensität der Gegensteuerung. Eine zu starke oder schwache Reaktion löst nicht unbedingt die Ausgangssituation.

Tabelle 8.1: Phasen des VER-Modells – Wie sind wir in den verschiedenen Phasen?

Einschätzung Ist (x) und Soll (o)		Maßnahmen zur Optimierung
Wir übersehen viele relevante Ereignisse	Wir filtern alle relevanten Ereignisse heraus	
◆————————————◆		
1	10	
Wir erkennen Risiken spät	Wir erkennen Risiken früh	
◆————————————◆		
1	10	
Wir erkennen Chancen spät	Wir erkennen Chancen früh	
◆————————————◆		
1	10	
Wir entwickeln adäquate Reaktions- möglichkeiten	Wir tun uns schwer mit adäquaten Reaktions- möglichkeiten	
◆————————————◆		
1	10	
Wir tun uns in der Um- setzung der beschlossenen Reaktionen schwer	Wir sind sehr gut und kon- sequent in der Umsetzung beschlossener Reaktionen	
◆————————————◆		
1	10	

8.2 Grundlegende Reaktionsrichtungen menschlichen Handelns

Die klassische Betriebswirtschaftslehre geht von rational handelnden Individuen aus, deren einziges Ziel die individuelle Nutzenmaximierung ist. Der Nutzen kalkuliert sich am monetären Verdienst. Auch die klassische Verhaltenspsychologie erklärt Handlungen aus dem Wunsch nach Anerkennung sowie dem Bestreben, eine Bestrafung zu vermeiden. Diese extrinsische Motivation reicht aber nicht aus, um das gesamte Spektrum dessen abzudecken, was Menschen antreibt. Viel wichtiger ist die intrinsische Motivation, die von innen heraus kommt, also Antrieb aus Interesse oder Drang zu der Aufgabe an sich. Dazu sind in der Evolutionsforschung und in der Neurobiologie interessante neue Ansätze zu finden, die die große Bedeutung der Motivation wissenschaftlich untermauern. Zur intrinsischen Motivation gehören auch die Antriebe, die sich im Laufe der Evolution entwickelt haben, wie etwas zu lernen, etwas Befriedigendes zu leisten oder sich fortzupflanzen. Der Anreiz für eine Handlung hängt nicht nur von einer erwarteten äußeren (extrinsischen) Belohnung ab, sondern besteht vor allem in den positiven Erfahrungen – also den schnellen andauernden positiven Feedback-Schleifen – während der Tätigkeit selbst. Wir beobachten das, wenn jemand in seiner Tätigkeit völlig aufgeht. Aber woran liegt es, ob man positive Erfahrungen während der Arbeit macht oder nicht?

Der amerikanische Neurobiologe Antonio Damasio hat nachgewiesen, dass die Aktivitäten des Menschen von zwei grundlegenden Antrieben gesteuert werden: *Überleben zu wollen und sich Wohlbefinden zu verschaffen.* Zur Unterstützung dieser Handlungsabläufe wird im Sinne eines natürlichen Belohnungssystems bestimmtes menschliches Verhalten mit der Ausschüttung von körpereigenen Drogen (Endorphin, Dopamin) belohnt, was uns ein „sehr angenehmes Gefühl" gibt und uns sogar „süchtig" nach diesen körpereigenen Stoffen machen kann. Dies kennen Sie sicher vom Sport. Das Belohnungssystem springt jedoch nicht nur im Nachhinein an, sondern wann immer wir in eine Situation geraten, die vielversprechend erscheint. Der Botenstoff Dopamin wird dann über ein Geflecht von Nervenbahnen, das einer Sprinkleranlage ähnelt, in weiten Teilen des Vorderhirns verteilt und verändert die Funktionsweise der grauen Zellen. Diese Wirkung ist unmittelbar erlebbar: Die Aufmerksamkeit fokussiert sich auf ein Ziel, und wir fühlen uns motiviert, es zu erreichen. Ebenso empfinden wir ein angenehmes Gefühl zwischen einem leichten Kribbeln der Vorfreude bis hin zu Euphorie. Dies treibt uns Menschen an, tätig zu werden.

Vom Körper werden nun solche Erlebnisse und Handlungen belohnt, die sich im Laufe der Evolution als vorteilhaft erwiesen haben. Auslöser für die Ausschüttung dieser Stoffe sind die „emotional besetzten Stimuli" (EBS). Emotional besetzte Stimuli funktionieren ähnlich wie Reflexe, sind aber eine komplexere Art automatisierter Reaktionsfähigkeit des Menschen. Ein EBS ist ein mit Emotionen besetzter Reiz. Ereignet sich ein Reiz wieder, so wird die entsprechende Emotion aus dem Gedächtnis aufgerufen. Wenn wir eine Schlange sehen, haben wir in der Regel Angst. Dies ist vermutlich genetisch festgelegt, da Schlangen in der Entwicklungsgeschichte des Menschen stets eine Bedrohung darstellten. Wenn wir eine interessante Frau oder einen attraktiven Mann sehen, kann das mit Begehrlichkeit verbunden sein. Wenn wir uns in Gefahr befinden, dann geht diese Information ausgelöst durch einen EBS ans Gehirn, wird dort verarbeitet und mit einem Handlungsrepertoire beantwortet, das entweder die Herausforderung annimmt, wodurch Endorphine ausgeschüttet werden und unser Leben sichern kann, oder aufgrund von Negativerfahrungen zur Reduktion des Antriebes führt. Wenn wir uns Wohlbefinden verschaffen wollen, kann dies ein Genuss sein, der wieder zur Endorphinausschüttung führt, oder als Langeweile wahrgenommen werden, die zur Reduktion des Antriebs führt (Bild 8.4). Überleben zu wollen sowie sich Wohlbefinden zu verschaffen kann also durch positive oder negative Körperreaktionen unterstützt oder behindert werden.

Die Tatsache, dass der Reiz mit einer Emotion verbunden ist, ermöglicht schnelle Reaktionen, ohne dass lange darüber nachgedacht werden muss. Wenn also auf den EBS positiv im Sinne der Evolution reagiert wird (Herausforderung annehmen), dann wird diese Handlung durch die Ausschüttung von Endorphinen belohnt, was dazu führt, dass diese Handlung gerne wiederholt wird.

Entsteht ein EBS, wird diese Information an verschiedene Regionen im Gehirn weitergeleitet. Ohne dass uns diese Information bewusst ist, wird der Reiz nach dem Schlüssel-Schloss-Prinzip in bestimmten Regionen des Gehirns verarbeitet. Jeder Reiz passt nur zu einem bestimmten Schloss und löst damit ein Reaktionsschema aus, das ganz spezifische Reaktionen im Gehirn

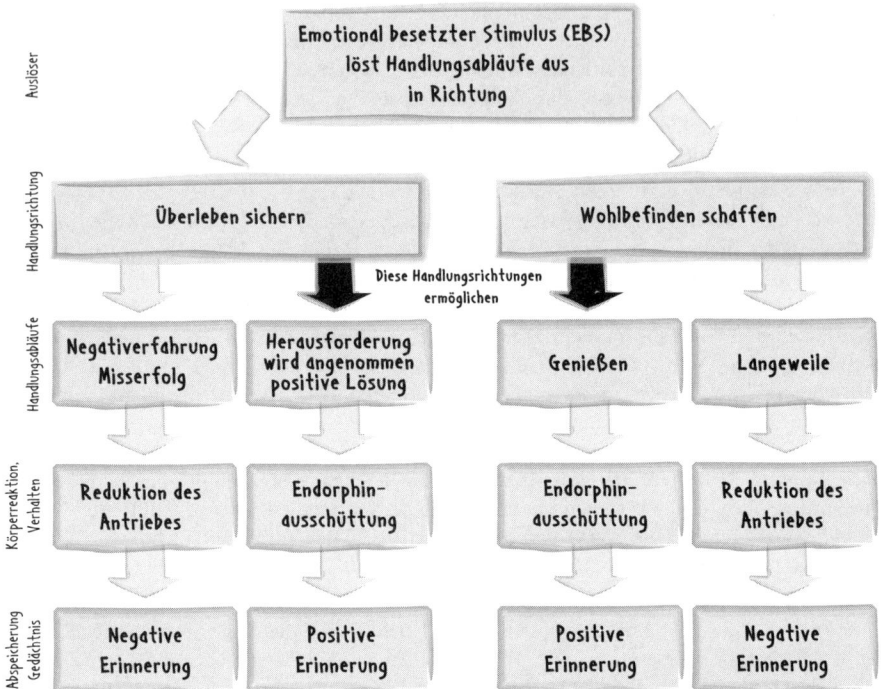

Bild 8.4: Menschliche Reaktionen lassen sich auf zwei grundlegende Antriebe zurückführen

mit einbezieht. Das Reaktionsschema lässt dann grundlegende menschliche Emotionen wie Furcht, Ekel oder Glück entstehen. Natürlich sind uns viele dieser Emotionen bewusst, so dass wir für uns selbst sagen können: „Ich bin gerade glücklich." Wichtig ist jedoch, dass unser Körper auch auf Emotionen reagieren kann, ohne vorher darüber nachzudenken, vor allem wenn es um eine schnelle Reaktionszeit geht. Unser Körper „denkt" also schneller als der Geist.

In Gang gesetzt werden die automatisierten Prozesse durch die Erfüllung eines gewissen Schwellenwertes. So wird gewährleistet, dass nicht auf jede Veränderung reagiert wird, sondern nur auf besonders wichtige. Die Entscheidung, ob ein Schwellenwert erreicht ist oder nicht, liegt bei den Neuronen, der kleinsten funktionellen Einheit des Nervensystems. Über kurze, stark verzweigte Auswüchse empfängt das Neuron einen Reiz, verarbeitet Informationen und verteilt sie an weitere Neuronen. Erst wenn ein gewisser Schwellenwert überschritten wird, werden die Informationen über ein elektrisches Alles-oder-nichts-Signal weitergeleitet, das Neuron „feuert". Eine Gewöhnung des Nervs an einen Reiz tritt ein, wenn der Schwellenwert des auslösenden Reizes steigt oder die Frequenz sinkt, mit der ein Reiz Nervenimpulse auslöst.

Übertragen auf den Manager ermöglichen diese automatisierten Prozesse ein schnelles Reagieren, ohne nachzudenken. Vor allem in Situationen unter Zeitdruck ist es wichtig, Entscheidungen instinktiv aus dem Bauch heraus fällen zu können – und diese später auch noch vertreten zu können. Um dies zu professionalisieren, muss man lernen, seine eigenen Körperemotionen wahrzunehmen und dann richtig zu interpretieren. Sie kennen sicher das bekannte „Bauchgrummeln" bei wichtigen Entscheidungen. Nehmen Sie das wahr? Und wie ist es zu interpretieren? Liegt es lediglich am schweren Mittagessen in der Kantine oder rät Ihnen der Körper, vorsichtig zu sein, weil irgend etwas unstimmig erscheint? Im letzteren Fall müssen Sie versuchen, Abstand zu gewinnen, und die Situation kognitiv analysieren. Ihr Bauchgrummeln ist zwar blitzschnell und auch noch in unübersichtlichen Situationen aktiv, es kann aber oft nicht nur keine genauen, sondern sogar falsche Handlungsanweisungen geben, da die vollständige Datengrundlage fehlt. Zur genauen Analyse und Beurteilung ist der kognitive Denkprozess zuständig, in dem Sie Vor- und Nachteile gegeneinander abwägen können. Aber Ihre Körpersignale können Sie im entscheidenden Moment warnen.

Übertragen auf Organisationen ist der Grad an Automatisierung vor allem bei lebensnotwendigen Aspekten ein sehr wichtiges Thema. Automatisierung meint hier nicht nur die technische Automatisierung, sondern auch, Prozesse automatisch, ohne großes Nachdenken, ablaufen zu lassen. Je mehr in einer Organisation automatisiert wird, desto mehr Energie bleibt für andere Prozesse wie die Entwicklung von Innovationen. In Unternehmen würde die automatische Reaktion auf bestimmte Stimuli wie folgt aussehen: Ein Stimulus wird automatisch registriert und klassifiziert und entsprechend der Klassifizierung an unterschiedliche, vorher definierte Stellen im Unternehmen weitergeleitet. Dort wird die Information ausgewertet und an verschiedene andere Bereiche weitergeleitet. Komplexe Vorgänge im Unternehmen können nicht nur von einem Bereich alleine gelöst werden, sondern im Zusammenspiel der unterschiedlichen Bereiche. Die jeweiligen Bereiche vernetzen sich und führen gemeinsam eine Handlung aus. Im Rechnungswesen beispielsweise werden Rechnungen zwar zentral verwaltet, aber von anderen Bereichen automatisch gegengecheckt.

Diese Mechanismen sind ein wesentliches Element zur Selbstmotivation, aber auch zur Motivation der Mitarbeiter. Denn wenn ein Mensch bei seiner Arbeit möglichst häufig diese natürliche Belohnungen erfährt, werden Motivation und Leistungsbereitschaft von innen heraus steigen. Unternehmen sollten also stets dafür sorgen, dass den Mitarbeitern und Führungskräften genügend Herausforderungen geboten werden, die sie im Sinne der Evolution positiv lösen können. Dazu gehört auch, dass diese Herausforderungen, während man sich in ihnen befindet, keineswegs als einfach oder angenehm erlebt werden. Andererseits sollten sie auch genügend Situationen und Feldbedingungen ermöglichen, in denen Mitarbeiter und Führungskräfte Wohlbefinden erleben können.

Bei Führungskräften sollte das Belohnungssystem durch Herausforderungen eine größere Rolle spielen als das durch Wohlbefinden, wobei für diese Wirkungsweise wichtig ist, dass es gelingt, einen wesentlichen Teil dieser Herausforderungen zu meistern. In diesem Zusammenhang ist zu betonen, dass es keine Patentrezepte gibt: Der Intensitätsgrad einer Herausforderung, die von dem Mitarbeiter als positiver Anreiz erlebt wird, ist für jeden Mitarbeiter individuell unterschiedlich. Die Natur hat zwar ein sehr vielfältiges Instrumentarium von unterschiedlichen Anreizsystemen entwickelt, aber eben auch von unterschiedlichen Bedürfnisstrukturen.

Eine gute Möglichkeit, körpereigene Glückshormone zu produzieren, ist Neues zu entdecken. Diese Art der Meisterung von neuen Situationen wird durch Neugier angetrieben. In experimentellen Studien wurde untersucht, welche situativen Bedingungen Neugier hervorrufen. Dabei handelt es sich um die Aspekte: Intensität eines Reizes, Neuartigkeit, Überraschungswert, Komplexität, Ungewissheit und Inkongruenz. Diese Liste ist wichtig für die Beurteilung von herausfordernden Lernsituationen im Unternehmen.

Typische Situationen, die zur Ausschüttung der körpereigenen Glückshormone führen, sind:

- das erstmalige Lösen eines Problems,
- die Entwicklung neuer Ideen,
- Lernerfolge,
- Befriedigung von Neugier,
- Überwindung von Situationen, vor denen man Angst hat (z. B. einen Vortrag halten).

Man muss also dafür sorgen, dass Mitarbeiter bzw. Führungskräfte möglichst häufig in Situationen kommen, in denen der eigene Körper sie belohnt und aktiviert. Dadurch verbessert sich ihre Motivation und auch ihre Leistung, denn je stärker positive Emotionen beim Lernerfolg sind, desto fester wird die Information im Gehirn „verdrahtet". Den Mitarbeitern und Führungskräften muss ein Umfeld geboten werden, in dem sie vor immer neuen Herausforderungen stehen, mit Neuigkeitswerten und Lernanreizen, die sie aber lösen können und sie nicht dauernd überfordern.

Wie gezeigt, fließen in alle komplexen Entscheidungsprozesse emotionale und kognitive Elemente ein. Wenn sich Mitarbeiter in einem Unternehmen wohlfühlen sollen, dann dürfen sie sich nicht nur auf der kognitiven Ebene durch interessanten Wissensaustausch und die kognitive Bearbeitung wohlfühlen, sondern auch auf der Ebene der Emotionen und Gefühle.

Das eben Gesagte bedeutet natürlich nicht, dass die Elemente zur Förderung der extrinsischen Motivation, wie finanzielle Anreize, völlig unwichtig wären. Das Verhältnis von intrinsischer und extrinsischer Motivation muss je nach dem individuellen Bedürfnis gut ausbalanciert werden. Vielen Menschen ist Geld wichtig, aber diese Art Motivation ruft häufig nach immer höherer Belohnung und kann bei Menschen, die stark intrinsisch motiviert sind, sogar destruktiv wirken, sie fühlen sich korrumpiert. Extrinsische Belohnungen können also unter Umständen die Motivation schmälern, wenn bereits genügend intrinsische Motivation vorhanden war. Die intrinsische Motivation unterstützenden Faktoren erfährt man z. B. durch gezieltes Nachfragen der inneren Visionen und Leitbild-, Werte- und Zukunftsdiskussionen. Sie wird durch die Übertragung von Kompetenzen, durch Vorbildfunktion der Führung bzw. durch das Schaffen einer geeigneten Lernumgebung gefördert.

Bieten Sie Ihren Mitarbeitern Handlungsabläufe an, die zu einer starken Ausschüttung von Glückshormonen führen.

Bieten Sie ein Umfeld, das Herausforderungen bereithält, die zu meistern sind.

Bieten Sie eine Interaktionskultur, die nicht allein von der rationalen Ebene geprägt ist, sondern auch die Gefühlsebene einbezieht.

8.3 Emotionen im Management

8.3.1 Emotionen wahrnehmen

Der Mensch stützt sich auf zwei unterschiedliche Formen von Vorstellungsbildern, mit denen ein Organismus Veränderungen wahrnehmen kann. Die erste Art von Bildern halten Vorstellungen vom Körperinneren fest, die den Bau und Zustand von inneren Organen wie Herz oder Muskeln und den Zustand zahlreicher chemischer Parameter des Organismus anzeigen („Karten" zur inneren Körperwahrnehmung). Die zweite Art der Bilder betreffen Vorstellungen von bestimmten Sinnesorganen, wie den Augen oder Ohren, und spiegeln die Wahrnehmung der äußeren Welt wider (Karten zur Darstellung der äußeren Welt). Wenn sich also im Körper oder außerhalb im Umfeld etwas verändert, kann dies über solche Karten festgehalten werden. Diese Körperwahrnehmung ist für die Verarbeitung von äußeren Reizen sehr wichtig. Welche Mechanismen dabei ablaufen, hat Damasio genauer untersucht.

Reflex: automatisierte Körperreaktionen: Wenn etwas auf unser Auge zufliegt, geht das Lid automatisch zu.

Emotional besetzter Stimulus (EBS): Wahrgenommener Reiz wird mit einer Emotion verbunden. Funktioniert daher komplexer als ein Reflex. Beispiel: Wahrgenommene Schlange wird mit Angst verbunden.

Emotion: Körperempfindungen oder auch Abbildungen von Körperzuständen, die durch einen EBS ausgelöst werden.

Gefühl: Die bewusste Wahrnehmung und Interpretation der emotionalen Körperzustände.

Damasio unterscheidet *Emotionen* von *Gefühlen*. Emotionen sind für ihn durch emotional besetzte Reize verursachte Abbildungen von Körperzuständen, oder kurz Körperempfindungen. Gefühle hingegen stellen das bewusste Wahrnehmen und Interpretieren dieser emotionalen Körperzustände dar. Emotionen sind also Körperempfindungen, während Gefühle der Verarbeitung dieser Emotionen im Gehirn entsprechen. So lernt der Mensch im Laufe seiner Entwicklung beispielsweise den Körperzustand, der mit der reflexartigen Flucht vor einer Gefahr verbunden ist, als das bewusste Gefühl Angst wahrzunehmen. Demnach ist das Gefühl das Verbindungsglied zwischen den natürlichen Emotionen und dem bewussten Denken.

Die meisten Menschen nehmen das Körpergefühl, die Emotionen, gar nicht mehr wahr oder können es nicht richtig interpretieren und ordnen der Emotion das falsche Gefühl zu. Dadurch fehlt ihnen allerdings eine wichtige Wissensquelle, wenn sie ihre Emotionen und Gefühle unterdrücken. Auch aus psychologischer und gesundheitlicher Sicht ist dies nicht zu empfehlen. Zeigen Sie also Freude, Trauer oder Wut in einer adäquaten Form, so dass auch andere damit auskommen, aber beschäftigen Sie sich nicht länger als nötig damit. Die Natur hat Gefühle als Signale erfunden. Sobald wir nach einem Ärgernis oder einer Enttäuschung unsere Emotionen wahrgenommen haben, ist die Botschaft überbracht und der Bote schweigt. Geben Sie sich die Möglichkeit, Ihre Gefühle auszudrücken, ohne andere zu verletzen. Leidenschaften sind Teil unserer Lebendigkeit, es kommt darauf an, den Umgang mit ihnen zu lernen.

> Sie sollten lernen, Ihr eigenes Körpergefühl besser zu verstehen und dieses ins Alltags-
> geschäft zu integrieren. Daraus können wichtige Schlussfolgerungen in komplexen
> Situationen gezogen werden.
> Versuchen Sie, sich in Situationen zu bringen, die Ihr Körper belohnt, und nehmen
> Sie auch negative Emotionen in der gebotenen Kürze bewusst wahr.

8.3.2 Handeln Sie emotional

Dem herrschenden Managementdenken zufolge sind Entscheidungen umso besser, je weniger
Emotionen bei deren Findung involviert sind. Auseinandersetzungen sollten auf der Sachebene geführt und Entscheidungen mit „kühlem Kopf" getroffen werden. Gefühle würden
den Prozess des rationalen Abwägens und logischen Schlussfolgerns nur beeinträchtigen.
Folglich werden Gefühle beim Managen von Unternehmen häufig tabuisiert in dem Glauben, dadurch erfolgreicher zu sein. Diese Vorgehensweise widerspricht den Ergebnissen der
Neurobiologie und schneidet uns von Fähigkeiten ab, die sich über Millionen von Jahren in
der Evolution entwickelt haben.

Eine auf Verstand und Vernunft basierende Handlung hat ihren Ursprung im Gehirn.
Gleiches gilt für Emotionen, die dem limbischen System oder auch *Gefühlszentrum* entsprin-
gen, welches außerdem die biologischen Grundfunktionen kontrolliert und auf Instinkte,
Kampf- und Fluchtreflexe spezialisiert ist. Es arbeitet völlig unbewusst und ist maßgeblich
am Entstehen von körperlichen Bedürfnissen und Gefühlen beteiligt. Alles, was wir tun, wird
vom Gefühlszentrum nach gut und schlecht bewertet und dementsprechend abgespeichert.
Das Gefühlszentrum ist zwar zur schnellen und nachhaltigen emotionalen Bewertung von
Dingen in der Lage, kann aber keine komplexen Sachverhalte verarbeiten und entsprechend
auch keine mittel- und langfristige Handlungsplanung betreiben. Es ist wie ein kleines
Kind, das angesichts eines bestimmten Geschehens nur unmittelbare Vorstellungen über
gut und schlecht, positiv und negativ, lustvoll und schmerzhaft entwickeln kann und nicht
über die Stunde und den Tag hinausdenkt. Deswegen kooperiert es eng mit dem *Gedächtnis*
(Hippocampus). Dieses enthält alle Informationen, an die wir uns bewusst erinnern und die
wir prinzipiell sprachlich darstellen können. Erst durch das Erlebnisgedächtnis kann eine
unangemessene Verallgemeinerung einer Erfahrung, beispielsweise „alle Verkäufer wollen
mich reinlegen", vermieden werden, und wir können unsere Reaktionen auf Umweltereignisse
differenzierter gestalten.

Um Verstand und Vernunft einsetzen zu können, bedarf es ausreichender Informationen,
deren schnelle Beschaffung oft nicht möglich ist. Gefühle helfen uns dann, Ereignisse einzuschätzen und Handlungsoptionen zu entwickeln, sehr viel schneller, als dies mit bewussten
Gedankengängen möglich wäre. Dies ist in unübersichtlichen, komplexen Situationen
unentbehrlich.

Wenn wir in einer typischen Entscheidungssituation andere Menschen bewerten wollen, dann
werden die optischen Reize zunächst übers Gedächtnis mit gespeichertem Wissen angereichert.
Auch das Gefühlszentrum wird befragt und wenn die aktuelle Situation eine Parallele mit
negativen Erlebnissen der Vergangenheit aufweist, dann löst dies ablehnende Gefühle aus.
Im positiven Fall sorgt das Belohnungszentrum für ein starkes Verlangen. All diese Vorgänge
verlaufen zu einem großen Teil ohne willentliche Kontrolle des Bewusstseins ab. Die bewusste
Entscheidung wird im präfrontalen *Kortex* getroffen, der in der Lage ist, komplexe Sachver-

halte zu verarbeiten, große Detailmengen zu beurteilen, verschiedenartige Gedächtnisinhalte zusammenzufügen oder längerfristig Handlungen in neuartigen Situationen zu planen. *Im Kortex laufen Gefühle und Wissen zusammen.* Diese Hirnregion kann als Mittler zwischen Verstand und Gefühlen verstanden werden: Die Gefühle des limbischen Systems und das Wissen des Hippocampus werden mit den rationalen Erwägungen des Kortex verknüpft, wobei die Gefühle beim Treffen der Entscheidung den Ausschlag geben.

In vielen Fällen entscheiden wir uns trotz umfangreichen Abwägens der Konsequenzen und Handlungsalternativen sowie langen vernünftigen Nachdenkens „aus dem Bauch heraus". So halten wir z. B. aus irgendwelchen Gründen an einer Beziehung fest, obwohl sie eigentlich nicht läuft. Auch Aktienbesitzer tendieren dazu, zu lange an ihren Aktien bei schlechten Kursen festzuhalten, in der Hoffnung, es könnte wieder bergauf gehen. Trotz langwierigen Nachdenkens entscheiden wir oft nicht rational. Begründbar ist dies damit, dass das *Gefühlszentrum im Gegensatz zum rationalen System einen direkten Zugriff auf die Systeme hat, die schließlich das Handeln steuern.* Das Gefühlszentrum entscheidet, ob, wann und in welchem Maße Verstand und Vernunft zum Einsatz kommen. Das Gefühlszentrum kreiert unsere Wünsche und Ziele. Anschließend werden sie von der Vernunft und dem Verstand überprüft und beurteilt, woraufhin die vom Kortex getroffene Entscheidung dann wiederum daraufhin überprüft wird, ob sie emotional akzeptabel ist. Fragen Sie sich bewusst, wie Sie sich mit einer Entscheidung fühlen würden, das macht es Ihnen leichter, Ihre Entscheidung anschließend auch zu vertreten.

Rationales Abwägen muss aber kein vernünftiges Verhalten zur Folge haben. Dies zeigt sich bei Patienten mit einer Schädigung des orbitofrontalen Kortex. Sie sind unfähig, längerfristige negative oder positive Konsequenzen ihrer Handlungen vorauszusehen, wenngleich eine unmittelbare Belohnung oder Bestrafung von Aktionen ihr weiteres Handeln beeinflussen kann. Sie gehen wider besseres Wissen große Risiken ein. Zum Beispiel warnen sie uns, völlig rational, vor einer gefährlichen Handlung und halten lange Vorträge zur Erläuterung – und dann tun sie es selber. Sie gehen beim Spiel oder Aktienkauf waghalsig vor oder überqueren bei Rot eine dicht befahrene Straße – sie tun also etwas, was ein vernünftiger Mensch nicht tut. Dies zeigt, dass rationales Abwägen und vernünftiges Verhalten völlig entkoppelt auftreten können.

Es gibt also keine Entscheidungen, in die sich nicht in irgendeiner Weise Emotionen mischen. Emotionen beeinflussen das Handeln direkter als der Verstand, dieses Vorgehen hat sich als evolutionär sinnvoll erwiesen. Gleichwohl bleibt deren Kontrolle durch den Verstand ein grundlegendes Lern- und Entwicklungsziel. Folglich gibt es zwar ein rationales Abwägen von Handlungen und Alternativen, aber kein rationales Handeln selber. Am Ende eines noch so langen Prozesses des Abwägens steht immer ein emotionales Für oder Wider. Unsere gegenwärtige Entscheidung muss sich in den Rahmen unserer gesamten emotionalen Erfahrung einfügen können. Die Chance der Vernunft ist es, mögliche Konsequenzen unserer Handlungen so aufzuzeigen, dass damit starke Gefühle verbunden sind. Nur durch starke Gefühle kann im Erwachsenenalter Verhalten noch verändert werden.

Die Vernunft ohne Unterstützung unserer Gefühle ist ein schlechter Ratgeber. Gefühle prägen unsere gesamte Existenz als eine Art kondensierte Lebenserfahrung. Es kommt also nicht darauf an, Gefühle aus dem Wirtschaftsleben zu verbannen, sondern sie zu integrieren und zur Unterstützung unseres Management-Handelns beispielsweise bei der Personalauswahl oder Strategieentwicklung einzusetzen. Genauso nachteilig ist es aber auch, wenn wir uns nur auf unsere natürlichen Emotionen verlassen würden, weil sie uns zwar wichtige Hinweise geben, aber auch fehlleiten können.

Lernen Sie, Ihre Emotionen im Arbeitsalltag wahrzunehmen und in Ihre Handlungen zu integrieren.

Gefühle und Verstand interagieren bei schwierigen Entscheidungsprozessen. Lassen Sie Ihre Intuition bewusst in den Entscheidungsprozess mit einfließen, aber unterziehen Sie ihn auch einer kognitiven Prüfung.

Lassen Sie Gefühlsäußerungen in Auseinandersetzungen zu, angenehme wie auch unangenehme. Sorgen Sie dafür, dass solche Gefühlsäußerungen nicht in einer destruktiven Art dominieren. Zu wenig engt ein, zu viel kann von der Aufgabe ablenken.

8.3.3 Die Wichtigkeit der Intuition

Die technische Entwicklung in den letzten Jahrzehnten erlaubt eine immer größere Annäherung von technischen an lebende Systeme. Dennoch ist bei der Computersimulation von hochentwickelten Lebewesen eine Grenze noch nicht übersprungen: Der Bereich der Emotionen und Intuition und deren Berücksichtigung in komplexen Situationen fehlen noch völlig.

Am besten ist dies im direkten Vergleich festzustellen: Die derzeitige Computersoftware zum Go-Spiel geht immer noch nicht über eine mittlere Leistungsfähigkeit hinaus. Go ist ein asiatisches Brettspiel und mit ca. 4.000 Jahren eines der ältesten und komplexesten Spiele überhaupt. Nach sehr einfachen Regeln, die viel Freiraum zulassen, können Steine auf 19 mal 19 Kreuzpunkte gesetzt und damit Gebiete gewonnen werden. Beim Spiel fließen unbewusst Persönlichkeitsaspekte wie ästhetisches Empfinden, Kampfhaltung, Unsicherheit oder der Drang zu Besitztum ein. Der Computer ist damit überfordert – er hat keine Intuition.

> **Intuition** ist das unmittelbare Erfassen eines Sachzusammenhangs, eine Eingebung, die sich auf unbewusstem Wege ohne Verwendung von bewusstem Nachdenken einstellt. Intuition beruht nicht auf einem logisch durchdachten Ablauf, sondern begreift das Ganze direkt in seiner Gesamtheit.

Wie Gefühle und Emotionen uns Menschen helfen können, zeigt ein interessantes Experiment des Neurobiologen Damasio und seines Teams: Versuchspersonen bekamen ein Kartenspiel und wurden zur Erfassung physiologischer Reaktionen an einen Lügendetektor angeschlossen. Ihre Aufgabe war es, wiederholt aus zwei verdeckten Stapeln Karten zu ziehen und möglichst Gewinne anzusammeln. Was sie nicht wussten: In einem Stapel waren mäßige Gewinne im Wechsel mit kleineren Verlusten verborgen. Der zweite Stapel war wesentlich schlechter, da zwar einige wenige große Gewinne erzielt werden konnten, aber auch viele riesige Verluste. Ungefähr nach dem zehnten Zug begannen die Spieler unbewusst den schlechteren Stapel zu meiden, der Lügendetektor erfasste leichten Angstschweiß und Herzklopfen, sobald sich die Hand den Karten näherte. Aber erst nach dem 50. Zug berichteten die Versuchspersonen von einer gefühlsmäßigen Abneigung gegen den schlechten Stapel und meist erst beim 80. Zug konnten sie diese Empfindung begründen und das Prinzip des Spiels erklären. Menschen mit Hirnschäden, bei denen der präfrontale Cortex geschädigt war, bildeten jedoch keine körperliche Abneigung gegen den schlechten Stapel, ihnen fehlt die Intuition.

Die Intuition arbeitet also in unübersichtlichen Situationen für uns und unterstützt uns. Sie ist ein unmittelbares Wissen, wahrnehmungsähnlich, über das Sie im Gegensatz zum logischen Denken sehr schnell und mühelos verfügen können. Die meisten Dinge in unserem täglichen Leben tun wir intuitiv, d. h. abhängig von mehr oder weniger automatisierten Entscheidungen. Gerade diese Schnelligkeit ist ein wesentlicher Vorteil dieser Denkart, die dem rationalen, logischen und bewussten Denken entgegensteht.

Wir neigen in unserer Gesellschaft dazu, die Macht des bewussten Denkens zu über- und die Macht der Intuition zu unterschätzen. Das „Bauchgefühl" hat das Image, unprofessionell zu sein. „Es ist paradox", klagte bereits Albert Einstein, „dass wir heutzutage angefangen haben, den Diener zu verehren und die göttliche Gabe zu entweihen." Es ist aber kein übersinnliches Phänomen, sondern das Ergebnis eigener Lebenserfahrungen, quasi das emotionale Erfahrungsgedächtnis. Bei den ersten Zügen im Kartenspiel hatten die Versuchspersonen weder Gefühl noch Wissen für den besseren Stapel, die Gehirne mussten die Unterscheidung erst lernen. Wie ein Buchhalter protokolliert die Gefühlswelt jeden einzelnen Gewinn und Verlust. Die Vorahnung entstand in diesem unbewussten Lernprozess, als erste Auswertungen an den Körper übermittelt wurden, noch bevor sie ins Bewusstsein gelangten.

Dieses Potenzial der unbewussten Lernleistung zeigt sich auch in einem anderen Experiment: Dazu sahen sich Testpersonen auf einem Bildschirm schrille Werbespots an. Am unteren Bildschirmrand liefen wie bei einem Nachrichtensender fiktive Aktienwerte entlang. Den Testpersonen wurde vorher gesagt, sie würden über die Werbespots befragt werden. Es war auch unmöglich, sich all die Kurswerte zu merken. Trotzdem waren die Testpersonen in der Lage, richtige Tipps abzugeben, von welchen Firmen sie Aktien kaufen würden, obwohl es sich allesamt um Börsenunkundige handelte. Der Mensch ist also in der Lage, viel mehr Informationen aufzunehmen, als er bewusst wahrnimmt. Würde er all diese Informationen direkt verarbeiten müssen, wäre er überfordert. Die unbewusste Abspeicherung dieses intuitiven Wissens besitzt zwar nicht die Tiefe wie kognitiv verarbeitetes Wissen, es hat aber den Vorteil, einen schnellen Überblick über eine große Anzahl von Informationen zu bekommen, auf die man später zurückgreifen kann.

Intuitives Wissen kann auch zuverlässiger als differenziertes Wissen sein, das uns den Blick auf das Wesentliche „vernebelt". Die Psychologen Törngren und Montgomery haben beispielsweise für den Verlauf eines Monats die Kursentwicklung von 20 Wertpapieren von 43 Analysten und 56 Börsenlaien vorhersagen lassen. Außerdem sollten sie eine Prognose abgeben, welche von zwei vorgestellten Aktien in diesem Zeitraum ein besseres Ergebnis erzielen würde. Wie die Ergebnisse zeigen, lagen die Analysten mit ihren Spekulationen weiter daneben als die Laien. So tippten die Amateure in 50 % ihrer Wetten korrekt auf den Gewinner unter zwei Aktien, während die Experten mit 40 % Treffern schlechter abschnitten, als sie es durch pures Würfeln getan hätten.

Mechanismen, die sich im Laufe der Evolution schon sehr früh entwickelt haben, sind bei der Entwicklung von Intuition hilfreich: angeborene Instinkte, die Fähigkeit, Reize mit Reaktionen zu verknüpfen (zu lernen), eine breite Wahrnehmung und hohe Sensibilität. Die Evolution eichte unser Gehirn darauf, so schnell wie möglich zu einem Urteil zu kommen, trotz unsicherer Ausgangslage und möglicher Fehlinterpretationen. Eigentlich ist der Mensch schneller, als er denkt.

Wir sind also von der Natur mit einem emotionalen, automatisierten Denken ausgerüstet, das sich im Laufe unseres Lebens mit überfachlichem, unbewusstem Erfahrungswissen anreichert. Um die Intuition nutzen zu können, müssen viele Führungskräfte erst lernen, sie in ihre logische Denkweise zu integrieren. Albert Einstein vertraute sich und seiner Intuition und konnte beide Denkarten in einer optimalen Synthese nutzen. Ähnliches gilt für den langjährigen Top-Manager und heutigen Ehrenpräsidenten von Nestlé, Helmut Maucher, der in einem Interview mit der Zeitschrift „brand eins" beide Herangehensweisen für sich beansprucht: „Mich hat man immer gefragt, ob ich wissenschaftlich oder intuitiv arbeite (…). Für mich ist Intuition die kreative Verwertung von Information. Und damit meine ich nicht nur Statistiken und Marktforschung, sondern mit Leuten reden und sehen, wie sie leben."

Das Vertrauen in das eigene „Bauchgefühl" bildet sich, wenn Sie sich selbst – und damit Erfolge wie auch Fallen und Tücken der eigenen Intuition – mehr kennen lernen. In der Wahrnehmung fremder Menschen können wir falsch liegen, wenn wir nicht bestimmte erlernte Verknüpfungen und Vorurteile („Blonde Frauen sind weniger intelligent") durchschauen. Intuition in Führungsfragen ist ein Ausdruck emotionaler Intelligenz und hängt davon ab, inwieweit wir uns in den anderen hineinversetzen können. Ein konkretes Feedback durch die Mitarbeiter verbessert unsere Intuition wesentlich, weil wir dadurch erfahren, wo unsere Einschätzungen richtig und wo sie falsch waren. Das Erfahrungswissen, das wir auf diese Weise ansammeln, hilft in späteren ungewissen Situationen, in denen schnelle Entscheidungen getroffen werden müssen.

Überlegen Sie, wann Sie das letzte Mal Ihrer Intuition gefolgt sind. Gehen Sie zukünftig vor Entscheidungen erst in sich und lauschen Ihrem Gefühl – was sagt Ihnen Ihre Intuition?

Nehmen Sie Signale ernst, die Ihnen Ihr Gefühl gibt, und pflegen Sie einen inneren Dialog. Ergründen Sie, was die Ursachen für negative und positive Gefühle in bestimmten Situationen sind.

Überprüfen Sie die inneren Signale auf Richtigkeit. Seien Sie sich selbst auf der Spur, wo Sie zu falschen Einschätzungen neigen. Nutzen Sie Feedback dazu, Ihren Erfahrungsschatz anzureichern und dadurch Ihre Intuition zu verbessern.

Was die Intuition fördert

- Die Basis der Intuition ist umfangreiches Faktenwissen. Sammeln Sie Fakten.
- Das vergangene Verhalten eines Menschen gibt Auskunft über sein zukünftiges Verhalten. Informieren Sie sich immer über die Vergangenheit.
- Je besser Sie sich in andere hineinversetzen können, desto mehr können Sie von deren Gedanken, Gefühlen, Absichten und Zweifeln erraten. Steigern Sie Ihr Einfühlungsvermögen.
- Überprüfen Sie stets, ob Sie mit Ihrer Einschätzung der Stimmung anderer richtig liegen. Jedes positive Feedback steigert Ihr Vertrauen in die eigene Intuition.
- Häufig sind eigene Körpersignale wie Magendruck, Kopfschmerzen, Schweißproduktion oder Euphoriegefühle Medien der Intuition. Horchen Sie in sich hinein.
- Beißen Sie sich nicht an Problemen fest. Lenken Sie sich ab. Während der Beschäftigung mit anderen Dingen arbeitet Ihr Gehirn unbewusst weiter und findet die Lösung, wenn Sie nicht mehr damit rechnen.
- Trainieren Sie ihre Kreativität, indem Sie Ihre Probleme in Bildern oder Geschichten darzustellen versuchen.

Was der Intuition schadet

● Vermeiden Sie eine vorschnelle Interpretation von Situationen. Sie könnten sonst Ihre Offenheit verlieren.

● Lassen Sie Vorurteile nicht zu, denn sie schränken den Blickwinkel unnötig ein.

● Setzen Sie rationale Kontrolle erst nachträglich ein, andernfalls werden richtige Intuitionen zu früh verworfen.

8.3.4 Mit Neuronen zu Millionen?

Die Werbung ist eine der ersten Wirtschaftsbereiche, die Erkenntnisse der Neurobiologie in ihre Arbeit integriert. Anhand des Priming, auf Deutsch in etwa Prägen, lässt sich gut darstellen, wie die Intuition die Kontrolle des Handelns beherrschen kann. Priming werden Experimente genannt, bei denen die bewusste Entdeckung eines Stimulus gänzlich verhindert wird, dieser aber einen Einfluss auf das Verhalten hat. Ein Psychologenteam der Universität Yale sprach wahllos Passagiere an, die auf ihren Flug warteten, und bat sie, an einem psychologischen Test teilzunehmen. Der einen Hälfte stellten sie Fragen nach ihrem besten Jugendfreund, der anderen nach dem Kollegen, mit dem sie am wenigsten Lust hätten, nach der Arbeit noch ein Bier trinken zu gehen.

Ohne es zu bemerken, waren die Testpersonen damit bereits manipuliert. Dies zeigte sich, als das Team sie fragte, ob sie bei einem weiteren Test mitmachen würden. Fast ohne Ausnahme wollten alle, die zuvor an ihren Freund erinnert worden waren, an dem nächsten Experiment teilnehmen. Diejenigen, die über den ungeliebten Kollegen nachgedacht hatten, lehnten ab. Der Gedanke an den Freund ließ die Probanden also kooperativ sein, der Gedanke an den ungeliebten Kollegen unkooperativ. Die Testpersonen selber hingegen stritten diese Erklärung ab und beriefen sich auf ihren Flug, den sie dringend erreichen mussten.

Zwischen unbewusstem Urteil und Handlung liegt also ein kurzer Weg. Menschen nähern sich automatisch guten Dingen und ziehen sich von schlechten Dingen zurück. Dies kann das Überleben sichern und hat sich deshalb evolutionär durchgesetzt.

Mit diesem Priming arbeitet die Werbung, denn gerade die Entscheidung für eine bestimmte Marke ist höchst intuitiv: Gibt man Probanden, die in einem Kernspintomografen liegen, über einen Schlauch Pepsi- und Coca-Cola zu trinken, ohne die Marke dabei zu benennen, geben die meisten an, dass ihnen Pepsi besser schmeckt. Auch in ihrem Belohnungszentrum ruft sie eine fünfmal so starke Reaktion hervor. Wissen die Testpersonen hingegen, welche Limonade sie gerade trinken, schneidet Coca-Cola plötzlich besser ab. Auf dem Tomografiemonitor leuchten Gehirnregionen auf, in dem Urteile gefällt und Selbstbilder des Menschen geschmiedet werden. Marken, für die sich der Mensch einmal entschieden hat, sind dann ein Teil seines Selbstverständnisses.

Diesen Mechanismen kann man gar nicht entgehen, aber je bewusster man sie sich macht, auch beim Führungsverhalten, desto weniger besteht die Gefahr der Manipulation. Wenn Sie selber mit diesen Mechanismen arbeiten, kann es passieren, dass andere Personen verärgert reagieren, wenn sie es durchschauen, und im Gegenzug versuchen werden, auch Sie zu manipulieren. Dies gilt besonders dann, wenn andere Personen Ihre Absicht, die hinter der Manipulation steht, nicht akzeptieren.

8.4   Wie das Gehirn wahrnimmt

8.4.1 Bessere Orientierung durch Musterbildung

Für den Umgang mit Komplexität ist es wichtig, zu verstehen, wie das Gehirn mit der Verarbeitung von Komplexität umgeht. Ein wichtiges Mittel des Gehirns, um Informationen einordnen zu können, ist die Musterbildung. Das Wahrgenommene wird in neuronalen Netzwerkkomplexen abgebildet, deren Aktivitäts- und Inaktivitätszustände spezifische Muster darstellen. Diese Muster können wir uns als Karten oder Repräsentation eines beliebigen Ereignisses vorstellen, das zu einem bestimmten Zeitpunkt Aktivität innerhalb eines bestimmten Neuronenkomplexes hervorgerufen hat. Werden die Karten miteinander verknüpft, entstehen Gefühle. Je nachdem, welche Landkarten miteinander verknüpft werden, entstehen unterschiedliche Gefühle. Ein Gefühl basiert also immer auf Veränderungen des Körperinneren. Ebenso ist unsere Wahrnehmung bereits von Gefühlen geprägt.

Wenn wir uns ein Klavier anschauen, dann erscheint auf unserer Retina ein bestimmtes Muster an aktiven und inaktiven Neuronen. Die Konstruktion des neuronalen Musters erfolgt, indem aus einem Repertoire aus Einzelbausteinen die entsprechenden Elemente ausgewählt und zusammengefügt werden. Bereits ein Muster setzt sich also aus verschiedenen Bausteinen zusammen. Wenn wir nun einem Klavierspieler zuhören, dann resultiert daraus eine umfassende Interaktion von vielen Mustern akustischer, visueller und motorischer Natur. Erst im Zusammenspiel der verschiedenen Muster können wir den Klavierspieler ganzheitlich wahrnehmen.

Anders sieht es aus, wenn Dinge noch nicht hinreichend bewertet wurden, wenn also Entscheidungssituationen in bestimmten Aspekten neu sind. Dann wird das emotionale Erfahrungsgedächtnis nach passenden Teilerfahrungen durchsucht. Wir wägen dann ab, ob wir dies oder jenes tun sollen. Gefühle werden dabei in uns spürbar, die uns zu- oder abraten, und wir folgen dann denjenigen Gefühlen, die am stärksten sind. Ist noch keine emotionale Vorerfahrung verfügbar, weil die Situation völlig neu ist, dann heißt das Kommando: „Tu irgendwas, sieh, was dies für Folgen hat, und merk dir diese Folgen!"

Übertragen auf Menschen in Organisationen lassen sich dabei zwei wichtige Punkte festhalten. Zum einen kommt es darauf an, eine möglichst große Vielfalt an unterschiedlichen Mustern zu haben. Treffen wir auf ein neues Ereignis, dann screent unser Gehirn blitzschnell viele Muster durch und sucht ein passendes. Je mehr Bausteine und Muster zur Verfügung stehen, desto wahrscheinlicher ist es, bereits passende Muster zu finden, und desto genauer kann die Realität wiedergegeben werden. Ebenso wichtig ist es aber auch, sehr flexibel dabei zu sein, bekannte Bausteine oder Muster aus ihren alten Zusammenhängen zu lösen und neu zu kombinieren. Gerade in einer immer komplexer werdenden Welt stehen wir immer wieder vor unbekannten Problemen. Wenn wir dann ausschließlich mit althergebrachten Mustern arbeiten, können wir die Probleme oft nicht lösen. Wir benötigen dann für die Erkennung von Unbekanntem die Neukombination der Bausteine. Was für eine Mustererkennung haben Sie als Manager bei der Bewertung von Fehlern? Ärgern Sie sich über den Fehler eines Mitarbeiters oder freuen Sie sich, dass etwas Neues ausprobiert wurde? Analysieren Sie, ob eine innovative Absicht oder eine unbedachte Wiederholung hinter dem begangenen Fehler steckt?

Ein weiterer wichtiger Punkt ist es, komplexe Ereignisse immer im Zusammenspiel der verschiedenen Muster zu sehen. Viele Manager stützen sich bei wichtigen Entscheidungen nur auf bestimmte Muster und klammern andere aus. Jedoch nur das Zusammenspiel aller Muster ergibt das Gesamtbild und eine gute Entscheidungsgrundlage.

> Sammeln Sie möglichst viele Erfahrungen in ganz unterschiedlichen Bereichen, so dass Ihnen eine große Vielfalt an unterschiedlichen Mustern zur Einschätzung der Realität zur Verfügung steht.
>
> Seien Sie bereit, alte Erklärungsmuster aufzugeben, wenn sich die Welt wieder einmal verändert hat.

8.4.2 Parallelisieren von Prozessen

Die Beantwortung der Frage, wie das Gehirn arbeitet, liefert einen weiteren interessanten Vergleich zum Kommunikationsaustausch in Unternehmen. Entgegen früherer Vorstellung gibt es bei komplexen Gehirnvorgängen keinen Ort, der allein für eine bestimmte Handlung zuständig ist. Die Ablage von Informationen im Gehirn ist nicht beliebig. Ähnliche Reize werden in örtlicher Nähe verarbeitet und gespeichert, häufig eintreffende Reize nehmen einen größeren physischen Bereich ein. Dadurch entstehen im Gehirn sogenannte neuronale Landschaften, die sich über verschiedene Regionen verteilen können. Die Aufgaben werden also im Gehirn parallel bearbeitet, miteinander vernetzt, und erst aus dem gemeinsamen Zusammenspiel der verschiedenen Regionen resultiert die Reaktion.

Anstelle des linearen Denkens von Aristoteles sollten Menschen stärker parallel und vernetzt denken. Vergleichbar mit der „Puzzle-Methode" bearbeitet man eine Aufgabe nicht in logisch aufeinander folgenden Schritten, sondern von mehreren Seiten mit mehreren Leuten zusammen und tauscht sich häufig über den Gesamtstand aus. Für diese Herangehensweise muss man bereit sein, unfertige „Produkte" abzugeben und an die Arbeitsergebnisse anderer schnell „anzudocken". Dies erhöht die Schnelligkeit und Flexibilität von Prozessen immens und ist eine gute Strategie im Umgang mit zunehmender Komplexität, vor allem für kleinere Organisationseinheiten.

Die Menge an parallelen Prozessen ist der entscheidende Unterschied zwischen technischen und biologischen Systemen. In technischen Systemen folgen die Prozesse aufeinander und viele Unternehmen orientieren sich nach wie vor an diesem Prinzip. Aber ab einem bestimmten Komplexitätsgrad ist es sinnvoller, Aufgaben parallel zu bearbeiten und untereinander abzustimmen. Die deutsche Automobilbranche hat maßgeblich mit der Einführung des Simultaneous Engineering Anfang der 90er Jahre den Anschluss an die Weltspitze wiedergewonnen. Bei der Neukonstruktion von Autos wurde der Entwicklungsprozess nicht mehr hintereinander, sondern parallel bearbeitet und dadurch erheblich Zeit gespart.

> Begegnen Sie Komplexität mit vernetztem Denken. Arbeiten Sie parallel mit mehreren Menschen an verschiedenen Projekten und inspirieren Sie sich gegenseitig.

8.4.3   Was wir aus der Organisation des Gehirns für die Unternehmenssteuerung lernen können

Vernetzung: Das menschliche Gehirn besitzt Schätzungen zufolge ca. 100 Milliarden Nervenzellen, welche durch ca. 100 Billionen Synapsen eng miteinander verbunden sind. Das heißt, dass jedes Neuron im Schnitt mit 1.000 anderen Neuronen verbunden ist und somit im Prinzip jedes beliebige Neuron von jedem Startneuron aus in höchstens vier Schritten erreichbar ist.

> Je besser Unternehmen in ihrem Umfeld vernetzt sind, desto besser können Sie sich Umfeldveränderungen anpassen. Je besser Sie intern vernetzt sind, desto optimaler verläuft die Kommunikation.

Steuern und Filtern: Das Gehirn verarbeitet Sinneseindrücke und koordiniert komplexe Verhaltensweisen. Folglich ist es der Hauptintegrationsort für alle überlebenswichtigen Informationen, die in einem Organismus verarbeitet werden. Dennoch gelangen nicht alle Informationen zum Gehirn. Für eine schnelle, unbewusste, ohne Verzögerung zu erfüllende Aufgabe ist das autonome Nervensystem zuständig. Es dient der Koordination vegetativer Funktionen wie Atmung, Kreislauf, Nahrungsaufnahme, -verdauung und -abgabe, Flüssigkeitsaufnahme und -ausscheidung sowie der Fortpflanzung, um alle lebensnotwendigen Funktionen des Menschen aufrechtzuerhalten.

> Auch Unternehmen können nicht auf alle Veränderungen in ihrem Umfeld reagieren und müssen eine Auswahl treffen. Reagieren Sie auf einige Veränderungen automatisch, andere müssen vor einer Reaktion genau analysiert werden.

Ressourcenverbrauch und Flexibilität: Das Gehirn gilt als aktivstes Organ des Menschen und hat folglich einen sehr hohen Sauerstoff- und Energiebedarf, ca. 20 % des Blutes werden vom Herzen ins Gehirn gepumpt. Schon ein kurzzeitiger Ausfall der Sauerstoffversorgung führt zu Hirnschäden. Gleichzeitig ist das Gehirn aber auch sehr flexibel. So ist es beispielsweise möglich, dass eine Gehirnhälfte die Arbeit der anderen mit übernimmt, falls diese nicht mehr arbeitsfähig ist.

> Wie das Gehirn kann auch die Unternehmensführung nicht alle Aktivitäten im Körper steuern, es braucht einen hohen Grad an Selbstorganisation.
>
> Es ist notwendig, für wichtige Steuerungsfunktionen Ersatzmöglichkeiten bereitzuhalten. Sorgen Sie für eine Robustheit der Steuerungsfunktionen.

Kommunikationsfluss: Bei Wirbeltieren ist das Rückenmark ein weiteres zentrales Element. Hier werden Signale empfangen, zueinander in Beziehung gesetzt und entsprechende Reaktionen in den Körper gesendet. Als peripheres Nervensystem werden alle anderen Neuronen des Körpers bezeichnet. Es beinhaltet einen sensorischen Teil, mit dem der Mensch Informationen über die Umwelt oder aus dem eigenen Körper aufnimmt und an das Gehirn weiterleitet.

Und es beinhaltet einen motorischen Teil, über den Signale aus dem zentralen Nervensystem zu den reagierenden Organen des Körpers gelangen.

> Sorgen Sie für vielfältige Informationskanäle. Wichtig ist, dass auch an Unternehmensteile, die weiter von der Zentrale entfernt sind, wichtige Informationen weitergeleitet werden.

Hierarchische Struktur der Entscheidungsfindung: Mit Ausnahme von Reflexen können die meisten äußerlich erkennbaren Bewegungen willentlich gesteuert werden. Bei einem großen Teil der körperlichen Aktivitäten ist aber keine willentliche Beeinflussung möglich bzw. nötig, man denke hier an Atem- und Herzbewegungen, an die Darmperistaltik oder an die Aktivität von Schweiß- oder Hormondrüsen. Die Funktion des Gehirns basiert hingegen hauptsächlich auf elektrischen Impulsen stark vernetzter Neuronen. Neuronen sind Nervenzellen, die für die Reizaufnahme sowie die Weitergabe und Verarbeitung von Nervenimpulsen zuständig sind.

> Automatisieren Sie möglichst viele Prozesse im Unternehmen, so dass sie nicht jedes Mal bewusst angeordnet werden müssen.

8.5 Was den Mitarbeiter antreibt

Die Harvard-Professoren Paul R. Lawrence (Organisationsverhalten) und Nitin Nohria (Business Administration) gehen in ihrem Buch „Driven" der Frage nach, was Menschen und Organisationen antreibt. Dies ist ein interessanter Ansatz, den wir im Folgenden kurz darstellen wollen.

Aus der Natur abgeleitet, benennen sie vier „Antriebskräfte", die das menschliche Verhalten bestimmen: der Erwerbsantrieb, der Bindungsantrieb, der Lernantrieb und der Verteidigungsantrieb. Diese vier Grundantriebe haben sich im Laufe der Evolution entwickelt, sie gehören deshalb zur biologischen Grundausstattung des Menschen und sind ein wichtiger Teil unserer Gehirnfunktionen. Nur Unternehmen, denen es gelingt, allen vier Antriebskräften ihrer Mitarbeiter ausgewogen zu entsprechen, werden auf Dauer erfolgreich sein.

Der Erwerbsantrieb

Menschen wollen Gegenstände und Erfahrungen sammeln, die unseren Status im Verhältnis zu anderen verbessern (entspricht der extrinsischen Motivation).

- Um diesem Antrieb zu entsprechen, sollte ein attraktives Vergütungssystem angeboten werden.
- Dazu gehören auch „nichtmonetäre" Leistungen wie erfolgs- und hierarchieorientierte Symbole (Titel, Auszeichnungen, Dienstwagen etc.).

Der Bindungsantrieb

Menschen wollen sich in langfristigen Beziehungen binden – zu gegenseitigem Nutzen und bei wechselseitigem Engagement. Hier geht es um Liebe, Fürsorge, Vertrauen, Empathie, Fairness, Loyalität, Respekt, Partnerschaft und Verbundenheit.

● Einen intensiven Dialog zwischen den Mitarbeitern durch z. B. Teamarbeit und Vernetzungsmöglichkeiten (auch abteilungsübergreifend) sowie zwischen den Führungskräften und den Mitarbeitern (Management durch Herumschlendern) fördern. Dieser Dialog sollte nicht nur Fachthemen beinhalten, sondern auch Raum für Beziehungspflege bieten.

● Die Mitarbeiter sollten systematisch in die unternehmerischen Prozesse eingebunden und zu „Mit-Unternehmern" gemacht werden.

● Da sich Menschen in ihrer sozialen Gruppe engagieren wollen, sollten Mitarbeiter möglichst viel Verantwortung übernehmen, das macht die Arbeit interessanter und erhöht die Identifikation mit dem Unternehmen.

● Wichtig ist eine lebendige Unternehmenskultur als Voraussetzung für eine starke Corporate Identity. Identifikationsangebote werden durch aktives Vorleben der Unternehmenswerte seitens der Führungskräfte gefördert.

● Durch häufigen Arbeitsplatzwechsel im Unternehmen können Mitarbeiter zu vielen Kollegen Bindungen aufbauen. Der Bindungsaufbau ist kein einfacher Prozess und sollte gefördert werden (genügend Zeit zum Kennenlernen).

Der Lernantrieb

Menschen wollen die Welt und sich selbst erforschen, ergründen und immer besser verstehen.

Voraussetzung zum Lernen ist Neugier. Die Neugiermotivation entsteht aus dem Bedürfnis, die Umwelt kennen zu lernen und sich in ihr zu bewähren. Schon das kleine Kind zeigt ein großes Lernbedürfnis und erschließt sich dadurch die Welt. Auch in Unternehmen können Mitarbeiter viele Veränderungen nur bewältigen, wenn sie ständig lernen. Für die meisten ist dies eine positive Herausforderung.

Ebenso hat man herausgefunden, dass Kinder Wörter, die sie in einer positiven Gefühlswelt erlernt haben, in einem anderen Teil des Gehirns abspeichern als solche, die mit unangenehmen Gefühlen verbunden sind, was deren Verknüpfung erschwert. Unabhängig vom sozialen Miteinander behindert eine Angstkultur also auch die Leistung des Gehirns.

● Den Mitarbeitern sollten vielfältige Möglichkeiten geboten werden, Neues zu lernen und eigene Ideen zu entwickeln.

● Die jeweils individuellen besonderen Fähigkeiten und Kompetenzen sollten gestärkt werden.

● Den Mitarbeitern sollten attraktive Aufgaben übertragen werden, die sie angemessen fordern, ihnen Lernmöglichkeiten bieten und sie in Verantwortung nehmen.

Der Verteidigungstrieb

Menschen wollen sich selbst und alle Menschen, die ihnen nahestehen, schützen. Hier geht es nicht nur um die körperliche Unversehrtheit, sondern auch um die Verteidigung von Überzeugungen und Ressourcen:

- Die Wünsche und Interessen der Mitarbeiter sollten ernst genommen werden.
- Eine Führungskraft sollte hinter ihrer Mannschaft stehen und keinen der Mitarbeiter persönlich oder unsachlich angreifen.
- Die „Integration nach innen" und die „Differenzierung nach außen" – also gegenüber den Mitbewerbern – sollten gestärkt werden.

Schlussfolgerungen

In Unternehmen sollten Mitarbeiter und Führungskräfte die Möglichkeit haben, alle vier Triebe auszuleben. Das heißt, sie haben die Gelegenheit, etwas zu erwerben, etwas zu lernen, soziale Bindungen einzugehen und Erworbenes zu verteidigen. Wichtig ist, dass alle vier Triebe gleichmäßig betont werden, damit nicht ein Trieb über dem anderen steht (wenn der Erwerbstrieb wichtiger ist als der Bindungstrieb, bekämpfen sich nur noch Egoisten in der Firma, ohne Teamarbeit).

9 Früher war alles viel einfacher ...

Es ist wahrlich etwas Erhabenes um die Auffassung, dass der Schöpfer den Keim alles Lebens, das uns umgibt, nur wenigen oder gar nur einer einzigen Form eingehaucht hat und dass, während sich unsere Erde nach den Gesetzen der Schwerkraft im Kreise bewegt, aus einem so schlichten Anfang eine unendliche Zahl der schönsten und wunderbarsten Formen entstand und noch weiter entsteht.

Charles Darwin

Wann haben Sie das letzte Mal über die vorhandene Komplexität in der Natur gestaunt? Eine Orchideenblüte, ein gut funktionierender Ameisenstaat, wo trotz emsigem Hin und Her alles sehr geordnet und geregelt abläuft, die Leistungsfähigkeit unseres Körpers, die aus seinem Aufbau und dem Zusammenwirken der verschiedenen Strukturen und Regelmechanismen resultiert – all das kann uns bei genauerem Hinsehen immer wieder neu faszinieren.

Für den Wissenschaftler Darwin war es die wesentliche Grunderkenntnis, als er auf einem so kleinen Territorium wie den Galapagos-Inseln eine so reichhaltige Artenvielfalt vorfand: Arten entwickeln sich und differenzieren sich aus. Dabei werden viele Lebewesen im Rahmen ihrer Evolution in ihrer Struktur und ihrem Verhalten immer komplexer, und zwar immer dann, wenn sie dadurch einen Vorteil als Antwort auf die Umfeldanforderungen haben. Die Entwicklung zur Komplexität folgt in der Evolution also keinem Selbstzweck, sie resultiert aus dem Anpassungsdruck und ist ein Teil der Vielfalt in der Natur. Daraus ergibt sich eine der größten Leistungen der Natur: Einfachheit und Komplexität stehen nebeneinander, Einzeller wie auch komplex entwickelte Pflanzen und Tiere bewähren sich erfolgreich im Umfeld.

Auch in der Wirtschaft sind Organisationen mit unterschiedlichem Komplexitätsgrad erfolgreich. Während weltweit gesehen einfache Wirtschaftsunternehmen wie Kleinbauern, Händler, Bäcker und Handwerker noch eine große Rolle spielen, nimmt gleichzeitig die Komplexität von Strukturen und Anforderungen in den alten und neuen Industrienationen zu. Manager müssen immer mehr Informationen berücksichtigen und Zusammenhänge über die regionalen Grenzen hinaus mit bedenken, wenn sie erfolgreich sein wollen. Unternehmensentscheidungen werden angesichts der vielschichtigen Vernetzungen immer risikoreicher und müssen dennoch getroffen werden. Die Zeit steht nicht still, die Zunahme von Komplexität geht häufig mit der Zunahme von Veränderungsgeschwindigkeit einher. Eine der Hauptaufgaben des Managers ist es, seine Organisation in diesen bewegten Zeiten in die richtige Richtung zu steuern.

In diesem Kapitel werden wir der Komplexität aus der Perspektive des Evolutionsmanagements auf den Grund gehen und folgende Fragen klären:

- Was bedeutet Komplexität, wenn wir Organisationen als lebende Organismen betrachten?
- Wie schafft die Evolution komplexe Strukturen? Welche Vorteile zieht sie heraus – und was sind die Vorteile der Einfachheit?
- Welche Anregungen gibt uns die Natur für das Managen von Komplexität in der Wirtschaft?

9.1 Was ist Komplexität?

Unser Wissen über Komplexität nimmt zu – und die Erkenntnis, dass einfache lineare Regeln zur Erklärung von Ursache und Wirkung nicht mehr ausreichen. Spätestens seit der Entwicklung der Chaostheorie wird uns zunehmend bewusst, dass wir zwar häufig meinen, die Gesetzmäßigkeiten zu kennen, zuverlässige Vorhersagen aber in komplexen Systemen nicht treffen können. Allem Fortschritt zum Trotz ist es immer noch ein großes Problem, das Wetter so vorherzusagen, dass Sie sich mit einiger Sicherheit darauf einstellen können. Die Natur hat eine Tendenz dazu, Ordnung aufzulösen. Auf unser Beispiel bezogen: Großräumige Wettersysteme in Wechselwirkung mit komplexen örtlichen Systemen entwickeln ungeordnete Strukturen.

> **Komplex bedeutet:** vielschichtig und zusammenhängend, verknüpft. Die Zusammenhänge lassen sich nicht mehr linear darstellen. Es gibt keinen direkt erkennbaren ursächlichen und zeitlichen Bezug zwischen Input und Output.

Komplexität heißt Vielschichtigkeit und bedeutet im Alltagsgebrauch meist Unübersichtlichkeit und Unverständlichkeit. Oftmals wird Komplexität mit Kompliziertheit verwechselt. Denn auch komplizierte Sachverhalte sind auf den ersten Blick unübersichtlich. Man könnte sie mit einem Fadengewirr vergleichen, das man sortieren muss, um die einzelnen Fäden betrachten zu können. Dennoch haben sie einen Vorteil: Mit einer gewissen Anstrengung kann Klarheit geschaffen werden. Bei komplexen Zusammenhängen ist dies nicht so, sie lassen sich nicht mehr linear darstellen. Nicht nur die beteiligten Elemente nehmen zu, sondern auch die Art und Vielfalt ihrer Beziehungen und Wechselwirkungen. Hier bildet das Fadengewirr ein großes Netz, auf dem Sie sich bewegen: Bei jedem Schritt bewegt sich alles mit – sichtbare und für Sie unsichtbare Fäden – und nie sind die Koordinaten eines Punktes auf diesem Netz so wie bei dem Schritt vorher.

Leben an sich ist komplex. Die Vorgänge sind bereits in einfachen Organismen vielschichtig und verwoben (Kapitel 4): Ständig findet in Interaktion mit dem Umfeld ein Stoff- und Informationswechsel zur Erhaltung des biologischen Gleichgewichts statt, Organismen bilden sich durch Selbstreproduktion neu und regeln damit einhergehend ihre Vererbung, sie entwickeln sich beständig bis zum Tod. Dabei sind die einzelnen Elemente und Prozesse nicht unabhängig voneinander, sondern miteinander verknüpft. Wie könnte es auch anders sein, denn der Organismus stellt die Teile, aus denen er besteht, selbst her. Wie komplex die Zusammenhänge sind, wird schon dadurch offenbar, dass es dem Menschen noch nicht umfassend gelungen ist, die Lebensprozesse von einfachsten Organismen realistisch zu simulieren.

9.2 Komplexität – ein Ergebnis der Evolution

Danny Hillis, Pionier der Parallelcomputer, erklärte: „Es gibt nur zwei Arten, um extrem komplexe Dinge zu schaffen: Technologie und Evolution. Und von den beiden schafft die Evolution die komplexeren Dinge."

Eins vorneweg: Komplexität steht nicht in direkter Abhängigkeit zur Größe, weder in der Natur noch in Organisationen. Vergleicht man die heutigen hochpotenten Minicomputer mit den ersten Großrechnern, dann hat sich das Verhältnis von Komplexität zu Größe mehr als umgekehrt. Auch in der Natur haben sich nicht unbedingt die großen Tiere durchgesetzt.

In der Evolution gibt es keinen Antrieb einer „Höherentwicklung" an sich. Es gibt genügend Lebewesen, die sich über Jahrmillionen kaum verändert haben: Der Hai hat sich schon vor über 60 Millionen Jahren so gut an die Anforderungen angepasst, dass er eine weitere Komplexitätszunahme nicht mehr benötigte. Die Einzeller sind – wie Sie im nächsten Abschnitt lesen werden – sehr erfolgreiche Lebewesen. Inwieweit es zu einer weiteren Komplexitätsentwicklung kommt, hängt also davon ab, ob diese Entwicklung Vorteile bringt. Komplexere Formen setzen sich dann durch, wenn sie dem Organismus eine bessere Möglichkeit der Umfeldbewährung erlauben und die Energiebilanz für den Organismus günstiger gestalten. Seine Gesamtleistung wird erhöht, und im Allgemeinen steigt dadurch seine Unabhängigkeit von der Umwelt. Oder, anders ausgedrückt, bringt mehr Komplexität verstärkte Synergieeffekte, eine höhere Varianzbreite, um mit Störungen umzugehen, sowie mehr Plastizität und damit die Möglichkeit zur Weiterentwicklung. Dafür verbrauchen komplexe Organismen mehr Energie, ihre Zusammenhänge und Abläufe sind weniger transparent und sie unterliegen in der Regel einer höheren Anfälligkeit für grundsätzliche Störungen.

Bei der Entwicklung der Komplexität in der Natur sind sechs verschiedene Entwicklungsmechanismen beteiligt (Bild 9.1):

● *Zunehmende Differenzierung: Spezialisierung und Arbeitsteilung*

Beispielsweise können Säugetiere ihre Schneide- und Mahlzähne arbeitsteilig einsetzen, das einfachere Gebiss des Reptils hingegen besteht noch aus vielen gleichen Zähnen.

● *Funktionell ähnliche Strukturen und Aufgaben werden zentralisiert*

Es klingt paradox: Gerade in der Veränderung von Strukturen gibt es ein Wechselspiel zwischen Einfachheit und Komplexität. Beim Regenwurm regulieren Hunderte sogenannter Metanephredien die Zusammensetzung der Körperflüssigkeit. Im Vergleich dazu sind beim Menschen die Nephrone, in denen der Harn gebildet wird, in zwei Nieren zusammengefasst. Die Zentralisation funktionell ähnlicher Strukturen geht oft mit der Erhöhung der Anzahl der Einzelelemente einher: Jede der menschlichen Nieren enthält 1 bis 1,2 Millionen Nephrone. Dadurch erhöht sich die Leistungsfähigkeit: Durch die zuführenden Blutgefäße wird das gesamte Blut innerhalb einer Stunde dreimal zu den Nephronen transportiert, durch die Nephrone werden in 24 Stunden 170 Liter Flüssigkeit herausgefiltert und 99 % davon wieder in die Blutbahn abgegeben – ein Hochleistungswerk.

● *Funktionell unabhängige Strukturen werden integriert*

Nicht nur ähnliche, sondern auch funktionell unabhängige Strukturen können integriert werden. Durch diese Kombination werden neue Eigenschaften des zugrunde liegenden Systems ermöglicht: So entsteht im menschlichen Gehirn die Systemfunktion Bewusstsein, die in den einzelnen Nervenzellen nicht angelegt ist. Gerade das Zusammenspiel unterschiedlicher Neuronentypen sowie deren Wechselwirkungen über chemische und elektrische Synapsen machen die hohe Leistungsfähigkeit des Gehirns aus.

● *Die Anzahl gleichartiger Funktionseinheiten wird reduziert*

Im Laufe der Evolution reduzierte sich die Segmentzahl der Gliedertiere von über 120 Beinen bei den Tausendfüßlern zu bis zu sechs Beinen bei den Insekten, während sich der Mensch mit nur zwei Beinen erfolgreich bewegt. Interessant ist dabei, dass mit der Reduzierung gleichzeitig die Funktionsfähigkeit zunimmt.

- *Neue Strukturen und Funktionen werden geschaffen*

  Die Evolution hat auch immer wieder ganz neue Strukturen und Funktionen hervorgebracht: beispielsweise Haare bei den Säugetieren, Warmblütigkeit bei Vögeln und Säugetieren oder Augen aus ursprünglich lichtempfindlichen Hautzellen. Bei den Wirbeltieren haben sich statt eines schweren Außenpanzers hochleistungsfähige Knorpel und Knochen entwickelt: Sie geben ein Gerüst, lassen gleichzeitig Flexibilität zu und schützen das Lebewesen darüber hinaus bei Stürzen.

- *Ausweitung des Anwendungsbereichs von Strukturen und Funktionen*

  Im Rahmen der Komplexitätsentwicklung werden die Formbarkeit und genetische Veränderbarkeit (Plastizität) eines Organs ausgeweitet. Federn wurden anfangs nur zur Wärmeregulation benutzt, erst in der weiteren Evolution zum Fliegen. Durch die Entwicklung der Warmblütigkeit sind die Säugetiere von ihrer Umwelt unabhängiger geworden und konnten die Leistungsfähigkeit ihres Nervensystems verbessern. Dieses Beispiel zeigt auch, dass die Ausweitung von Funktionen und Strukturen häufig am Beginn einer Weiterentwicklung steht, weil neue Möglichkeiten „erobert" werden können. So ermöglicht ein leistungsfähigeres Nervensystem verstärkte Lernprozesse.

Der Erfolg der einzelnen Schritte ist oftmals von der Weiterentwicklung auf anderer Ebene abhängig: Warmblütigkeit erhöht zwar die Unabhängigkeit von der Umwelt, braucht aber mehr Energie, also Nahrung. Dies wiederum ist beispielsweise durch die Differenzierung der Zähne unterstützt worden, denn durch die Zerkleinerung der Nahrung bei ihrer Aufnahme können die einzelnen Bestandteile besser aufgenommen und genutzt werden.

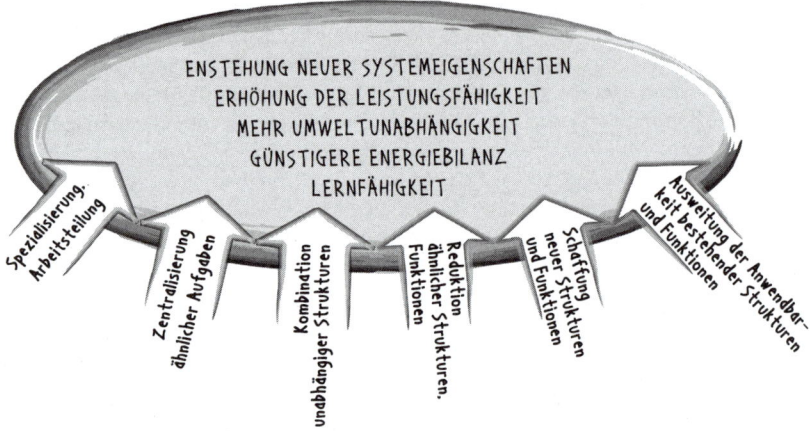

Bild 9.1: Komplexitätsentwicklung in der Evolution

Die Kombination mehrerer Schritte der Komplexitätsentwicklung findet sich beispielhaft in der Plattformstrategie großer Autohersteller: Früher wurden zwei bis drei Modelle produziert, heute sind es 20 bis 25 Modelle. Müsste für jedes Modell alles neu entwickelt werden, wäre das der Ruin des Herstellers, zumal sich die Entwicklungszeiten drastisch verkürzt haben. Die Lösung besteht in der Mehrfachnutzung von Produkten, Funktionen und Organisationsstrukturen und bedeutet eine hohe Komplexitätszunahme. Die angewendeten Prozessschritte sind im Einzelnen:

Tabelle **9.1:** Kategorien der strukturellen und funktionellen Veränderung im Rahmen der Komplexitätsentwicklung: Was bedeutet das für meine Organisation?

Prozess der Komplexitätsentwicklung	Beispiel Natur	Beispiel Organisation	Frage	Mögliche Weiterentwicklungen in meiner Organisation
Differenzierung: Spezialisierung und Arbeitsteilung	Blaualge, ein bis zwei Zelltypen (einfache Pflanze) bedecktsamige Pflanzen bis über 70 Zelltypen (hochentwickelte Pflanze)	Differenzierung der Personalfunktion (eigene Personalabteilung)	Welche Funktionen und Strukturen müssen zur Weiterentwicklung differenziert werden?	
Zusammenfassung funktionell ähnlicher Strukturen – Zentralisation	Hunderte Metanephredien werden zur Niere zusammengefasst	Aufbau eines zentralen Controllings	Welche Funktionen sollten zentralisiert werden?	
– Integration	Entwicklung von einzelnen Nervenzellen zum Gehirn	Entwicklung einer Produktionslinie von vorher einzelnen handwerklichen Arbeitsschritten	Welche ähnlichen Funktionen können zusammengefasst und in welcher neuen Struktur integriert werden?	
Reduktion von Funktionseinheiten	Tracheentiere: Tausendfüßler (einige hundert Beine) zu nur noch sechs Beinen (Insekten)	Reduktion von Prozessschritten	Wo können wir mit weniger Funktionseinheiten und Produktionsschritten auskommen?	
Schaffung neuer Strukturen/ Funktionen	Das Auge, aus lichtempfindlichen Hautzellen entstanden	Einführung Qualitätsmanagement	An welcher Stelle müssen wir neue Funktionen/ Strukturen schaffen?	
Ausweitung der Anwendbarkeit (Erhöhung Plastizität)	Warmblütigkeit, hält konstante Körpertemperatur, dadurch unabhängiger	Flexible Arbeitszeitmodelle	Welche Strukturen/ Prozesse können wir so verändern, dass sie sich flexibel anpassen können?	

- *Differenzierung:*

  Produkte werden entsprechend dem Kundenwunsch bzw. der rechtlichen Situation in den verschiedenen Ländern ausdifferenziert, es wurden Einzelmodule entwickelt, die sich kombinieren lassen. Der Komplexitätsmanager von Audi schätzt beispielsweise 10^{20} Möglichkeiten für den Kunden, verschiedene Bestandteile des Autos beim Kauf zu kombinieren.

- *Erweiterung der Funktionsmöglichkeiten:*

  Durch den Modulaufbau werden Produkte entwickelt, die nicht mehr spezifisch für ein Modell sind, sondern häufiger übergreifend eingesetzt werden können.

- *Reduktion:*

  Die Anzahl der unterschiedlichen Prozessschritte wurde reduziert. Dadurch steigt trotz der Anzahl der neuen Modelle die Komplexität nicht im gleichen Maß. Auch Produktteile wurden reduziert, so gibt es beispielsweise nur noch wenige Bodengruppen – das stört den Kunden nicht und bringt eine schnelle Lieferbarkeit.

- *Zentralisierung:*

  Durch die Aufgliederung der Prozessschritte wird trotz Ausdifferenzierung der Produkte die Zentralisierung von Strukturen und Abläufen möglich. Eine Zentralisierung auf noch höherer Ebene wird dadurch erreicht, dass Automobilhersteller in Kooperationsnetzwerken an der gemeinsamen Entwicklung von Einzelteilen arbeiten, die einfacher für alle eingesetzt werden können und die jeweilige Marke aber nicht einschränken (z. B. gemeinsamer markenübergreifender Elektromotor für Fensterheber).

Es ist erstaunlich, wie sehr die in der Natur beschriebenen Formen der Komplexitätsentwicklung auf Unternehmen übertragen werden können. In Tabelle 9.1 sind die Komplexitätsentwicklungen der Natur den entsprechenden Entwicklungen in Unternehmen gegenübergestellt. Tragen Sie ein, was die jeweiligen Formen für Ihr Unternehmen bedeuten können. Überprüfen Sie die Strukturen und Funktionen Ihrer Organisation und die Ergebnisse Ihrer Reflexion im Überblick. Beraten Sie sich mit anderen, ob und wo Komplexitätserhöhungen in Ihrer Organisation sinnvoll kombinierbar sind.

Komplexitätsentwicklung in Ihrem Unternehmen

- Betrachten Sie die Funktionen Ihres Unternehmens: Wo würde eine Ausdifferenzierung mehr notwendige Professionalität und Effektivität bringen?

- Überdenken Sie, wo eine Zentralisierung Kosten sparen und Synergieeffekte schaffen würde. Wo kann durch Zentralisierung die Leistungsfähigkeit erhöht werden?

- Denken Sie quer zur üblichen Struktur! Suchen Sie nach Neukombinationen von Menschen und/oder Bereichen, die Ihre Organisation voranbringen könnten.

- Wo könnte Ihre Organisation rationeller arbeiten? Betrachten Sie nicht nur oberflächliche Einsparungen, sondern grundsätzlich auch die zugrunde liegenden Prozesse und vereinfachen Sie sie.

- Seien Sie mutig und lösen Sie sich von dem Herkömmlichen. Überlegen Sie, welche Impulse Ihrem Unternehmen fehlen und ob diese in Form von neuen Aufgabenbereichen oder Strukturen Ihre Organisation in die gewünschte Richtung bringen.
- Überprüfen Sie, wo Sie bestehende Prozesse und Leistungen in Ihrem Unternehmen mehrfach einsetzen können.
- Schätzen Sie die Lernfähigkeit und die Flexibilität ihrer Organisation ein. Überlegen Sie, an welchen Stellen es einer Ausweitung bedarf: in der Struktur, in der Kultur oder im Prozessverständnis?

9.3 Was die Evolution auch zeigt: der Erfolg der Einfachheit

Die Entwicklung immer komplexerer Organismen durch die Evolution ist nur ein Ausschnitt der biologischen Realität und erfolgt nicht zwangsläufig. Während die hochkomplex strukturierten Dinosaurier untergegangen sind, haben Organismen mit einfachsten Strukturen überlebt. Die frühesten Lebewesen auf der Erde waren die Prokaryonten, die vor ca. 3,8 Milliarden Jahren entstanden sind. Es sind einzellige Organismen, noch ohne Zellkern und Organellen, wie beispielsweise die Bakterien. Sie sind einfach – und sie sind überaus erfolgreich.

9.3.1 Warum der Erfolg der „Kleinen"?

Bakterien gibt es in einer so hohen Anzahl, dass in einer Hand voll Erde mehr leben als Menschen auf der ganzen Welt. Sie haben alle Lebensräume besiedelt, sind für die Entwicklung der Photosynthese und damit des Sauerstoffs verantwortlich und halten die Stoffkreisläufe als Voraussetzung für die Existenz höherer Lebensformen aktiv.

Die Erfolgsstrategie der Bakterien liegt vor allem in ihrer hohen Flexibilität: Sie sind Anpassungskünstler. Aufgrund ihrer geringen Größe von etwa einem tausendstel Millimeter Durchmesser haben sie nicht für alle Eventualitäten Platz und durch ihr extrem hohes Oberflächen-Volumen-Verhältnis eine sehr ausgeprägte Stoffwechselaktivität. Der Austausch mit dem Umfeld gehört also zu ihren Hauptstärken.

Auf einfache Strukturen in der Wirtschaft haben wir schon an anderer Stelle hingewiesen: Jahrtausendealte einfache „Wirtschaftsunternehmen" haben eine erfolgreiche Geschichte hinter sich und machen immer noch einen großen Teil der Weltwirtschaft aus.

In der Vereinfachung von Unternehmensstrukturen ist in den letzten Jahrzehnten vor allem das Konzept des „Lean Management" mit der Verschlankung der Hierarchien und Strukturen umgesetzt worden. Darüber hinaus gibt uns die Natur durch die hochleistungsfähigen Kleinstorganismen weitere Hinweise. Wo können kleine interdisziplinäre Teams quer zur Organisationsstruktur wichtige Themen bearbeiten? Innovationszirkel, KVP-Gruppen, kleine Projektteams zur Umfeldwahrnehmung sind gute Beispiele dafür.

Auch das Franchiseprinzip, das beispielsweise von McDonald's in den USA schon seit den 50er Jahren des letzten Jahrhunderts umgesetzt wird, nutzt die Einfachheit. Was wie eine Konzernstruktur aussieht, stellt sich bei näherer Betrachtung als eine Reihe kleiner, verhältnismäßig einfacher Organisationen heraus. Der Deal ist einfach und erfolgreich: Der Franchisegeber lässt den Franchisenehmer an Marke, Image und Erscheinungsbild teilhaben, er unterstützt ihn in der Unternehmensorganisation, Werbung und Ausbildung. Der Franchisenehmer investiert in eine erfolgreiche Marke, führt sein Unternehmen eigenständig und kann dort Profit machen, von dem er als Gegenleistung für die Unterstützung einige Prozente abgibt. Durch die Vielfalt der oft regional verankerten Franchisenehmer und die damit einhergehende Umfeldwahrnehmung profitiert das Unternehmen in seiner strategischen Weiterentwicklung. Die Zusammenarbeit lohnt sich in der Regel für beide Seiten. Bei McDonald's hat die Anzahl der Restaurants pro Franchisenehmer kontinuierlich zugenommen. Inzwischen ist das Franchising ein weit verbreitetes Prinzip auch in anderen Branchen.

> Einfache Strukturen und intensiver Austausch mit dem Umfeld bringen Flexibilität und große Chancen zur rechtzeitigen Anpassung an die Umfeldanforderungen, auch in Ihrer Organisation.
>
> Suchen Sie nach Möglichkeiten, die Strukturen Ihrer Organisation zu vereinfachen.
>
> Wenn Ihre Organisation groß ist: Schaffen Sie kleine flexible und hochleistungsfähige Teams, die im engen Kontakt zum Umfeld stehen, und nutzen Sie deren Output zur Weiterentwicklung der Organisation.
>
> Wenn Ihre Organisation klein ist: Bauen Sie die Stärken der Flexibilität und Umfeldwahrnehmung systematisch aus.

Eine weitere Erfolgsstrategie der Einzeller liegt darin, ihre Aktivitäten sehr schnell den Bedingungen des Umfelds anpassen zu können. Komplexe Lebewesen pflanzen sich insgesamt recht langsam fort; sie vermehren sich geschlechtlich und haben wenig Nachkommen, die für ihre Entwicklung in der Regel eine sehr viel längere Zeit brauchen, bis sie selbst eigenständig und fortpflanzungsfähig sind. In diesem Verhalten sind sie wenig flexibel. Bakterien dagegen vermehren sich durch Zweiteilung. Dies geschieht verhältnismäßig unkompliziert und schnell, unter guten Bedingungen etwa zweimal pro Stunde. Wenn Sie das hochrechnen, könnte jedes Bakterium täglich bis zu einer Trilliarde Nachkommen hervorbringen und Ihnen innerhalb kürzester Zeit den Lebensraum rauben. Glücklicherweise ist das nur eine mathematische Spielerei – in der Natur reicht der Nachschub von Nahrung nicht für ein solches exponentielles Wachstum. Wenn sich die Umfeldsituation jedoch ungünstig entwickelt, können bestimmte Bakterienstämme beinahe unbegrenzt in „Schlafzustände" überwechseln. Sie reduzieren den Stoffwechselumsatz dabei massiv und halten nur die Fähigkeit aktiv, bessere Umweltbedingungen wahrzunehmen. Die ungeschlechtliche Fortpflanzung und damit einhergehende Unabhängigkeit in der Vermehrung sind hier von Vorteil.

Bei im Watt lebenden Bakterien hat man festgestellt, dass evolutionär nicht die schnellste Anpassungsfähigkeit erfolgreich ist: Die Bakterien reagieren nicht unmittelbar auf Schwankungen, sondern sie „unterscheiden" – es ist noch unklar, wie – zwischen den sie umgebenden Zyklen der Natur wie Ebbe und Flut und zusätzlichen Veränderungen und kommen dadurch zu einer Reaktionsform, die langfristig sinnvoll ist.

In der Wirtschaft ist es ähnlich. Kleinstorganisationen wie beispielsweise Familienunternehmen im Handel sind immer schon flexibel mit ihrer (eigenen) Arbeitszeit umgegangen und waren dadurch den ersten Supermärkten überlegen. In größeren Unternehmen wird versucht, diesen Nachteil durch Arbeitszeitflexibilisierung wie beispielsweise die Einführung von Vertrauensarbeitszeit auszugleichen. Auch die Bemühungen, durch verstärktes Arbeiten mit freien Kräften und Subunternehmern eine sogenannte „atmende" Organisation zu werden, gehen in dieselbe Richtung.

9.3.2 Fazit: Komplexität oder Einfachheit?

Was bedeutet der Erfolg der Einfachheit für Organisationen? Es kommt nicht darauf an, Unternehmen und Produkte immer komplexer zu machen, um sich erfolgreich am Markt zu behaupten. Ein Meister in der Vereinfachung ist das Möbelhaus IKEA. Es hat seinen Vorteil gegenüber den herkömmlichen Schrankwandherstellern durch eine hohe Vielfalt vereinfachter Produkte erreicht. Durch das Modulprinzip entsteht eine große Kombinationsmöglichkeit mit Möglichkeit zur eigenen Gestaltung, die – da die Möbel weniger kosten als die herkömmlichen – auch noch in kürzeren Zeitabständen wieder veränderbar ist. Dieses Konzept hat sich im Umfeld bewährt, wie die Umsatzzahlen zeigen.

Die Vereinfachung bezüglich der Produkte hängt häufig mit einer Vereinfachung von Struktur und Prozessen zusammen. Mit seiner Herangehensweise hat IKEA gleichzeitig die inneren Prozesse vereinfacht, indem der Zusammenbau der Möbel an den Kunden outgesourct wurde. Bei der Lufthansa waren vor 30 Jahren noch eigene Köche an Bord. Inzwischen gibt es bei den unterschiedlichen Fluggesellschaften nur noch Fertiggerichte, kleine Snacks oder auf Kurzflügen sogar kein im Preis enthaltenes Essensangebot. Aus unterschiedlichen Gründen können die Komplexitätsanforderungen wieder steigen. Die Evolution geht mit dem Schaffen und Reduzieren von Komplexität flexibel um, je nachdem, was in der Auseinandersetzung mit dem Umfeld erfolgreich ist. Bei Arten, die keine Augen brauchen, wie beispielsweise der in unterirdischen Höhlen lebende Grottenolm, bilden sich die Sinnesorgane wieder zurück. Wenn der Grottenolm aber in Gegenden lebt, wo er zur Nahrungssuche in Richtung Wasseroberfläche schwimmen muss, ist er mit funktionsfähigen Augen ausgerüstet.

Die Versuche von Organisationen, in ihrer Struktur eine ähnliche Flexibilität zu erreichen, haben wir schon geschildert. Darüber hinaus gibt es sogenannte ERP-Systeme (Enterprise Resource Planning), die zum Ziel haben, die Ressourcen des Unternehmens – Kapital, Betriebsmittel und Personal aller Geschäftsbereiche – abzubilden und möglichst effizient einzuplanen. Hier werden hochkomplexe Prozesse in der Software abgebildet, Berechnungen automatisiert und dadurch wird die Steuerung erleichtert.

Betrachtet man zusammenfassend die Pole Einfachheit und Komplexität, haben beide Organisationsformen eine Existenzberechtigung und es gibt Trends in beide Richtungen. Der Gesamttrend geht allerdings stärker in Richtung Komplexitätszunahme. Hier liegen die zukünftigen Herausforderungen für das Management. In der Technikentwicklung nimmt die Komplexität von Produkten zu, während die Anwendung sich stark in Richtung Einfachheit entwickelt. Aufgabe des Managers ist es, sich auf zunehmende Komplexität einzustellen und sie zu bewältigen.

Weiterentwicklung Ihres Unternehmens bedeutet nicht unbedingt Zunahme von Komplexität. Prüfen Sie, wo Sie Produkte, Prozesse und Strukturen vereinfachen können. Wägen Sie dabei die Qualitätsanforderungen ab.

Das entscheidende Kriterium in der Gestaltung von Einfachheit und Komplexität ist die Umfeldbewährung Ihrer Organisation. Spielen Sie auf der Ebene, einerseits Komplexität zu entwickeln und andererseits Einfachheit herzustellen.

9.4   Beim Managen der Komplexität von der Natur lernen

Im Umgang mit der Komplexität steht der Mensch heute vor einem neuen Evolutionsschritt. Über Jahrhunderte hinweg hat uns ein lineares Denken ausgereicht, um die Welt zu erklären. Aber wir können uns nicht auf lineare Entwicklungsverläufe verlassen. Immer wieder werden wir mit unvorhergesehenen Auswirkungen und überraschenden existenziellen Bedrohungen konfrontiert, die uns aus trügerischer Sicherheit reißen: Seien es die Terroranschläge mit ihrer enormen wirtschaftlichen Auswirkung, der Aufstieg und Niedergang der New Economy oder Naturkatastrophen wie Tsunami-Wellen oder Wirbelstürme. Als es die Dinosaurier gab, war die Gruppe der Säugetiere noch klein und unscheinbar. Die Evolution lehrt uns, dass Erfolg nur ein momentaner Zustand ist und lineares Denken zu kurz greift.

Doch wie damit umgehen? Viele Führungskräfte schätzen die damit verbundenen Herausforderungen, Komplexität macht das Arbeitsleben spannend und wirkt bei der Gestaltung von Arbeitsaufgaben bereichernd. Andere stöhnen häufig über die zunehmende Komplexität und nehmen sie als unbequem und lästig wahr oder fürchten sie. Das eingangs beschriebene Geflecht gegenseitiger Abhängigkeiten, die zeitlichen Verzögerungen und das Vorhandensein von Widersprüchen setzen dem menschlichen Kontrollbedürfnis Grenzen. Psychologisch gesehen schwanken wir zwischen lähmender Hilflosigkeit und überzogenem Machtgefühl. Dabei sind wir in dem Komplexitätsgefüge Objekt und Subjekt gleichzeitig: Wir sind vielschichtigen Situationen und Gegebenheiten ausgeliefert, sind komplex funktionierende Organismen – und darüber hinaus sind wir die einzigen Lebewesen, die bewusst Komplexität schaffen und Instrumente zu ihrer Bewältigung entwickeln oder zumindest einfordern. Besonders aus der Zunahme der Informationen seit dem letzten Jahrhundert wurde geschlussfolgert, dass der Schwerpunkt eher auf detailliertes Expertenwissen zu legen sei. Diese Herangehensweise bestimmt immer noch unser Bildungssystem. Es braucht aber Strategien zur Vernetzung, Erfassung und Bewältigung von komplexen Situationen, die wir in den Schulen noch zu wenig lernen und die uns auch im Arbeitsleben oder in Politik und Gesellschaft bislang wenig zur Verfügung stehen.

Die Natur bestätigt, dass es nicht *die eine* Lösung im Umgang mit Komplexität gibt. Sie setzt um, was in „Ashby's Law" festgehalten wurde: Nur Varietät kann Varietät absorbieren. Oder anders ausgedrückt: Um ein komplexes System zu managen, bedarf es einer Vielfalt von Handlungsmöglichkeiten in der Steuerung. Diese Handlungsmöglichkeiten der Natur sind vielfältig, sie sind direkter und automatisierter als unsere Planungstools – und damit für uns Menschen „unbewusster".

9.4.1 Erfolgreiche Komplexität durch Balance zwischen Ordnung und Chaos

Ordnung und Chaos sind Gegensätze, die sich durch alle Ebenen der Natur ziehen. Betrachten wir die Struktur eines Kristalls: Auf molekularer Ebene eines idealen Festkörpers liegen die kleinsten Teilchen eng beisammen und es gibt einen festen, bis ins Unendliche berechenbaren Zusammenhalt. Ein Kristall lässt sich nicht verformen; wird auf ihn Druck ausgeübt, gibt er nicht nach – bis er bricht. Ein gasförmiger Stoff dagegen passt sich den Gegebenheiten an, er kann sich im Raum verflüchtigen oder in einer Gasflasche verdichtet werden. Die

Teilchen bewegen sich schnell und ihre Bewegungsenergie ist größer als die Kraft, die sie zusammenhält.

Was haben die physikalischen Zustände von Materie mit lebenden Organismen zu tun? Beide Extreme sind nicht lebensfähig, sondern Leben bewegt sich zwischen den beiden Polen Ordnung und Chaos:

- Ordnungselemente ermöglichen Stabilität (Beispiele: feste Strukturen, lineare chemische Reaktionen).
- Chaoselemente sind ungeordnet und befähigen das System, rasch auf die externen Veränderungen zu reagieren, sie ermöglichen Flexibilität.

Um komplexe Organismen erfolgreich zu managen, braucht es eine ausgewogene Balance zwischen ordnenden und chaotischen Elementen und den dazugehörenden Regelkreisen. Mit Hilfe von Informatikmodellen konnte gezeigt werden, dass komplexe Zustände im Grenzbereich vor dem Chaos liegen: Genau dort sind Entwicklung, Anpassung und Verbesserung möglich. Wenn sich die Balance zu einer der beiden Seiten verlagert, wird der Organismus krank (siehe auch Bild 9.2).

Pendelt das Gleichgewicht zu sehr in Richtung Ordnung wie beispielsweise bei Alterungsprozessen, verliert das System seine Dynamik und ist mit höherem Risiko behaftet. Bei der Osteoporose (einer Alterskrankheit, die die Knochen brüchig macht) wird vermutet, dass sie durch einen Verlust von interner Dynamik entsteht: Die Konzentrationen der Stoffe Calcium und Parathormon im Blut sind bei Osteoporosekranken statisch, während sie bei Gesunden immer um einen Mittelpunkt herum schwanken.

Dagegen kann zu viel Chaos zur Instabilität und Existenzkrise führen. Dies zeigt die Wucherung von Krebszellen anschaulich, wenn in der Zelle die Hemmung zur Kontrolle der Zellproduktion aufgehoben ist.

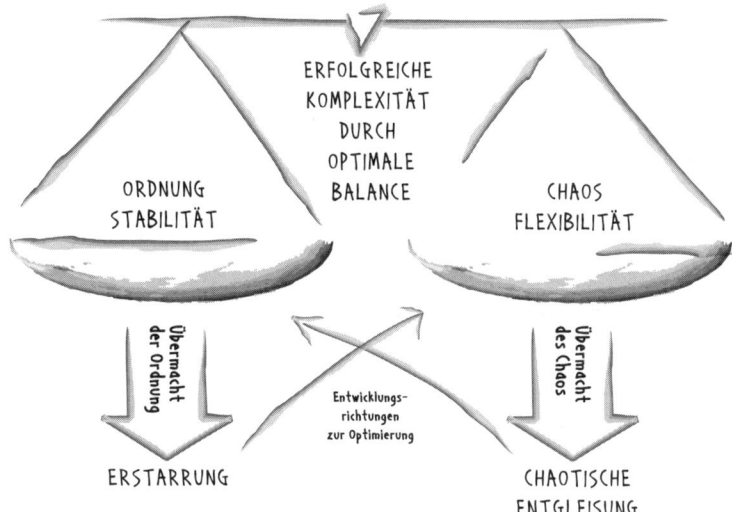

Bild 9.2: Komplexität im Spannungsfeld zwischen Ordnung und Chaos

Tabelle 9.2: Elemente von Ordnung/Stabilität und Chaos/Flexibilität in Organisationen

Zeichen von Erstarrung: Beispiele	Elemente von Ordnung/ Stabilität in der Organisation:	Elemente von Chaos/Flexibilität in der Organisation:	Zeichen von chaotischer Entgleisung: Beispiele
● Zentralisierte Organisation ohne Freiheitsgrade für die Bereiche	● Eng verzahnte Bereichsstruktur	● Locker verzahnte Bereichsstruktur, operative Einheiten müssen in der Lage sein, möglichst autonom agieren zu können	● Bereiche kommunizieren nicht mehr miteinander, notwendige Informationen werden nicht ausgetauscht
● Prozesse werden nicht weiterentwickelt und angepasst	● Prozesse sind standardisiert und einzelnen Bereichen und Funktionen zugeordnet	● In den Abläufen besteht eingeübte Flexibilität, (Teil-)Prozesse können auch von anderen Beteiligten übernommen werden	● Prozessaufbau ist nicht erkennbar, Ressourcenverschwendung ● Prozesse werden von Einzelnen sehr unterschiedlich durchgeführt, was die Nahtstellen irritiert
● Führung ist autokratisch und starr ● Regeln sind starr festgeschrieben, bei Veränderungswünschen gibt es großen Widerstand	● Es gibt ein umfassendes Regelwerk in der Organisation und die Regelungen sind transparent, die Führungskräfte achten auf ihre Einhaltung	● Es besteht ein kooperativer Führungsstil ● Die Mitarbeiter verfügen über viele Freiheitsgrade, vieles ordnet sich „von selbst" ● Das Regelwerk wird ständig weiterentwickelt	● Die Führung ist nicht sichtbar, keine orientierende Linie ● Führung ist unzuverlässig und wechselhaft ● Regeln sind völlig unklar

Tabelle 9.2: (Fortsetzung)

Zeichen von Erstarrung: Beispiele	Elemente von Ordnung/Stabilität in der Organisation:	Elemente von Chaos/Flexibilität in der Organisation:	Zeichen von chaotischer Entgleisung: Beispiele
• Mitarbeiter sind schon lange in der gleichen Besetzung tätig • Sie bekommen keine neuen Impulse • Die Fähigkeiten unterscheiden sich nicht	• Die Mitarbeiterstruktur ist homogen	• Die Mitarbeiterstruktur ist heterogen bezüglich Kompetenzen und Persönlichkeitseigenschaften • Es werden bewusst Querdenker und Mitarbeiter mit starken innovativen Anteilen in den Teams integriert	• Es gibt keine feste Mitarbeiterstruktur, die Zusammensetzung und Zuständigkeiten von Teams wechseln ständig, es gibt eine gegenseitige Chaotisierung
• Zusätzliche Aufgaben können nicht flexibel bearbeitet werden • Man beruft sich auf den eigenen Zuständigkeitsbereich	• Es gibt eine klar gegliederte Aufbauorganisation mit abgegrenzten Tätigkeitsbereichen	• Die Mitarbeiter verfügen über verschiedene Kompetenzen und Qualifikationen; Jobrotation unterstützt die multiple Einsetzbarkeit der einzelnen Mitarbeiter	• Es gibt große Unklarheit über Zuständigkeiten • Arbeiten werden nicht oder doppelt gemacht

Auch für Organisationen gilt es, die richtige Verbindung von Ordnung und Chaos, Stabilität und Flexibilität zu finden.

Neue oder kleine Organisationen sind oft sehr chaotisch. Die Mitarbeiter haben viele Freiheitsgrade und müssen sehr flexibel mehrere Aufgabenbereiche bewältigen und zwischen ihnen hin und her springen. Sobald eine Organisation wächst, müssen verstärkt Strukturen aufgebaut und Regelungen gefunden werden. Ältere Organisationen dagegen werden aufgrund ihrer Größe und eingeschliffenen Gewohnheiten behäbiger und können sich im Laufe der Zeit schwerer verändern. Das Regelwerk ist gewachsen und kann die Bewegungsspielräume empfindlich einschränken.

Aber auch die Zusammensetzung der Mitarbeiter in Organisationen oder einzelnen Einheiten hat Einfluss. Eine erfolgreiche Mischung ist dann gegeben, wenn strukturierende Mitarbeiter mit kreativen Querdenkern zusammenarbeiten. Durch die Widersprüchlichkeit wird die Entwicklung der Organisation vorangetrieben und die Möglichkeiten für flexible Lösungen steigen (siehe auch Abschnitt 9.4.5).

Die Balance geht dann verloren, wenn eine der beiden Tendenzen Übermacht gewinnt. Zu viel Ordnung und Stabilität führen zur Erstarrung, zu viel Flexibilität und Chaos zur chaotischen Entgleisung. Beides gefährdet die Organisation und kann sie in eine Existenzkrise führen. Dann ist es Zeit, die Elemente des jeweils anderen Pols zu stärken und voranzutreiben und das Unternehmen oder die Organisationseinheit in die Balance zurückzuführen.

In Tabelle 9.2 ist dargestellt, welche Elemente in Organisationen den beiden Polen Ordnung/Stabilität und Chaos/Flexibilität zuzuordnen sind. Als Hinweise finden Sie Beispiele für die Übermacht des einen oder des anderen Pols. Nutzen Sie die Tabelle, um zu überprüfen, wo in Ihrer Organisation Entwicklungsbedarf besteht, und optimieren Sie den Bereich durch Maßnahmen in der „diagonalen" Entwicklungsrichtung (nach Bild 9.2).

Leben ist nur im Spannungsfeld zwischen Ordnung und Chaos möglich. Komplexität kann dann erfolgreich gemanagt werden, wenn sie flexibel zwischen den beiden Polen wechselt.

Überprüfen Sie Ihre Organisationseinheit immer wieder auf die richtige Mischung zwischen Ordnung und Chaos.

Identifizieren Sie die Stellen, wo Entwicklungsbedarf besteht, und fördern Sie durch gezielte Maßnahmen das Gleichgewicht für eine erfolgreiche Komplexität.

9.4.2 Regelungsmechanismen und Feedback zur Unterstützung von Stabilität und Flexibilität

Regelungsmechanismen bauen komplexe Organismen auf und halten sie am Laufen, sie sichern deren Existenz, bringen Ordnung in das Gefüge und garantieren gleichzeitig flexible Anpassung. Regelkreise setzen sich aus einzelnen Prozessabläufen zusammen, die durch ein Feedback – eine negative oder positive Rückkopplung, kontrolliert und gesteuert werden. Ausgangspunkte sind Gleichgewichtszustände oder Soll-Werte, die durch komplexe Regelwerke erhalten bzw. wiedererlangt werden sollen. In diesem und dem nächsten Teilkapitel wollen wir Ihnen wichtige Teilabläufe von Regelkreisen und Informationsweitergaben vorstellen, bevor wir diese auf Organisationen übertragen.

Die sogenannte „negative Rückkopplung" trägt sehr stark zur Stabilität bei: A wird aktiv und regt B an, das wiederum auf A hemmend zurückwirkt. Dieses Muster ist in der Natur sehr häufig zu finden. Wenn Füchse in einem Gebiet leben, wo es viele Hasen gibt, werden sie sich erst einmal gut ernähren und sich üppig fortpflanzen. Je mehr Füchse aber jagen, desto weniger Hasen wird es geben, was das weitere Anwachsen der Fuchspopulation begrenzt. Auch in der Steuerung von Organismen sind negative Rückkopplungen (beispielsweise in hormonellen und nervösen Regelkreisen) grundlegend.

Die positive Rückkopplung verstärkt sich selbst: direkt oder über den Umweg einer weiteren „Station". Sie kennen solche Mechanismen aus Organisationen: wenn die Belegschaft stolz auf das Unternehmen und die eigene Leistung ist, aus diesem Stolz heraus sich besonders engagiert, gute Ergebnisse damit produziert und dann noch mehr Gründe zu Stolz und Freude hat. Leider funktioniert diese sich selbst verstärkende Rückkopplung auch bei schlechter Stimmung … Es ist ein Mechanismus, der Starke noch stärker und Schwache noch schwächer werden lässt. Anbieter mit einem überragenden Wettbewerbsvorteil können ihre Position durch Marketingstrategien und Mundpropaganda immer weiter ausbauen, während ihre Mitkonkurrenten immer weniger Chancen haben, dagegenzuhalten. Allein auf sich gestellt, führen positive Rückkopplungen zu „Explosionen", im Alltag sprechen wir im negativen Sinn auch vom „Teufelskreis".

In der Natur sind sich selbst verstärkende Prozesse meistens in einem Gesamtgefüge eingebettet, in dem es auch hemmende (negative) Rückkopplungen gibt. Ein Beispiel: Man hat lange Zeit danach geforscht, wie aus einem einfachen, undifferenzierten Zellhaufen Lebewesen mit einem festen Bauplan entstehen. Regelungsmechanismen in der Natur sind strukturbildend und teilweise zu Reparaturen fähig. Der Süßwasserpolyp Hydra ist ein einfaches Lebewesen, das sich in Teilen selbst regenerieren kann und daher ein interessantes Forschungsobjekt ist. Die Wissenschaftler entdeckten einen sich selbst verstärkenden Prozess (Kopf entwickeln), gekoppelt mit einer Hemmung (Kopf nicht entwickeln). Dabei muss der Hemmer schneller sein als der Aufbau – je mehr Aufbau, desto stärker der Hemmer, um dann zum richtigen Zeitpunkt die Oberhand zu gewinnen. Wird der Kopf der Hydra entfernt, wird auch der Hemmer entfernt. Dadurch fängt der Prozess von neuem an: Wachsen und hemmen, bis ein neuer Kopf gebildet ist.

Regelkreise geben also die Möglichkeit, ganz nach Ashby's Law auf komplexe Anforderungen mit der entsprechenden Varietät zu antworten. Die Natur schöpft die Möglichkeiten dazu aus, indem sie zusätzlich den Zeitfaktor einsetzt: Breitet sich die hemmende Reaktion schnell aus und hat sie eine kurze Zeitkonstante, bilden sich stabile Muster wie in dem beschriebenen Beispiel. Hat sie eine lange Zeitkonstante, gibt es mehr Freiheitsgrade bis zur Rückkopplung und es treten Oszillationen auf, die letztlich zu chaotischem Verhalten führen. So sind beispielsweise die Schalenformen tropischer Meeresschnecken ähnlich, die Pigmentmuster auf den Schalen aber durch die verzögerte hemmende Reaktion in ihrer Vielfalt „chaotisch".

Die Natur macht von allen Varianten Gebrauch! Sie lässt mehr oder weniger Zeit zur Reaktion zu, je nachdem, was sie braucht und wo der Selektionsprozess entsprechend wirkt. Darüber hinaus variiert sie je nach Relevanz die Formen der Informationsaufnahme und -weiterleitung.

Natur nutzt sensible Stellen – und schnelle Wege

Ein funktionierendes Regelwerk beruht auf einer breiten und schnellen Informationsaufnahme und -verarbeitung. Je nach Wichtigkeit gibt es dabei Unterschiede in der Reizverarbeitung: Wenn wir beispielhaft die menschliche Wahrnehmung betrachten, stellen wir fest, dass Auge und Nase im Laufe der Evolution des Menschen eine besondere Stellung bekommen haben, denn sie informieren uns am ehesten über existenzielle Gefahren. Die wahrgenommenen Signale werden nicht in den Neokortex geleitet, in dem das bewusste Denken stattfindet, sondern direkt in das emotionale Kontrollzentrum, den Mandelkern. Von dort aus wird der Kortex informiert und in der Not mit Botschaften überschwemmt, das bewusste Denken „setzt aus". Die Weiterleitung und Verarbeitung gehen rasant vor sich: In einem Experiment konnte der Inhalt von Bildern, die nur 200 Millisekunden gesehen wurden, von den Teilnehmern als gut oder schlecht eingeschätzt werden. In Stress- und Gefahrensituationen greifen wir auf automatisierte Reiz-Reaktions-Verknüpfungen zurück und von deren Leistungsfähigkeit hängt unser Erfolg ab. In Situationen, in denen man schnell handeln muss, reagiert man nicht komplex, sondern unmittelbar.

Nun ist der Mensch ein „Augentier" und wahrscheinlich können Sie das Beispiel gut nachempfinden. Aber auch der Geruchssinn ist „kurzgeschaltet", was wir – bewusst – nur sehr spärlich nutzen. Oftmals schränken wir uns zu sehr auf bestimmte gewohnte Kanäle ein, von denen wir Informationen erwarten. Dabei gibt es eine breite Palette von Sinneskanälen im Organismus – und von Informationskanälen in Organisationen. In beiden Fällen geht es darum, sensible Punkte zu erfassen und wichtige Informationen möglichst schnell und direkt an die Steuerungszentrale weiterzuleiten. Ein erfolgreicher Manager weiß um sensible Stellen (empfindsam im positiven Sinn) und hat direkte Verbindungen zu ihnen. Der jetzige VW-Vorstand Wolfgang Bernhard hat als Führungskraft bei Daimler immer wieder den direkten Kontakt zu den Arbeitern am Band gesucht und so manche Nachtschicht mitgemacht. Betriebsleiter großer Unternehmen führen regelmäßig Gespräche mit Meistern, um die Probleme und Stimmungen rechtzeitig und schnell erfassen zu können.

> Sprechen Sie als Manager nicht nur mit den Ebenen über und unter Ihnen, sondern mit Menschen aus dem gesamten Unternehmen und unterschiedlichen Hierarchiestufen.

Regelkreise und Rückmeldungen in Organisationen

Feedback ist ein elementares Steuerungsinstrument in komplexen Zusammenhängen. Eine Führungskraft holt Rückmeldungen ein und vergleicht Ist-Werte mit Soll-Werten. Sie gibt aber auch Feedback, um ihre Mitarbeiter zu aktivieren oder zu bremsen.

Nun gibt es eine Vielzahl von Möglichkeiten, Feedback als Entscheidungsgrundlage in der Steuerung zu nutzen. Wie wir gesehen haben, ist es ratsam, Informationen breit zu erheben, die Rückmeldungen aus den unterschiedlichsten Kanälen zu speisen und hier vor allem sensible Punkte zu berücksichtigen. Häufig werden die Handlungsmöglichkeiten in Organisationen nicht ausgeschöpft.

Die meisten Organisationen nutzen Finanzkennzahlen als systematisches Instrument zur Steuerung. Finanzkennzahlen sind zwar notwendig, aber nicht ausreichend, denn sie sagen nichts über die Vision und die Strategie von Organisationen aus. Daher empfehlen wir die

Nutzung ganzheitlicher Kennzahlensysteme: Balanced Scorecards, die ausgehend vom Bedarf der einzelnen Organisation entwickelt werden und für alle wichtigen Bereiche die Entwicklung von Zielen und Festlegung von Kennzahlen fordert. Günstigerweise beinhaltet ein solches System „harte" und „weiche" Daten (quantitativ erfassbare Zahlen, aber beispielsweise auch Einschätzungen zur Mitarbeiterzufriedenheit und -motivation). Es sollte sie in der Wahrnehmung von sensiblen Punkten unterstützen und Hinweise auf wesentliche Entwicklungstrends geben. Ein Solarzellenhersteller tut gut daran, regelmäßig Daten über die Einstellung der Gesellschaft zu alternativen Energien auszuwerten. Eine Gewerkschaft braucht Hinweise zur zukünftigen Beschäftigungsentwicklung in ihrer Branche. Wenn sie dazu noch über Daten zur Altersentwicklung der Beschäftigten verfügt, hat sie sensible Stellen für ihre Potenziale in der Zukunft erfasst. Großen Unternehmen und Organisationen kommt dabei zugute, dass Computer inzwischen riesige Datenmengen verarbeiten und komprimieren können. Umfassende Managementinformationssysteme wie auch spezielle Software für einzelne Themenbereiche bereiten die Daten übersichtlich auf und machen ihre Ausprägung häufig über eine Ampeldarstellung auch visuell sehr schnell erfassbar.

Wenn die Balanced Scorecard gemeinsam mit den Beschäftigten entwickelt wurde, hat dies noch weitere Vorteile: Die Zielsetzung ist transparent und wird mitgetragen, die Mitarbeiter beteiligen sich an der Kontrolle der Ziele und bringen sich an der Lösungssuche stärker ein.

Feedback einzuholen heißt auch, jenseits der systematischen Kennzahlen-Tools Situationen und Gespräche zu nutzen. In Mitarbeitergesprächen liegt das nahe, aber wie oft nutzen Sie beispielsweise „Feedbackrunden" am Ende Ihrer Besprechungen, in denen alle der Reihe nach ihre Statements und Anmerkungen zu einer bestimmten Fragestellung kundtun? Dadurch entsteht eine zuverlässigere Momentaufnahme der verschiedenen Sichtweisen als in einer Diskussion, wo Einzelne als Wortführer auftreten. Manche Organisationen nutzen informelle Feedbackschleifen, indem an „Café-Ecken" oder Treffpunkten im Unternehmen Zwischenergebnisse und Arbeitsstände präsentiert oder Fragen visualisiert werden und zu Kommentaren und Anmerkungen auf beigehängten Flipcharts eingeladen wird.

Elektronische Medien ermöglichen inzwischen nicht nur schnelle Datenanalysen, sondern auch interaktive Feedbackschleifen: So kann man kleine schnelle Befragungen im Intranet durchführen und die Intelligenz der Belegschaft nutzen. Analog dem Biofeedback ist es möglich, an den Produktionslinien Monitore zu platzieren, die ständig aktuelle Zahlen liefern und damit die Selbststeuerung der Mitarbeiter unterstützen.

Rückkopplung kann nur funktionieren, wenn die Feedbackinformation bei der zuständigen Stelle ankommt und nicht auf bürokratischen Wegen verloren geht. Dies gilt für den internen Umgang wie auch für den Umgang mit Kunden, beispielsweise bei Reklamationen. Wenn Ihr Telefon im Hotel defekt ist und Sie sagen es beim Frühstück im Restaurant an, kommen danach in Ihr Zimmer zurück und es funktioniert, werden Sie das Hotel in bester Erinnerung behalten.

Ein erfolgreiches Arbeiten mit Feedback bedeutet, dass eine Klarheit über Schwellenwerte und Konsequenzen vorhanden sein muss: Was machen wir aus der rückgemeldeten Information? Ab wann hat eine Rückmeldung Konsequenzen? Wie klar sind die Handlungsregelungen? Manchmal braucht es den Mut, nach Feedbacks nicht in Aktionismus zu verfallen, sondern sie an die Seite zu stellen und erst einmal abzuwarten. Durch zu schnelle Berücksichtigung der Rückmeldungen von Shareholdern sind schon manchen Unternehmen die weiteren Wachstumsmöglichkeiten genommen worden.

In Organisationen sehen wir den Trend, dass es mehr Feedbackschleifen gibt als früher. Allerdings muss die Geschwindigkeit der Feedbackschleife im Verhältnis stehen zur Entwicklungsgeschwindigkeit des „gefeedbackten" Systems. Wenn Samen vier Wochen brauchen, um zu keimen, dann ist die Feedbackschleife zu kurz, wenn man nach zwei Wochen das erste Mal nachschaut, und den Samen herausreißt, weil sich noch keine Pflanze entwickelt hat. Als Führungskraft muss man herausfinden, wo enge Kontrollschleifen wichtig sind und wo man eher lockerlassen und sich etwas entwickeln lassen kann. In existenziell notwendigen und sehr standardisierten Prozessen braucht es enge Rückkopplungsmöglichkeiten, in Prozessen mit entsprechend vielen Freiräumen kann die Rückmeldung später kommen.

> Bauen Sie ein systematisches Instrument zur Erfassung wichtiger Entwicklungen auf und installieren Sie so ein sensibles Frühwarnsystem für Ihre Organisation.
>
> Nutzen Sie sensible Stellen und schnelle Informationsweiterleitung in Ihrer Organisation. Gehen Sie dabei unkonventionelle Wege.
>
> Überprüfen Sie, ob die Schnelligkeit des Feedbacks der Entwicklungszeit des Beobachteten angemessen ist.
>
> Identifizieren Sie (Teil-)Prozesse, wo enge Kontrollschritte und standardisierte Regulationsschritte notwendig sind und wo weitere Feedbackschleifen.

9.4.3 Zur Unterstützung der Flexibilität: Herstellung von Vielfalt und Widersprüchlichkeit

Die Evolution schafft Vielfalt und diese ist die Grundlage für unsere Existenz. Es gibt mindestens fünf Millionen Arten, davon allein 700.000 Arten von Insekten. Ohne Insekten beispielsweise könnten die Menschen nur noch einige wenige Monate überleben, so der Biologe Wuketits: Die Oberfläche des Festlandes würde verfaulen, es käme zu einem Massenaussterben der Blütenpflanzen, die Basis unserer Existenz wäre uns genommen.

In Organisationen ist Vielfalt von Meinungen, Sichtweisen und Fähigkeiten eine wichtige Voraussetzung für die Anpassungsfähigkeit, denn nur dann können Situationen annähernd zuverlässig eingeschätzt und angemessene Lösungen gefunden werden. Linearität und Einseitigkeit gefährden die Existenz eines komplexen Organismus in einem komplexen Umfeld. Häufig wird in Organisationen Konsens als erstrebenswert und Vielfalt als anstrengend bewertet und erst das Ankommen in Sackgassen macht diese Grenze deutlich. Stellen Sie sich vor, Sie müssten Ihre Wahrnehmung ausschließlich auf das Schmecken oder Tasten beschränken und sich dann in Ihrer Umwelt zurechtfinden!

Der Psychologe und Kreativitätsexperte Edward De Bono hat die Methoden des „parallelen" und des „lateralen Denkens" entwickelt. Beim parallelen Denken, auch bekannt als die Methode der sechs Hüte, wird eine Fragestellung aus verschiedenen Perspektiven gleichzeitig bearbeitet: Die Faktenlage, Stimme der Intuition, Kritiker und Befürworter, die provokative Sicht und der Planer des weiteren Prozesses werden berücksichtigt. Diese Methode hilft, Zusammenhänge zu erkennen, alle Sichtweisen abzuwägen und einzubeziehen, ohne selbst zu sehr an einer Perspektive zu hängen. Beim lateralen Denken geht es vor allem um die

Denkrichtung: Quer denken, bewusst den Zufall einbeziehen, Blickpunkt und Relationen umkehren, mit Analogien arbeiten, kurz, das ganze Spektrum und die Chancen der kreativen Ansätze ausnutzen.

Viele Führungskräfte haben mit der vermeintlich wenig zielgerichteten Vorgehensweise erst einmal Probleme. Man muss sich darauf einlassen können. So haben wir beispielsweise in einem komplexen Strategieentwicklungsprozess im Rahmen eines Workshops mehrere Themen gleichzeitig von unterschiedlichen Seiten aus in einer ersten Form bearbeitet, ohne sie zu einem befriedigenden Abschluss mit fertigen Resultaten zu bringen. Nachdem die ersten Arbeitsergebnisse etwas gewirkt hatten, griffen wir die Themenbereiche wieder auf, vertieften sie und führten sie zusammen. Der Vorteil dieser Herangehensweise ist es, die Vernetzung zwischen den Fragestellungen schon bei der Erarbeitung zu erkennen, wodurch meist geniale Ideen entstehen. Dies ist mit einer chronologischen Abarbeitung von Themen nicht möglich. Am Ende haben uns die Top-Manager bestätigt, wie gut diese Vorgehensweise war, um alles Wichtige zu berücksichtigen und Entscheidungsprozesse reifen zu lassen – und gleichzeitig, wie schwer ihnen ein solches Verfahren gefallen ist.

Was erreichen Sie mit einer solchen Vorgehensweise? Das lineare Denken bewegt sich in der Regel in eingefahrenen Bahnen und hindert uns, sowohl in der Analyse wie auch in der Lösungsentwicklung über den gewohnten Tellerrand zu schauen. Auch scheinbar optimale Lösungen können mittel- und langfristig wenig erfolgreich sein. Ein Versuch, die menschliche Evolution durch Computer zu simulieren, scheiterte daran, dass der Computer aus zufällig entwickelten Werten immer die vermeintlich besten miteinander kreuzte. Das zunächst unerwartete Ergebnis: Die Kreuzung von „Superprogrammen" ergab nicht die optimale Lösung, sondern eine Weiterentwicklung war nur unter Einbeziehung von zunächst schlecht bewerteten Ausgangsdaten möglich. Sie scheinen neue Impulse gegeben zu haben, um die Entwicklung voranzutreiben.

Nehmen Sie sich ein Beispiel an der Vielfalt der Evolution: Denken Sie quer – oder beziehen Sie Querdenker aktiv mit ein. Überlegen Sie, wo Sie kreatives Denken und kreative Methoden stärker nutzen können.

Bedenken Sie, dass ein scheinbarer Umweg im Umgang mit komplexen Situationen erfolgreicher ist, weil er der Sache eher gerecht wird. Sie können dadurch schneller zum Ziel kommen!

Haben Sie Mut zur Widersprüchlichkeit. Vielleicht liegt genau darin der entscheidende Hinweis für die Lösung eines Problems.

Scheinbar schlechtere Lösungen können später der Schlüssel zum Erfolg sein.

9.4.4 Schutz und Absicherung in komplexen Zusammenhängen

In unserer immer komplexer werdenden Wirtschaft sind Organisationen zunehmend Risiken ausgesetzt. Während bei den Top-Unternehmen der Einsatz von Risikomanagementspezialisten in den letzten Jahren zugenommen hat, hinkt diese Entwicklung in kleinen und mittelständischen Unternehmen noch nach. Risiken werden oftmals nicht rechtzeitig beachtet – ein Fehler, der sich schnell zur Katastrophe auswachsen kann, wenn man bedenkt, dass sich angesichts der zunehmenden Veränderungsgeschwindigkeit die Reaktionszeiten verkürzen. In den Ratingkriterien der Eigenkapitalrichtlinie Basel II ist das Risikomanagement ein wesentlicher Bestandteil. Seit 1998 hat der Gesetzgeber Vorstände börsennotierter Unternehmen zur Einrichtung eines Überwachungssystems verpflichtet. Neben den eher kalkulierbaren Risiken werden für die Entwicklung von Wechselkursen, Zinsen und Rohstoffpreisen zufallsabhängige Verläufe simuliert, sogenannte Random Walks, vergleichbar mit den vielen denkbaren Wegen eines alkoholisierten Menschen, der ab dem Start zu Punkt X vorantorkelt.

Aber ein gutes Risikomanagement bezieht sich nicht nur auf die unmittelbaren finanziellen Risiken. Technologie kann unzuverlässig oder nicht genügend gegen außen geschützt sein, Wissens- und Entscheidungsträger können plötzlich ausfallen, der Markt und das gesellschaftliche Umfeld können sich verändern.

So empfindlich die von Menschen geschaffenen Organisationen und Systeme oft sind – Organismen in der Natur verkraften eine ganze Reihe interner und externer Störungen, ohne zusammenzubrechen. Verschiedene Strategien haben sich im Laufe der Evolution durchgesetzt: Der Schutz von existenziell wichtigen Organen gehört dazu. Das Herz beispielsweise ist durch seine Lage im Brustkorb verhältnismäßig sicher. Unser Gehirn als Steuerungszentrale wird nicht nur durch die Schädeldecke sehr gut vor taktilen Reizen geschützt, auch von innen durch die Blut-Hirn-Schranke, die nur Stoffe einer bestimmten Größe in den Gehirnbereich lässt und das Milieu für die sehr empfindlichen Nervenzellen eher konstant hält. Unser Gehirn ist großzügig ausgestattet – wir haben so viele Nervenzellen im Kopf wie Sterne in unserer Milchstraße – und kann bei Teilausfällen erstaunliche Kompensationsleistungen erbringen. Darüber hinaus sind viele Organe zweifach vorhanden und haben dadurch Puffer: Die Existenz mit nur einer Niere oder einem Lungenflügel ist möglich, wenn auch mit einem höheren Risiko.

Und noch ein Beispiel: Es gibt ein doppeltes Sicherungssystem, Lymphozyten (weiße Blutkörperchen) vor einer aggressiven Krebsentwicklung zu schützen. Geschädigte Zellen setzen sich selbst außer Gefecht, um den Organismus vor Schaden zu bewahren (Apoptose). Oder die Zelle lebt noch weiter und ist stoffwechselaktiv, kann sich aber nicht mehr teilen (Seneszenz, wird in diesem Fall durch ein Enzym mit dem Namen Suv39h1 geregelt). Beide Mechanismen funktionieren unabhängig voneinander.

Übertragen auf Organisationen birgt diese Strategie der Natur provokanten Stoff. Das ausgewiesene Ziel von Optimierungsprozessen in Unternehmen besteht ja gerade darin, Redundanzen im Sinne von Doppelarbeit und Puffer abzubauen, um diese Kostentreiber zu minimieren. Lagerhaltung wurde in den meisten Organisationen abgeschafft, die Just-in-time-Versorgung hat sich durchgesetzt. Der kritische Blick auf Redundanzen ist gerade in gewachsenen und komplexen Organisationen notwendig, denn durch die zunehmende Unüberschaubarkeit entsteht häufig überflüssige Doppelarbeit. Oftmals wird aber bei großen Einspar- und Entlassungswellen übersehen, welches Wissen dem Unternehmen dabei verloren geht und welcher Schaden ihm dadurch langfristig entsteht. Und auch die Just-in-time-Produktion hat ihre Risiken durch die Abhängigkeit von den Zulieferern: So hatte der amerikanische Autohersteller GM einen erheblichen Produktionsrückgang aufgrund des Konkurses des Autoteilezulieferers Delphi.

Wenn Sie Doppelarbeit abbauen, achten Sie darauf, dass Sie dabei nicht wesentliche Ressourcen der Organisation verlieren. Denken Sie über den momentanen Zeitpunkt hinaus und wägen Sie mögliche Risiken ab!

In der Steuerung von Organisationen ist es wichtig, zu erkennen, wo „lebensnotwendige" Prozesse durch Redundanzen abgesichert werden sollten. In einem Flugzeug sind in der Regel alle Funktionen mehrfach abgesichert, obwohl dies das Fluggewicht und die Personalkosten erhöht. Redundanz bedeutet darüber hinaus mehrfach vorhandenes Wissen oder Kompetenzen vorzuhalten, auch wenn diese nicht ständig eingesetzt werden. So sollten beispielsweise in einer Produktionslinie alle Anlagenfahrer mindestens zwei Anlagen beherrschen, um bei vorübergehendem Personalmangel oder erhöhter Produktionsanforderung flexibel einspringen zu können. In vielen Unternehmen ist dies bei der Einführung von Gruppenarbeit mitberücksichtigt worden. Mit solchen Strategien sind große Einbrüche angesichts des zunehmenden Rationalisierungsdrucks in den Unternehmen vermeidbar. Darüber hinaus kann die Arbeitsmotivation durch mehr Abwechslung in den Tätigkeiten erhöht werden.

> Überprüfen Sie spontan Ihr bisheriges Risikomanagement: Listen Sie auf einem Notizblatt die zehn Kernrisiken Ihres Bereichs oder Ihrer Organisation auf und schätzen Sie daneben die jeweilige Auftretenswahrscheinlichkeit ein. Benennen Sie in einer dritten Spalte mindestens zwei Regelungen zur Abfederung des jeweiligen Risikos, die auch parallel gültig sein können.

Konnten Sie alle Felder füllen? Wenn nicht, sollten Sie über Ihr weiteres Risikomanagement nachdenken. Bedenken Sie: Je weniger Redundanz, desto höher ist die Empfindlichkeit. Das bedeutet, dass Sie sehr genau die Stellen identifizieren müssen, wo Ihre Organisation empfindlich gestört werden kann. Hier lohnt es sich, nach parallelen und flexiblen Lösungen zu suchen und diese auch weiterzuentwickeln. Die Natur schützt unsere lebensnotwendigen inneren Organe – sie tut dies aber nicht mehr mit einem alles überdeckenden Panzer, sondern mit differenzierten Lösungen und dem Gewinn einer höheren Flexibilität.

> Überlegen Sie, welche Prozesse und Elemente in Ihrer Organisation überlebensnotwendig sind. Identifizieren Sie deren Risiken und decken Sie die einzelnen Kernrisiken mit mehrfachen, flexibel einsetzbaren Lösungen ab.
>
> Suchen Sie für Ihre Organisation oder Ihren Bereich die optimale Balance zwischen Effektivierung, Flexibilität und Absicherung durch Redundanzen.

9.4.5 Die persönliche Perspektive
Machen Sie sich ein Bild – und denken Sie unscharf!

Häufig mangelt es Führungskräften am vernetzten Denken in der Analyse und bei der Bewertung von Interventionen. Zusammenhänge und Wechselwirkungen werden übersehen, bestimmte Daten nicht für wichtig erachtet. „An die Probleme, die man nicht hat, denkt man nicht", stellt der Komplexitätsforscher und Psychologe Dörner fest.

Die sechs Fehler von Führungskräften im Umgang mit Komplexität (nach Dörner):

1. Falsche Zielbeschreibung

2. Unvernetzte Situationsanalyse

3. Irreversible Schwerpunktbildung

4. Unbeachtete Nebenwirkungen

5. Tendenz zur Übersteuerung

6. Tendenz zu autoritärem Verhalten

So gibt es immer wieder Beispiele, wo Produkte mit längerer Entwicklungszeit die Bedürfnisse der Käufer nicht ausreichend treffen: Die 2005 auf der IAA vorgestellten Autotypen waren schneller, leistungsfähiger, schnittiger, aber sie verbrauchten kaum weniger Benzin als ihre Vorgänger. Der durch vielfältige Faktoren eingetretene hohe Energieverbrauch in China und die damit einhergehende Ölpreissteigerung waren von den Entwicklern für diesen Zeitraum so nicht erwartet und ausreichend berücksichtigt worden. Ein individuelles Werkzeug, mit dem Führungskräfte im Alltag mit Komplexität umgehen können, ist die Intuition, deren Wirkungsweise wir im Kapitel zur Neurobiologie (Kapitel 8) erläutert haben. An dieser Stelle möchten wir noch darüber hinausgehen und neben den unbewussten auch bewusste Denk- und Planungsprozesse mit einbeziehen. In Bild 9.3 sehen Sie die Schritte im Überblick, auf die wir im Einzelnen eingehen.

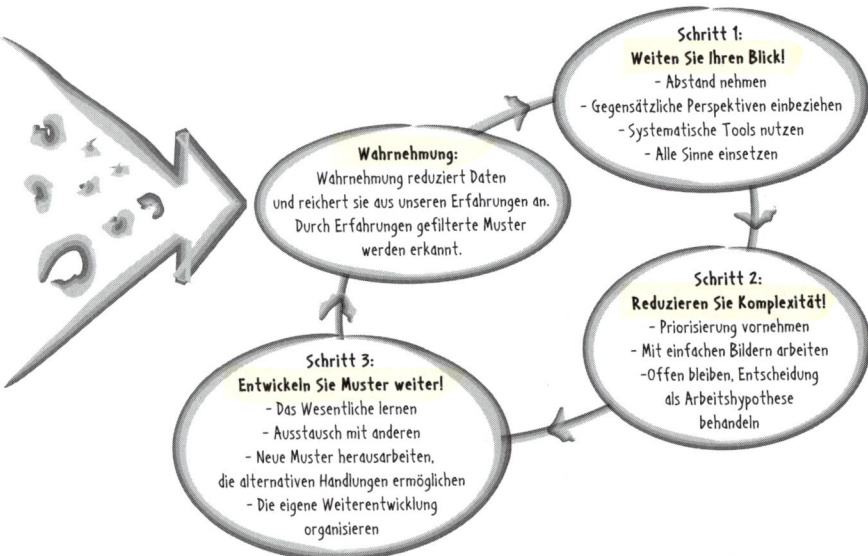

Bild 9.3: Umgang mit Komplexität: Schritte der individuellen Bearbeitung

Unsere Wahrnehmung zwischen Informationsreduktion und Informationsanreicherung

Wie schaffen Sie es, angesichts der auf Sie einströmenden Reize, dieses Buch zu lesen? Die Evolution hat unser Gehirn befähigt, mit riesigen Datenströmen umzugehen. Dies alles geschieht automatisch. Machen Sie sich Ihre gegenwärtige Situation bewusst: Was sehen Sie aus den Augenwinkeln heraus? Was hören Sie und riechen Sie im Moment? Wie interpretieren Sie die Sinneseindrücke? Wahrscheinlich entspannt, denn sonst hätten Sie das Buch vorher schon weggelegt und auf mögliche Gefahren reagiert.

Die Strategie der Natur besteht aus zwei Schritten:

- Reduktion der Datenmenge auf ein Millionstel, die wichtigsten Daten werden ausgewählt und verarbeitet …
- und dann mit der gehirneigenen Information wieder angereichert.

Die Wahrnehmung ist ein lebendiger aktiver Vorgang, in dem wir uns ein Bild der Wirklichkeit erstellen. Zwar hat uns die Evolution mit angeborenen Fähigkeiten ausgerüstet, die vor allem Säuglingen und Kleinstkindern Orientierung und Schutz bieten. Das Erkennen von menschlichen Gesichtern und gefährlichen Abgründen gehört dazu. Die größte Rolle spielen aber das Bedeutungs- und das Episodengedächtnis: Wir lernen im Laufe unseres Lebens Bedeutungen anhand von Episoden, wir interpretieren aufgenommene Reize aufgrund unserer gelernten Muster und interpretieren sie im Tätigkeitszusammenhang. Mit Hilfe vielfältiger Beispiele im Bereich der optischen Täuschungen kann dies immer wieder anschaulich demonstriert werden. Aus einem Fleckenbild erfassen wir plötzlich die Struktur eines Dalmatiners auf einem Weg (sofern wir Dalmatiner oder zumindest Hunde kennen …). Ein B kann je nach Kontext als Buchstabe, aber auch als 13 interpretiert werden.

Dieses Lernen ist elementar wichtig. Unsere visuelle Wahrnehmung ist zwar der am besten ausgerüstete Sinn (er verfügt über die meisten Rezeptoren und Nervenbahnen), ist aber dennoch unvollkommen: Durch die Linse gibt es Verzerrungen, wir sehen Gegenstände nicht vollständig etc. Unser Gehirn gleicht die Mängel aus, ergänzt fehlende Informationen, löst Widersprüche auf und organisiert die einzelnen Informationen zu einem Gesamtbild. Dabei kann dieser Prozess uns durchaus Lust bereiten. Denn rein periodische, wiederkehrende Prozesse wie auch reines „Rauschen", also chaotische Signale ohne Struktur, erleben Menschen als eher langweilig. Nur komplexe Signale, die unvorhersagbare Anteile sowie gleichermaßen deterministische Eigenschaften haben, werden als „interessant" wahrgenommen und lenken die Aufmerksamkeit auf sich. Wenn Sie ein Bild mit scheinbar zufällig angeordneten Punkten sehen, wird Ihr Blick weiterschweifen. Wenn Ihnen ein Freund dasselbe Bild mit einer Rätselaufgabe überreicht, werden Sie angespornt sein, nach einer Struktur im scheinbaren Chaos zu suchen. Sobald wir eine Idee zu möglichen Zusammenhängen in komplexen Situationen haben, sind wir darauf aus, Strukturen zu erkennen.

Die Natur reduziert also und reichert an. Aber Achtung: Diese Strategie ist Chance und Gefahr zugleich. Wir müssen den Kontext richtig interpretieren, um keine falschen Schlüsse zu ziehen, wir dürfen nicht alles glauben, was wir „sehen" – und wir sollten nicht davon ausgehen, dass andere dasselbe wahrnehmen, verstehen und interpretieren wie wir. Das macht Kommunikation oft so schwierig.

Bedenken Sie, dass Ihre Wahrnehmung aus äußeren Reizen und innerer Erfahrung zusammengesetzt ist. Ihre „innere Welt" muss nicht die Ihres Vorgesetzten oder Mitarbeiters sein, Ihre Sichtweise kann sich von der anderer Menschen unterscheiden.

Reduzieren Sie daraus resultierende etwaige Missverständnisse durch verstärkte Kommunikation.

Schritt 1: Den Blick weiten

„Das Erkennen eines Problems ist meist wichtiger als seine Lösung (…). Neue Fragen zu stellen, neue Möglichkeiten zu eröffnen, alte Probleme aus einem neuen Blickwinkel zu sehen erfordert schöpferische Vorstellungskraft und bedeutet wirklichen Fortschritt …" Was Albert Einstein auf die Wissenschaft bezog, kann man als Orientierung für den ersten bewussten Schritt im Umgang mit Komplexität begreifen. Da wir von Natur aus weniger Daten aufnehmen, von uns aus zur Vereinfachung und Konstruktion neigen und leicht den Überblick verlieren, bedarf es in komplexen Situationen einer bewussten Verbreiterung und Vertiefung des Bildes, damit dann – auf der erweiterten Grundlage – wesentliche Informationen herausgezogen und Entscheidungen getroffen werden können.

„Man muss sich entscheiden, ein Problem im Ganzen oder im Detail zu erfassen", sagt Matthias Mann, zuständig für Proteomik und Signaltransduktion am Max-Planck-Institut für Biochemie in Martinsried. Damit knüpft er an eine alte Diskussion an, ob zur Erfassung eines komplexen Gesamtgebildes eher Top-down oder Bottom-up vorzugehen sei. Im Top-down-Ansatz schafft man Simulationen, die sich wie Einzelteile verhalten, ohne die Details zu kennen. Dies birgt Gefahren, weil unter Umständen Schlüsse gezogen werden, die nicht richtig sind. Im Bottom-up-Ansatz sollen Einzelteile wie Atome und Moleküle simuliert und dann soll auf das Ganze rückgeschlossen werden. Ein solches Vorgehen sprengt in der Wissenschaft üblicherweise den Rahmen und ist daher in der Regel unrealistisch. Inzwischen wird der Middle-out-Ansatz als Lösung gesehen: Ausschnitte eines Gesamtsystems werden so exakt wie möglich verstanden, Modelle gebildet und dann zusammengeführt, um dann Muster zu erkennen.

Was für die Wissenschaft gilt, kann für den Einzelnen nachvollzogen werden. Es ist gefährlich, sich angesichts komplexer Zusammenhänge im Detail zu verlieren. Dazu brauchen wir gar nicht sehr genau hinzuschauen: Schon wenn wir etwas scharf erkennen, arbeitet unser Gehirn analytisch. Es interpretiert Details und verliert den Gesamtblick. Sie kennen das vom Stöbern auf der Straßenkarte, wenn Sie eine bestimmte Region suchen. Nehmen Sie Abstand – und Sie werden mehr Erfolg bei Ihrer Suche haben.

Es gibt noch einen weiteren Effekt, wenn Sie Abstand nehmen: Sobald das Bild unscharf wird, treten die Beziehungen mehr hervor – und die Fähigkeit zur Mustererkennung wird aktiviert! Ähnlich arbeitet die sogenannte Fuzzy Logic, die auf der „unscharfen Mengenlehre" in der Mitte der 60er Jahre entwickelt wurde: Es gibt nicht nur WAHR und FALSCH, sondern unendlich viele Wahrscheinlichkeitswerte zwischen diesen beiden Polen, die aus verbalen Wenn-dann-Regeln abgeleitet werden können. Die Fuzzy Logic gehört mit neuronalen Netzen und evolutionären Algorithmen zur Computational Intelligence und ist inzwischen wesentlicher Bestandteil bei der Steuerung von Maschinen, Robotern und Haushaltsgeräten. So werden beispielsweise Verwackler bei Digitalfilmkameras in der Regel durch diese Technik ausgeglichen. Darüber hinaus ist sie eine der Grundlagen für Systemmodelle zur Prozessoptimierung.

Was können wir daraus lernen? Günstig im Sinne eines „Middle-out" ist der flexible Wechsel zwischen vertiefter Analyse und grobem Überblick. Das umgangssprachliche „reinzoomen" und „rauszoomen" beschreibt den Vorgang anschaulich. Üben Sie sich in beide Sichtweisen ein. Es gibt eine ganze Reihe systematischer Methoden, die diesbezüglich genutzt werden können. Sehr bekannt – und nach wie vor empfehlenswert – sind beispielsweise Umfeldanalysen, Analysen des Wirkungsgefüges, systematische Szenarien und die Einflussmatrix zum Blick auf die Gesamtzusammenhänge. Als Analyseinstrumente zur vertieften Erfassung dienen beispielsweise detaillierte Regelkreise und Prozessanalysen. Durch den rasanten technischen Fortschritt können riesige Datenmengen verarbeitet werden, um Muster zu erfassen oder Simulationen durchzuführen – in einem Ausmaß, wie es noch vor zehn Jahren undenkbar gewesen wäre.

Zum Führungsalltag gehören aber auch viele komplexe Fragestellungen, für die man kein fertiges Instrument an der Hand hat. Vor allem, wenn man selbst betroffen ist, ist der Schritt heraus, ein Perspektivenwechsel notwendig. Durch das Zusammentragen verschiedener Sichtweisen und Lernerfahrungen lässt sich ein komplexes Bild vervollständigen. Dabei ist Quantität nicht Qualität. Wichtig ist es, zu überprüfen, ob das eigene Bild wirklich angereichert wurde. Wurde es unbequem, weil Ihr Erklärungsmuster in Frage gestellt wurde? Mussten Sie sich auseinandersetzen? Dann sind Sie auf dem richtigen Weg. Wenn alle Ihre Meinung teilen, sollten Sie misstrauisch werden. Dörner zeigt in einer Analyse des Reaktorunglücks von Tschernobyl sehr genau auf, wie es innerhalb von nicht ganz drei Stunden zu der Katastrophe kam. Ausgangspunkt war die Durchführung einer Versuchsreihe unter Zeitdruck. Der Operator beging einen ersten Fehler, indem er die Leistung des Reaktors über Handsteuerung zu weit herunterfuhr – eine Übersteuerung, da er das nichtlineare Eigenbremsverhalten des Reaktors unterschätzt hatte. Was nun folgte, war eine Aneinanderreihung von Fehlentscheidungen unter Missachtung elementarer Sicherheitsvorschriften. Neben Fehlschlüssen, einer zu starken Beachtung von Hauptwirkungen und Vernachlässigung von Nebenwirkungen wurde die Tragweite der eigenen Entscheidungen nicht erkannt. Die Fachleute fühlten sich sicher, sie waren erfahren und waren im Vorfeld wegen der Leistungsfähigkeit des Reaktors hoch gelobt worden. Sie hatten das Phänomen des „Groupthink" entwickelt – ein enges, sich gegenseitig bestätigendes Gruppenverhalten – in diesem Fall mit fatalen Auswirkungen.

Neben der Einbeziehung von gegensätzlichen Perspektiven kann eine Erweiterung des Blickes zusätzlich durch einen Methodenwechsel erreicht werden: Kombinieren Sie strukturierte, systematische Analysen mit assoziativen Methoden. Dadurch können Gefühle und unbewusste Zusammenhänge bewusst werden und Ihre Einschätzung durch neue und wertvolle Erkenntnisse ergänzen. Auf das Modellieren von Entwicklungslinien im Sand haben wir in einem anderen Kapitel schon hingewiesen. Auch das Malen von Bildern, das Arbeiten mit Metaphern sowie mit weiteren assoziativen Methoden dienen dazu, verschiedene Ebenen anzusprechen und eine Fragestellung von unterschiedlichen Seiten und mit allen Sinnen zu bearbeiten.

Nehmen Sie eine innerliche Position ein, in der Sie bewusst Abstand zu dem komplexen Gegenstand suchen.

Weiten Sie Ihren Blick auf das komplexe Geschehen, indem Sie Ihre Kenntnisse dazu ergänzen. Nutzen Sie systematische Werkzeuge und beziehen Sie bewusst entgegengesetzte Perspektiven ein.

Setzen Sie alle Sinne ein und arbeiten Sie mit Bildern und Assoziationen, um wichtige Informationen und Zusammenhänge zu erfassen, die Ihnen über eine „kopflastige" Herangehensweise verloren gehen.

Schritt 2: Komplexität reduzieren

Menschen haben ein Bedürfnis, Komplexität zu reduzieren, gerade in der heutigen Zeit. Aktuell schlägt sich dies z. B. in der „simplify your life"-Bewegung nieder. Leistungsfähigere und gleichzeitig vereinfachte Produkte werden von Käufern besser angenommen. Der Siegeszug des iPod von Apple ist neben dem aufwändigen Marketing hauptsächlich auf seiner Einfachheit in Form und Handhabung begründet. Aber nicht nur bei der Produktgestaltung ist das Prinzip der Vereinfachung wichtig, auch bei der Informationsweitergabe: Technische Geräte werden immer komplizierter, die Gebrauchsanweisungen immer umfangreicher – und immer weniger gelesen. Kundenorientierte Unternehmen haben darauf reagiert und geben inzwischen Kurzanleitungen als Übersicht mit heraus. Vorlagen für das Top-Management in Konzernen, wo es um millionenschwere Entscheidungen geht, bestehen in der Regel aus wenigen übersichtlichen Folien mit jeweils fünf bis sieben Punkten. Es geht darum, sehr schnell erfassbare Informationen im Überblick zu gestalten, die man sich darüber hinaus gut merken kann.

Sehr hilfreich ist es auch, mit Bildern und Veranschaulichungen zu arbeiten. Eine kleine Geschichte kann mehr aussagen als ein zehnminütiger Vortrag, eine einfach gehaltene Skizze mehr als ein kompliziertes Schaubild, das versucht, sämtliche komplexen Zusammenhänge wiederzugeben. Eine Mindmap kann einen besseren Überblick verschaffen als mehrere Seiten Aufzählung mit Spiegelstrichen, zumal auf der Mindmap noch Querverbindungen angezeigt werden können. Aber Achtung: Auch solche Veranschaulichungen wollen gelernt und geübt sein. Man muss wissen, dass sie aus anderen Perspektiven beim Betrachter unterschiedliche Assoziationen auslösen können.

So wichtig es ist, Informationen reduziert und verständlich weitergeben zu können – das Problem in komplexen Situationen ist häufig, die *richtige* Priorisierung durchzuführen. Eine Erfolgsbedingung besteht darin, wie im letzten Abschnitt beschrieben, erst eine Datenanreicherung vorzunehmen und den Blick zu vervollständigen, um danach erst zu reduzieren.

Folgende Maßnahmen helfen, eine richtige Gewichtung vorzunehmen:

- *Bei der Priorisierung bewusst den – reflektierten – Erfahrungsschatz der Organisation einbeziehen*

  Jede Organisation ist durch ihre evolutionäre Entwicklung und ihre besonderen Erfahrungen gekennzeichnet. Werden neue Erfahrungen immer wieder bewusst reflektiert und ausgewertet, bildet sich das vorhandene Wissen im Laufe der Zeit immer weiter aus. Dies ist ein wertvoller Schatz im Umgang mit komplexen Situationen.

- *Gruppenprozess für Brainstorming und Gewichtung nutzen*

  Ihr Team kann Ihnen nicht nur helfen, den Blick zu weiten und ein vollständigeres Bild zusammenzutragen, sondern auch die Auswahl der wichtigsten Punkte durch die verschiedenen Sichtweisen zu unterstützen. So kann nach der Sammlung und Diskussion von Lösungsvorschlägen und Maßnahmen zu einer komplexen Problemstellung eine Gewichtung vorgenommen werden, bei der jeder im Team eine bestimmte Anzahl seiner „Favoriten" mit einem Punkt versehen kann. Wichtig: „Querdenker" müssen einbezogen sein – die Perspektivenerweiterung nützt nichts, wenn sowieso alle einer Meinung sind. In diesem Sinne funktioniert eine entsprechende Diskussion und Auswahl auch sehr gut in Großgruppen im Rahmen der Open-Space-Methode. Dadurch kann an dem Expertenwissen der Einzelnen angesetzt werden (siehe auch Schwarmintelligenz).

● *Emotional stark besetzte Themen besonders beachten*

Ein weiterer Hinweis besteht in dem Aufgreifen von Themen, deren Bearbeitung zu emotionalen Reaktionen führt. Je nach Auseinandersetzung mag dies aufwändig erscheinen (ein sachliches Thema ist schneller „abgehandelt"), aber gerade die emotionalen Punkte sind diejenigen, in die die Energien fließen. Dort verbergen sich meist besondere Möglichkeiten. Darüber hinaus beinhaltet Komplexität meist Widersprüchlichkeiten – und daran machen sich auch häufig Emotionen fest. Werden sie aufgegriffen, können sie aktiv weiterbearbeitet werden, fallen sie unter den Tisch, haben sie dort ihre eigene Dynamik und stören eher „von unten".

Dennoch: Ein Risiko bleibt immer. Bei aller Vereinfachung kommt es darauf an, sich dessen bewusst zu sein. Denn gerade dann braucht es eine verstärkte Offenheit in der Wahrnehmung weiterer Veränderungen, um eine nicht optimale Reduktion korrigieren zu können. Wir haben schon im Rahmen evolutionären Projektmanagements darauf hingewiesen: Zielsetzungen und Entscheidungen in komplexen Zusammenhängen können immer nur Arbeitshypothesen sein, die angesichts der Wirklichkeit ständig auf Richtigkeit überprüft werden müssen.

> Üben Sie sich darin, schwierige Sachverhalte auf den Punkt zu bringen. Nutzen Sie Mindmaps und Veranschaulichungen zur vereinfachten Darstellung komplexer Sachverhalte.
>
> Nutzen Sie die vielfältigen Sichtweisen des gesamten Teams zur Absicherung der Priorisierung. Achten Sie dabei besonders auf emotionale Themen.
>
> Bleiben Sie in komplexen und unübersichtlichen Situationen offen für neue und weitere Signale. Schotten Sie sich nicht ab und überprüfen Sie Ihre Entscheidungen wie Arbeitshypothesen ständig an der Realität!

Schritt 3: Muster bilden und weiterentwickeln

In manchen Unternehmen ist die Bereitschaft gering, eigene Muster in Frage zu stellen oder neue noch nicht genutzte Muster gemeinsam zu entwickeln – es werden Konzepte („fertige Muster") verlangt. Sollen sich Muster weiterentwickeln, Erfahrungen nicht verpuffen, sondern in der Zukunft aktiv genutzt werden, braucht es eine reflektierte Auswertung der Auswahl- und Entscheidungsprozesse in komplexen Zusammenhängen. Erst dadurch erweitern sich die individuellen Musterpools, aus denen sich die Führungskräfte bedienen können.

Grundsätzlich sollte darauf geachtet werden, nicht nur auf die Bestätigung bekannter Muster abzuzielen („Habe ich toll eingeschätzt" …) Erfolge sind erfreulich, gleichzeitig ist auch hier wichtig, zu schauen, was genau den Erfolg gebracht hat. Unter Umständen müssen Sie auf liebgewordene, aber überholte Erklärungsmuster verzichten.

Für die Lernprozesse empfehlen wir:

● *Lernen Sie das Wesentliche!*

Wichtig ist es, die richtigen Schlussfolgerungen aus einer Erfahrung zu ziehen. Vielleicht kennen Sie die Geschichte von der Katze, die sich nach einem langen Sonnentag auf dem heißen Blechdach eines Autos verbrannt hat. Ist es die richtige Schlussfolgerung, nie wieder auf ein Autodach zu springen? – Um sicherzugehen, ist es günstig, die eigene Reflexion mit anderen zu teilen und auszutauschen.

● *Lernen Sie gemeinsam!*
  Auch hier können Sie wieder von Ihrem Team profitieren und umgekehrt. Regelmäßige Reflexionen in den Besprechungen klären und erweitern Sichtweisen. Wenn Sie gemeinsam überlegen, warum ein Produkt nicht den erwünschten Erfolg gebracht hat, können die einzelnen Erklärungen aus der individuellen und Umfeldwahrnehmung beitragen. Durch die Reflexion ist die Basis für eine andere Herangehensweise beim nächsten Mal geschaffen. Oder evolutionstechnisch ausgedrückt: Je höher der Anteil der Rekombinationen in einer gemeinsamen Auswertung, desto stärker werden zukunftsorientiert neue Mustermöglichkeiten gebildet.

● *Schaffen Sie sich eine persönliche Lernsituation!*
  Nutzen Sie als Führungspersönlichkeit die Möglichkeit, Ihr Handeln gemeinsam mit einem Coach zu reflektieren. In einer vertrauensvollen Atmosphäre können Sie mit einer Offenheit reflektieren, die im Arbeitsbereich nicht möglich ist; durch den externen Blick lockern sich eingefahrene Muster, die Handlungsmöglichkeiten werden erweitert.

Fähigkeiten zum Umgang mit Komplexität weiterentwickeln

Neben der gedanklichen Auseinandersetzung mit komplexen Fragestellungen spielt die Persönlichkeit des Einzelnen eine große Rolle für den erfolgreichen Umgang. Komplexität ist nicht vollständig kontrollierbar. Oftmals geben wir uns dennoch der Illusion hin, es sei alles zu steuern, man müsse es nur richtig anfangen. In Unternehmen wird häufig nach *der* Führungskraft gerufen, die die Organisation wieder aufbaut, die Firma aus dem Sumpf holt oder die Aktienkurse steil nach oben bringt. Wenn Sie solche hohen Ansprüche an sich selbst stellen, Probleme mit einem Schlag langfristig lösen wollen und das Steuer ungern aus der Hand geben, wird Ihnen die persönliche Bewältigung komplexer Situationen eher schwerfallen. Führungskräfte, die neu in die Führungsverantwortung gehen, klagen im Coaching besonders häufig, dass sie nicht alles schaffen, was sie sich vornehmen, und machen sich Vorwürfe. Wer einen starken Hang zur Gründlichkeit und zum Perfektionismus hat, neigt dazu, sich und andere in unüberschaubaren Situationen zu überfordern. Der innere Druck erhöht die körperliche Anspannung wie auch den Druck auf Kollegen und Mitarbeiter.

Auch mit viel Anstrengung sind komplexe Probleme nicht perfekt zu regeln

Auch bei der Betrachtung vermeintlich aller Möglichkeiten: Es gibt nicht die eine richtige Herangehensweise. Improvisation ist oft das Mittel der Wahl – das erfordert Mut und gleichzeitig die Notwendigkeit, loslassen zu können. Die Dynamik in komplexen Situationen ist vergleichbar mit einem bewegten Meer: Es gibt Zeiten, wo Sie gegen die Naturkräfte ankommen. Dann ist es möglich, auf Sicht zu fahren und den Steuerungsspielraum auszunutzen. Es gibt aber auch Zeiten, wo die Wellen so hoch sind, dass es am besten ist, sich treiben zu lassen und gleichzeitig darauf zu achten, das Schiff gerade und selbst den Kopf oben zu halten. Nicht perfekt steuern zu können heißt auch, sich im Nachhinein eventuell mit falschen Entscheidungen konfrontiert zu sehen. Nur wer die eigenen Fehler ertragen kann, kann auch aus ihnen lernen.

Sich zur Unsicherheit bekennen – und doch Sicherheit vermitteln

Komplexe Situationen fordern Führungskräfte und Mitarbeiter gleichermaßen heraus. Vor allem in Umstrukturierungsphasen ist die Situation innerhalb der Organisation sehr unübersichtlich und häufig ist die eigene Betroffenheit stark, weil Arbeitsplätze in Frage gestellt werden. Was bedeutet das für die Führung von Mitarbeitern? Wichtig ist, dass Sie Sicherheit in der Unsicherheit vermitteln. Dazu gehört zunächst eine innere Bejahung der Situation. Wer selbst ständig damit hadert, gibt Unruhe und Unzufriedenheit auch an die Mitarbeiter weiter.

Führung zeigen heißt nicht, die bestehende Unsicherheit zu leugnen oder herunterzuspielen. In Downsizing-Prozessen meinen viele Führungskräfte, abzuwarten, bis man selbst mehr Klarheit habe, sei besser, als zu früh zu kommunizieren und vielleicht falsche Versprechungen zu machen. Wichtig ist tatsächlich, keine falschen Informationen weiterzugeben, denn gerade in solchen unsicheren Zeiten ist Vertrauen gefragt und sollte nicht gefährdet werden. Unsicherheit zulassen können heißt zugeben, dass ich nicht weiß, wohin es geht, und klar vermitteln, dass ein Überprüfen von Möglichkeiten günstiger ist, als hektisch in eine Sackgasse zu laufen.

Wenn Sie aber die Chancen in Krisensituationen sehen und vermitteln können, dass etwas Neues im guten Sinne entstehen kann, haben Sie trotz Unsicherheit Führung gezeigt. Eine Vision schafft Energien und der Glaube an die Kompetenzen und Fähigkeiten der Mitarbeiter verstärkt diese Energien. Sicherheit in der Unsicherheit folgt aus der emotionalen Überzeugung von Führungskräften, dass man es gemeinsam schaffen kann. Sie kennen noch nicht die Lösung, aber Sie strahlen Zuversicht aus, eine zu finden. Untersuchungen haben gezeigt: Wenn die Unsicherheit von Teammitgliedern als solche wahrgenommen und akzeptiert wird, dann entwickeln sich Regeln zu ihrer Bewältigung. Es wird ein sozialer Wandel, eine Neuformierung mit der Aushandlung neuer Regeln angestoßen. Die Kräfte der Selbstorganisation beginnen zu wirken – und bringen gemeinsam voran.

Machen Sie sich Ihre eigenen Anforderungen bewusst – und was Sie realistischerweise erreichen können! Entwickeln Sie sich weiter – aber seien Sie angesichts der Grenzen nachsichtig mit sich und Ihrer Umwelt.

Bejahen Sie die Unübersichtlichkeit – und haben Sie dennoch Mut zur Entscheidung. Steuern Sie und behalten Sie das Ruder in der Hand: Sie können ein lebendes System nicht vollständig kontrollieren, aber beeinflussen!

Seien Sie in bedrohlichen Zeiten möglichst transparent, um eine Vertrauensbasis zu Ihren Mitarbeitern zu behalten. Vermitteln Sie emotional die Botschaft, dass Sie es gemeinsam schaffen können.

Die „magischen 6" im persönlichen Umgang mit Komplexität

Denken Sie emotional!
- Nutzen Sie Ihre Intuition!
- Nehmen Sie Körpersignale ernst!
- Verbessern Sie Ihre Intuition durch Feedback!

Machen Sie sich ein Bild – und denken Sie unscharf!
- Weiten Sie den Blick und nehmen Sie Abstand!
- Lernen Sie an Bildern und Metaphern!
- Nutzen Sie systematische Tools!

Suchen Sie unbequeme Sichtweisen!
- Denken Sie parallel!
- Denken Sie quer!
- Denken Sie in Polaritäten!

Reduzieren Sie Komplexität!
- Entwickeln Sie einfache Muster für Komplexes!
- Nutzen Sie Visualisierungen!
- Bleiben Sie offen für weitere Signale!

Entwickeln Sie Ihre Muster weiter!
- Seien Sie bereit, immer wieder zu lernen!
- Seien Sie offen für ungewöhnliche Muster!
- Lernen Sie gemeinsam!

Bejahen Sie Unübersichtlichkeit – und seien Sie dennoch mutig!
- Überprüfen Sie Ihre Ansprüche an sich selbst!
- Bekennen Sie sich zur Unsicherheit – und vermitteln Sie Sicherheit!
- Planen Sie flexibel!

10 Führen und sich führen lassen in der Evolution

Der Mensch hat zwei Aufgaben. Zum einen das Gestalten der Welt in der Tat und zum anderen das Reifen auf dem inneren Weg.

Graf Durkheim

10.1 Zur Entstehung von Hierarchie in der Natur und in Organisationen

Bei der Beschäftigung mit dem Thema Führung erscheint ein Vergleich mit der Natur zunächst wenig naheliegend, da Führung häufig als eine spezifisch menschliche Angelegenheit betrachtet wird. Wir werden jedoch in diesem Kapitel sehen, dass Führung eine besondere Form der Organisierung komplexer Strukturen ist und sich im Laufe der Evolution schon bei den Tieren entwickelt hat. Führung dient dazu, die Aktivitäten innerhalb komplexer Strukturen zu harmonisieren und zu koordinieren. Zuerst schauen wir uns allerdings grundlegende Prozessabläufe der Natur an, die sich im Rahmen der Evolution entwickelt haben und für das Führungsverhalten eines Managers von großer Bedeutung sind.

10.1.1 Erst Zusammenschluss macht Führung notwendig

Es gibt in der Natur Organismen, die nach ihrer Entstehung alleine leben, wie z. B. bestimmte Einzeller, aber auch durchaus einzelne Säugetiere wie Tiger und Eisbären. Demgegenüber beziehen andere Vorteile für das Überleben, indem sie sich in Verbänden zusammenschließen. In diesem Zusammenleben kann jeder die gleiche hierarchische Bedeutung haben, wie dies in Fischschwärmen der Fall ist. Es können sich aber auch Hierarchien entwickeln, in denen der einzelne Organismus unterschiedliche Einfluss- und Gestaltungsmöglichkeiten in der Gruppe hat. In diesem Fall übernehmen einzelne Organismen Koordinations- und Führungsaufgaben, wie z. B. als Leittier in der Herde. Dies geschieht in der Regel zu ihrem eigenen Vorteil und zum Vorteil der Gruppe. Im Laufe der Evolution hat sich diese Form der Strukturierung einer Gruppe bei komplexeren Lebewesen herausgebildet.

Führung in der Form hierarchisch strukturierter Tierverbände bildet sich in der Natur also erst ziemlich spät heraus. Hierarchien entstehen als Ergebnis der Komplexitätsentwicklung von Arten. Voraussetzung dafür ist die Entstehung von individualisierten Verbänden, also Tierverbänden, in denen sich die einzelnen Individuen in ihrer Unterschiedlichkeit erkennen.

Wenn die entstandene Rangordnung lediglich auf Aggression aufgebaut ist – z. B. die Schwächeren weggebissen werden –, spricht man von einer Dominanzbeziehung. Bei gesellig lebenden höheren Säugetieren, speziell bei Affen, gibt es dagegen eine sehr umfassende Ausprägung von Führung. Das ranghohe Tier erlangt seine Führung aufgrund der Schutzfunktion den Schwachen gegenüber, seiner Fähigkeit, Feinde abzuwehren, seiner Befähigung zur Streitschlichtung und zur Initiierung von gemeinsamen Aktivitäten der Gruppe. Voraussetzung dafür sind Erfahrung, Intelligenz und Durchsetzungsvermögen. In der Regel sind die ranghohen Tiere auch älter. Zu den Rechten des Ranghohen gehört der Vorrang beim Futterplatz und der Auswahl des Sexualpartners. Allerdings sind diese Rechte bei bestimmten Arten auch durchaus eingeschränkt: So gilt bei vielen Tieren, wie beispielsweise bei Schimpansen, die Priorität des Erstbesitzers. Dies bedeutet, dass niederrangige Tiere eigene Beute auch in Gegenwart von Ranghohen selbst behalten können. Das Führungstier hat aber auch Pflichten, es muss für den Gruppenzusammenhalt sorgen und für die Gefahrenabwehr.

Diese Form der Strukturierung finden wir in der Regel auch in Unternehmen. Unternehmen sind Zusammenschlüsse von Individuen, die auf Grundlage ihrer jeweiligen wirtschaftlichen Interessen, durch den Zusammenschluss ihre jeweiligen Ziele verfolgen können. Der Unternehmer kann seine Vorstellungen nur mit der Unterstützung anderer realisieren und er beschäftigt deswegen Menschen, die ihm helfen, seine Pläne umzusetzen, und denen er dadurch den Lebensunterhalt sichert. Aus der Sicht von Mitarbeitern wollen oder können diese nicht alleine (als Einzelunternehmer) im Wirtschaftsleben arbeiten und lassen sich deswegen in einem Unternehmen einstellen. Früher gab es für die Beschäftigten mehr Sicherheit in diesem Verband (dem Unternehmen), da viele bis zum Ende ihres Berufslebens dort arbeiteten. Dadurch waren die Arbeitnehmer aber auch stärker an die Vorgaben des Unternehmens gebunden. Heute gibt es den lebenslangen Arbeitsplatz nur noch selten, die Beschäftigten wechseln öfter den Arbeitgeber und es wird mehr Wert darauf gelegt, eigenständig die Geschäftsprozesse mitzudenken.

Unternehmen sind also Zusammenschlüsse von Individuen (Organismen), um gemeinsam wirtschaftlich erfolgreicher tätig zu sein. Bestimmte wirtschaftliche Leistungen sind dabei so komplex geworden, dass sie alleine gar nicht mehr durchführbar sind. Der Bauer konnte noch ohne fremde Hilfe sein Feld bestellen, ein großes Passagierflugzeug dagegen kann nicht von einer einzigen Person hergestellt werden. Bestimmte Produkte wurden also erst dadurch möglich, dass die Menschen in der Lage waren, in immer größeren Gruppen harmonisiert komplexe Leistungen zu erstellen. In dem Moment, da viele Menschen zusammenarbeiten, braucht es Strukturierung und so ergibt sich die Notwendigkeit von Führung.

10.1.2 Hierarchieaufbau im Familienverband

Eine besondere und frühe Form des Zusammenlebens in Verbänden hat sich in der Natur mit dem Familienverband entwickelt. Man lebt in der Großfamilie zusammen, es werden Nachkommen hervorgebracht und man schützt sich gegenseitig. Dies führt zu speziellen Formen der Hierarchie und der Führung. In der Regel sind die älteren Generationen über die jüngeren gestellt, manchmal dominiert eher der männliche oder der weibliche Elternteil. Bestimmte komplexe Lebewesen brauchen besonders lange, bis sie erwachsen werden, und bleiben bis dahin in der Regel auf einer geringeren Hierarchiestufe. Gerade beim Menschen dauert es besonders lange, bis er die Geschlechtsreife erlangt, und er ist dadurch als Kind allein schon von seinen natürlichen Voraussetzungen her auf einer anderen Hierarchiestufe als der erwachsene Mensch. Dazu kommt die Ausbildungszeit, in der er lernt und noch nicht vollwertig in das Wirtschaftsgeschehen integriert ist. Dies hängt mit der Überlebensstrategie von hochentwickelten Säugetieren zusammen: Sie sichern ihr Überleben nicht durch eine große Zahl von Nachkommen mit kurzer Generationenfolge. Vielmehr werden eher wenige Nachkommen in einer langen Entwicklungszeit hochqualifiziert.

Wenn man sich die Entwicklung von wirtschaftlichen Strukturen über die Jahrtausende anschaut, so bildete lange Zeit die in der Natur entstandene Familienstruktur auch in der Wirtschaft die vorherrschende Organisationsform der Arbeit. Bauern, aber auch viele Handwerker arbeiteten in familiären Beziehungen. Einzelfamilien bildeten als komplexere Form Clans, bei uns heute noch sichtbar in den Adelsfamilien. Aber auch in einigen asiatischen, arabischen oder afrikanischen Ländern sind Clans nach wie vor eine wichtige Größe in der Wirtschaft. Die Familie als Grundlage der wirtschaftlichen Organisationsform setzte sich zu Zeiten der Industrialisierung in der Form der Familienunternehmen fort, die eine große Bedeutung erlangten. Große deutsche Unternehmen wie Bosch, Porsche oder Siemens haben sich als Familienunternehmen entwickelt. Auch heute gibt es noch viele, zum Teil sogar sehr große Familienbetriebe und in einigen Unternehmen wird die Kontinuität der Familienbeziehungen aufrechterhalten. Dadurch wird hier versucht, das Weiterexistieren des Unternehmens zu gewährleisten. Aber auch, wenn in der Wirtschaft noch häufig Familienunternehmen zu finden sind, so ist dies heute keine dominierende Organisationsform mehr.

10.1.3 Die Familienstruktur wird für Unternehmen zu eng

Mittlerweile haben die Familienunternehmen an Bedeutung verloren. Der Vorteil der Bindung durch die Familie war gleichzeitig auch ein Nachteil, weil dadurch weniger Flexibilität, beispielsweise bei der Besetzung von Führungsverantwortlichkeiten gewährleistet war. Moderne Organisationsformen von Unternehmen ermöglichen ein schnelleres Zusammenkommen oder Auseinandergehen von Menschen und Kapital und sind deswegen flexibler. Heute finden wir um ein vielfaches komplexere Strukturen der Hierarchie in Großunternehmen. Der zu steuernde Verband ist oft viel größer als der frühere Familienverband, denken wir etwa an ein Großunternehmen mit mehreren tausend Mitarbeitern. Auch die hier entstehenden Produkte und Dienstleistungen sind viel komplexer als früher. Die Organisationsstruktur umfasst verschiedene Hierarchiestufen auf der vertikalen und eine ausgeprägte Differenzierung auf der horizontalen Ebene.

Dies bedeutet, dass im Bereich der Führung eine wichtige evolutionäre Weiterentwicklung stattgefunden hat, die durch Formen, die mehr Flexibilität erlauben, komplexere Leistungen ermöglicht, als dies früher der Fall war. Der Mensch hat eigene Formen der Organisation von Kooperation entwickelt, die so in der übrigen Natur nicht zu finden sind.

Auch wenn heute überall der Ruf nach flacheren Hierarchien laut wird, so ist doch erst einmal festzuhalten, dass in der Evolution der Natur, aber auch in der Wirtschaft Hierarchisierung ein hilfreiches Mittel ist, um komplexe Prozesse zu organisieren und Ordnungen aufzubauen. Es braucht Führungsformen, die schnelles Agieren ermöglichen. Bisher vermochte es kein Versuch, hierarchiefreies Wirtschaften zu organisieren, sich historisch durchzusetzen.

Aufgabe einer Führungsperson ist es, solche hierarchische Strukturen zu fördern bzw. aufzubauen, die dem Unternehmensziel angepasst sind und ihm entsprechen. Dabei sehen die hierarchischen Strukturen in einer Softwareschmiede mit mehreren hundert Mitarbeitern, die eine hohe Selbständigkeit der einzelnen Entwickler erfordern, anders aus als in einer großen Automobilfabrik, wo es auf das möglichst reibungslose Zusammenspiel von standardisierten Tätigkeiten mehrerer tausend Menschen ankommt, so dass am Ende ein fertiges Auto vom Band rollt.

Es gibt also keine allgemein gültigen Regeln von Führung, die in allen Unternehmen gelten, vielmehr muss die Führungsstruktur gefunden werden, die dem Unternehmensprodukt, seinem Umfeld und seinem Entwicklungsstand entspricht. Daher sind die Führungsstrukturen ständig weiterzuentwickeln und anzupassen. Wir haben ein junges, stark wachstumsorientiertes Unternehmen begleitet. Noch mit 150 Mitarbeitern war das Bild „wir sind eine Familie" sehr hilfreich und hatte eine sinnstiftende Wirkung. Als die Mitarbeiterzahl jedoch auf mehr als 500 anstieg und sich nicht mehr alle persönlich kannten, wurde ein neues Paradigma der Zusammenarbeit nötig, welches stärker an der aktuellen Entwicklung des Unternehmens orientiert war.

Es ist wichtig, in der komplexen Führung von Unternehmen einerseits Führungsebenen zu haben, aber andererseits auch von den Vorteilen einfacher Ordnungsstrukturen zu profitieren, wie sie sich in verschiedenen Formen der Selbstorganisation niederschlagen. Einfachere Hierarchieformen funktionieren oft mit weniger energetischem Aufwand und sind häufig weniger störanfällig. Sie funktionieren auch, wenn die Führungsperson ausfällt oder nicht greifbar ist. Je mehr Prozesse im Unternehmen ohne direkte Führung auskommen, desto besser kann sich die Führung auf die strategisch wichtigen Fragen konzentrieren (siehe Kapitel 7).

Auch Strukturen, die sich an Familienhierarchien orientieren, lassen sich in allen Unternehmen, nicht nur den Familienbetrieben, finden. Denn wir sind in unseren Verhaltensweisen im Beruf stark bestimmt von den Verhaltensweisen, die wir als Kinder in der Familie gelernt haben. Auch wenn der Wechsel der Arbeitsstelle heute häufiger geschieht als früher, so sind die Sicherheit des Arbeitsplatzes und eine gewisse Fürsorge immer noch Kennzeichen eines guten Unternehmens. Diese Werte stammen aus dem Familiennetz. Auch die Identifikation mit dem Unternehmen – auch heute noch ein wichtiger Faktor der Unternehmenskultur – entspricht dem Bild des Unternehmens als Familie. In der Zukunft jedoch werden sich in der Führung solche Strukturen weiterentwickeln, die mehr Flexibilität und schnelleren Wechsel ermöglichen. Es wird wichtig sein, die Mitarbeiter an diese Formen heranzuführen.

> Seien Sie als Führungskraft in der Lage, auf den verschiedenen Hierarchiestufen zu spielen: Selbstorganisation, familienähnliche Strukturen und komplexe Hierarchieformen.
>
> Finden Sie heraus, was in einer bestimmten Situation und bei bestimmten Mitarbeitern die angemessene Hierarchieform ist.

10.2 Wie der Evolutionsmanager führt ... und sich führen lässt

10.2.1 Führen bedeutet immer auch, geführt zu werden

Unabhängig von der Form hierarchischer Strukturen lässt sich nach Antonio Damasio bei allen Organismen in der Natur eine grundlegende Handlungsabfolge feststellen: *„sich durchsetzen"* einerseits oder *„geschehen lassen"* andererseits. Dies ist die gleiche Polarität wie *„siegen"* und *„unterliegen"* oder *„führen"* und *„sich führen lassen".* Es handelt sich dabei um eine Grundpolarität im Bereich der Führung, ja sogar des Lebens. Man findet sie schon bei einfachen Organismen, etwa wenn ein Bakterium in einem anderen Organismus einen Schutzwall des Immunsystems überwindet oder aber im Extremfall stirbt. Aus der Perspektive der Evolution betrachtet, geschehen diese Dinge einfach, wobei weder das eine noch das andere prinzipiell besser ist.

Das ist ein wichtiger Diskussionspunkt in der Auseinandersetzung mit der Evolutionstheorie. Kritiker werfen ihr aus ethischen Gründen vor, sie würde zum Siegen anhalten. Doch das ist nicht die Aussage von Darwins Theorie der Evolution. Erfolgreich sind nicht unbedingt die Großen oder Starken, sondern jene, die sich im Umfeld bewähren, so dass sie oder ihre Art überleben. Hierbei kann sowohl ein „Sichdurchsetzen" als auch ein „Sichfügen" hilfreich sein. Dabei kann in einer langfristigen Betrachtung selbst eine Niederlage die Vorstufe für einen späteren Erfolg bilden. Hierfür gibt es viele Beispiele.

Eine Herde, die nach einem neuen Revier sucht und an einen breiten Fluss kommt, auf dessen anderer Seite neue Nahrungsquellen sind, hat verschiedene Möglichkeiten, in der internen Auseinandersetzung über den Umgang mit dieser Barriere: Es können sich die durchsetzen, die den Fluss überqueren wollen, wodurch sie entweder zu den neuen Nahrungsquellen gelangen oder im Strom untergehen. Vielleicht gelingt es im Ergebnis auch nur wenigen, den Fluss zu überqueren; diese könnten sich aber aufgrund der reichhaltigen Nahrungsquellen schnell wieder vermehren. Geht dabei allerdings die Herde unter, so wäre das Alternativverhalten, den Fluss nicht zu überqueren bzw. sich denen zu fügen, die nicht überqueren wollen, erfolgreicher gewesen. Zumindest, sofern auf der diesseitigen Flusshälfte doch noch Nahrung zu finden ist.

Es ist also entgegen landläufiger Auffassung nicht so, dass die Natur immer diejenigen belohnt, die siegen oder sich durchsetzen. Vielmehr kann das „Geschehenlassen", das „Unterliegen" eine sinnvollere Verhaltensweise in der evolutionären Entwicklung sein. Die Entscheidung für „sich durchsetzen" oder „geschehen lassen" hängt vom Nutzen für das Überleben des Individuums bzw. der Art ab. Auch in der menschlichen Kulturgeschichte wird dieses Verhalten in der Verehrung von Märtyrern, die sich bewusst opfern, in nahezu allen Kulturen heroisiert. Sie geben ihr Leben, sie unterliegen, weil sie ihrer Gruppe dadurch langfristig Vorteile verschaffen wollen, indem sie zu ihren Zielen und Prinzipien stehen, auch wenn sie selber dabei sterben.

Diese grundlegenden Verhaltensalternativen gelten ebenso im Wirtschaftsleben. Auch hier kommt es dauernd zu Entscheidungen, in denen die einen sich durchsetzen, während die anderen sich fügen. Jede menschliche Interaktion, bei der es sich um die Einflussnahme auf ein anderes Individuen handelt, beruht auf diesen Prinzipien. Wenn Ihnen jemand einen Kaffee anbietet, können Sie diesen ablehnen oder annehmen. Vor derselben Wahl stehen Sie, wenn Ihnen Ihr Chef einen Auftrag gibt oder umgekehrt Sie etwas von ihm einfordern. All diese Entscheidungsreaktionen (ob interaktiv oder in sich selbst) implizieren auf der Mikroebene eine Entscheidung, sich durchzusetzen oder etwas geschehen zu lassen. Trotzdem muss das Ergebnis dieser Entscheidung nicht Ausdruck eines manifestierten Machtverhältnisses sein. Etwas geschehen zu lassen kann durchaus positive Beweggründe haben: Die Annahme eines Kaffees wird wohl kaum als Unterordnung interpretiert werden. Auf der Makroebene können die Entscheidungen dann mit Begriffen wie Konsens oder Kompromiss bezeichnet werden.

Führungspersönlichkeiten werden oft nur in ihrer Führungsfunktion gesehen. Aus diesem Blickwinkel ist dann manche Verhaltensweise von ihnen nicht erklärlich. Wichtig ist zu sehen, dass Führungspersönlichkeiten immer auch Geführte sind und waren. Zunächst betrifft das ihre individuelle Entwicklung: Diese beginnt mit der elterlichen Führung und setzt sich fort mit den Stationen auf dem Weg zur Führung, so dass jedes spätere Vorstandsmitglied zuerst selbst geführt wurde. Die Erfahrungen aus diesen Situationen bestimmen stark das spätere Führungsverhalten, sei es in der Form, dass das in dieser Rolle Gelernte selber angewendet wird oder bewusst entschieden wird, es in der Führungsrolle ganz anders zu machen. Aber auch in der Gegenwart sind Führungspersonen oft Geführte, und zwar auf mehreren Ebenen: Sie haben nicht selten über sich eine weitere Führungsebene, Vorgesetzte oder einen Aufsichtsrat. Und es gibt auch in gewisser Weise eine Führung von außen, z. B. durch Kunden, die versuchen, einen Preis zu diktieren. Außerdem sind Formen informeller Führung durch andere Personen zu bedenken, z. B. graue Eminenzen, oder auch wichtige Lebenspartner, man denke etwa bei Bertelsmann an die Rolle von Liz Mohn oder bei Springer an die Rolle von Friede Springer. Diese Beispiele sind deswegen so bekannt, weil beiden Frauen der Wechsel von der Führung im Hintergrund zur offiziellen Führung gelungen ist. Es gibt genügend Fälle, bei denen man gar nicht mitbekommt, wie Personen von anderen aus dem Hintergrund geführt werden. Dieser hier erwähnte Aspekt geht wieder in die vorher erwähnte grundlegende Polarität von Führen und Hinnehmen. Wenn alles in seiner Entwicklung gesehen wird, dann ist es auch wichtig, dies auf Führungspersönlichkeiten anzuwenden.

Eine gute Führungspersönlichkeit zeichnet sich nicht nur durch die Fähigkeit zur Durchsetzung aus. Wichtiger ist das Entscheidungsvermögen, ob in einer spezifischen Situation für die eigene Person oder für die Organisation eher „sich durchsetzen" oder „geschehen lassen" angesagt ist. Genau in dieser Kompetenz liegt die Durchsetzungsfähigkeit nach außen. In ihrem eigenen Führungsbereich braucht die Führungskraft Autorität, um ihre Führungsarbeit leisten zu können. Aber auch hier gilt, dass Autorität nicht bedeutet, sich immer durchsetzen zu müssen. Auch hier ist es wichtig, die kluge Entscheidung zu treffen, wann Durchsetzung und wann Geschehenlassen angesagt ist. Wenn die Führungskraft geschickt ist, hört sie auf andere, ist bereit, ihre Haltung zu ändern, Anregungen von anderen aufzunehmen und in die eigene Führungstätigkeit zu integrieren. Starke Führungspersönlichkeiten, die bekannt sind für ihre Durchsetzungskraft, haben dafür ein gutes Gespür. Ferdinand Piëch, der lange Jahre den Volkswagenkonzern geleitet hat, war berühmt für seine Härte und die konsequente Umsetzung seiner Anordnungen. Wo er neu hinkam, entließ er rigoros Vorstandskollegen, und als er zu seinem Abschied mit einem Ein-Liter-Auto zur Hauptversammlung nach Hamburg fahren wollte, da setzte er das auch durch, obwohl anfänglich seine Ingenieure der Meinung waren, dies sei nicht möglich. Er konnte aber nur erfolgreich an der Spitze von Volkswagen sein, weil er gleichzeitig bereit war, sich mit den starken Betriebsräten und Gewerkschaftsvertretern bei VW zu arrangieren, sich so manchen ihrer Wünsche zu fügen. Manchmal auch zu stark. Führen heißt also, sich durchzusetzen, aber auch zu erkennen, wann es nicht sinnvoll ist, sich durchzusetzen. Es bedeutet, Pläne zu haben, Projekte zu wollen und gleichzeitig bereit zu sein, sie aufzugeben, wenn die evolutionäre Entwicklung eine andere Herausforderung anbietet.

Es ist also nicht immer sinnvoll, sich durchzusetzen, gerade in partnerschaftlich orientierten Wirtschaftsbeziehungen ist eine spielerische Herangehensweise besser, in der mal der eine sich durchsetzt, mal der andere und man sich so gemeinsam weiterentwickelt. Das ist es, was die Biologen als *Koevolution* bezeichnen und was in der Natur so millionenfach erfolgreich abläuft.

Für die Führung im Unternehmen ist es wichtig, sich durchsetzen zu können. Aber zur guten Führung gehört auch die Fähigkeit, etwas geschehen zu lassen.

Gehen Sie nicht zu ernst mit Führen und Geführtwerden um. Versuchen Sie nicht unbedingt, immer zu siegen, sich durchzusetzen. Sich zu fügen kann für das Überleben oftmals sinnvoller sein und ist weniger anstrengend.

Sehen Sie Führungspersonen immer auch als Geführte. Nehmen Sie sich selbst als Führungsperson wahr, die auch geführt wird. In welchen Situationen werden Sie geführt?

10.2.2 Führen heißt, die Evolution mitzugestalten

Eine der wichtigsten Aufgabe von Führungskräften ist die Mitgestaltung der evolutionären Entwicklung des Unternehmens. Wir hatten bereits dargelegt, dass die Evolution ein Prozess ist, der geschieht, aber wenn wir uns in diesem Prozess befinden, dann können wir ihn beeinflussen und gestalten. In erster Linie heißt dies, das Überleben des wirtschaftlichen Organismus zu gewährleisten. Es kann aber auch bedeuten, einen Absterbeprozess in einer würdigen Form zu begleiten und zu steuern. Denn die Evolution entwickelt sich weiter, indem Arten untergehen, neue Arten aber durchaus deren Stärken und Fähigkeiten aufnehmen und weiterführen. In der Regel bedeutet Führung in diesem Gestaltungsprozess, den Weg durch Berge und Täler zu begleiten.

Insgesamt soll die Führung einerseits die verschiedenen Menschen und ihre Handlungen in ein effektives Zusammenspiel bringen, so dass eine erfolgreiche Tätigkeit des Unternehmens gewährleistet ist. Andererseits geht es um eine gute Zusammenarbeit mit Externen, seien es Lieferanten, Kunden oder für das Wirken des Unternehmens wichtige Partner wie Geldgeber, Behörden oder auch Ideengeber.

Seit längerem versteht man unter Führung nicht mehr autoritäres Anweisen, sondern den Prozess der Wegfindung zu organisieren. Dabei kann es zwar Situationen geben, in denen die Führung alleine entscheidet, aber in der Regel ist dem ein komplizierter Entscheidungsfindungsprozess vorangegangen, in den viele Mitarbeiter des Unternehmens integriert waren. Sinnvollerweise wurden gemeinsam verschiedene Möglichkeiten in Szenarien entwickelt, und es ist dann Aufgabe der Führung, die letzte Entscheidung zu treffen.

Führungspersönlichkeiten, denen dieses Zusammenspiel gelingt, werden oft als charismatische Persönlichkeiten erlebt. Charisma drückt etwas aus, was rein sachlich schwer zu beschreiben ist. Es sind mehr als kluge Denker, es sind Menschen, die an etwas glauben und dadurch andere begeistern und überzeugen können. Sie strahlen eine Autorität aus, die sie in vielen erfolgreichen Auseinandersetzungen errungen haben. Sehr erfolgreiche Führungskräfte zeichnen sich jedoch nicht dadurch aus, dass sie viel mehr Erfolg haben als andere, sie gehen nur besser mit ihren Niederlagen um. Viele charismatische Führungspersönlichkeiten haben längere Zeit allein gestanden, bis ihre Ideen erfolgreich wurden. Dies ist eine der wesentlichen Fähigkeiten von Führungspersönlichkeiten: den Mut haben, auch etwas gegen die Mehrheitsmeinung zu vertreten und durchzusetzen. Wer Neues erschließen will, muss auch Risiken eingehen können.

Integrieren Sie die Ansichten mehrerer Mitarbeiter in Ihren Entscheidungsprozess, aber haben Sie auch den Mut, sich gegen eine Mehrheitsmeinung durchzusetzen.

10.2.3 Führen bedeutet, bereit sein, Verantwortung zu übernehmen

Die Evolution hierarchisch strukturierter Verbände zeigt, dass die Qualität der Führung für die Gruppe existenziell wichtig ist. So sorgt bei den Pavianen das Leittier für die Wahl des Schlafplatzes: Wird er sicher sein vor Angriffen? Er legt die Wanderrichtung fest: Wird es da genug Futter geben? Er bestimmt das Verhalten der Gruppe in Gefahrensituationen:

Werden die für das Überleben notwendigen Aktionen getan? Bei den Galapagos-Seelöwen drängen Bullen zu weit herausschwimmende Jungtiere ins seichte Wasser zurück, um sie vor Haiangriffen zu schützen. Die Natur zeigt, dass die Führungsposition eine Verantwortung für die Gruppe bedeutet und nicht einfach nur dem eigenen Vorteil dient.

Verantwortungsübernahme gegenüber der Gruppe ist also ein wesentliches Merkmal des Führungsverhaltens. Dies sollte auch für Führungskräfte in der Wirtschaft gelten. Wenn wir heute in die Unternehmen schauen, so wird diese Fürsorgepflicht von Unternehmensführungen oftmals nicht genügend wahrgenommen. Ihre Aufgabe ist es aber, sowohl Bedürfnisse der Mitarbeiter bestmöglich zu befriedigen, als auch die Überlebensfähigkeit des Unternehmens zu gewährleisten. Zu einer Fürsorgepflicht gegenüber den Mitarbeitern gehört z. B. die Sorge um die Arbeitsplätze. Allerdings ist der Erhalt des einzelnen Arbeitsplatzes dem Erhalt des Gesamtunternehmens untergeordnet, d. h., dass es notwendig sein kann, Arbeitsplätze abzubauen, wenn nur dadurch eine Gesundung des Unternehmens möglich ist. Die Verantwortung für die Existenz bzw. das Weiterbestehen des Unternehmens ist wiederum mehr als die Verantwortung für den Shareholder. Dieser hat zwar sein Geld für das Unternehmen eingesetzt und daher ein Recht darauf, dass damit verantwortlich umgegangen wird. Aber auch seine Interessen sind nur eine Seite in dem breiten Interessenfeld, das ein Unternehmen bestimmt. Die Führungskraft hat alle Interessen im Auge und übernimmt die Verantwortung für einen Ausgleich zwischen den verschiedenen Interessen von Eigentümern/Shareholdern, den Mitarbeitern, Kunden, Lieferanten, aber auch der Öffentlichkeit insgesamt, dem gesellschaftlichen Umfeld (Stakeholder). Zu dieser Verantwortung gehört auch die Bereitschaft, sich mit dem einen oder anderen anzulegen, der nur seine eigenen Interessen im Auge hat und nicht bereit ist, diese dem Gesamtinteresse des Überlebens des Unternehmens unterzuordnen. Dies betrifft auch das (finanzielle) Wohl der Führungspersönlichkeit selbst. Wenn man sich heute allerdings so manche Managerhonorare in Deutschland anschaut, scheint dies nicht mehr zu gelten. Dagegen zeigt das Beispiel Japan, dass auch in einer modernen hochentwickelten Industriegesellschaft eine vernünftige Relation zwischen den Gehältern der Manager und der Mitarbeiter bestehen kann.

Evolutionsmanagement bedeutet auch, Verantwortung für das Gemeinwesen zu übernehmen. Es sorgt schließlich für die Voraussetzungen, die das Unternehmen braucht, um vernünftige Arbeit leisten zu können. Dazu gehören gut ausgebildete Arbeitskräfte, eine gute Infrastruktur, aber auch politische Rahmenbedingungen, die die wirtschaftliche Tätigkeit unterstützen. Der Unternehmer kann die dafür notwendigen Bedingungen erwarten, er hat aber auch seinen Teil für das Funktionieren des Gemeinwesens beizutragen. Wer nur an die eigene Rendite denkt, egal, wie viel Arbeitslose zu einem Absturz der Staatsfinanzen sorgen, der darf sich nicht wundern, wenn sein Image in der Gesellschaft nach unten driftet. Über die Sorge für das Gemeinwesen hinaus sollte Verantwortung für unseren Planeten insgesamt übernommen werden. Im Zeitalter der Globalisierung ist die Welt kleiner geworden und was in einem Teil passiert, wirkt sich schnell auch auf andere Teile der Welt aus.

Schließlich heißt Verantwortung tragen, Verantwortung für sich selber zu übernehmen. Dazu gehört, darauf zu achten, sich nicht zu überarbeiten, so dass die eigene körperliche und seelische Gesundheit gewährleistet ist. Burn-out-Syndrome bei Managern sind keine Seltenheit und schaden dem ganzen Unternehmen. Wichtig ist es, eine Work-Life-Balance herzustellen und dadurch eine persönliche Ausgeglichenheit für seine Führungstätigkeit zu erreichen.

Übernehmen Sie als Führungskraft Verantwortung für das Unternehmen als Ganzes und schaffen Sie einen Ausgleich zwischen den verschiedenen Interessen.

Ordnen Sie die Verantwortung für das Unternehmen ein in eine Verantwortung für das Gemeinwesen und für den ganzen Planeten.

10.2.4 Führen heißt, die Einzigartigkeit der Menschen zu unterstützen

Darwin erkannte, dass die Vielfalt der Individuen, ihre jeweilige Einzigartigkeit, die Voraussetzung für die Weiterentwicklung von Arten ist. Kein Lebewesen ist 100-prozentig identisch mit einem anderen. Dies gilt es in der Führung zu berücksichtigen. Jedes Individuum braucht eine andere Form von Führung. Wir müssen Erfahrungen verallgemeinern, aber immer auch bereit sein, diese Verallgemeinerungen in Frage zu stellen und abzuändern. Das Gleiche gilt für Führungssituationen. Auch sie sind einzigartig und brauchen eine genaue Analyse und die Entwicklung einer genau dieser spezifischen Situation angemessenen Handlungsweise.

Diese Erkenntnis ist die Grundlage für die Entwicklung des situativen Führungsstils in der Managementtheorie. Man geht nicht mehr von einem bestimmten, optimalen Führungsstil aus, z. B. dem autokratischen oder dem kooperativen. Vielmehr ist jede Führungssituation geprägt von einer einzigartigen Führungsperson, einer einzigartigen Person, die geführt wird, einer einzigartigen Situation und einer jeweils spezifischen Aufgabe. Dies erfordert den jeweiligen für diese Situation und die jeweiligen Personen angepassten Führungsstil. Aus der Natur kann nahezu jede Lösung abgeleitet werden, Flexibilität ist gefragt. Es gibt keine fertigen Rezepte, sondern viele Möglichkeiten, von denen der Manager die passende aussuchen und umsetzen muss. Dies ist nicht eine Schwäche, sondern eine Stärke des Evolutionsmanagements.

Machen Sie nicht einfach einen Führungsstil nach, der gerade modern ist, finden Sie Ihren eigenen Führungsstil, der zu Ihnen passt.

Zeigen Sie ein Führungsverhalten, das der jeweiligen Person, der Situation und der Aufgabe angepasst ist.

10.2.5 Visionen und Strategiearbeit im Evolutionsmanagement

Im Kontext sich schnell verändernder Märkte ist es für den Manager wichtig, nicht nur in der Tagesarbeit verstrickt zu sein. Langfristige Entwicklungen müssen beobachtet und das eigene Unternehmen muss in diese Entwicklungen eingebettet werden. Es geht darum, die Evolution der Branche und die Entwicklung des Umfeldes zu analysieren, um die zukünftige Umfeldbewährung antizipieren zu können. Dies ist die Bedeutung der Strategiearbeit.

Ihr liegen Visionen zugrunde. Der Manager braucht diese Visionen, um eine Vorstellung zu haben, wo er mit dem Unternehmen hin will. Er muss Neues denken, um dadurch Wettbewerbsvorteile zu erreichen. Moses hatte die Vision des Gelobten Landes, in das er sein Volk aus der Gefangenschaft in Ägypten führen wollte, um dadurch bessere Überlebens- und

Entfaltungsmöglichkeiten zu eröffnen. Visionen sind die Vorstellungen der Menschen darüber, wie die evolutionäre Entwicklung in ihrem Bereich oder in ihrer Branche verlaufen könnte, und wie die Menschen einen guten Platz für das eigene Unternehmen in dieser Entwicklung gewährleisten. Daraus ergibt sich, welchen Beitrag sie und ihr Unternehmen leisten wollen, um diese Vorstellungen zu realisieren. Je mehr die Führungskraft in ihrer Antizipationsfähigkeit an die reale Entwicklung herankommt, umso größer sind die Wettbewerbsvorteile, da sie sich schneller und genauer auf neue Entwicklungen einstellen kann. In schwierigen Zeiten sind Visionen dazu da, neue Perspektiven aufzuzeigen, in guten Zeiten dienen sie der Vorsorge. Zwar wird in Krisenzeiten Visionsarbeit klein geschrieben, weil man glaubt, dass das Überleben und die operative Arbeit im Vordergrund stehen müssen. Aber gerade Krisenzeiten brauchen Visionsarbeit, um einen Ausweg aus der Krise zu finden. Sie ist nicht abgehoben, sondern die Voraussetzung zur Planung der nächsten Schritte.

Wir können heute die Evolution in einem viel stärkeren Maße gestalten, als das anderen Lebewesen oder den Menschen in früheren Zeiten möglich war. Daraus ergeben sich Chancen und Risiken. Wichtig ist es, die Chancen zu nutzen und da gestalterisch einzugreifen, wo es möglich ist. Wenn wir Szenarien der Zukunft entwickeln, ist aber die Kenntnis der Vergangenheit Voraussetzung, da die zukünftige Evolution sich aus ihr ergibt (siehe Kapitel 6).

> Bleiben Sie nicht in der Tagesarbeit stecken.
>
> Nehmen Sie sich Zeit für die Darstellung der zukünftigen evolutionären Entwicklung und der Einbettung Ihres Unternehmens. Strategiearbeit ist die Voraussetzung für die Richtungsfestlegung der nächsten Schritte.
>
> Entwickeln Sie Ihre Strategie aus einer genauen Analyse der Vergangenheit des Unternehmens.

10.2.6 Führung mit Zielvereinbarungen

Neben der strategischen Verfolgung der langfristigen Perspektive des Unternehmens braucht es auch Instrumente zur kurz- und mittelfristigen Steuerung. Dies geschieht mit dem Instrument der Zielvereinbarung. Dabei sollten die Ziele aus einer Strategie abgeleitet sein, welche die längerfristige evolutionäre Entwicklung im Blick hat. Während eine strategische Entwicklung und damit Mitgestaltung der Evolution bei Tieren nicht zu finden ist, so finden wir auf der Ebene der Ziele durchaus Vergleichbares. Das Eichhörnchen, das mit viel Energie seinen Wintervorrat anlegt, um für schlechte Zeiten gerüstet zu sein, handelt durchaus planvoll.

So, wie es wichtig ist, Ziele zu planen, muss der Evolutionsmanager ständig bereit sein, diese Ziele auch nachzuplanen, wenn sich neue Chancen oder Risiken ergeben. Erfolgreich ist er, wenn er sich mit der Evolution bewegt und sich seine Vorstellungen damit verbindet.

Dabei müssen die Ziele von Führung und Mitarbeitern auch wirklich vereinbart und nicht nur von oben vorgegeben werden. Auch in einem Organismus werden nicht alle Prozesse von einem zentralen Nervensystem bestimmt, sondern das zentrale Nervensystem koordiniert die Kommunikation zwischen den Bereichen und steuert da, wo es notwendig ist. Wenn die Stärke eines Unternehmens vom Grad abhängt, in dem es der Führung gelingt, die Mitarbeiter in die Ziele einzubinden, dann ist es notwendig, sie gemeinsam zu vereinbaren. Gemeinsam vereinbaren heißt nicht, dass sie in einem demokratischen Abstimmprozess entstanden sein müssen, aber dass es die Möglichkeit gegeben hat, sie gemeinsam zu diskutieren und Anregungen zu geben.

Es gibt Manager, die in der alltäglichen operativen Arbeit und bei der Umsetzung von Zielen gut sind. Andere sind besser in der Visionsarbeit. Ein Unternehmen braucht beides. Entweder vereint die Führungskraft beide Stärken, oder sie sind über verschiedene Personen im Unternehmen integriert. In der Natur muss die Herde darauf achten, dass sie an dem Ort, wo sie gerade grast, geschützt ist, aber wenn die Nahrung dort nicht mehr ausreicht, muss sie sich auf den Weg zu neuen Nahrungsplätzen machen.

Profitieren Sie bei der Zielbestimmung von Anregungen der Mitarbeiter.

10.2.7 Das richtige Verhältnis von interner Aufmerksamkeit und Umfeldbewährung

Im Unternehmen, als einem komplexen Organismus, hat die Führung die Aufgabe der Steuerung nach innen sowie der Wahrnehmung des Umfeldes und der Kommunikation nach außen. Die Balance zwischen beiden ist nicht einfach. Wird die interne Steuerung vernachlässigt, kann dies zu internen Störungen führen, werden die Außenbeziehungen vernachlässigt, weil man sich zu stark auf die interne Kommunikation konzentriert, so kann dies zur Gefährdung der Umfeldbewährung führen. Für die Führungskraft ist es also wichtig, hier die richtige Balance zu finden. Je komplexer die Unternehmen werden, desto mehr interne Steuerung ist notwendig, wobei gut funktionierende Strukturen und Regelwerke sowie die Delegation der Steuerung an die einzelnen Ebenen hier Entlastung bringen. Wenn zu viel Nabelschau notwendig ist, so schwächt dies die Außenwirkung des Unternehmens. Dies gilt auch für die Mitarbeiter und die Führungskräfte der unteren Ebenen. Wenn sie zu viel Aufmerksamkeit fordern, so geht diese Energie ab von den Energien, die für die Pflege der Außenbeziehungen zur Verfügung stehen.

10.2.8 Im stürmischen Fahrwasser das Team ermutigen

Bei schönem Wetter ist Führung einfach. Gefordert ist die Führungskraft, wenn es stürmt, wenn nicht klar ist, wohin es weitergeht. Oftmals weichen Führungskräfte in dieser Situation der Kommunikation aus, weil sie nicht wissen, was sie sagen sollen, und keine Schwäche zeigen wollen. Aber genau in dieser Situation braucht die Mannschaft ihre Führung, braucht sie den Kommunikationsaustausch. Führung heißt heutzutage nicht unbedingt zu sagen, wo es langgeht. Wenn unklar ist, wohin das Unternehmen sich entwickeln soll, dann erfordert es den Mut, das zu sagen. Ehrlichkeit ist an dieser Stelle oft hilfreicher, als unterzutauchen. Dies ist eine der Fähigkeiten, die der Daimler-Boss Dieter Zetsche bei der Sanierung von Chrysler in den USA gezeigt hat: Er ist mit unangenehmen Botschaften vor die Mitarbeiter getreten, hat sich nicht versteckt und sich dadurch ein hohes Ansehen sogar bei den Gewerkschaftsvertretern verschafft.

10.2.9 Eine praktische Anwendung: Führungskräftetraining mit dem Pferd

Pferde haben in 50 Millionen Jahren bewiesen, wie das Überleben im Herdenverband funktioniert. Jüngste neurobiologische Untersuchungen stellten fest, dass das emotionale Empfinden von Menschen und hochentwickelten Lebewesen erstaunlich ähnlich ist. Pferde spüren sehr genau, wie es um den anderen wirklich steht, ob Pferd oder Mensch, und reagieren exakt auf die inneren Bilder und Wertvorstellungen von Menschen.

Im Rahmen des Evolutionsmanagements ist das Führungskräftetraining mit dem Pferd eine spannende Verbindung von theoretischen Erkenntnissen mit der praktischen Anwendung. Dabei geht es nicht darum, Reiten zu lernen, sondern um die Wahrnehmung und Reflexion des eigenen Führungsverhaltens.

Ein zentrales Thema des Seminars ist die Beziehungsaufnahme zu Teammitgliedern, Wahrnehmung von Gruppenverhalten und Gruppenprozessen sowie die Übung situativer Führungsstile. Ebenso elementar ist die Kongruenz zwischen Körpersprache und verbalem Ausdruck. Glaubwürdig ist man nur, wenn es keine Diskrepanz zwischen insgeheim Gemeintem und Gesagtem gibt. Im Zweifelsfall entscheidet sich der Gesprächspartner für das, was der Körper ausdrückt.

Ein Pferd reagiert sehr stark auf die durch Körpersprache ausgedrückte Botschaft. Das ist unmittelbar und eindeutig. Dieses klare Feedback des Pferdes kann der Manager nutzen, seine unbewussten, aber eindeutigen Körpersignale wahrzunehmen und seine innere Haltung zu überprüfen.

Es gibt kein Rezeptbuch für Mitarbeiterführung und Teamentwicklung. Jedes Pferd respektive jeder Mitarbeiter muss individuell und der Situation angemessen behandelt werden. Deshalb trainieren die Manager ihre soziale Wahrnehmung und ihre Auffassungsgabe in sozialen Gefügen.

- Was verändert sich, wenn ein dominantes Tier die Szene betritt?
- Wie wird Unterordnung oder Konkurrenzverhalten demonstriert?
- Wie erhält sich das Leittier seine Position und wie füllt es sie aus?
- Wie wird mit schwachen oder jungen Tieren umgegangen? Wie nehmen Leittiere ihre Verantwortung wahr?

In Übungen wird beispielsweise ein Pferd durch einen schwierigen Parcours geführt: Wie gelingt es Ihnen, das Pferd dazu zu bewegen, mit Ihnen zu gehen? Wie können Sie das Vertrauen des Pferdes gewinnen? Wie begleiten Sie Ihr Pferd? Das Pferd vermittelt Ihnen, wie überzeugend Sie dabei vorgehen.

Beobachter sind in der Regel erstaunt, wie „menschlich" und vergleichbar das Sozialverhalten des Pferdes mit dem ist, was man in jeder Gruppenbesprechung sehen und erleben kann. Beim Beobachten des Sozialverhaltens des Pferdes wird trainiert, wie Macht und Dominanz, Unterordnung und Gehorsam mit feinen Zeichen körpersprachlich ausgedrückt und verstanden werden können. Wie Hierarchien ohne Feindseligkeiten funktionieren, wie Verantwortung übernommen wird und wie die Rolle als „Leittier" wahrgenommen und gehalten wird.

Die Teilnehmer trainieren zudem auch ihre eigene körperliche Wahrnehmung.

- Wie fühlt es sich an, wenn ich delegiere?
- Wobei habe ich Schwierigkeiten?
- Was fühle, spüre, sehe und höre ich?
- Wie gehe ich mit dem Führungsdilemma um?
- Wo ist mein Platz im Team und wie fülle ich diesen aus?

Trainings dieser Art werden beispielsweise von Inés Bahlmann auf dem Gestüt „stall birkhof" bei Berlin durchgeführt.

10.2.10 Die Essenz von Führung im Evolutionsmanagement

Fassen wir noch einmal die wichtigsten Aufgaben von Führung zusammen:

- *Führen ist die Gestaltung der evolutionären Entwicklung des Unternehmens*

  Das bedeutet, die Chancen zu nutzen, da die Führung mit ihrer Mannschaft gestalten kann, hinzunehmen, was nicht gestaltbar ist, aber immer wieder die oft noch unentdeckten Freiräume herauszufinden, die gestaltet werden können. Dazu gehört die Entdeckung von immer neuen Nischen. Wichtig ist die Schaffung einer finanziellen Stabilität als Herzstück eines funktionierenden Stoffwechsels und als Voraussetzung für das Leben des Unternehmens.

- *Führen ist die Vorausschau, was nötig ist, um die zukünftige Umfeldbewährung zu gewährleisten*

  In Zeiten von Unübersichtlichkeit kommt den Führungskräften die Aufgabe zu, kraft ihrer Erfahrung zu erkennen, wie sich das Umfeld weiterentwickeln wird und welche Veränderungen durchgeführt werden müssen, um auch in einem veränderten Umfeld weiterexistieren zu können. Sicher weiß keiner, was notwendig ist, und es gilt, Risiko zu übernehmen, sich Neuem zu stellen, eingefahrene Gleise zu verlassen. Die Evolution zeigt uns, wie sie sich immer neue Räume erobert hat, vom unbewohnten Planeten zum Leben im Wasser, vom Wasser auf die Besiedlung des Landes, vom Land zur Meisterung des Fliegens. Die Entwicklung ist noch nicht zu Ende.

- *Führen ist die Effektivierung des Zusammenspiels der verschiedenen Aktivitäten des Unternehmens: des Stoffwechsels, des Informationswechsels und des Formwechsel*

  Die Harmonisierung dieser verschiedenen Aktivitäten bedeutet vor allem, die Menschen im Unternehmen mit all ihren Stärken und Schwächen in ein effektives Zusammenspiel zu bringen. Dies bedeutet für die Führungskraft oft auch das Aushalten der Eigenarten dieser unterschiedlichen Menschen. Es verläuft also nicht immer harmonisch. Wichtig ist die Stärkung des Unternehmens. Wenn das über Auseinandersetzung, Konflikte und nicht selten auch schlechte Stimmung erfolgt, so ist dies in Ordnung, solange es das Unternehmen und seine Menschen voranbringt.

- *Führen ermöglicht den Mitarbeitern, ihre Fähigkeiten zu entfalten*

  Menschen sind wie Samen, die sich erst noch entfalten. Die Aufgabe der Führung ist es, die Bedingungen zu bieten, damit diese Entfaltung möglich wird. Eine gute Führungskraft sieht, welche Potenziale in den Mitarbeitern stecken, auch wenn diese es selber oftmals gar nicht für möglich halten.

10.3 Wie motiviert die Natur?

Im Folgenden wollen wir uns mit einem wichtigen Teilbereich der Führung beschäftigen: Wie gelingt es, motivierte Mitarbeiter und Führungskräfte im Unternehmen zu haben? Wir werden uns anschauen, was für diese Fragestellung aus Vorgängen in der Natur gelernt werden kann.

10.3.1 Werben von Mitarbeitern wie die Natur

Das klassische Beispiel aus der Natur ist das Zusammenspiel zwischen Insekten und Blumen. Viele Blumen brauchen die Insekten zur gegenseitigen Befruchtung. Die Insekten sammeln den Nektar und transportieren dadurch Pollen von einer Blume zur anderen. Blütenpflanzen benutzen nun verschiedene Strategien, um ihren Bestäuber anzulocken:

- Durch auffällig gefärbte Blüten in grellen Farben werden die Insekten visuell auf den Nektar hingewiesen. Die Blütenfarben tierbestäubter Blütenarten sind dabei auf das Farbsehvermögen der wichtigsten Bestäuberarten abgestimmt, z. B. durch spezifische Muster in den Blüten, die vom Menschen gar nicht wahrgenommen werden können.
- Auch die Beweglichkeit von Blüten oder Blütenteilen kann optische Reizwirkungen haben.
- Bei Bienen bewirkt ein wiederholter und erfolgreicher Besuch bestimmter Blumen eine gewisse Bindung (zeitlich begrenzte Blütentreue und intensive Sammeltätigkeit).
- Durch einen speziellen Geruch, den die Tiere mögen, werden die Insekten angelockt. Fliegen werden z. B. durch Aasgeruch angelockt (Aasfliegenblumen).
- Manche Blüten imitieren andere Pflanzen oder Lebewesen und erzielen damit denselben Effekt (Täuschung). Orchideen haben z. B. einen Geruch von Insektenpheromonen, der bestimmte Bestäuber sexuell anzieht und ihnen einen Geschlechtspartner vortäuscht. Solch ein Bluff funktioniert allerdings nur bis zu einem gewissen Grad. Denn Orchideen sind gerade deswegen so selten, weil sie eine niedrige Fortpflanzungsrate haben. Ein Insekt lässt sich zwar einmal täuschen, aber wenn es keinen Sexualpartner bekommt, wird es nicht wiederkehren und dies nicht als wichtigen Ort an andere Artgenossen weitergeben.
- Die Anreizsysteme entwickeln sich in der Natur koevolutionär zwischen den Arten. So bekamen bestimmte Vogelarten immer längere und dünnere Schnäbel, mit denen sie immer besser in die Blütenkanäle von bestimmten Pflanzen hineingelangen können, deren Nektar für sie dadurch auch vor anderen geschützt ist.

Transfer

Wenn Mitarbeiter angeworben oder gebunden werden sollen, sollten verschiedene Strategien angewandt werden:

- Die Anreize müssen auf verschiedenen Ebenen ansetzen (visuell, olfaktorisch, haptisch also z. B. nicht nur durch Geld, sondern auch durch ein gutes Arbeitsklima, räumliche Ausstattung, Verpflegung und Ästhetik im Unternehmen).

- Die Anreize müssen genau den Geschmack derjenigen Gruppe treffen, die man ansprechen will, auch mit dem Risiko, andere damit abzuschrecken (grelle oder dunkle Farben, siehe oben) bzw. für unterschiedliche Gruppen spezifische Anreize bieten zu müssen.
- Die Anreize müssen deutlich wahrnehmbar sein.
- Es bringt wenig, den (auch potenziellen) Mitarbeitern etwas vorzutäuschen. Das spricht sich herum und die Leute kommen nicht wieder.
- Entwickeln Sie Ihre Anreizsysteme in Kommunikation mit Ihren Mitarbeitern ständig weiter. Ein Anreiz, der eine bestimmte Zeit funktioniert hat, kann später seine Wirkung verlieren. Dabei ist es auch wichtig zu beobachten, welche Anreizsysteme die Wettbewerber einsetzen.

10.3.2 Mitarbeiter binden wie die Natur

Menschenaffen haben ein breit gefächertes Repertoire zur Gestaltung des Zusammenlebens entwickelt. Diese verschiedenen Vorgehensweisen sind mit unseren Strategien der Gruppenbildung und Gruppenbindung vergleichbar. Dazu gehören die Herstellung, Erhaltung und Reparatur sozialer Bindungen sowie die Erhaltung der Gruppenharmonie und Gruppeneinheit.

Strategien freundlicher Kontakteröffnung beim Menschenaffen

- Grußrituale, Strategien der Annäherung,
- Strategien der heterosexuellen Werbung,
- Strategien der Spielaufforderung, Erkundung und Aufbau von Gemeinsamkeit.

Transfer

- Wie werden neue Kollegen oder Kunden empfangen und wie ist der tägliche Umgang untereinander, welche Begrüßungs- und Verabschiedungsrituale gibt es? Beobachten und steuern Sie bewusst diese Rituale.
- Praktizieren Sie solche Rituale auch regelmäßig beim Beginn und Abschluss von Projekten.
- Auch wenn es nicht immer einfach ist, achten Sie auch bei Führungswechseln auf die notwendigen Rituale.
- Die Beziehungspflege im Unternehmen sollte systematisch und kontinuierlich aufgebaut werden.

Strategien der Gruppenbestärkung bei den Menschenaffen

- Rituale der Einigkeitsbezeugung (Rituale gemeinsamen Tuns: Mutter-Kind-Rituale/ Behütungsrituale, Synchronisationsrituale, Bekundung der Anteilnahme und anderer Gemeinsamkeiten, Rituale gemeinsamen Kämpfens z. B. gegen fingierte Feinde, Pflege gemeinsamer Werte),
- Rituale wechselseitiger Betreuung (Schenkrituale, Bewirtung, „grooming talk" = sich streicheln, Flöhe aus dem Haar zupfen).

Transfer

- Praktizieren Sie identitätsstiftende Rituale in Ihrem Unternehmen.
- Feiern Sie gemeinsame Erfolge. Erkennen Sie den Einzelnen mit seinen Fähigkeiten und Leistungen an.
- Kommunizieren Sie eine deutliche Abgrenzung zur Konkurrenz.
- Fördern Sie den sozialen Austausch zwischen den Mitarbeitern, z. B. durch Kaffeeecken, gemeinsamen Betriebsausflügen oder Geburtstags- und Jubiläumsehrungen.

Strategien zur Stärkung der Gruppenatmosphäre bei den Menschenaffen

- Strategien der Befriedung (Schlichten, Trösten),
- Strategien des Beistehens (Unterstützen, Helfen),
- Strategien der „Gruppenreparatur" (Versöhnen, Sichentschuldigen, Sühneleistung, Vermitteln),
- Strategien der Aggressionsabblockung (Androhung des Kontaktabbruches, Unterwerfung, Mutter-Kind-Appelle, Strategien des Einlenkens),
- Strategien zur Vermeidung von Herausforderung, Konfliktabschwächung (demonstrative Respektierung der Besitznorm, Rituale der Anerkennung: Ehrerweisung, Lob, Selbstherabsetzung und andere Formen der Konfliktabschwächung),
- Strategien zur Erhaltung der Gruppennorm (Rügesitten, Spotten, Ausrichten, normenerhaltende Aggression).

Transfer

- Reglementieren Sie klar und transparent unsoziales und aggressives Verhalten im Unternehmen.
- Die Führungskräfte sollten eine klare Rolle bei der internen Konfliktlösung spielen.
- Es sollten Lösungen ausgehandelt werden, bei denen keiner sein Gesicht verliert.
- Durch sorgfältig aufgebaute formelle und informelle Unterstützungssysteme sollten Mitarbeiter in schwierigen Situationen unterstützt werden.
- Führen Sie Vorgehensweisen ein, durch die drohende Kämpfe rechtzeitig vermieden werden können.

11 Ausblick

Die Vorstellung, wir könnten alles Leben zerstören, einschließlich der Bakterien, die in den Wassertanks von Kernkraftwerken oder in siedendheißen Quellen gedeihen, ist lächerlich. Ich höre unsere nichtmenschlichen Verwandten schon kichern: „Wir sind ganz gut ohne euch zurechtgekommen, bevor wir euch kennen gelernt haben, und wir werden auch jetzt ohne euch zurechtkommen."

Lynn Margulis

11.1 Praktische Weiterentwicklung des Evolutionsmanagements

Der Ansatz des Evolutionsmanagements wurde bereits in den 1970er Jahren im Rahmen des Population Ecology-Ansatzes in den Wirtschaftswissenschaften stark diskutiert. Damals gelang der Durchbruch in die praktische Unternehmensführung nicht, da der Ansatz noch zu theoretisch war. Mit diesem Buch sind wir einen großen Schritt weiter in Richtung stärkerer Praxisorientierung gekommen und vielleicht nimmt das Evolutionsmanagement heute eine ähnliche Entwicklung wie das Thema der Gruppenarbeit. Auch die Gruppenarbeit wurde lange an den Universitäten diskutiert. Obschon das Konzept in den 1970er Jahren bei Volvo in Schweden eingeführt wurde, konnte es sich zunächst nicht auf breiter Ebene durchsetzen. Erst als die europäische Automobilindustrie Anfang der 1990er Jahre in die Krise kam, wurde die Gruppenarbeit über das Lernen aus japanischen Erfolgen auch in Deutschland eingeführt und hat durch die stärkere Beteiligung der Mitarbeiter zu einem enormen Produktivitätsschub geführt. Daraus lässt sich schlussfolgern, dass eine Idee, die sich über längere Zeit entwickelt hat, dann sprunghafte Verbreitung finden kann, wenn ihre Zeit gekommen ist.

Allerdings besteht auch weiterhin die Gefahr, dass die Menschen vom Evolutionsmanagement traditionelle Instrumente der Betriebswirtschaft erwarten. Diese Erwartungshaltung kann und will Evolutionsmanagement nicht erfüllen. Evolutionsmanagement ist ein neuer Denkansatz, der auch in der praktischen Anwendung ein anderes Denken und eine andere Form von Instrumenten erfordert. Traditionelle Instrumente konzentrieren sich auf die Inhaltsebene, schreiben Handlungsanweisungen vor und gehen von allgemein gültigen Gesetzmäßigkeiten aus, die in allen Unternehmen gleichermaßen auf bestimmte Situationen anwendbar sind. Wir hingegen vergleichen Organisationen mit Organismen und gehen davon aus, dass sie einzigartig sind. Jede Organisation besitzt ganz individuelle Qualitäten, die mitgedacht werden müssen. Deshalb funktioniert auch die Eins-zu-eins-Übertragung von Konzepten ohne Anpassung an die individuellen Bedingungen nicht.

Dies fordert vom Management vielfältige und flexibel anwendbare Instrumente. Instrumente des Evolutionsmanagements strukturieren einen im Ergebnis offenen Prozess und können dann mit den jeweiligen Inhalten der Organisation gefüllt werden. Dieser Mix aus Prozessoffenheit und Prozessstrukturierung ermöglicht die nötigen Freiheitsgrade, die zur Adjustierung an individuelle Bedingungen nötig sind.

Die Notwendigkeit, sich in der Unternehmensführung stärker an lebenden Organismen zu orientieren, zeigt sich an vielen Punkten:

- Viele Unternehmen merken, dass sie mit den traditionellen Modellen nicht weiterkommen. So hat sich Microsoft beispielsweise für die Systementwicklung einen Biologen ins Unternehmen geholt, um mehr über die Entwicklung von lebenden Systemen zu erfahren und in die Softwareentwicklung zu integrieren.

- Viele Unternehmen erkennen, dass der vom Menschen beeinflusste Klimawandel auch erheblichen Einfluss auf ihr Unternehmen nimmt. Folglich müssen sie verstärkt beachten, wie sich die vielfältigen Folgen des Klimawandels auf die wirtschaftliche Entwicklung auswirken. Bei Rückversicherern beispielsweise arbeiten ganze Stäbe an diesem Thema.

- Auf gesellschaftlicher Ebene wird deutlich, dass der Mensch technische Herausforderungen mit wenigen Ausnahmen gut meistern kann: Hochhäuser werden immer höher, Züge schneller und Computer kleiner. Die biologischen Herausforderungen hat der Mensch aber noch überhaupt nicht im Griff: Überschwemmungen, Vogelgrippe, Gentechnik, Überbevölkerung usw.

- Das gesellschaftliche Interesse an biologischen Themen nimmt zu, dies zeigt sich beispielsweise an vielen Büchern und Fernsehsendungen zu diesen Themen.

11.1.1 Ein „neues" Denken

In verschiedenen Wissenschaftsdiskursen gibt es eine interessante Debatte über einen Wechsel in der Leitwissenschaft: Während das 20. Jahrhundert der Physik gehörte und viele andere Wissenschaften wie auch die Biologie mit physikalischen Modellen arbeiteten, wird das 21. Jahrhundert eher von der Biologie dominiert werden. In der Folge werden sich andere Wissenschaften also nicht mehr an physikalischen Modellen, sondern verstärkt an originär biologischen Modellen orientieren. Dieser Trend zeigt sich bereits in den Wirtschaftswissenschaften.

Wir befinden uns gerade in einer Übergangsphase, die sich politisch-philosophisch auch in Desorientierung ausdrückt. Denn die Biologie ist von ihrer Entwicklung her bisher eher eine deskriptive Wissenschaft: Sie kann Prozesse beschreiben, erkennen, wie sie funktionieren, aber noch kaum Vorhersagen treffen. Eine paradigmatische Leitwissenschaft braucht allerdings die Fähigkeit, auch über zukünftige Entwicklungen Aussagen treffen zu können.

Nun wäre es verkehrt, von der Biologie mit physikalischen Gesetzen vergleichbare Aussagen zu erwarten. Lebende Organismen funktionieren einfach anders und von daher sind auch andere Erklärungsansätze zu erwarten. Von daher wird die neue Leitwissenschaft auf der Biologie aufbauen, aber eine weiterentwickelte Lebenswissenschaft sein. An der Medizin, die ja mit lebenden Organismen zu tun hat, kann man eine alternative Herangehensweise verdeutlichen: Bei der Erstellung einer Diagnose wird meistens das Bayestheorem angewendet. Das Bayestheorem ist ein Ergebnis der Wahrscheinlichkeitstheorie, benannt nach dem Mathematiker Thomas Bayes. Es gibt an, wie man mit bedingten Wahrscheinlichkeiten rechnet. Durch das diagnostische Vorgehen des Arztes wird die Menge möglicher Diagnosen eingeschränkt, bis eine ausreichende Basis für die Entscheidung für eine bestimmte Diagnose oder zumindest ein bestimmtes therapeutisches Verfahren besteht.

Zum Beispiel berichtet ein Patient seinem Hausarzt, er habe Kopfschmerzen. Ein sehr häufiges Symptom: Etwa 4 bis 5 % der deutschen Bevölkerung leiden unter täglichen, ca. 70 % unter anfallsweisen oder immer wiederkehrenden Kopfschmerzen. Nun gibt es eine große Anzahl an Differenzialdiagnosen zur Ursache von Kopfschmerzen. Die Auswahl diagnostischer Maßnahmen richtet sich nach der Wahrscheinlichkeit, Therapierbarkeit, Bedrohlichkeit der auszuschließenden Diagnosen und dem mit der Maßnahme verbundenen Aufwand und Risiko. Der Hausarzt wird nach dem Prinzip „Häufiges ist häufig, und Seltenes ist selten" zunächst mit gezielten Fragen und einer körperlichen Untersuchung die Ursache für die Schmerzen einzugrenzen versuchen. Die Wahrscheinlichkeit für eine Diagnose ist bei den meisten Erkrankungen abhängig vom Alter, vom Geschlecht, vom Beruf und unter Umständen noch ganz anderen Einflussfaktoren. Fast 90 % der Kopfschmerzen bei Erwachsenen sind auf die primären Kopfschmerzformen Spannungskopfschmerz, Migräne, medikamenten-induzierter Kopfschmerz u. Ä. zurückzuführen. In der Regel werden ebenso Krankheiten ausgeschlossen, die zwar äußerst selten sind, aber für den Patienten akut lebensbedrohlich wären, wie beispielsweise eine Hirnhautentzündung oder ein Schädelhirntrauma. Wenn ein ausreichender Verdacht besteht oder sich nicht sicher ausräumen lässt, würde der Hausarzt weitere Untersuchungen anordnen.

Meist endet eine ärztliche Konsultation dann mit dem Satz: „Kommen Sie wieder, wenn die Beschwerden nicht besser werden." Dies bedeutet, dass der Hausarzt sich auf eine wahrscheinliche Diagnose festgelegt hat, ohne alle möglichen Differenzialdiagnosen sicher ausschließen zu können. Er hat seine auf Erfahrungswerten beruhende Liste an Wahrscheinlichkeiten bis zu dem Punkt abgearbeitet, der ihm in Abhängigkeit von Risiko und Aufwand als sinnvoll erscheint. Hilft die empfohlene Therapie, war die vorgenommene Diagnostik ausreichend, ist der Patient zufrieden. Bleiben die Beschwerden, muss das diagnostische Vorgehen ausgeweitet werden. Dabei fungiert die Wirkungslosigkeit einer Therapie als diagnostisches Mittel zum Ausschluss der zunächst vermuteten Erkrankung. Mitunter muss ein Patient, der eine sehr seltene Erkrankung hat, aufgrund dieses Trial-and-Error-Verfahrens bei nicht spezifizierbaren Beschwerden mehrfach seinen Hausarzt aufsuchen, bis die richtige Diagnose gefunden wird.

Dieses schrittweise Vorgehen nach Wahrscheinlichkeiten ist in zweierlei Hinsicht sinnvoll: Einmal werden für unnötige Untersuchungen keine Ressourcen verschwendet, da von der Wahrscheinlichkeit her die ersten Diagnosen ja schon Erfolg haben können. Zweitens dient dieses Vorgehen auch dem Wohle des Patienten, denn jede Untersuchung enthält Risiken durch einen Eingriff am menschlichen Körper und jede Therapie kann zu unerwünschten Nebenwirkungen führen, die mitunter belastender sind als das ursprüngliche Symptom. Aber auch Risiken und Nebenwirkungen treten nach bestimmten Häufigkeiten und Wahrscheinlichkeiten auf, so dass diese immer in Relation zur Wahrscheinlichkeit der richtigen Diagnose gesehen werden müssen.

Der menschliche Körper ist also so komplex, dass es nicht den für jeden richtigen Heilungsweg gibt, sondern immer viele verschiedene, die ausprobiert werden müssen. Zwar geht es bei Organisationen i. d. R. nicht um Heilungsprozesse und es gibt selten Wahrscheinlichkeits-listen, die abgearbeitet werden können. Die wichtige Parallele zur Organisation ist aber: Mit welchen Mitteln lässt sich herausfinden, was genau in einem lebenden Organismus nicht gut funktioniert, um dies dann zu optimieren, ohne dem Organismus dabei zu schaden. Dieses Prinzip gilt auch für Organisationen: Organisationsentwicklung ist immer ein Arbeiten am lebenden Objekt, beim laufenden Betrieb. Daraus folgt: Man muss am Anfang sein Analysefeld öffnen, alle relevanten Faktoren einbeziehen, auch die individuellen Bedingungen der Organi-sation und des Umfeldes berücksichtigen, um dann mit einem Lösungsweg zu beginnen, der beruhend auf Erfahrungswerten mit der größten Wahrscheinlichkeit Erfolg verspricht und dann im Trial-and-Error-Verfahren weitere Alternativen ausprobieren. Dabei müssen stets die Nebenwirkungen der eigenen Vorgehensweise im Blick bleiben. Dieses Beispiel zeigt, dass sich in den Lebenswissenschaften neue Formen von wissenschaftlichem Arbeiten ergeben. Langfristig ist zu erwarten, dass die Biologie bzw. die sich aus ihr entwickelnde Lebenswissenschaft ihre eigene Form von Gesetzen entwickeln wird und diese sich dann auch besser auf Unternehmen anwenden lassen.

Auf Organisationen übertragen heißt dies:

- Keine Beschränkung auf linear-kausale Erklärungszusammenhänge mit absoluten Wahrheiten, sondern vernetztes Denken im Rahmen von Wahrscheinlichkeitsannahmen.
- Keine Patentrezepte für alle Organisationen, sondern individuell zugeschnitten auf die Bedingungen der Organisation.
- Lösungen nicht nur aus einem Teil des Systems heraus erarbeiten, sondern die gesamte Organisation mit einbeziehen.
- Das Umfeld bei seinen Überlegungen integrieren.

Diese Tendenz zeigt sich auf Unternehmensebene im Projektmanagement: Früher waren die Projektpläne immer sehr komplex, detailgetreu und mit klar strukturiertem Ablauf, den nur Experten verstehen konnten. In der Folge mussten den Beteiligten immer sehr genaue Vorgaben gegeben werden. Heute werden die Projektpläne zunehmend als Kommunikationsinstrumente genutzt: Sie sind einfach strukturiert, übersichtlich und auch für Beteiligte verständlich, die nicht so sehr im Thema sind. Dadurch bekommen die Beteiligten zwar eine grobe Vorgabe, haben aber genügend Freiheiten, um ihre eigenen Spezialkenntnisse in den Prozess einzubringen. Den Beteiligten werden also keine fertigen Tools vorgesetzt, sondern sie lernen, mit den groben Vorgaben auf Grundlage ihrer eigenen Vorstellungen Tools zu entwickeln. Insofern passen sich heutige Tools also der jeweils sehr spezifischen und komplexen Realität an und können auf die jeweiligen Situationen flexibel angewandt werden.

11.1.2 Evolutionsmanagement in der praktischen Organisationsentwicklung

Die Welt hat sich insgesamt in den letzten Jahren stark verändert. Zu den wichtigsten Tendenzen für die Unternehmenswelt zählen:

- *Zunahme komplexer Vernetzungen:* Viele Dinge stehen miteinander in Verbindung und beeinflussen sich gegenseitig. Handlungen können unerwartete Auswirkungen hervorrufen. Aufgrund fehlender linear-kausaler Zusammenhänge greifen eindeutige Handlungsmuster nach dem Wenn-dann-Schema nicht mehr.
- *Zunahme von Unübersichtlichkeit:* Aufgrund der stetigen Zunahme von Informationen kann die Realität nicht mehr in ihrer Gesamtheit erfasst werden. Die Welt wird generell unübersichtlicher. Das Managen von Unternehmen muss zunehmend mit unzureichenden Informationen auskommen.
- *Zunahme von Geschwindigkeit:* Die Welt wird immer schneller und führt zu größerem Wandel. Ökonomische Prozesse beschleunigen sich.
- *Stärkere Diversifikation:* Die Vielfalt generell und die Anzahl von Einzelteilen nehmen zu. Dies gilt für Produkte und Wettbewerber auf dem Markt, aber auch für mögliche Handlungsoptionen und Erklärungsmuster.

- *Bedeutungszuwachs der Produktivkraft Wissen:* Der Mitarbeiter und sein Wissen nehmen als Produktivitätsfaktor stets zu. Dadurch gewinnt auch die Kunst der Führung an Bedeutung. Wissen verliert zunehmend die Eigenschaft von Besitztum. Immer breitere Bevölkerungsschichten haben über das Internet Zugang zu Wissen, wie das früher nicht der Fall war. Dadurch nimmt Transparenz zu.

- *Neues Denken entsteht:* Klassisch betriebswirtschaftliche Erklärungsmuster verlieren zunehmend ihre Aussagekraft.

- *Bedeutungszuwachs virtueller Welten:* Viele Dinge werden zunehmend in virtuellen Welten dargestellt. Dies birgt Chancen und Risiken. Prozesse können immateriell durchgespielt und realisiert werden. Es besteht aber die Gefahr, in virtuellen Welten zu versinken und den Bezug zur Realität zu verlieren.

- *Zunehmende Internationalisierung und Globalisierung:* Der internationale Handel und Wettbewerb nehmen zu, es gibt immer weniger Nischen. Entwicklungen in fernen Ländern beeinflussen verstärkt die eigene Situation und müssen verfolgt werden. Der Internethandel mit dem Kunden, aber auch zwischen Unternehmen nimmt stetig zu. Auch die Vernetzung zwischen Ländern nimmt zu, wirtschaftlich, politisch und kulturell.

- *Zunehmende und neue Formen von Kooperationen:* Es entstehen immer mehr kooperative Formen der Zusammenarbeit zwischen Unternehmen, beispielsweise in Netzwerken, Joint Ventures, Forschungskooperationen usw.

- *Eigentumsverhältnisse werden flüchtiger:* Ein Hedgefonds kann über Nacht die Mehrheit an einem Unternehmen übernehmen oder Unternehmensteile können schnell verkauft werden und dadurch den Besitzer wechseln.

- *Trend zur Ökonomisierung:* Es gibt eine Tendenz zur Ökonomisierung des gesamten Lebens.

- *Abnehmende Bindungen:* Mitarbeiter wechseln immer schneller ihren Arbeitsplatz, generell werden soziale Bindungen schneller geknüpft und wieder gelöst.

- Es gibt bei den Menschen wieder ein verstärktes Streben, eine bessere *Bindung zur Natur* aufzubauen. Dies zeigt sich u. a. im Anwachsen des Marktes ökologischer Nahrungsmittel und dem Trend zu naturnahem Tourismus.

- *Demografische Entwicklung:* Die Gesellschaften der Industrieländer werden im Durchschnitt immer älter. Auch Unternehmen müssen diesem demografischen Wandel Rechnung tragen.

- *Begrenzung der Ressourcen:* Rohstoff- und Energiemangel können wirtschaftliche Krisen hervorrufen.

Auf Grundlage dieser Realitätsbeschreibung lassen sich bereits heute einige Teilbereiche des Evolutionsmanagements hervorheben, die mit großer Wahrscheinlichkeit für Unternehmen zukünftig wichtiger werden. Zu ihnen gehören:

- Je wichtiger die Ressource Mensch und sein Wissen für Unternehmen werden, desto wichtiger wird auch die effektive Nutzung dieses Wissens. In diesem Zusammenhang werden die *interne Zusammenarbeit* und *Kooperation mit Externen* an Bedeutung gewinnen.

- Eine schnelle Umfeldveränderung bedarf einer schnellen Reaktionsfähigkeit des Unternehmens. Ein hoher Grad an *Selbstorganisation* im Sinne der *Schwarmintelligenz* kann dies gewährleisten. Generell nehmen in den Unternehmen Beteiligungsprozesse zu, auch Kunden werden stärker beteiligt.

- Da Unternehmen in ihrer Organisationsform vom Prinzip her *lebenden Organismen* gleichen, werden sie immer stärker zum Vergleich herangezogen. Die genauere Analyse lebender Organismen wird dadurch immer wichtiger.

- In einer unüberschaubaren Welt bieten wiederkehrende Strukturmuster auf der Makroebene Orientierung. Die *Strukturmuster der Evolution* bieten dabei einen großen Erfahrungsschatz.

- Die Antwort auf eine *hohe Komplexität* der Unternehmenswelt kann ab einem bestimmten Komplexitätsgrad nicht mehr nur ein hochkomplexes Modell sein. Vielmehr sind es einfach dargestellte Modelle, die situationsspezifisch angepasst eine Variation an Handlungsmöglichkeiten eröffnen und auf Grundlage des eigenen Expertenwissens weiterentwickelt werden können. Es gibt einen Wandel von Funktionsmodellen zu Prozessdarstellungen.

- Je schneller sich die Welt verändert, desto wichtiger wird es sein, die eigene *evolutionäre Entwicklungslinie* und eigene Stärken im Blick zu haben.

- Je schneller sich die Welt verändert, desto wichtiger wird eine umfassende *Umfeldwahrnehmung* werden.

- Erkenntnisse aus der *Neurobiologie* werden in den nächsten Jahren noch zunehmen und ihre konkrete Anwendung auf das Managementverhalten und die Unternehmenssteuerung finden.

- Je mehr Informationen in den Entscheidungsprozess einfließen und je mehr die Unübersichtlichkeit zunimmt, desto wichtiger werden die *Intuition* und Integration von *Emotionen* auch fürs Management sowie die im Vorfeld dafür notwendige Reflexion.

- Die *Grenze zwischen lebenden und technischen Systemen* wird fließender. Die zunehmenden Verbindungen beispielsweise in der Mensch-Maschine-Interaktion können noch stärker genutzt werden.

- Bei der Übertragung von Innovationen aus der Natur auf technische Lösungen haben Unternehmen in den letzten Jahren gerade erst den Anfang gemacht. Die *Bionik* hat das Potenzial, ein wichtiger Innovationsfaktor zu werden.

- Im Personalbereich wird das *Diversity Management* immer wichtiger. Es geht darum, die Mitarbeiter in ihrer Unterschiedlichkeit zu managen und für die jeweiligen Stärken Raum zu geben, beispielsweise bei der altersspezifischen Zusammensetzung von Teams.

11.2 Evolutionsmanagement – Verantwortung für die Zukunft übernehmen

11.2.1 Sinngebung für den Manager

Evolution ist nicht einfach das Kopieren und Mutieren von Genen im Laufe der Zeit. Dies ist die biologische Evolution. Es gibt aber auch, speziell beim Menschen, die kulturelle Evolution. Unser Bewusstsein ermöglicht es uns, darüber zu philosophieren, wie die Welt funktioniert, was der Sinn des Lebens ist und wie das Zusammenleben in einer Gruppe am besten organisiert werden kann? Der Mensch ist auch ein geistig-spirituelles Wesen. Über 90 % der Weltbevölkerung haben einen Glauben jenseits materieller Dinge, trotz Aufklärung. Das heißt, dass es im Menschen ein tiefes Bestreben nach Sinngebung gibt, ein Bestreben, sich selbst in einen größeren Sinnzusammenhang einzuordnen, damit man ein Ziel hat und gleichzeitig weiß, wo man hingehört. Dieses Bedürfnis gilt auch für das Berufsleben. Ein Mitarbeiter braucht den geistig-spirituellen Zusammenhalt auch im Unternehmen. Zumindest bringt er sich wesentlich mehr ein, wenn eine starke Identifikation mit dem Unternehmen vorhanden ist, er den Sinn seiner Arbeit im großen Zusammenhang des Gesamtunternehmens erkennen kann, dieses wiederum eingeordnet in die Gesamtwelt. Er weiß, wofür er arbeitet.

11.2.2 Nachhaltigkeit beachten, Evolutionsprozesse erkennen

Wenn man den Verlauf des Lebens auf der Erde auf ein Jahr überträgt, entspricht ein Tag etwa elf Millionen Jahren. Am 1. Januar, also vor vier Milliarden Jahren, bilden sich die ersten organischen Moleküle auf der Erde. Noch in der ersten Woche tauchen die ersten primitiven Zellen auf. Von August bis September (bzw. vor 1,4 bis 1,2 Milliarden Jahren) entwickeln sich die ersten „modernen" Zellen mit Zellkern und inneren Organen, aus denen auch unser Körper besteht. Im November entsteht das Leben in den Meeren und auf dem Festland. Pflanzen, Wirbellose, Gliederfüßer und Amphibien entwickeln sich. Zu Weihnachten wird das Leben der Dinosaurier wahrscheinlich durch einen Asteroid beendet. Von jetzt an erobern die Säugetiere die Erde. Vor zwei Millionen Jahren, also etwa beim Silvesteressen, taucht der Homo erectus in der afrikanischen Savanne auf. Erst gegen 23.45 Uhr (vor etwa 100.000 Jahren) klopft der Homo sapiens, zu dem auch wir gehören, an die Tür.

An der gesamten Geschichte des Lebens auf der Erde hat der Mensch nur einen sehr geringen Anteil. Der Mensch ist ein Teil der Natur und sollte auch wieder mit der Natur arbeiten, nicht gegen sie. Es wird Zeit, das Ökosystem Erde als einen eigenen Organismus zu betrachten, der sterben kann. Die Unterordnung der Natur zur Ausnutzung menschlicher Zwecke seit der Aufklärung kann das Ökosystem ins Wanken bringen, wie Naturkatastrophen und der drohende Klimawandel heute schon andeuten. Trotzdem sollte sich der Mensch nicht so wichtig nehmen, als ob das Überleben der Welt allein von ihm abhinge. Auch nach einem Atomkrieg werden genügend Lebewesen überleben und einen Neuanfang beginnen, nur halt ohne den Menschen. Im Grunde schützt der Mensch seine Umwelt nicht der Umwelt zuliebe, sondern im ureigensten Selbstinteresse: um sich selbst zu retten.

Der Biologe Edward O. Wilson hat errechnet, dass heutzutage Arten mit einer Geschwindigkeit aussterben, die 1.000- bis 10.000-mal höher ist als in Zeiten, in denen es noch keinen menschlichen Einfluss gab. Die Menschheit verursacht somit einen größeren Artenverlust als Asteroide, die beispielsweise zum Aussterben der Dinosaurier führten. Um diesen Trends entgegenzuwirken, wurde das Konzept der Nachhaltigkeit entwickelt und avancierte zu einem der wichtigsten Begriffe der heutigen Zeit. Nachhaltigkeit zu beachten bedeutet, so zu handeln, dass eingeschlagene Lösungen nicht nur kurzfristige Erfolge bringen, sondern langfristig ein gesundes und ressourcenschonendes Wirtschaften ermöglichen. Es zielt einerseits auf die Befriedigung der Grundbedürfnisse aller Menschen und hat zum anderen die Begrenztheit unseres Ökosystems im Auge, um auch zukünftig die Bedürfnisse der Lebewesen auf unserem Planeten befriedigen zu können.

Für Unternehmen bedeutet Nachhaltigkeit zweierlei: zum einen zukunftsorientiertes Wirtschaften, das eine langfristige Sicherung des eigenen Überlebens über eine kurzfristige Gewinnerwartung stellt. Zum Zweiten meint Nachhaltigkeit die langfristige Sicherung des Überlebens der Menschen und der Natur. Die vielfältigen, wechselseitigen Beziehungen zur

Gesellschaft und regionale, nationale und globale Auswirkungen der Unternehmensaktivität werden berücksichtigt. Die Handlungen eines solchen Unternehmens erfolgen aus einer sozialen und ökologischen Verantwortung heraus. Dies merken auch Unternehmen, die traditionell auf diesen Aspekt weniger Wert gelegt haben. Ein exemplarisches Beispiel ist der Slogan von „British Petroleum", bei dem BP nun für „Beyond Petroleum" steht. Neben diesen ethischen Beweggründen kann Nachhaltigkeit auch Wettbewerbsvorteile sichern oder neue Marktnischen erschließen.

Als vor 200 Jahren eine kleine Universität in den USA ihr Auditorium aus Eichenholz erbaute, da haben die Gründer gleichzeitig so viele neue Eichen in der Umgebung angepflanzt, wie sie für die Erneuerung des Auditoriums in 200 Jahren benötigen werden. Dieses in die Zukunft gerichtete Denken ist auch für Unternehmen wichtig. Ansatzpunkte für Unternehmen sind:

● Eine Untersuchung des US-Marktforschers GMI von 15.500 Menschen in 17 Ländern im Jahr 2005 hat gezeigt, dass in Deutschland 42 % aller Verbraucher Produkte von bestimmten Marken aufgrund von unfairen Arbeitsbedingungen und umweltfeindlichen Praktiken des Herstellers boykottieren. Umgekehrt werden Marken, die ihre gesellschaftliche Verantwortung wahrnehmen, bevorzugt gewählt. Von daher ist eine nachhaltigkeitsorientierte Betrachtung des gesamten Produktlebenszyklus in Zusammenarbeit mit Lieferanten, Herstellern und Kunden ein Marketingvorteil.

● Verbunden mit innovativer Produktpolitik kann nachhaltiges Wirtschaften im Unternehmen wesentlich dazu beitragen, Belastungen für die Umwelt zu reduzieren, Kosten in den Unternehmen zu senken, das Qualitätsniveau zu erhöhen und Innovationen zum Nutzen der Kunden noch effizienter auf den Weg zu bringen. Die Beeinflussungsmöglichkeiten reichen dabei von Forschung und Entwicklung über die Herstellung und Verwendung bis hin zur Verwertung und den Auswirkungen der Produkte und Dienstleistungen auf die Menschen, die Umwelt und die Gesellschaft. Durch die zunehmende Entkopplung der Wertschöpfung vom Ressourcenverbrauch werden Unternehmen zukunftsfähig.

● Selbst in innovativen Bereichen braucht eine Idee bis zu ihrer Marktrealisierung häufig zehn Jahre. Daraus folgt: Wenn du etwas tust, sorge dafür, dass es nachhaltig wirkt, und habe einen langen Atem.

● Gerade in einer schnelllebigen Welt müssen verstärkt langfristige Entwicklungsprozesse in die Unternehmensplanung einbezogen werden, damit Veränderungen auch langfristig wirksam sind. Ein solcher Denkansatz fragt, was nach einem längeren Zeitpunkt aus bestimmten Entwicklungen geworden ist, und entspricht so evolutionärem Denken. Zum Beispiel begleiten Versicherungsunternehmen die Einführung der Nanotechnik heute kritisch, weil sie befürchten, dass die langfristigen Folgen noch zu wenig erforscht sind. Sie befürchten ähnliche Effekte wie bei der Einführung von Asbest, das mit hohen Folgekosten von mehreren Milliarden Euro wegen seiner Krebsgefährdung vom Markt genommen werden musste.

● Nachhaltigkeit hat sich zu einem Innovationsmotor entwickelt, der Wachstum und Beschäftigung steigert und Arbeitsplätze entstehen lässt, beispielsweise im Bereich der erneuerbaren Energien. Schon heute sind in Deutschland fast 1,5 Millionen Menschen im Umweltschutz beschäftigt. Deutschland ist schon jetzt weltweit der zweitgrößte Exporteur für Umwelttechnologien.

● Das gesellschaftliche Bedürfnis nachhaltigen Wirtschaftens zeigt sich in der wachsenden Bedeutung von Aktien-Indizes und Fonds, die gesellschaftlich und ökologisch verantwortungsvolles Verhalten der Unternehmen in den Mittelpunkt ihrer Aufnahme- und Vergabeentscheidungen stellen.

● Volkswagen hat Nachhaltigkeit bereits stark in seine Unternehmensstrategie integriert. In Zukunft werden sie jedes Modell so entwickeln, dass es weniger Sprit verbraucht als sein Vorgänger. Sie halten daran fest, das Drei-Liter-Auto zu popularisieren. Schließlich werden bis zum Ende dieses Jahrzehnts alle Aggregate bei Volkswagen so weiterentwickelt, dass sie mit fossilen und erneuerbaren Kraftstoffen gleichermaßen laufen können.

Diese Herangehensweise wird heute in Unternehmen und Organisationen allerdings noch viel zu wenig praktiziert. Dies hängt auch mit der Schwierigkeit zusammen, genaue langfristige Prognosen zu erstellen. Je länger der Planungszeitraum ist, umso ungenauer werden die Vorhersagen. Wer bei Planungsprozessen vor allem auf Exaktheit Wert legt, wird solche langfristigen Prognosen ablehnen. Trotz ihrer Ungenauigkeit helfen sie uns aber, Prozesse zu antizipieren. Dabei sollte nicht nur eine einzige zukünftige Entwicklung beschrieben werden, sondern es sollten verschiedene unterschiedliche Szenarien erarbeitet werden, um dadurch auch geistig auf unterschiedliche Entwicklungen vorbereitet zu sein. Solche Szenarien können dann kontinuierlich unter Einbeziehung des realen Verlaufs einer Entwicklung angepasst werden.

Der Trend zur nachhaltigen Entwicklung wird zunehmen und für den einzelnen Manager stellt sich die Frage, inwiefern er Nachhaltigkeit in sein alltägliches Handeln integrieren kann und auch über kurzfristige Gewinnerwartungen stellt. Je früher Unternehmen sich auf Nachhaltigkeit einstellen, desto mehr Wettbewerbsvorteile haben sie gegenüber anderen Unternehmen, die nachziehen müssen. Im Bereich der Umwelttechnik hat sich dies schon bewahrheitet. Deutschland hat seit den 1980er Jahren eine starke „grüne Bewegung", die sich in den 1990ern auch politisch etabliert. Diverse Gesetzgebungen zwangen die Unternehmen, ihre Technik umweltschonend aufzurüsten. Heute gehört Deutschland zu den führenden Ländern für Umwelttechnologie auf dem Weltmarkt und ist anderen Ländern auf diesem Gebiet um Jahre voraus. In vielen Bereichen, in denen Unternehmen dachten, eine umweltschonende Aufrüstung wäre nicht notwendig, wurden sie eines anderen belehrt. Beim Rußpartikelfilter glaubte die deutsche Industrie zu lange, auf eine serienmäßige Ausstattung verzichten zu können und hat dadurch einen starken Imageschaden hinnehmen müssen.

Mit dem Kyoto-Protokoll, das beispielsweise die sukzessive Reduzierung des Treibhausgases CO_2 vorantreibt, hat das Thema Nachhaltigkeit globale Züge angenommen. Auch wenn die Umsetzung des Protokolls weiterhin ein harter Kampf ist und verschiedene Länder sich hartnäckig der Ratifizierung widersetzen, sind die Umweltprobleme in den aufstrebenden Industrienationen bereits heute immens. 16 der 20 Städte mit der größten Umweltverschmutzung weltweit sind in China. 25 der 27 großen Seen in China sind verseucht. Der Wasserverbrauch pro Kopf liegt um zwei Drittel höher als in Deutschland. Dies ist erst der Anfang der chinesischen Wirtschaftsentwicklung. In Indien sieht es ganz ähnlich aus und weitere Länder werden folgen.

Nun ist es ein Einfaches, mit dem Finger auf andere zu zeigen. Die westlichen Industrieländer haben die letzten 150 Jahre im Laufe ihrer Industrialisierung die Natur erheblich ausgebeutet und verschmutzt. Wer gibt uns das Recht, dieses Privileg nur uns zuzugestehen? Warum sollte ein armer Bauer in Südamerika, der mit dem Abholzen des Regenwaldes seinen Lebensunterhalt verdient, darauf verzichten und Mais anbauen? Die aufstrebenden Industrieländer durchlaufen nun die Industrialisierungsphase wie wir auch vor einiger Zeit. Dies bringt auch bei denen eine zunehmende Umweltverschmutzung mit sich. Aber können wir deswegen einfach die Hände in den Schoß legen? Nein, denn wir haben die Verantwortung, sie zu unterstützen, damit sie nicht dieselben Fehler begehen wie wir. Dafür müssen wir auch finanzielle Mittel zu Verfügung stellen und alternative Entwicklungsmöglichkeiten erarbeiten. Dank modernster Technik wäre es beispielsweise nicht mehr notwendig, im ganzen Land Kabel zu verlegen, um ein Telefonnetz aufzubauen. Ein Mobilfunknetz wäre viel günstiger beim gleichen Effekt. In diesem Sinne können die sich entwickelnden Länder also bestimmte Entwicklungen überspringen und gleich ein höheres technisches Niveau erreichen. Dadurch können starke Umweltverschmutzungen vermieden werden.

Für die Nachhaltigkeitsbewegung bedeutet dies, ihre Technikfeindlichkeit abzulegen, denn gerade fortschrittliche Technik kann die negativen Folgen der Industrialisierung reduzieren, beispielsweise durch den stärkeren Nutzen von Solarzellen. Evolutionsmanagement steht nicht unter dem Motto „zurück zur Natur", sondern bedeutet alle Potenziale, die der Mensch entwickelt hat, zu nutzen, um im Einklang mit der Natur leben zu können. Von daher ist Evolutionsmanagement nicht gegen den Einsatz von Technologien, sondern nutzt Technologien, um ökologische Ziele zu erreichen.

11.2.3 Praktische Anwendung von Evolutionsmanagement

Das Motto sozialer Bewegungen „think global, act local" gilt im Sinne des Evolutionsmanagements auch für Unternehmen, für jeden Unternehmensbereich und jeden Mitarbeiter. „Think global" ist dabei als ein „über den Tellerrand schauen" zu verstehen. Dies kann sich ganz wörtlich auf global auswirkende Themen wie Umweltschutz beziehen, zu denen man auch als Einzelner in seinem Unternehmen beitragen kann. Es bedeutet aber auch, sein direktes Umfeld, sei es das Unternehmen, seine Region oder sein soziales Netzwerk, im Blickfeld zu haben. Es geht darum, in größeren Zusammenhängen zu denken, auch beim ganz normalen Alltagsgeschäft, und direkt im eigenen Bereich zu handeln. Der Evolutionsmanager denkt langfristig, in großen Zusammenhängen und versucht, durch die in seinem Rahmen möglichen Handlungen auf Grundlage einer nachhaltigen Ethik positiven Einfluss auf die evolutionäre Entwicklung der Welt zu nehmen.

Wichtig an diesem Imperativ ist es, durch direkte Rückkopplungen schnelle Auswirkungen seiner Handlungen zu merken. Wenn Sie also in Ihrem Unternehmen diese verantwortungsvolle Haltung fördern wollen, dann sorgen Sie dafür, dass „quick wins" spürbar werden. Geben Sie schnelles Feedback auf Arbeitsergebnisse, lassen Sie Ihre Mitarbeiter am Beispiel des Endproduktes erkennen, worin ihre Mitarbeit besteht, und fördern Sie soziale Aktivitäten außerhalb des Unternehmens.

Schon heute findet man dafür gute Beispiele:

- Ein Mitarbeiter, dessen Idee den Energieverbrauch der Produktion reduziert.
- Ein Manager, dem es gelingt, sein Team aktiv in die Gestaltung des eigenen Bereiches einzubeziehen.
- Eine Unternehmensabteilung, die anstelle eines Betriebsausfluges einen Kindergarten renoviert.
- Ein Kosmetikhersteller, der seine Grundsubstanzen von einer kleinen Kooperative aus Thailand bezieht, die dadurch die Folgen der Tsunami-Katastrophe beheben kann.
- Ein Mitarbeiter, dem es gelingt, das bestehende Produktportfolio weiterzuentwickeln.

- Ein Team, das trotz zunehmenden Kostendrucks und wachsender Hektik es schafft, einen menschlichen Umgang miteinander zu bewahren.
- Ein Manager, der es schafft, dass seine Mitarbeiter Beruf und Familie miteinander verbinden können.
- Ein Unternehmen, das es schafft, Produkte umweltschonender zu gestalten.

Innovativen Unternehmen gelingt es, trotz zunehmendem internationalen Druck wirtschaftliches Handeln in die Entwicklung des Lebens auf der Erde sinnvoll zu integrieren. Dies ist nicht möglich, indem unser Kontinent versucht vor allem durch Kostensenkungen mit Produkten aus China oder Indien zu konkurrieren. Wir brauchen geistvolle Konzepte, die Perspektiven für eine zukünftige Welt entwickeln. Es geht um Ideen, die Gefahren erfolgreich abwehren können und Chancen für ein zufriedenes Leben eröffnen.

Je mehr dieser Gedanke von den Menschen auch gegen Hindernisse umgesetzt wird, je eher die Führungskräfte ermöglichen, dass sich die bei den Menschen reichlich vorhandenen Potenziale entfalten können, desto erfolgreicher wird uns diese Herausforderung gelingen.

Anhang 1: Zehn „Managementweisheiten", die der Evolutionsmanager anders sieht

1 Wirtschaft funktioniert nur mit Wachstum

Viele Manager glauben, dass ohne Wachstum die Wirtschaft nicht funktionieren kann. Die Evolution zeigt uns, dass Wachstum nur eine Form des Lebens ist. Stagnation, Schrumpfung oder Absterben sind ebenfalls wichtige Lebensphasen der Evolution. Oftmals macht das Absterben erst zukünftiges Wachstum möglich, wie beim Baum, der seine Blätter verliert, um dann im Frühling neu auszuschlagen. Die Natur lässt Wachstum und Absterben in einem bestimmten Rhythmus erfolgen, wie bei den Jahreszeiten. Sie nutzt aber auch den Wechsel, um Zeiten der Ressourcenknappheit zu überstehen, wie bei den Pflanzen in der Wüste, die bei Trockenheit fast sämtliche Lebensaktivitäten nahezu auf den Nullpunkt reduzieren, um dann nach dem Regen in eine rasante Wachstumsphase überzugehen.

Der Evolutionsmanager achtet durch eine genaue Umfeldanalyse darauf, was für das Unternehmen angesagt ist, ob Wachstum, Stagnation, Schrumpfung oder Absterben. Daran orientiert er sein Handeln, das je nach Phase unterschiedlich ist. Schrumpfungsprozesse müssen anders gemanagt werden als Wachstumsprozesse. Das richtige Managen dieser Phase ist auch eine gute Vorbereitung für eine möglich folgende Wachstumsphase. Egal, wie gut ein Manager gewesen wäre, er hätte eine Schreibmaschinenfirma Ende der 80er Jahre während ihres Niedergangs nicht zum Wachstum bringen können. Das Wachstumsdogma der Betriebswirtschaft macht es Managern so schwer, Schrumpfungsprozesse professionell zu managen.

> Wachstum, Stagnation, Schrumpfung und Absterben sind gleichberechtigte Formen der Wirtschaftsentwicklung. Der Evolutionsmanager analysiert, in welcher Phase sich sein Unternehmen gerade befindet und leitet daraus die für diese Phase notwendigen Führungsschritte ab.

2 Die Schnellen werden die Langsamen besiegen

In der traditionellen Betriebswirtschaft ist Geschwindigkeit das A und O. Richtig ist, dass sich die Geschwindigkeit in den Wirtschaftsprozessen erheblich erhöht hat. Der Evolutionsmanager hat die Aufgabe, die für das Unternehmen in einer bestimmten Phase angemessene Geschwindigkeit herauszufinden. Dies kann bedeuten, dass die Geschwindigkeit erhöht werden muss, weil sich das Unternehmen z. B. in einer heißen Konkurrenzsituation befindet. Es kann aber auch bedeuten, die Geschwindigkeit zu reduzieren, weil die Zeit für bestimmte Produkte oder Prozesse noch nicht reif genug ist.

Die Konzepte zur Einführung von Gruppenarbeit in der Industrie waren schon in den 70er Jahren weit entwickelt. Es brauchte aber die Krise der deutschen Automobilindustrie Anfang der 90er Jahre, bis sie dann wirklich eingeführt wurden. Bei der Produktausbringung gibt es verschiedene Strategien, die erfolgreich sein können. Das Produkt kann sehr schnell auf den Markt gebracht werden und besetzt damit als Erster eine neue Nische. Es kann aber auch sinnvoll sein, andere die Pionierarbeit machen zu lassen und dann später (langsamer) mit einem besseren Produkt breite Marktanteile zu holen. Volkswagen hat dies durchaus erfolgreich beim Minivan Touran und beim Geländewagen Touareg praktiziert. Auch hier gilt, dass für den Evolutionsmanager die Gestaltung der Geschwindigkeit ein wesentliches Element ist, um den Rhythmus der Organisation zu beeinflussen. Erfahrene Manager fragen sich nicht nur, wie sie die Organisation fordern können, sondern achten auch darauf, sie nicht zu überfordern. Eine Organisation braucht den Geschwindigkeitswechsel, um Höchstform zu erreichen. Wenn eine Organisation ständig auf Höchstgeschwindigkeit läuft, führt das zu Ineffizienzen.

Eine hohe Geschwindigkeit sagt auch gar nichts darüber aus, wie schnell ein Unternehmen vorwärts kommt. Es gibt genügend Beispiele von Unternehmen, die ein sehr hohes, fast hektisches Arbeitstempo haben, die Prozesse selbst laufen aber sehr langsam ab. Und wenn das Unternehmen mit Hochgeschwindigkeit in die falsche Richtung fährt, so schadet das ebenso (siehe Bild Anhang.1).

> Für das Unternehmen kommt es darauf an, die für die jeweilige Situation richtige Geschwindigkeit zu fahren. Das kann bedeuten, dass ich als Manager die Geschwindigkeit erhöhen oder aber auch verlangsamen muss.

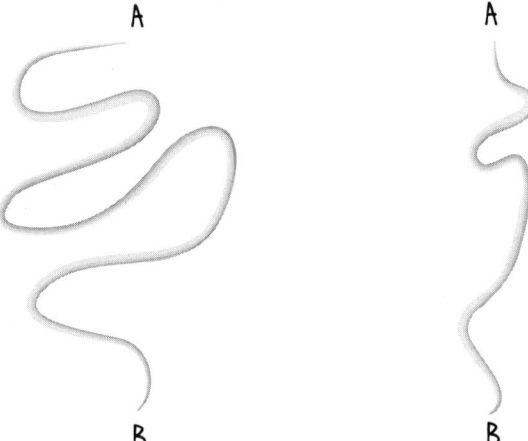

Beide Manager sind zur gleichen Zeit gestartet und kamen gleichzeitig an. Wer hat sich mit höherer Geschwindigkeit bewegt?

Bild Anhang.1: Ist Geschwindigkeit alles?

3   Der Fisch stinkt vom Kopf her

Viele Manager und Berater glauben, dass nur die Führung die Entwicklung eines Unternehmens wirksam beeinflussen kann, ihr die Richtung gibt. Nach dieser These braucht man Veränderungen erst gar nicht beginnen, wenn die Führung nicht bereit ist, bestimmte Veränderungen voranzubringen. In der Praxis sieht es aber anders aus. Viele wichtige Veränderungen starten nicht bei der Führung, sondern in den mittleren Hierarchieebenen oder sogar von der Basis, und die Führung zieht dann mit, manchmal muss es sogar mühsam gegen sie durchgefochten werden. Im Idealfall sollte natürlich die Führung die Richtung vorgeben und am weitesten nach vorne denken, das ist ja eigentlich ihre Aufgabe, aber dies ist nicht immer der Fall. Bei Veränderungsprozessen in Unternehmen erleben wir oft, dass im Laufe des Prozesses die Energie zwischen den verschiedenen Ebenen wechselt. Vielleicht hat die Geschäftsführung den Anstoß gegeben und den Prozess gestartet, aber in der nächsten Phase zieht sie sich zurück und eine andere Ebene übernimmt energetisch die Führung. Für das Unternehmen ist es wichtig, dass der Prozess am Laufen gehalten wird, von wem das ausgeht, ist egal. Das in diesem Spruch gebrauchte Bild stimmt auch deswegen nicht, weil der Fisch schon tot sein muss, damit er anfängt, zu stinken.

> Achten Sie darauf, dass die für das Unternehmen wichtigen Veränderungen vorankommen. Von wem das ausgeht, ist unerheblich. Oft wechseln sich die hierarchischen Ebenen mit dem Voranbringen der notwendigen Veränderungen ab.

4   Konzentration auf das Kerngeschäft

Die traditionellen Unternehmensberatungen empfehlen bei ihren Restrukturierungsprozessen immer wieder, sich auf das Kerngeschäft zu konzentrieren und alle anderen Tätigkeiten abzustoßen. Das ist oft mit einer erheblichen Reduzierung von Arbeitsplätzen verbunden (sich gesundschrumpfen). In der Betrachtungsweise des Evolutionsmanagements ist es wichtig, sich die zukünftigen Prozesse anzuschauen und von dort aus zu entscheiden, welche Prozesse für das Unternehmen wichtig sind. Dies kann auch bedeuten, dass das Unternehmen das Kerngeschäft ausweitet oder verschiebt, um dadurch zukunftsfähig zu werden. Dazu gehört auch die Entscheidung, sich neue Kernkompetenzen anzueignen. Ein Elektronikhersteller, der bisher nur Kompetenzen in der Analogtechnik besaß, musste sich gegen den Widerstand von Teilen im Unternehmen völlig neue Kompetenzen in der Digitaltechnik aneignen. Eine Reihe von Konzernen aus der Stahlindustrie haben sich systematisch diversifiziert bzw. ihr Kerngeschäft verlassen, um gegen den Rückgang des Stahlgeschäftes in Deutschland gewappnet zu sein. Die Preussag übernahm TUI und Mannesmann baute mit D2 das Mobilfunkgeschäft auf. Die Konzentration auf das Kerngeschäft birgt immer die Gefahr in sich, dass zukünftige Trends nicht vorausschauend berücksichtigt werden. Richtig ist an diesem Leitsatz, dass man Prozesse, die andere billiger und besser durchführen können, auch an andere abgeben sollte.

> Bei der Festlegung Ihrer Geschäftsfelder schauen Sie in die Vergangenheit: Womit sind Sie groß geworden, was können Sie gut? Gleichzeitig schauen Sie in die Zukunft: Wie wird sich Ihr Marktfeld weiterentwickeln, welche Geschäftsfelder brauchen Sie zukünftig für die erfolgreiche Marktbewährung?

5   Für den wahren Manager gibt es keine Krisen,
nur Herausforderungen

Für manche Manager gibt es keine Krisen und keine Probleme, sondern nur Herausforderungen und Chancen. Diese Herangehensweise kommt auch im Konzept des „positiven Denkens" zum Ausdruck. In der Natur gibt es aber positive Situationen und Bedrohungssituationen, die vom Organismus zu Recht unterschiedlich erlebt werden. Dieses unterschiedliche Erleben hat in der Evolution ja eine Funktion, da es oft Ausgangspunkt für unterschiedliche Handlungsreaktionen ist. Schrumpfungsprozesse oder Absterbeprozesse können natürlich Chancen bieten, aber erst einmal sind es Krisensituationen, die bewältigt werden müssen. Zur Bewältigung gehört auch das Akzeptieren der gefühlsmäßigen Dimension dieser Situation, die nicht einfach weggeredet werden kann. Dieses Akzeptieren ermöglicht für viele aber erst die Öffnung zu neuen Handlungsoptionen. Richtig an dieser Denkweise ist, dass die geistige Weiterentwicklung der Krisensituation in eine Herausforderung und die dann erfolgreiche Krisenbewältigung von uns als sehr positiv erlebt werden.

Versuchen Sie nicht, eine reale Krise als Manager schönzureden. Akzeptieren Sie die Gefühle der Menschen in einer Krisensituation und unterstützen Sie die Menschen dann darin, die Krise als Herausforderung anzunehmen.

6   Ein Unternehmen ist nicht dazu da,
Arbeitsplätze zu halten oder zu schaffen

Aus evolutionsbiologischer Sicht ist es das Ziel eines Unternehmens, zu leben bzw. zu überleben. Wenn wir das Unternehmen als einen Organismus betrachten, so wird die Lebendigkeit stark durch die Menschen repräsentiert, die in diesem Unternehmen arbeiten. Die Anzahl der im Unternehmen arbeitenden Menschen ist eines der wesentlichen Indikatoren für die Größe dieses Organismus. Rendite ist dann kein Wert an sich, sondern eine Untergröße, die das Leben des Unternehmens absichert. Da wir davon ausgehen, dass ein Unternehmen dem Gesamtwohl verpflichtet ist, da dieses Gesamtwohl die Rahmenbedingungen für eine erfolgreiche Arbeit des Unternehmens bietet, gehört hierzu auch eine Aufforderung an das Unternehmen, seinen Teil dazu beizutragen, dass es ausreichend Beschäftigung für die Menschen in der Gesellschaft gibt. Die Schaffung und der Erhalt von Arbeitsplätzen dürfen aber die Existenz des Unternehmens nicht gefährden, sondern dienen ihr. Dies kann dazu führen, dass Menschen entlassen werden müssen, wenn nur so die Weiterexistenz des Unternehmens gesichert werden kann.

Machen Sie als Manager deutlich, dass Erhalt und Sicherung der Arbeitsplätze in Ihrem Unternehmen Ihnen am Herzen liegen, dass es für den Erhalt der Existenz aber wichtig sein kann, Arbeitsplätze abzubauen.

7   Markterfolg geschieht durch Komplexitätszunahme

Viele Manager glauben, dass ihre Organisation und ihre Produkte immer komplexer werden müssen, um am Markt erfolgreich bestehen zu können. Die Geschichte der Evolution zeigt uns, dass hier eine Entwicklung zu immer größerer Komplexität stattgefunden hat, aber gleichzeitig haben sich auch die einfachen Lebewesen gut und zahlreich weiterentwickelt. Die Bakterien und Viren haben seit Millionen von Jahren ihre Form so gut wie gar nicht weiterentwickelt, aber sie sind höchst erfolgreich und der Mensch hat große Schwierigkeiten, mit ihnen umzugehen. Bei der Weiterentwicklung von Unternehmen geht es oft auch um Vereinfachung und Komplexitätsreduktion, um dadurch erfolgreicher am Markt agieren zu können und Prozesse billiger und schneller zu gestalten. Der Erfolg von IKEA beruht zu großen Teilen darauf, dass Möbel genial einfach konstruiert werden. Dadurch werden sie in der Produktion billiger und es wird möglich, dass der Kunde sie selber zusammenbauen kann, wodurch der Preis sich erheblich reduziert.

Überlegen Sie, wo im Unternehmen Prozesse und Produkte vereinfacht werden können, um dadurch kostengünstiger und flexibler zu werden und Ressourcen einzusparen.

8   Gefühle stören im Geschäftsleben

In vielen Unternehmen werden Gefühle beim Managen von Unternehmen tabuisiert. Auseinandersetzungen sollten nur auf der Sachebene geführt werden, Entscheidungen mit „kühlem Kopf" getroffen werden. Wer sich als Manager zu sehr von Emotionen leiten lässt, wäre für diesen Beruf nicht geeignet. Diese Vorgehensweise widerspricht den Ergebnissen der Neurobiologie und schneidet uns von Fähigkeiten ab, die sich über Millionen von Jahren in der Evolution entwickelt haben. Gefühle helfen uns, sehr schnell Ereignisse einzuschätzen und Handlungsoptionen zu entwickeln, sehr viel schneller, als dies mit bewussten Gedankengängen möglich ist. Die Vernunft ohne Unterstützung unserer Gefühle ist ein schlechter Ratgeber. Genauso nachteilig ist es aber auch, wenn wir uns nur auf unsere natürlichen Emotionen verlassen würden, weil sie uns wichtige Hinweise geben, uns aber auch fehlleiten können. In einer Situation wichtiger Entscheidungsfindung spüren wir ein Bauchgrummeln, ohne dass wir genau begründen können, warum. Wir analysieren die Argumente und merken, dass die Ressourcenabschätzung eines Projektes zu großzügig erfolgte und damit die Ergebnisse in Gefahr geraten. Es kommt also nicht darauf an, Gefühle aus dem Wirtschaftsleben zu verbannen, sondern sie zu integrieren und zur Unterstützung unseres Management-Handelns einzusetzen.

Lernen Sie, Ihre Gefühle im Arbeitsalltag wahrzunehmen und in Ihre Handlungen zu integrieren. Ermutigen Sie auch Ihre Mitarbeiter dazu. Lassen Sie Gefühlsäußerungen in Auseinandersetzungen zu, angenehme wie auch unangenehme. Sorgen Sie dafür, dass solche Gefühlsäußerungen in einer nicht destruktiven Art dominieren. Zu wenig engt ein, zu viel kann von der Aufgabe ablenken.

9   Um im Markt zu überleben,
       musst du zu den Besten gehören

Für viele Manager ist Darwins „Kampf ums Dasein" und die Angst vor der Marktselektion Richtschnur für das praktische Handeln. Sie glauben, um überhaupt überleben zu können, müssen sie die Besten sein, sowohl individuell als auch als Unternehmen in der Branche. Neuere Untersuchungen in der Biologie haben aber ergeben, dass im Evolutionsprozess nicht nur die am besten Angepassten überleben, wie es noch Darwin formuliert hat (survival of the fittest). Vielmehr hat der Evolutionsforscher Ernst Mayr klargestellt, dass in dem Auswahlprozess in der Natur die am schlechtesten Angepassten herausfallen, also nicht der obere Teil der Pyramide überlebt, sondern der untere Teil der Pyramide wegfällt. Übertragen auf Unternehmen bedeutet dies, dass es natürlich vorteilhaft ist, zu den Besten zu gehören und das den Wettkampfgeist anstachelt. Aber zum Überleben reicht es aus, nicht zu den Schlechtesten zu gehören. Diese Erkenntnis nimmt Überlebensdruck weg und ermöglicht es, den Wettkampf um die Spitze eher sportlich, mit Spaß und mit Fairness zu führen, als aus einer Überlebensangst heraus verkrampft, verbissen und eventuell auch mit unfairen Mitteln.

Sorgen Sie mit aller Kraft dafür, dass Ihr Unternehmen nicht aus dem Markt herausfällt, aber führen Sie den Wettkampf um die Spitze als faires „sportliches" Kräftemessen.

10   Je größer ein Unternehmen,
        umso erfolgreicher ist es

Wir beobachten in der Wirtschaft geradezu ein Fusionsfieber. Viele glauben, durch Zusammenschlüsse und Aufkäufe ihre Marktmacht zu steigern und dadurch erfolgreicher zu werden. Natürlich bringt es viele Vorteile, wenn man größer wird. Man kann billiger einkaufen, die Marktrepräsentanz ist breiter und in der Regel kann man auch billiger produzieren (economies of scale). Aber man handelt sich auch eine Reihe von Nachteilen ein: Entscheidungsprozesse werden oft länger, die Organisation wird schwerfälliger und schwerer überschaubar. Bei Fusionen gehen oft wichtige Teile der jeweiligen Unternehmenskulturen unter. Das vergrößerte Unternehmen verliert oft an Flexibilität in der Reaktion auf neue Herausforderungen. Die Natur zeigt uns, dass nicht Größe an sich vorteilhaft ist, sondern dass es auf die richtige Größe ankommt. Die Dinosaurier sind ausgestorben, obwohl oder vielleicht sogar weil sie sehr große Tiere waren. Kleine Tiere, wie die Insekten, sind in der Evolution außerordentlich erfolgreich. Bäume können groß werden, aber eine bestimmte Höhe können sie nicht überschreiten, weil dann die Kapillarwirkung, die die Versorgung des Baumes gewährleistet, nicht mehr funktioniert. Auch heute noch sind Handwerksbetriebe oder Arztpraxen eher klein, weil so ein direkterer Kundenkontakt gewährleistet ist und sie flexibler reagieren können.

Wenn Sie das Wachstum Ihres Unternehmens steuern, überlegen Sie sich, was für Ihr Geschäftsfeld die richtige Größe ist, um auch zukünftig die Leistungen optimal erbringen und vermarkten zu können. Größe ist kein Wert an sich.

Anhang 2: Evolutionsgarten

„Einen Lehrer gibt es, wenn wir ihn verstehen; es ist die Natur."

Heinrich von Kleist

1 Einleitung

Unser Firmensitz in einer alten Villa in Schöneiche bei Berlin ist von einem großen Garten umgeben, der direkt an einen Wald grenzt. Die Kraft der Natur bekommen wir regelmäßig zu spüren, wenn sich Wildschweine wieder durch den Zaun geschlichen und Teile des Gartens zerwühlt haben. Bei unseren regelmäßig stattfindenden Seminaren für Führungskräfte zum Thema Evolutionsmanagement beziehen wir den Garten mit ein: unseren Evolutionsgarten. Hier gibt es Stationen in Form von Skulpturen, Plastiken und Pflanzen, die jeweils für ein bestimmtes Thema stehen und die Teilnehmer anregen, ihre Führungspraxis zu reflektieren und Neues auszuprobieren. Die einzelnen Stationen haben sich über die Jahre entwickelt. Einige sind Skulpturen der Steinbildhauerin Tine Lippert, die speziell für den Evolutionsgarten gefertigt wurden, andere sind von Stephan Otto erstellt worden, wieder andere wurden von Reisen mitgebracht. Die Teilnehmer suchen alleine oder zu zweit einzelne Stationen auf. Anschließend werden die Gedanken zur Reflexion gemeinsam im Team ausgetauscht. Diese Reflexionen beziehen sich auf das persönliche Verhalten, aber auch auf die eigene Organisation. Im Folgenden finden Sie Bilder der Stationen und dazugehörige Erläuterungen, die die Teilnehmer zur Anregung erhalten.

2   Panta Rei – Alles fließt

**Menschen und Organisationen
sind in ständiger Veränderung**

Informationen

- Der Spruch wird allgemein Heraklit von Ephesos (540–480 v. u. Z.) zugesprochen, weil Platon ihn mit diesen Worten zitiert. Ob er es wirklich gesagt hat ist strittig, aber es passt genau in seine Philosophie. Belegen lässt sich der Spruch nur bei Simplicius, der die Gedanken von Aristoteles in einem Kommentar erklärt.

- Heraklit ist Vorsokratiker, sieht die Welt als Ganzes, vereint aus Gegensätzen. Dieses Ganze ist kein Ding oder bleibender Zustand, vielmehr ein Geschehen, es entsteht im Prozess. Alles tauscht sich ständig untereinander aus, und die Extreme schlagen beim Erreichen in ihr Gegenteil um.

Sinnbild für ...

- Es gibt keinen Stillstand
- Alles ist im Fluss
- Immer in Bewegung bleiben
- Dinge in Bewegung bringen
- Eingefahrene Situationen können sich auch ohne unser Zutun verändern

Transferfragen

- Wo habe ich mich weiterentwickelt?
- Durch welche Faktoren habe ich mich weiterentwickelt?
- Bin ich offen für schnelle Veränderungen?
- Wo glaube ich, dass es nicht weitergeht? Wie kann dorthin Bewegung kommen?
- Was hindert den Fluß, was unterstützt den Fluß?
- Wo ist in meinem Leben/in meiner Organisation/in meinem Team etwas zum Stillstand gekommen, was weiterentwickelt werden sollte?

3   Spirale Innen – Außen

Entwicklungssymbol

Informationen

- Sehr weitverbreitetes graphisches Symbol, verwandt mit dem Kreis

- Die Spirale ist ein dynamisches System, das sich – je nach Betrachtung – entweder zusammenballt oder entwickelt, Bewegung führt dabei entweder zum Zentrum hin oder aus diesem heraus

- Spiralen wurden früher als Ritzbilder an den Steinblöcken vorgeschichtlicher Megalith-Grabbauten angebracht, um einen Bezug zu den Bewegungen der Gestirne am nächtlichen Himmel herzustellen

Sinnbild für ...

- Die Spiraltendenz ist in jedem von uns, das Streben und Wachstum hin zur Ganzheit. Ein Ganzes ist zyklisch und hat Anfang, Mitte und Ende. Es beginnt, expandiert, differenziert sich und verschwindet wieder

- Ewige Wiederkehr, Wiederholung, zyklischer Charakter der Evolution (Wiederholen und sich im Kreis drehen und doch nicht am selben Punkt ankommen)

- Bewegung nach innen – eigener Kern, eigene Mitte (dort wo alles konzentriert ist)

- Sich nach außen weiten

- Zeichen der Doppelspirale verbindet die Elemente „sich entfalten" (Evolution) und „sich zusammenrollen" (Involution) zu einer Einheit: steht für Werden und Vergehen

- Symbol der Seelenreise (die Bahn, die wir durchlaufen haben, um den gleichen Punkt auf einer anderen Windung zu erreichen)

Transferfragen

- Welche Entwicklungsbewegung steht für mich?

- Wo ist mein eigener Kern, meine eigene Mitte?

- Bewege ich mich nach innen oder nach außen?

- Muss ich mein Handeln weiter ausweiten oder mehr nach innen konzentrieren?

- Welche Entwicklungsbewegung steht für meine Organisation?

- Muss sich meine Organisation mehr nach außen orientieren oder mehr die internen Prozesse beleuchten?

4   Skulptur „Verbinden – Lösen"

Wichtiges Bewegungsprinzip

Informationen

- Bewegung besteht zu großen Teilen darin, dass Verbindungen bestehen und gelöst werden
- Paare verbinden sich – trennen sich
- Unterschiedliche Materialien verbinden sich gut oder schlecht
- Bei Unternehmen: Fusionen (z. B. Daimler Benz und Chrysler) oder Outsourcing (z. B. Kundenbetreuung an Callcenter abgeben)

Sinnbild für ...

- Loslassen, sich zusammenschließen
- Loslösen/sich trennen ist Voraussetzung für neue Verbindungen
- Pulsierende Lösungen sind nicht immer neue Möglichkeiten für Entwicklung
- Täglich neue Verbindungen und Lösungen
- Vorform von Verbinden und Lösen ist „sich nähern" bzw. sich entfernen
- Grundmuster von Organismen seit frühester Zeit
- Verbindung ist geschlechtliche Fortpflanzung
- Teilung ist die Trennung von Mutter und Kind bei der Geburt

Transferfragen

- Fällt es mir leicht, schwierige Verbindungen zu knüpfen?
- Fällt es mir schwer, mich von schwierigen Verbindungen zu lösen?
- Wenn es mir schwer fällt, woran liegt das?
- Trenne ich mich eher schnell oder langsam?
- Lebe ich in einem stabilen Netzwerk?
- Bin ich beruflich und privat gut ausgeglichen?
- Ist meine Organisation in ein vielfaches Netzwerk eingebunden?
- Welche Verbindungen/Loslösungen sind für mich/meine Organisation angesagt?

5 „Gute Geister – Böse Geister"

Sich mit Unerklärlichem Auseinandersetzen

Informationen

- Jedes Kind beschäftigt sich mit Geistern
- In vielen Kulturen spielen Geister eine große Rolle und beeinflussen stark das Leben
- In animistischen Religionen, v. a. bei Naturvölkern, stehen Geister im Mittelpunkt
- Gegenstände und Lebewesen in der Natur werden als Geister gedeutet
- Auch in unserer modernen Gesellschaft spielen Geister eine große Rolle
- Auch in vielen Organisationen haben Geister eine große Bedeutung

Sinnbild für ...

- Archaische Denkweisen und Einflüsse
- Kräfte, die unterstützen oder schwächen
- Glaubenssätze auf individueller Bewußtseinsebene

Transferfragen

- Was tue ich, um mich von „guten" Geistern stärken zu lassen?
- Was tue ich, um mich von „bösen" Geistern nicht schwächen zu lassen?
- Warum sind diese Geister bei mir?
- Welche „bösen" Geister agieren im Hintergrund meiner Organisation/meines Teams (z. B. mein früherer Chef, ein Konkurrent)?
- Wie schaffe ich es, diese „bösen" Geister nicht zu ignorieren, sondern sie in meinen Arbeitsalltag zu integrieren?
- Welche „bösen" Geister spuken in meinem Leben (z. B. der frühere Partner, Feinde)?
- Wie gelingt es mir, mich mit diesen „bösen" Geistern so auseinander zu setzen, dass sie mir nicht schaden können?
- Inwieweit erkenne ich die guten Geister in meinem Leben?
- Wie kann ich mich von Geistern freimachen?

6   Etwas Neues entwickelt sich

Innovation

Informationen

- Der Samen bricht aus der Frucht aus und entwickelt sich zu einer neuen Pflanze
- In unscheinbarem Gestein können sich wertvolle Rohstoffe, z. B. Goldstaub verbergen
- Die Natur produziert ständig etwas Neues
- In Organisationen braucht es Bedingungen, unter denen sich die Potenziale des Mitarbeiters entfalten können
- Wirklich Neues zu kreieren ist ein Abenteuer

Sinnbild für ...

- Aus dem Unscheinbaren entsteht das Wertvolle
- Kreativität, Schöpfungsreichtum

Transferfragen

- Wo entsteht bei mir etwas Neues?
- Erkenne ich meine Potenziale?
- Wie kann ich die Entfaltung des Neuen unterstützen?
- Wo entsteht in unserer Organisation etwas Neues/Wertvolles?
- Erkennen wir die Potenziale unserer Organisation?
- Erkenne ich die Potenziale meines Partners/meiner Partnerin?
- Erkenne ich die Potenziale meiner Kollegen/meiner Mitarbeiter und fördere ich Sie?
- Erkenne ich, wenn sich in meinem Umfeld etwas Neues entwickelt?

7   Ginkgo Baum – Über Millionen Jahre bewährt

Bewährtes bewahren

Informationen

- Gilt als ältester Baum der Welt, als Urvater der Bäume (älteste Baumpflanze unseres Kosmos: 300 Mio. Jahre)
- Erste Spuren des Ginkgo in China belegt
- Gesundheitsfördernde Wirkung: Ginkgo wird z. B. bei Durchblutungsstörungen besonders im fortgeschrittenen Alter angewendet. Geröstete Kerne des Ginkgo in Japan als Delikatesse sehr geschätzt, da sie Gesundheit und langes Leben bringen sollen

Sinnbild für ...

- Bewährtes bewahren
- „Altes bleibt bestehen – Sinnbild für Ausdauer und Beständigkeit"
- Hoffnung, Unbesiegbarkeit, langes Leben, Fruchtbarkeit, Anpassung
- Durch die Form des geteilten Blattes und durch seine Zweihäusigkeit wurde der Gingko zum Sinnbild von Yin und Yang, des weiblichen und männlichen Prinzips, von Freud und Leid, Leben und Tod
- „Der Ginkgo ist ein weiterlebendes Fossil, das alle Eiszeiten, alle Vulkanausbrüche, alles, was erdgeschichtlich an Katastrophen über die Natur hinweggegangen ist, von der Kreidezeit bis heute, überlebt hat." (Joseph Beuys, 1982 zur documenta)

Transferfragen

- Was möchte ich bewahren, was erneuern?
- Was sind zwei wichtige Seiten bei mir, die ich entdecken und schätzen muß?
- Wo gibt es bei mir etwas Wichtiges, Unveränderliches, das ich bewahren will?
- Wo gibt es in unserer Organisation etwas Wichtiges, Unveränderliches, das wir bewahren wollen?
- Welches Bewährte ist in Gefahr, verloren zu gehen?

8   Rotbuche

Standfestigkeit

Informationen

- Die Rotbuche wird nach ihren Blättern im Frühjahr benannt. Sie wird bis zu 30 m hoch und bildet große, oft reine Waldbestände.

- Das Holz ist hart, fest und sehr schwer. Sein hoher Brennwert hat dazu geführt, dass an vielen wunderschönen Buchenwäldern Raubbau betrieben wurde.

- Die Buche hat dem geschriebenen und gedrucktem Buch ihren Namen gegeben. So gilt der ursprüngliche Sinn dieser Bezeichnung einem Schriftstück aus mehreren zusammengehefteten Buchenbrettchen mit eingeritzten Worten.

- Die Rotbuche war besonders im Mittelalter wichtig: Aus dem Holz wurde Holzkohle für die Eisen- und Stahlverarbeitung gewonnen. Nur mit einem Holzkohlenfeuer konnte ein Schmied das zähe Eisen zum Glühen bringen.

Sinnbild für ...

- „Gewaltige Bäume erwachsen aus einem Keim, große Türme entstehen aus Erdhügeln, unsere Reise beginnt vor unseren Füßen." (Lao-Tze)
- Stabilität
- Geborgenheit, Schutz
- Auf Buchenholz wurden früher die Buchstaben geritzt und geschrieben
- Bäume spenden Schatten, Sauerstoff durch die Photosynthese, Holz zum Hausbau und Heizen

Transferfragen

- Wo sind in meinem Leben/in meinem Team/in meiner Organisation stabile Zonen?
- Wo ist Standfestigkeit von mir gefordert?
- Was schützt mich/mein Team/meine Organisation?
- Was tue ich, um diese stabilen Zonen zu erhalten?
- Wie wirkt sich Schutz und Stabilität in meinem Leben aus, was bedeutet das für meine Arbeit?
- Wo muss sich die Organisation standfest zeigen?

9 Bambus

Flexibilität

Informationen

- Gilt als die am schnellsten wachsende Pflanze der Erde (bis zu einem Meter pro Tag kann eine neue Sprosse schaffen). Die Stämme mancher Bambussorten erreichen eine Höhe von 25 Metern und mehr. Das bedeutendste Bambusreservoir der Welt befindet sich in China.
- Der Bambus ist kein Baum, sondern ein Gras.
- Bambus ist eine immergrüne, sehr widerstandsfähige und vitale Pflanze. Selbst wenn Halme und Blätter total geschädigt werden, erholt sich die Pflanze in der Regel wieder, auch wenn dies Jahre dauert. (Nach der Zerstörung von Hiroshima durch Kernwaffen gehörten die grünen Halme des Bambus zu den ersten wieder wachsenden Pflanzen.)
- Bambusrohr hat die Festigkeit von Stahl, ist aber biegsamer, leicht und trotzdem fest, ist verformbar und doch zäh. Es brennt schlecht, kann aber mit Hitze gebogen und geformt werden und lässt sich in Faserrichtung haarfein spalten, woraus dann wieder viele Produkte hergestellt werden können.

Sinnbild für ...

- Der Bambus begleitet den asiatischen Menschen durch das ganze Leben. „Man kann machen, dass man kein Fleisch isst, aber man kann es nicht dahin bringen, dass man keinen Bambus hat." (Su Dongpo, Maler und Dichter der Song-Dynastie, 1036–1101.)
- Er biegt sich im Wind, bricht aber nicht
- Die Blätter bewegen sich, aber fallen nicht
- Schnelles Wachstum und Widerstandsfähigkeit
- Der sprossende Bambus symbolisiert ewige Jugend und unbändige Kraft
- Seine „Knoten" werden vielfach als Weg zur höheren Erkenntnis verstanden
- Ein Bambuszweig ist das Attribut der Göttin der Barmherzigkeit

Transferfragen

- Wie flexibel reagiere ich in meinem Leben auf Veränderungen?
- Wann bin ich zu steif?
- Wann bin ich zu flexibel (verliere meine Identität)?
- Wie flexibel reagiert meine Organisation auf Veränderungen?

10   Die reifen Trauben

Die Früchte ernten und genießen

Informationen

- Es ist wichtig, den richtigen Zeitpunkt für die Ernte zu finden
- Verhindern, dass die Ernte verloren geht (durch Sturm, Tiere, zu späte Ernte)
- Bei allen Völkern spielt das Erntedankfest eine große Rolle
- Ende eines Produktionszyklus

Sinnbild für ...

- Gefeiert wird der Erfolg durch das eigene Zutun und durch das Zutun höherer Mächte (Naturgötter)
- Die Ernte zeigt das Ende eines Wachstumszyklus und den Beginn eines Neuen an
- Geleistete Arbeit bringt jetzt ihren Lohn

Transferfragen

- Ernte ich bewusst die Früchte meiner Arbeit?
- Wo bin ich weitergezogen, ohne zu ernten?
- Wo habe ich die Früchte meiner Arbeit verfaulen lassen?
- Wer hat noch zu meinem Erfolg beigetragen?
- Feiere ich die Ernte?
- Wo und wie erntet meine Organisation?

11   Chamäleon

Anpassung

Informationen

- Echsenart
- Bewegt sich sehr langsam
- Lebt von Insekten
- Passt seine Farbe der Umgebung an und ist dadurch für Räuber schwerer zu erkennen
- Lebt in tropischen Zonen

Sinnbild für ...

- Sich anpassen, ohne die eigenen Identität zu verlieren
- Teilweise als Schimpfwort benutzt für Menschen, die sich zu schnell anpassen
- Passt sich gut in die Umgebung ein
- Farbanpassung schützt vor Feinden

Transferfragen

- Wo passe ich mich an und fürchte um meine Identität?
- Wo passe ich mich nicht an aus Angst vor Identitätsverlust?
- Was bedeutet sich anpassen, ohne die eigene Identität zu verlieren?
- Wo ist Anpassung notwendig, um Leben zu gewährleisten?
- Wo ist Anpassung notwendig, um Qualität zu gewährleisten?
- Wo muss meine Organisation sich ans Umfeld anpassen? Wo macht sie es zu stark/zu wenig?

12   Lebenszyklus

Geburt – Tod – Geburt

Informationen

- Leben ist nicht statisch, sondern entwickelt sich
- Der Lebenszyklus kann in unterschiedliche Lebensphasen eingeordnet werden (z. B. Geburt, Kindheit, Pubertät …)
- Die Länge des Lebenszyklus ist unterschiedlich bei Organismen, kurz bei der Eintagsfliege, länger beim Menschen, sehr lange bei der Schildkröte
- Unterschiedliche Phasen stellen unterschiedliche Anforderungen, haben unterschiedliche Charakteristika

Sinnbild für …

- Der Anfang …
- … die Entwicklung …
- … das Ende …
- … der Neubeginn …
- Kreislauf
- Werden und Vergehen
- Ist ein ständiger Veränderungsprozess mit Wachstums- und Schrumpfungsphasen

Transferfragen

- In welcher Phase des Lebens befinde ich mich/meine Organisation?
- Befinde ich mich/meine Organisation in einer Wachstums- oder Schrumpfungsphase?
- Wo ist es wichtig einen Absterbeprozess zu unterstützen?
- Wo ist es wichtig, Absterbeprozessen zu begegnen?
- Wo fällt es mir schwer, mich zu lösen?
- Wo und wie ist ein Neubeginn notwendig und möglich?
- Wo ist die Geburt von etwas Neuem notwendig?

13 Schnecke

Geschwindigkeit/Langsamkeit

Informationen

- Schnecken (Gastropoda) bilden die artenreichste Tierklasse aus dem Stamm der Mollusca (Weichtiere).
- Man kennt über 43.000 Arten in einer Größenordnung zwischen weniger als einem Millimeter und über einem Meter Größe.
- 78 % aller bekannten Weichtiere sind Schnecken. Sie leben nicht nur an Land, sondern auch im Meer und im Süßwasser.
- Schnecken besitzen häufig eine spiralförmig um eine Spindel (Columella) gewundene Schale, in die sie ihren weichen Körper bei Gefahr zurückziehen können. Dadurch erhalten sie eine Asymmetrie, die sich in ihrem Körperinneren fortsetzt. Der Grund dafür liegt in der Torsion der Schneckenschale, die eine Drehung des Eingeweidesackes und des Mantels impliziert.
- Schnecken sind trotz ihrer Langsamkeit der Schrecken des Gärtners

Sinnbild für ...

- Den eigenen Rhythmus finden
- Geschwindigkeit ist kein Wert an sich
- Langsamkeit, Gemächlichkeit kann sinnvoll sein
- Trotzdem ans Ziel kommen, lebensfähig sein
- Kontinuierliche gleichförmige Bewegung

Transferfragen

- Bei welchen Prozessen ist Schnelligkeit kein Wert an sich?
- Wo in meinem Leben/in meiner Organisation sollte ich/sollten wir etwas schneller oder langsamer machen?
- Wie kann ich schnelle Prozesse verlangsamen?
- Wo ist es wichtig, die Geschwindigkeit den Umständen anzupassen?
- Wie finde ich/meine Organisation den richtigen Rhythmus?

14   Meteorit

Unvorhersehbare/Externe Einflüsse

Informationen

- Dieser Stein stammt aus einem Gelände bei Gardnos in Norwegen. Vor ca. 650 Mio. Jahren traf ein Meteorit mit einem Durchmesser von 200–300 m dieses Gebiet. Das Meteoritengestein ist vollkommen verglüht. Durch den Einschlag hat sich aber das vorhandene Gestein verändert. Der ursprüngliche Berggrund zersplitterte und Steinmehl wurde selbst in die kleinsten Risse gepresst. So entstand die spezielle Berg- und Steinart, sog. Impaktstrukturen.

- Mindestens zweimal in der Geschichte der Erde führte der Einschlag eines Meteoriten zum Massensterben, bei dem jeweils 90 % der Arten ausstarben. Kleine Reptilien, aus denen sich später die Dinosaurier entwickelten, überlebten den ersten Einschlag. Beim zweiten Einschlag überlebten die Dinosaurier nicht mehr und die kleinen Säugetiere konnten sich zu den heutigen Formen entwickeln.

- Neuere Untersuchungen legen nahe, dass Aminosäuren, die Grundbausteine allen Lebens, durch Kometen aus dem Weltall auf die Erde gekommen sind.

- Der 11. September war so nicht vorhersehbar, hat aber zu immensen Folgen in der Weiterentwicklung der Luftfahrtindustrie geführt.

Sinnbild für ...

- Unerwartete Einflüsse von Außen
- Altes kann zerstört werden, Neues entwickelt sich
- Auf Unvorhergesehenes flexibel reagieren
- Schlagartige Veränderungen mit katastrophalen Folgen

Transferfragen

- Wie gehe ich mit Einflussfaktoren um, die unvorhergesehen eintreffen können?
- Wie gut bin ich/sind wir auf Unvorhergesehenes vorbereitet?
- Wie können mögliche Risiken als Chancen genutzt werden?
- Wie gehe ich mit dem Zufall um?
- Wo habe ich oder meine Organisation unvorhergesehene äußere Einflüsse mit großer Bedeutung erlebt? Wie bin ich/sind wir damit umgegangen?
- Wie ist bei mir, meiner Organisation die Wahrnehmung für wichtige äußere Ereignisse?

15　Stier – Bär

Konkurrenz – Kampf

Informationen

- Die Verbindung zwischen Stier und Geld zeigt sich bereits in der sprachlichen Entwicklung; der Ausdruck „pekuniär" (finanziell) leitet sich ursprünglich von lat. „pecunia", dem Vieh ab

- Konkurrenz zieht durch die Geschichte der Menschheit in Form von Kriegen. Mögliche Konkurrenzsituationen: Kampf um die Rangfolge, Kampf um Ressourcen, Kampf um Territorien, Geschlechterkonkurrenz, Feindabwehr, Verteidigung gegen Gruppenaußenseiter

- Konkurrenz bringt Dynamik in Entwicklungen, ist Ausdruck von Lebendigkeit

- Wettbewerb und Sport sind beliebte Freizeitbeschäftigungen der Menschen (aktiv und passiv)

- Konkurrenz- und Kooperationssituationen basieren auf Entscheidungen des „sich durchsetzen" und „geschehen lassen"

- Eine hohe Konkurrenzkompetenz ist die Voraussetzung für eine hohe Kooperationskompetenz

Sinnbild für ...

● Der Stier und der Bär sind die Symboltiere der Börse. Der Stier verkörpert steigende Kurse, der Bär fallende.

● Konkurrenz ist ein elementarer Bestandteil unseres Lebens, unserer Verhaltensweisen und der Wirtschaft.

● Konkurrenz wird häufig als Gegensatz zur Kooperation gesehen.

● Es gibt konstruktive Formen der Auseinandersetzung beim Kampf um Verteilung und im Wettbewerb. Es gibt destruktive Auseinandersetzungen: Zerstörung, Krieg, Tod.

Transferfragen

● Wie gehe ich mit Konkurrenzsituationen um? Leide ich oder macht es mir auch Spaß, fühle ich mich lebendig?

● Wie schaffe ich es, destruktive Auseinandersetzungen in konstruktive zu transformieren?

● In welchen destruktiven Auseinandersetzungen befinde ich mich und was unternehme ich, um da heraus zu kommen? Was muss ich tun, um destruktive Auseinandersetzungen zu entschärfen?

● Was brauche ich, um mutiger und energievoller in Auseinandersetzungen zu gehen?

● Wo sind in und durch meine Organisation mehr Auseinandersetzungen nötig?

● Wo hat der Kampf in meinem Leben/in meiner Organisation eine Untergangsdimension? Was lässt sich dagegen tun?

● Wie würde ich mich fühlen, wenn ich der Stier oder der Bär wäre? Was passiert, wenn ich die Figuren umdrehe? Wie fühle ich mich jetzt in der jeweiligen Rolle?

16   Bakterien

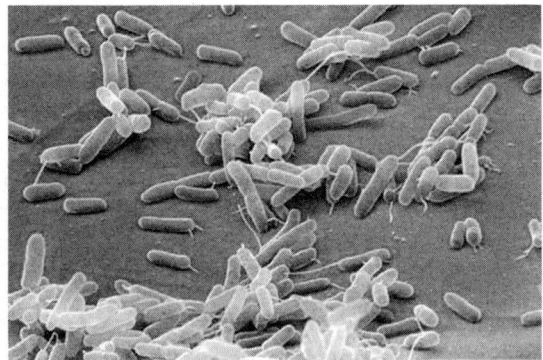

Einfaches hat sich bewährt

Informationen

- Es gibt ca. 5.000 „Arten". Bakterien haben sich seit Millionen Jahren strukturell nicht verändert.
- Strukturelle Einfachheit ermöglicht eine schnelle Anpassung an Veränderungen der Umweltbedingungen.
- Eine Einzelzelle hat den Funktionsumfang eines komplexen Organismus.
- Können Dauerstadien (Sporen) bilden, die extreme Umweltbedingungen aushalten.
- Bakterienanzahl in einer Hand voll Erde übersteigt die Anzahl der auf der Erde lebenden Menschen um ein Vielfaches. Bodenbakterien: Grundlage vieler Stoffkreisläufe (Nährsalze für Pflanzen verfügbar machen).
- Bakterien sind auch Krankheitserreger durch giftige Toxine (Lungenentzündung).

Sinnbild für ...

- Einfachheit bewährt sich
- In der Evolution leben einfache und komplexe Organismen nebeneinander
- Einfache Formen können langfristig erfolgreich sein
- Einfachheit macht robust
- Einfaches ist trotzdem erstaunlich komplex

Transferfragen

- Wo kann ich mich an Einfachem erfreuen?
- Die Genialität des Einfachen – wo entdecke ich sie?
- Wo kann ich Einfachheit bei anderen würdigen?
- Wo ist etwas zu kompliziert?
- Wo kann ich Strukturen vereinfachen?
- Wo kann ich Prozesse in meinem Leben und in meiner Organisation vereinfachen?

17   Farne

Vom Wasser zum Land:
das Element wechseln

Informationen

- Farne sind eine der frühesten Pflanzenarten. Sie vollzogen als erste Pflanzen-
  gruppe den Übergang vom Wasser- zum
  Landleben. Es gibt ca. 17.000 Arten.
- Pflanzenkörper wurde zunehmend differenzierter und entwickelt sich zum Kor-
  mus, d. h. zu einem höherentwickelten
  Organismus, der sich durch den Besitz von
  drei Grundorganen auszeichnet: Spross-
  achse, Blatt und Wurzel.
- Vor ca. 400 Mio. Jahren bildeten Farne riesige Wälder und schufen die Basis für die
  heutigen Steinkohle-Vorkommen.
- Farne sind weltweit verbreitet mit einem Verbreitungsschwerpunkt in den Tropen. Sie
  kommen fast ausschließlich an schattigen und feuchten Plätzen vor.
- Aus einer Spirale entfaltet sich der Fächer des Farnes

Sinnbild für ...

- Ein neues Element erobern.
- Innovation eröffnet neue Möglichkeiten
- Mit wenig Licht starkes Wachstum.
- Farne wurden früher als Hexenkraut oder Hexenleiter bezeichnet, die den Menschen zu
  Glück und übernatürlichen Fähigkeiten verhelfen können. Beispiele: Shakespeares Drama
  Heinrich IV: „Wir gehen unsichtbar, denn wir haben Farnsamen bekommen"; Hildegard
  von Bingen: „Wer den Farn bei sich trägt, ist sicher vor den Nachstellungen des Teufels
  und vor bösen Anschlägen auf Leib und Leben."

Transferfragen

- Wo sind meine Wurzeln, was ist oberhalb der Wurzeln?
- Was muß ich entwickeln, um für Neues vorbereitet zu sein?
- Auch ohne allzuviel Ressourcen, wo kann ich trotzdem viel entwickeln?
- Wo können ich oder meine Organisation ein neues Element/eine neue Nische erobern?

Glossar

Adaptive Radiation
Das Hervorgehen zahlreicher Arten aus einem gemeinsamen Vorfahren, nachdem dieser in eine neue Umwelt gelangte, die vielfältige neue Möglichkeiten und Probleme bereithielt.

Amensalismus
Situation, bei der einer Schaden nimmt, während der andere in der Wechselbeziehung weder negativ noch positiv beeinflusst wird.

Anagenese
Höherentwicklung in der Stammesgeschichte einer Organismengruppe, welche durch die Anhäufung erblicher Veränderungen geschieht (z. B. Optimierung des Bauplanes eines Lebewesens).

Anpassungen
Eigenheiten in Form und Verhalten, die als die evolutive Reaktion auf spezielle Umweltfaktoren gedeutet werden.

Art
Eine Art besteht aus mindestens einer Population, deren Individuen aufgrund von Vererbung Ähnlichkeiten in Bau- und Leistungsmerkmalen aufweisen. Sie sind in diesen Merkmalen von Individuen anderer Arten unterscheidbar. Organismen unterschiedlicher Art können keine gemeinsamen Nachkommen zeugen.

Balanced Scorecard
Ganzheitliches Kennzahlensystem zur Umsetzung der Unternehmensstrategie. Dazu werden gemeinsam Ziele und Kennzahlen entwickelt, die über Finanzkennzahlen hinausgehen. Sie sind messbar und über die Ableitung von Maßnahmen umsetzbar.

Bionik
Entschlüsselung von „Erfindungen" aus der Natur und ihre innovative Umsetzung in die Technik. Der Ausdruck Bionik setzt sich aus „Biologie" und „Technik" zusammen.

Crossing-over
Prozess, bei dem Stücke der väterlichen und der mütterlichen Chromosomen nach dem Zufallsprinzip vertauscht werden.

Emotion
Körperempfindung aber auch Abbildung von Körperzuständen, die durch einen → EBS ausgelöst werden.

Emotional besetzter Stimulus (EBS)
Wahrgenommener Reiz wird mit einer Emotion verbunden, funktioniert daher komplexer als ein Reflex.

Eukaryonten
Organismen, deren Zellen wie bei Menschen einen Zellkern besitzen. Die Eukaryonten machen einen geringeren Teil der Lebewesen als die Prokaryonten aus.

Evolution
Der Vorgang, durch den sich die Welt des Lebendigen nach der Entstehung des Lebens nach und nach entwickelt hat und weiterhin entwickelt. Einzelne Organismen oder Organisationen durchlaufen eine evolutionäre Entwicklung.

Evolutions-management (EM)	Herangehensweise an das Management von Organisationen, bei der die Vorgänge in der Organisation als Lebensprozesse betrachtet werden, die nach den gleichen oder ähnlichen Prinzipien und Gesetzmäßigkeiten wie andere Prozesse in der Natur ablaufen. Bei der Gestaltung von Organisationsprozessen wird aus vergleichbaren Naturprozessen gelernt.
Gefühl	Die bewusste Wahrnehmung und Interpretation der emotionalen Körperzustände.
Gradualismus	Theorie, die besagt, dass Veränderungen in der Evolution schrittweise aus der Anhäufung vieler kleiner Mutationen resultieren.
Homöostase	Der physiologische Zustand des dynamischen Fließgleichgewichts im Körper.
Innovation	Innovation ist die Findung und Umsetzung von neuen Ideen zur Neuschaffung oder Verbesserung von Produkten, Dienstleistungen, Prozessen, Strukturen und Verhaltensweisen in einer Organisation.
Intuition	Das unmittelbare Erfassen eines Sachzusammenhangs, eine Eingebung, die sich auf unbewusstem Wege ohne Verwendung von bewusstem Nachdenken einstellt. Intuition beruht nicht auf einem logisch durchdachten Ablauf, sondern begreift das Ganze direkt in seiner Gesamtheit.
Invention	Bei Inventionen handelt es sich um Erfindungen, die noch nicht marktfähig sind.
Kladogenese	Prinzip der Artbildung, bei der sich eine Stammart mehrmals in zwei gleichzeitig existierende Schwesterarten aufspaltet. Dadurch erhöht sich die Artenzahl und damit die biologische Vielfalt.
Koevolution	Die wechselseitige Beeinflussung der Evolution zweier Arten, die miteinander in Wechselbeziehung stehen und ihre Anpassungen gegenseitig beeinflussen.
Kommensalismus	Wechselwirkungen, bei der eine Art einen Vorteil hat, wobei die Situation für die andere Art neutral ist. Beim Kommensalismus („Mitessertum") profitiert z. B. eine Art von der Nahrung der anderen, ohne ihr dabei zu schaden oder zu nutzen.
Komplexität	Vielschichtig, zusammenhängend und verknüpft. Dabei lassen sich die Zusammenhänge nicht mehr linear darstellen. Es gibt keinen direkt erkennbaren ursächlichen und zeitlichen Bezug zwischen Input und Output.
Kulturelle Evolution	Weitergabe von → Memen als Informationsträger zur evolutionären Entwicklung von Verhaltensweisen. Beruht auf erlernten Dingen sowie individuellen Erfahrungen, die im Gehirn verarbeitet und variiert an andere Individuen sowie nachkommende Generationen weitergegeben werden. Sie unterscheidet sich von der biologischen Evolution, bei der Erbinformationen über den Mechanismus der Fortpflanzung weitergegeben werden.

Meme	Ideen, Kommunikationsmuster oder Arbeitstechniken, die direkt von Mensch zu Mensch oder mittels Informationsträger weitergegeben werden. Meme Unterliegen denselben Prinzipien von Vielfalt, Auswahl und Bewahrung wie Gene. Das heißt, sie werden vervielfältigt, entsprechend der DNA-Replikation bei der Vermehrung der Gene.
Mutation	Eine Mutation (lat. *mutare* = verändern) ist eine Veränderung im Erbgut eines Organismus durch Veränderung der Abfolge der Nucleotidbausteine. Dadurch wird die in der DNA gespeicherte Information verändert und die Merkmale des Organismus können verändert werden.
Nachhaltigkeit	Ein Wirtschaften, dass ein langfristiges Überleben auf der Erde sichert und die begrenzten Naturressourcen auch für zukünftige Generationen erhält. „Nicht mehr ernten, als nachwächst" ist das Motto.
Neurobiologie	Wissenschaft, die sich mit dem genauen Aufbau sowie der Entwicklung des Nervensystems, der Funktionsweise einzelner Neuronen und ihres Zusammenwirkens sowie deren Auswirkung auf unser Verhalten beschäftigt.
Ökologische Nische	Bezeichnung für die Gesamtheit aller Aspekte der Lebensweise einer Art, durch die sie sich von anderen Arten unterscheidet. Hierzu zählt nicht nur ihr Habitat (Wohnort), sondern z. B. auch die Art und Größe der Nahrung sowie die Aktivität zu bestimmten Tages- oder Jahreszeiten. Gemeint ist die Gesamtheit aller Umweltfaktoren (Temperatur, Luftfeuchtigkeit …), welche für das Leben bzw. Überleben der Art von Bedeutung sind.
Parasitismus	Wechselwirkung von Organismen unterschiedlicher Arten, bei denen der Vertreter einer Art Nutznießer und der Vertreter der anderen Art der Geschädigte ist (Wirt). Der Parasit hat einen deutlichen Vorteil da durch, dass er sich größtenteils durch Bestandteile des Wirtes ernährt.
Präadaption	Zufällige Voranpassung durch Mutation, die erst ohne jeglichen Nutzen oder Nachteil für den Organismus existiert und durch eine Umweltveränderung später zum Vorteil wird.
Prokaryonten	Einzellige Organismen ohne Zellkern und Organellen wie die Bakterien. Die Prokaryonten waren die frühesten Lebewesen und sind sehr zahlreich.
Rekombination	Bei der Fortpflanzung auftretende, zufällige Neukombination von Genausprägungen, bei der bereits bestehendes Genmaterial neu zusammengesetzt wird. Rekombination gilt als einer der Triebfäden für die Weiterentwicklung und Variation der Arten. Ist auch über tragbar auf *Meme*.
Schwarmverhalten	Einzelne Individuen oder Gruppen handeln unter Berücksichtigung einfacher Prozessregeln weitgehend autonom. Daraus resultiert ein hoher Grad an Selbstorganisation und Beteiligung sowie eine schnelle Reaktionszeit. Die Koordination der Einzelaktivitäten wird durch gemeinsam entwickelte Schwarmregeln geregelt.

Symbiose	Zusammenleben verschiedener Arten zum beiderseitigen Vorteil. Diese verlieren durch dieses gegenseitige Abhängigkeitsverhältnis einen Teil ihrer Autonomie. Die in die Interaktion eingebrachten Produkte oder Handlungen sind für die andere Seite wesentlich und nicht ohne weiteres austauschbar (Eusymbiose: „echtes Zusammen leben").
Umfeld-bewährung	Ob eine Art oder ein Unternehmen weiterexistiert oder nicht, hängt davon ab, ob sie mit den verschiedenen Faktoren des Umfeldes gut zurechtkommen und auf Veränderungen schnell reagieren können.
VAB-Modell	Beschreibt bei Innovation und der Entwicklung von Neuem den evolutionären Vorgang des Herstellens von Vielfältigkeit, des Auswählens der erfolgreichsten Variante und des Bewahrens dieser.
VER-Modell	Beschreibt die Vorgehensweise von Organismen zur Reaktion auf Veränderungen im Umfeld: Veränderung tritt ein, Erkennen der relevanten Veränderungen und Reaktion auf diese Veränderungen im Sinne der Nutzung von Chancen oder Vermeidung von Risiken.

Literatur

Bamberger, I. (Hrsg.): Strategische Unternehmensberatung. Konzeptionen – Prozesse – Methoden. Gabler, Wiesbaden 2005, S. 300–345

Bateson, G.: Geist und Natur. Eine notwendige Einheit. Suhrkamp Taschenbuch, Frankfurt am Main 1987

Bauer, L.; Matis, H.: Evolution – Organisation – Management. Duncker & Humblot, Berlin 1989, S. 92–191

Becker, A. et al.: Gene, Meme und Gehirne. Geist und Gesellschaft als Natur. Eine Debatte. Suhrkamp Taschenbuch, Frankfurt am Main 2003

Beer, S.: Diagnosing The System For Organisations. John Wiley & Sons, West Sussex 2001

Beyrer, K.; Andritzky, M. (Hrsg.): Das Netz. Sinn und Sinnlichkeit vernetzter Systeme. Ausstellungskatalog, Edition Braus, Heidelberg 2002.

Bonsen, M. zur: Real Time Strategic Change. Schneller Wandel mit großen Gruppen. Klett-Cotta, Stuttgart 2003

Boos, F.; Heitger, B. (Hrsg.): Veränderung – systemisch. Management des Wandels. Praxis, Konzepte und Zukunft. Klett-Cotta, Stuttgart 2004

brand eins (2006, Heft 01): Mach's dir nicht zu einfach. Schwerpunkt Komplexität.

Brüderl, J.; Schüssler, R.: Organizational mortality: The liabilities of newness and adolescence. *Administrative Science Quarterly* 35, 1990, S. 530–547

Campbell, N. A.; Reece, J. B.: Biologie. Spectrum Akademischer Verlag, Berlin 2003

Capra, F.: Lebensnetz – Ein neues Verständnis der lebendigen Welt. Scherz, Bern 1996

Carr, C.: Choice, Chance & Organizational Change: Practical Insights from Evolution for Business Leaders & Thinkers. American Management Association, New York 1996

Coase, R.: The nature of the firm. Economica, Vol. 4, No. 16, Nov. 1937

Corsten, H.; Reiß, M. (Hrsg.): Handbuch Unternehmensführung: Konzepte – Instrumente – Schnittstellen. Gabler, Wiesbaden 1995

Damasio, A. R.: Der Spinoza-Effekt. Wie Gefühle unser Leben bestimmen. List Taschenbuch, Berlin 2005

Darwin, C.: Die Abstammung des Menschen. Voltmedia, Paderborn 2005

Darwin, C.: Die Entstehung der Arten. Reclam, Stuttgart 2001

Dawkins, R.: Gipfel des Unwahrscheinlichen. Wunder der Evolution. Rowohlt, Reinbek bei Hamburg 2001

Dawkins, R.: Das egoistische Gen (1976). Spektrum Akademischer Verlag, Heidelberg 1994

Doppler, K.; Fuhrmann, H.; Lebbe-Waschke, B.; Voigt, B.: Unternehmenswandel gegen Widerstände. Change Management *mit* den Menschen. Campus, Frankfurt am Main 2002

Dörner, D.: Die Logik des Misslingens. Strategisches Denken in komplexen Situationen. Rowohlt, Reinbek bei Hamburg, 2003

Elgin, D.: Awakening Earth: Exploring the Evolution of Human Culture and Consciousness. Morrow, New York 1993

Fischer, E. P.; Wiegandt, K.: Evolution: Geschichte und Zukunft des Lebens. Fischer Taschenbuch, Frankfurt am Main 2003

Fletcher, D. S.; Taplin, I. M.: Understanding Organizational Evolution: Its Impact on Management and Performance. Quorum Books, Westport, Connecticut 2002

Fuchs, P.: Das Business-Gen. Wie sich der Mensch von der Evolution abkoppelt. Klett-Cotta, Stuttgart 2004

Futuyma, D. J.: Evolutionsbiologie. Birkhäuser, Basel/Boston/Berlin 1990

Gandolfi, A.: Von Menschen und Ameisen. Denken in komplexen Zusammenhängen. Orell Füssli, Zürich 2001

Geus, A. de: The Living Company. Habits for survival in a turbulent business environment. Harvard Business School Press, Boston, Massachusetts 1997

Glasl, F.: Das Unternehmen der Zukunft – moralische Intuition in der Gestaltung von Organisationen. Verlag freies Geistesleben, Stuttgart 1999

Godin, S.: Survival Is Not Enough. Zooming, Evolution, and the Future of Your Company. Free Press, New York 2002

Gould, S. J.: Ein Dinosaurier im Heuhaufen. Streifzüge durch die Naturgeschichte. Fischer Taschenbuch, Frankfurt am Main 2002

Grolle, J. (Hrsg.): Evolution. Wege des Lebens. Stiftung Deutsches Hygiene-Museum, Dresden und Deutsche Verlagsanstalt, München 2005

Guggemos, Werner-Christian: Strategische Führung: Ein Beitrag zu einer Neufassung vor dem Hintergrund einer evolutionären Organisationstheorie. Verlag Barbara Kirsch, München, 2000

Guilford, T. et al.: Faszination Tierleben: Verblüffende Entdeckungen aus der Tierwelt. Orbis, München 2001

Haines, S. G.: The Manager's Pocket Guide to Systems Thinking & Learning. HRD Press, Amherst/Massachusetts 1998

Houston, J.: Der mögliche Mensch: Handbuch zur Entwicklung des menschlichen Potentials. Sphinx, Basel 1984, S. 155–164

Kallinich, J.; Spengler, G.: Tierische Kommunikation. Ausstellungskatalog, Edition Braus, Heidelberg 2004

Kaplan, R. S.; Norton, D. P.: Strategy Maps. Der Weg von immateriellen Werten zum materiellen Erfolg. Schäffer-Poeschel, Stuttgart 2004

Kelly, K.: NetEconomy. Zehn radikale Strategien für die Wirtschaft der Zukunft. Econ, München 1999

Kieser, A.: Darwin und die Folgen für die Organisationstheorie: Darstellung und Kritik des Population Ecology-Ansatzes. In: *Die Betriebswirtschaft* (DBW), Schäffer-Poeschel, Stuttgart 1988, S. 603–620

Kieser, A.: Fremdorganisation, Selbstorganisation und evolutionäres Management. In: *Zeitschrift für betriebswirtschaftliche Forschung* 46, München 1994, S. 199–228

Kirsch, W.: Beiträge zu einer Evolutionären Führungslehre. Schäffer-Poeschel, Stuttgart 1997, S. 270–311, 512–724

Knyphausen-Aufseß, D.; Ringlstetter, M.: Evolutionäres Management. In: Corsten, H.; Reiß, M. (Hrsg.): Handbuch für Unternehmensführung. Gabler, Wiesbaden 1995, S. 197–205

Koch, R.: The Natural Laws of Business: How to Harness the Power of Evolution, Physics, and Economics to Achieve Business Success. Currency, New York 2001

König, E.; Volmer, G.: Systemische Organisationsberatung. Grundlagen und Methoden. Deutscher Studien Verlag, Weinheim 2000

Königswieser, R.; Lutz, C. (Hrsg.): Das systemisch evolutionäre Management. Der neue Horizont für Unternehmer. Orac, Wien 1990

Küng, H.: Der Anfang aller Dinge. Naturwissenschaft und Religion. Piper, München 2005

Laszlo, E.: Evolutionäres Management: Globale Handlungskonzepte – Das Handbuch für eine erfolgreiche Managementpraxis auf der Schnittfläche zwischen Umwelt und Organisation. PAIDIA, Fulda 1999

Lawrence, P. R.; Nohria, N.: Driven – Was Menschen und Organisationen antreibt. Klett-Cotta, Stuttgart 2003

Lievegoed, B. C. J.: Organisation im Wandel. Die praktische Führung sozialer Systeme in der Zukunft. Haupt, Bern 1974

Luhmann, N.: Einführung in die Systemtheorie. Carl-Auer-Systeme, Heidelberg 2002

Mainzer, K. (Hrsg.): Komplexe Systeme und Nichtlineare Dynamik in Natur und Gesellschaft. Komplexitätsforschung in Deutschland auf dem Weg ins nächste Jahrhundert. Springer, Berlin/Heidelberg 1999

Malik, F.: Führen Leisten Leben. Wirksames Management für eine neue Zeit. Heyne, München 2001

Malik, F.: Management. Das A und O des Handwerks. FAZ-Buch, Frankfurt am Main 2006

Malik, F.; Probst, G. J. B.: Evolutionäres Management: Die Unternehmung 35. Haupt, Bern/Stuttgart 1981, S. 121–140

Margulis, L.: Die andere Evolution. Spektrum Akademischer Verlag, Heidelberg 1999

Maturana, H. R.; Varela F. J.: Der Baum der Erkenntnis: Wie wir die Welt durch unsere Wahrnehmung erschaffen – die biologischen Wurzeln des menschlichen Erkennens. Scherz, Bern 1987

Mayr, E.: … Das ist Biologie … Die Wissenschaft des Lebens. Spektrum Akademischer Verlag, Heidelberg 1998

Mayr, E.: Das ist Evolution. Bertelsmann, München 2003

Müller-Stewens, G.; Lechner, C.: Strategisches Management. Wie strategische Initiativen zum Wandel führen. Schäffer-Poeschel, Stuttgart 2003

Müri, P.: Chaosmanagement. Eine neue Führungsphilosophie. Kreativ, Zürich 1989

Nöllke, M.: So managt die Natur. Haufe, München 2004

Nüsslein-Volhard, C.: Das Werden des Lebens. Wie Gene die Entwicklung steuern. Beck, München 2004

Pascale, R. T.; Millemann, M.; Gioja, L.; Herrmann, M.: Chaos ist die Regel: Wie Unternehmen Naturgesetze erfolgreich anwenden. Econ, München 2002

Postlethwait, J.; Hopson, J. L.: The Nature of Life. Random House, Toronto 1989

Probst, G. J. B.: Selbstorganisation. Ordnungsprozesse in sozialen Systemen aus ganzheitlicher Sicht. Paul Parey, Berlin/Hamburg 1987

Ridley, M.: Evolution. Probleme – Themen – Fragen. Birkhäuser, Basel/Boston/Berlin 1990

Ringlstetter, M.: Auf dem Weg zu einem evolutionären Management. Konvergierende Tendenzen in der deutschsprachigen Führungs- bzw. Managementlehre. Babara Kirsch, München 1988

Sandner, K.: Evolutionäres Management – Voraussetzungen und Konsequenzen eines Ansatzes zur Steuerung sozialer Systeme. In: *Die Unternehmung,* Schweizerische Zeitschrift für Betriebswirtschaft 1982, S. 77–89

Sandner, K.: Gegen die Reduktion von Management auf Kybernetik. In: *Die Unternehmung,* Schweizerische Zeitschrift für Betriebswirtschaft 1982, S. 113–122

Schlippe, A. von; Schweitzer, J.: Lehrbuch der systemischen Therapie und Beratung. Vadenhoeck & Ruprecht, Göttingen 1998

Schreyögg, G.: Organisation. Grundlagen moderner Organisationsgestaltung. Gabler, Wiesbaden 2003

Schreyögg, G.; Conrad, P. (Hrsg.): Organisatorischer Wandel und Transformation. Gabler, Wiesbaden 2000

Schwaninger, M. (Hrsg): Intelligente Organisationen: Konzepte für turbulente Zeiten auf der Grundlage von Systemtheorie und Kybernetik. Duncker & Humblot, Berlin 1999

Skibbins, G. J.: Organizational Evolution. A Program for Managing Radical Change. Amacom Book Division, New York 1974

Steinmann, H.; Schreyögg, G.: Management. Grundlagen der Unternehmensführung. Konzepte – Funktionen – Fallstudien. Gabler, Wiesbaden 2005, S. 124–138

Storch, V.; Welch, U.; Wink, M.: Evolutionsbiologie. Springer, Berlin 2001

Trux, W.; Kirsch, W.; Ringlstetter, M.; Knyphausen, D.: Die Evolution eines Strategischen Managements. In: *Kirsch W. (Hrsg.):* Beiträge zum Management strategischer Programme, Verlag Barbara Kirsch, München 1991, S. 713–764

Vester, F.: Die Kunst, vernetzt zu denken. Ideen und Werkzeuge für einen neuen Umgang mit Komplexität. dtv, München 2002

Weibler, J.; Deeg, J.: Organisationaler Wandel als konstruktive Destruktion. In: *Managementforschung,* Westdeutscher Verlag, Wiesbaden 2000, S. 143–193

Weibler, J.; Deeg, J.: Und noch einmal: Darwin und die Folgen für die Organisationstheorie. In: *Die Betriebswirtschaft* (DBW), Schäffer-Poeschel, Stuttgart 1999, S. 297–315

Wheatley, M. J.: Quantensprung der Führungskunst. Leadership and the New Science. Rowohlt, Reinbek bei Hamburg 1997

Winnacker, E.-L.: Perspektiven der Forschung. Das Beispiel der Biowissenschaften. Vortrag am 14. Mai 2004 zum Jahrestag der Universität Bielefeld

Wirtz, K. W.: Aktivitätswechsel: Warum Bakterien schlafen. In: *Einblicke* Nr. 41, Frühjahr 2005, Carl von Ossietzky Universität Oldenburg

Wuketitis, F. M.: Was ist Soziobiologie? Beck, München 2002

Wuketits F. M.: Evolution – Die Entwicklung des Lebens. Beck, München 2001

Wuketits F. M.: Moderne Evolutionstheorien – ein Überblick. In: *Sitte, P. (Hrsg.):* Horizonte der Biologie, Weinheim/New York/Basel/Cambridge 1993

Eine Auswahl von lesenswerten Büchern zum Thema Evolutionsmanagement

Blüchel, K. G.; Malik, F. (Hrsg.): Faszination Bionik. Die Intelligenz der Schöpfung. Bionik Media, München 2006

Wunderschöne Bilder, gute Einführung in die Bionik, aber auch die Übertragbarkeit auf Organisationen, Texte sind allerdings nicht sehr ausführlich.

Campbell, N. A.; Reece, J. B.: Biologie. Spectrum Akademischer Verlag, Berlin 2003

Alles Wissenswerte über den neuesten Stand der Biologie übersichtlich zusammengefasst. Obwohl ein Lehrbuch, auch für den Laien gute lesbar, gute Bilder und Grafiken, allerdings nicht billig.

Damasio, A. R.: Der Spinoza-Effekt. Wie Gefühle unser Leben bestimmen. List Taschenbuch, Berlin 2005

Wunderschön geschriebene Einführung in die Neurobiologie des Amerikaners Damasio. Die aktuelle neurobiologische Sichtweise verständlich dargestellt. Man kann von den Amerikanern viel lernen, wie man schwierige Sachverhalte unterhaltsam und anregend darstellt.

Darwin, C.: Die Entstehung der Arten. Reclam, Stuttgart 2001

Der Klassiker, aber durchaus lesbar. Wer Darwin im Original lesen will, liegt hier richtig.

Gandolfi, A.: Von Menschen und Ameisen. Denken in komplexen Zusammenhängen. Orell Füssli, Zürich 2001

Gut geschriebene Einführung in die Systemtheorie und die Komplexitätsforschung für Organisationen, geschrieben von einem Biologen.

Lawrence, P. R.; Nohria, N.: Driven – Was Menschen und Organisationen antreibt. Klett-Cotta, Stuttgart 2003

Interessanter Ansatz vom Gesamtblick der Evolution auf das Verhalten der Manager und auf die Organisationsentwicklung übertragen.

Mayr, E.: Das ist Evolution. Bertelsmann, München 2003

Standardwerk des kürzlich verstorbenen Biologen, das einen guten Überblick über den derzeitigen Stand der Evolutionsforschung gibt und Darwin an einigen wichtigen Stellen weiterentwickelt.

Nöllke, M.: So managt die Natur. Haufe Verlag, München 2004

Populärwissenschaftliches Buch, sehr flüssig zu lesen und ideenreich, es wird allerdings nur ein Aspekt behandelt, nämlich die direkte Übertragung von Verhaltensweisen von Tieren auf Managementverhalten.

Pascale, R. T.; Millemann, M.; Gioja, L.; Herrmann, M.: Chaos ist die Regel: Wie Unternehmen Naturgesetze erfolgreich anwenden. Econ Verlag, München 2002

Interessante Darstellung, die belegt, wie Unternehmen den Gesetzen der Natur folgen, gute Fallbeispiele, die die Thesen belegen.

Wuketits, F. M.: Evolution – Die Entwicklung des Lebens. Beck, München 2001

Kurzgefasste schnelle Einführung in die Evolutionstheorie. Stellt die wichtigsten Gesetzmäßigkeiten übersichtlich dar.

Danksagung

Einige Jahre haben wir an diesem Thema gearbeitet. Theoretische Diskussionen und praktische Anwendungen in den Unternehmen wechselten. Wichtig waren die vielen Diskussionen mit Führungskräften in Organisationen und Unternehmen, die uns in der Arbeit weitergebracht haben. Dank an unsere Partner und Familien, die das Buchschreiben aushalten mussten. Dank an die Biologen Dr. David Ritterbusch und Steffen Heeleman, vor allem aber unserem Chefberater für die biologischen Fragen, der aber nicht namentlich genannt werden möchte, da er durch die Mitarbeit an einem populärwissenschaftlichen Buch Gefahren für seine Hochschullaufbahn sieht. Dank aber auch an diejenigen, die uns wichtige Impulse und Rückmeldungen zu den Texten gegeben haben: Hartmut Jäger, Frank Gottschling, Helmut Erbel und Roland Voß von Volkswagen, Dr. Heinrich Esser von Sennheiser, Klaus Mehrens von der IG Metall, Dr. Maria Meesmann, Joseph Reisdorff und Dr. Ulrike Kluge für die Beratung zum Thema Neurobiologie, Tom Endres, CIO von Lufthansa, Prof. Dr. Ernst-Peter Fischer, unsere BeraterkollegInnen Roland Kunkel von STEP, Stefan Skirl vom IAK, Hartmut Bäumer von Bridges, Irene Unland-Schlebes, Regina Ostholt, Inés Bahlmann, Cornelia Brinkmann. Wichtig war die unterstützende Arbeit und Recherche von Thomas Maul, Carsta Simon, Christine Lehmann, Beatrice Mädler, Nathalie Mettler, Daniela Fließbach, Anna Domke, Ole Thomsen und Susanne Hillenkamp. Dank an Uwe Carstensen für seine Unterstützung, Tilman Evers, Vorsitzender des Forums Ziviler Friedensdienst, der uns Mut gemacht hat, das Thema weiterzuverfolgen und Ralf Böbbis von Hansen Kommunikation für die Erstellung der Grafiken im Buch. Ein großes Verdienst gebührt Lisa Hoffmann-Bäuml vom Hanser-Verlag, die frühzeitig die Bedeutung des Themas Evolutionsmanagement erkannt hat und uns mit freundlicher Beharrlichkeit ans Ziel gebracht und gut betreut hat.

Über die Autoren

Dr. Klaus-Stephan Otto ist Dipl.-Psychologe und arbeitet seit 25 Jahren im Bereich der Organisationsentwicklung. Er ist Geschäftsführer der Dr. Otto Training & Consulting und begleitet komplexe Veränderungsprozesse in großen Unternehmen, aber auch Non-Profit-Organisationen zur Verbesserung der Zusammenarbeit und Steigerung der Effektivität. In Deutschland hat er den Zivilen Friedensdienst mit aufgebaut. Leitung von Dialogveranstaltungen zwischen verschiedenen gesellschaftlichen Gruppen.

Uwe Nolting ist Dipl.-Politologe und Junior Consultant bei der Dr. Otto Training & Consulting. Begleitung von Veränderungsprozessen in der Automobil- und Solarenergiebranche sowie in Non-Profit-Organisationen. Durchführung von Unternehmensanalysen.

Christel Bässler ist Dipl.-Psychologin und ausgebildete Krankenschwester. Als Beraterin und Trainerin ist sie bei der Dr. Otto Training & Consulting tätig. Zu ihren Schwerpunkten gehören Prozessgestaltung, Balanced Scorecard und Großgruppenmethoden. Dozententätigkeit an Universitäten und Ausbildungsstätten.

Uns war immer wichtig, nicht nur ein Buch zu schreiben, sondern Instrumente zu entwickeln, die in der praktischen Veränderung von Organisationen und Unternehmen eine gute Unterstützung bieten.

Wenn Sie Interesse haben an dieser praktischen Arbeit, so setzen Sie sich mit uns in Verbindung über mail@dr-otto.de. Wir haben auch Workshops zum Thema Evolutionsmanagement entwickelt, die auch in den Unternehmen stattfinden können. Näheres finden Sie auf der Seite www.evolutionsmanagement.de und www.dr-otto.de.